国家级职业教育规划教材

全国技工院校服装设计与制作专业教材（中级技能层级）

全国中等职业学校服装类专业教材

服装结构制图

人力资源社会保障部教材办公室　组织编写

孙常胜　主　编

中国劳动社会保障出版社

简　介

本教材主要内容包括服装结构制图基础、裙装结构制图、裤装结构制图、女上衣结构制图、男上衣结构制图、大衣结构制图、连衣裙结构制图等。教材在介绍不同类型服装的结构制图时，首先从人体结构入手，突出人体结构与服装设计的关系，让学生在充分了解人体结构特点的基础上再进行服装结构制图的学习，以帮助学生快速、准确地把握服装结构制图的技术要点。

本教材由孙常胜任主编，张惠参加编写，鲍卫君、王新晔审稿。

图书在版编目（CIP）数据

服装结构制图 / 孙常胜主编. --3 版. -- 北京：中国劳动社会保障出版社，2018

全国技工院校服装设计与制作专业教材：中级技能层级　全国中等职业学校服装类专业教材

ISBN 978-7-5167-3644-9

Ⅰ. ①服… Ⅱ. ①孙… Ⅲ. ①服装结构 - 制图 - 中等专业学校 - 教材 Ⅳ. ① TS941.2

中国版本图书馆 CIP 数据核字（2018）第 187557 号

中国劳动社会保障出版社出版发行

（北京市惠新东街 1 号　邮政编码：100029）

*

北京市科星印刷有限责任公司印刷装订　　新华书店经销

787 毫米 × 1092 毫米　16 开本　19.25 印张　363 千字

2018 年 8 月第 3 版　　2024 年 12 月第 9 次印刷

定价：36.00 元

营销中心电话：400-606-6496

出版社网址：http://www.class.com.cn

http://jg.class.com.cn

前　言

全国中等职业技术学校服装设计与制作专业教材自2002年出版以来，在职业院校教学及相关培训中发挥了重要作用，受到广大师生的好评。近年来，随着服装行业的发展，企业对服装从业人员的知识水平和技能水平提出了更高的要求。为了适应这一变化，满足学校培养人才的需求，我们对现有教材进行了修订。

在本次修订工作中，我们收集了服装企业对技能型人才的具体要求以及学校使用教材的反馈意见，组织了一批教学经验丰富、实践能力强的教师与行业、企业专家进行充分研讨，确定重点做好以下几方面工作：

第一，更新教材内容。根据服装行业的发展变化，调整更新了相关教材的结构和内容，体现行业新理念、新标准、新技术和新工艺。进一步增加实践性教学内容的比重，在服装结构制图、服装CAD等主要技能课教材中，更多地选用与企业生产结合紧密的实践案例，并配以详细的过程分析和操作指导，以引导学生运用所学知识分析和解决实际问题。

第二，提升教材表现力。通过设置“操作提示”“自测园地”“知识拓展”等不同栏目，增加教材的亲和力，激发学生的学习兴趣。同时，尽可能多地以图表代替冗长的文字叙述，使教材更加生动直观，易于学习。

第三，加强立体化资源建设。在修订教材的同时，补充开发配套的电子课件，电子课件可通过职业教育教学资源和数字学习中心（http://zyjy.class.com.cn）免费下载。在《服装CAD（第三版）》等教材中引入二维码技术，针对教材的重点和难点制作了演示视频等多媒体素材，使用移动终端扫描书中相应位置处的二维码即可在线观看。

本套教材的修订工作得到了有关学校的大力支持，教材的编审人员做了大量的工作，在此，我们表示衷心的感谢！同时，恳切希望广大读者对教材提出宝贵的意见和建议。

人力资源社会保障部教材办公室

目录

绪 论

服装产品是经过多道工序，由多部门协作完成的成品。一般服装产品生产的基本过程为服装造型设计→样板设计与制作→裁剪→缝纫→后整理→检验，其中样板设计与制作是非常重要的一道工序。从程序上看，服装样板的设计与制作既是前期服装造型设计的继续和补充，又是后续服装工艺设计与制作的依据和基础。服装样板是企业从事服装生产所使用的一种模板，是服装的立体形态按照一定的结构形式分解而成的平面样板。服装样板是以服装结构制图为基础制作出来的。服装结构制图是通过研究服装结构规律及分解原理，将服装立体款式展开分割后转化为平面衣片几何轮廓的一项专业性很强的技术。

服装结构制图的方法很多，按操作方式的不同可分为立体构成法和平面构成法。本书主要介绍平面构成法。

一、立体构成法

立体构成法即立体裁剪，是将面料直接覆在人体模型或人体上，运用专业的手法把面料塑造成立体的服装款式成品样式，再从人体模型或人体上取下面料，整理平整面料并进行适当的修正，最终得到精确得体的服装样板的过程。这种方法直观、可靠、便捷，是一切服装裁剪理论的基础。

二、平面构成法

平面构成法是以服装产品图示为依据，运用一定的计算方法，在纸上或布料上绘制出该款式的平面结构图的设计方法。平面构成法是立体构成法的升华，相比立体构成法难度更大。平面构成法主要有比例法和原型法两种。

1. 比例法

比例法是指选定人体的某些部位（如胸围、臀围、腰围等）作为基准部位，以数学的方法将这些部位所需要的尺寸数据按照一定比例关系归纳为包含该部位尺寸的比例计算公式，再加上一定的调整数，用最后得到的数据确定各部位尺寸进行结构制图的方法，如四分法、六分法、十分法等都是运用数学中的比例关系来完成平面结构制图。比例制图法的优点是操作简便，计算公式易于掌握，可以直接在纸上或布料上进行绘制；缺点是以衣为本，把人体放在从属地位，公式适用面有限，只能进行简单款式的结构制图，不能满足服装款式变化的需要。

2. **原型法**

原型法是由量体取得数据，根据有限的数据绘制出基本的原型图，再根据服装款式的具体要求，对原型的各主要部位进行调整，并通过省道的设计、衣片的分割与组合等技术处理，完成不同款式与造型的平面结构制图。原型法制图的特点是：简便易学，操作方法简单，不必掌握过多的比例计算公式；始终以人体为本，数据稳定准确，可长期使用，只要原型使用的个体没有发生体形变化，就可以一直使用一套原型来进行制图；造型科学合理，适应各种款式变化，具有广泛的通用性，适用于时装款式或变化复杂的服装。

服装结构制图无论采用哪种方法，都必须从人体结构入手。人体骨骼、肌肉的构成规律是服装结构制图静态参数的来源，人体生命活动规律是服装结构制图动态参数的来源，动静的完美统一是服装结构制图的最终目的。

思考与练习

1. 一般服装产品的生产过程有哪些步骤？
2. 服装结构制图的方法有哪些？
3. 比例制图法的方法是什么？

第一章

服装结构制图基础

服装结构制图是现代服装设计中不可分割的有机组成部分，是从造型到缝制工艺的过渡环节，是实现造型效果的根本手段之一。它能使立体的造型设计效果转化为平面的衣片结构，并为服装缝制工艺提供成套的样板和实物。

学习目标：

1. 掌握服装结构制图的符号和要求。
2. 理解国家服装号型标准的内容及运用方法。
3. 掌握服装结构制图对绘制线条的要求。
4. 掌握服装专业术语及服装部位代号。
5. 掌握人体测量的部位和测量的方法。

第一节　服装结构制图标准、工具及步骤

服装结构制图的任务是准确合理地做出服装平面结构设计，绘制出能忠实体现服装风格、款式、造型要求的所有衣片及零部件图，为后期的打样、排料及缝制提供合理、科学的依据。

一、服装结构制图标准

服装结构图是服装行业的技术文件，是服装生产和技术交流的必要资料之一。服装行业标准《服装制图（GB/T 29863—2013）》对服装结构制图进行了规范性指导。

1. 制图比例

制图比例分档规定见表1—1。

表1—1　制图比例分档规定

与实物相同	1：1
缩小的比例	1：2　1：3　1：4　1：5　1：6　1：10
放大的比例	2：1　4：1

注：在同一图纸内，应采用统一比例进行制图，如需要采用不同比例，需要注明。

2. 图纸构图

结构制图时应保证图纸的美观性，以便保存与技术交流。图纸的构图方法如图1—1所示。

3. 字体

图纸中的文字、数字、字母必须做到：字体端正、笔迹清晰、排列整齐、间隔均匀。

4. 尺寸标注方法

（1）服装各部位及零部件的实际大小以图样上所注的尺寸数值为准。

（2）图纸中（包括技术要求和其他说明）的尺寸，应以厘米为单位。

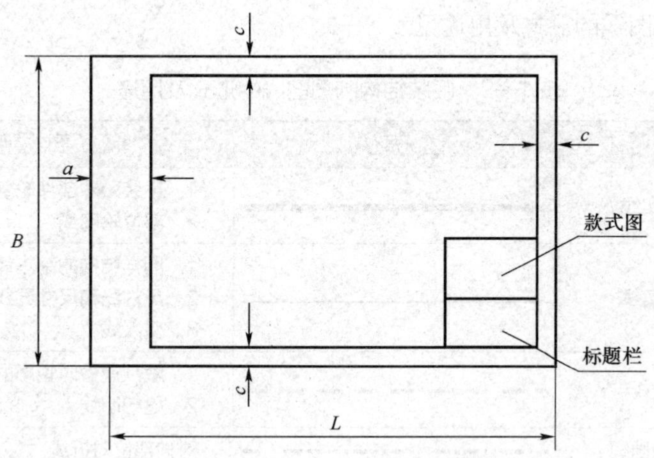

图 1—1　结构制图图纸构图

注：*B* 为图纸的宽，*L* 为图纸的长，*c* 为图纸的边框，*a* 为图纸的装订边。

（3）服装制图部位、部件的每一尺寸，一般只标注一次，并标注在该结构最清晰的图形上。

（4）尺寸标注方法如图 1—2 所示。

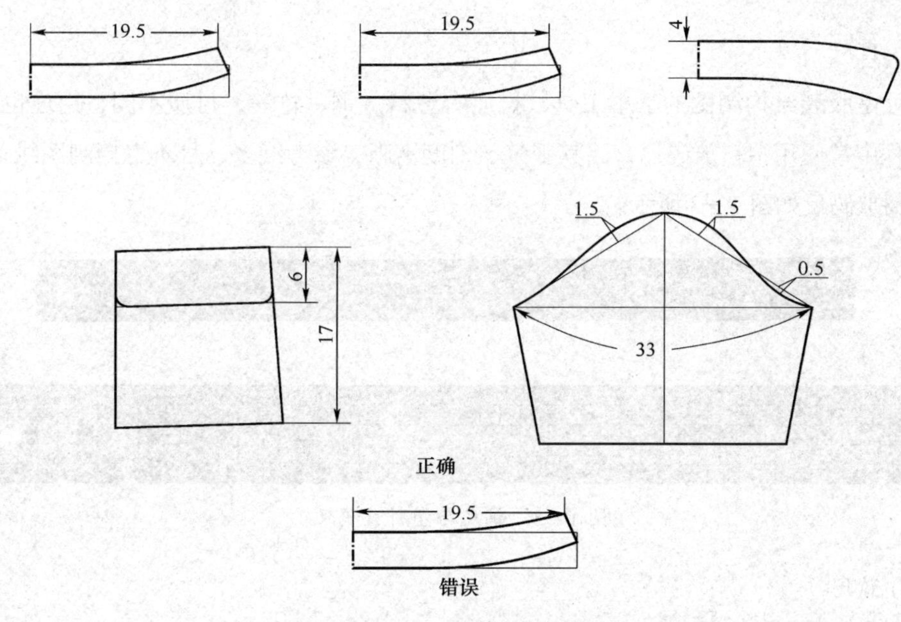

图 1—2　尺寸标注方法

5. 服装结构制图线条应用

服装结构制图图线的形式及用途见表 1—2。

表 1—2 服装结构制图图线的形式及用途

序号	图线名称	图线形式	图线用途
1	粗实线	————	1. 服装和零部件轮廓线 2. 部位轮廓线
2	细实线	————	1. 图样结构的基本线 2. 尺寸线和尺寸界线 3. 引入线
3	虚线	– – – – – –	1. 裁片重叠时轮廓的影示线 2. 缝纫明线
4	单点画线	—·—·—·—	对称部位对折线
5	双点画线	—··—··—··—	不对称部位折转线

注：同一图纸中同类线的宽度应保持一致。虚线、点画线的线段长短和间隔应各自相同，首末两端应是线段而不是点。

二、服装结构制图工具

1. 尺

（1）直尺

直尺是服装结构制图的基本工具，材质有塑料、钢、竹等，材质不同，用途也不同。制图过程中常使用塑料放码尺，因其平整、刻度清晰、参考线多，且不遮挡制图线条。钢尺与塑料放码尺如图 1—3 所示。

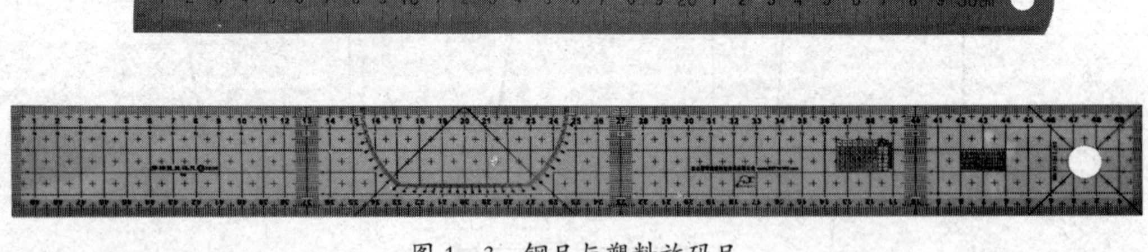

图 1—3 钢尺与塑料放码尺

（2）软尺

软尺又称皮尺，如图 1—4 所示，常用于测量人体及制图时测量曲线部位的长度。软尺多为塑料质地，尺面涂有防缩树脂层，但长期使用仍会有不同程度的收缩现象，因此应经常检查、更换。

（3）比例三角尺

服装专用结构制图比例尺为三角尺形，为塑料材质，内有不同比例刻度，如图 1—5 所示。

图 1—4　软尺

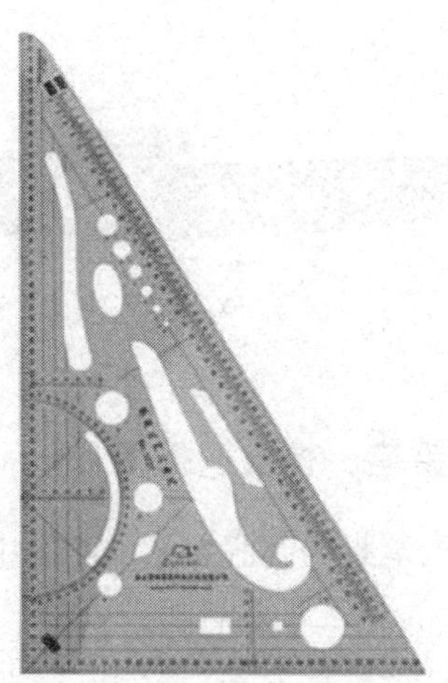

图 1—5　比例三角尺

2. 量角器

量角器是用来测量角度的工具，有多种材质。图 1—6 所示为单臂式量角器，可用来协助确定肩斜角度。

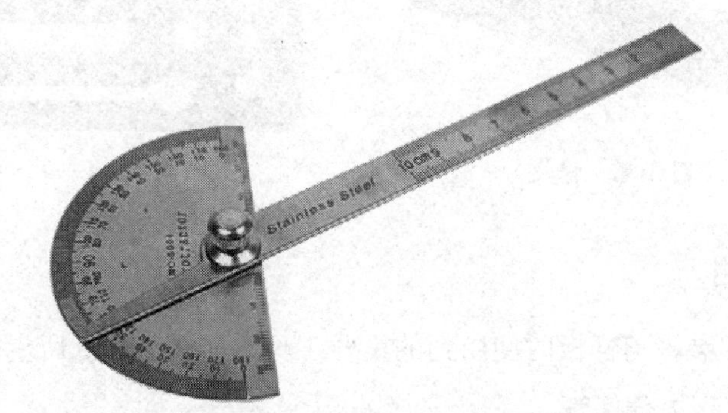

图 1—6　单臂式量角器

3. 曲线板

曲线板是服装结构制图中绘制各部位弧线的专用工具，如图 1—7 所示。曲线板上的曲线由许多曲率不同的圆弧组成，因此在描绘非圆曲线时必须使用曲线板。使用时，应根据各部位弧线的曲率大小选择曲线板上吻合的部分，连接各点描出曲线。

曲线板的品种很多，有单块的，也有一组的。在服装结构制图中常使用专用曲线板及各种大、小弯尺等，使绘制的曲线更加吻合服装各部位的弧线。

图 1—7　曲线板

4. 绘图铅笔、橡皮、擦图片

绘图铅笔是绘制服装结构图的主要工具，铅芯应软硬适中，同时，橡皮以去污效果好的为佳，如图 1—8 所示。

擦图片又称擦线板，是指刻有不同几何图形的不锈钢薄片，如图 1—9 所示。在使用橡皮擦掉错误或不要的图线时，利用擦图片，可防止其他应保留的图线被擦掉。

图 1—8　绘图铅笔、橡皮

图 1—9　擦图片

5. 打孔器、刀口钳

打孔器是制作服装裁剪样板时使用到的重要工具，如图 1—10 所示。利用打孔器将所有样板打孔后穿绳，以方便保管。

刀口钳是对服装样板中重要部位进行缺口标记的工具，如图 1—11 所示。

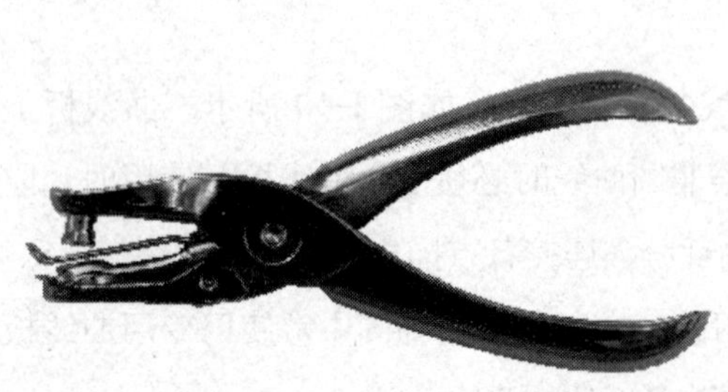

图 1—10　打孔器

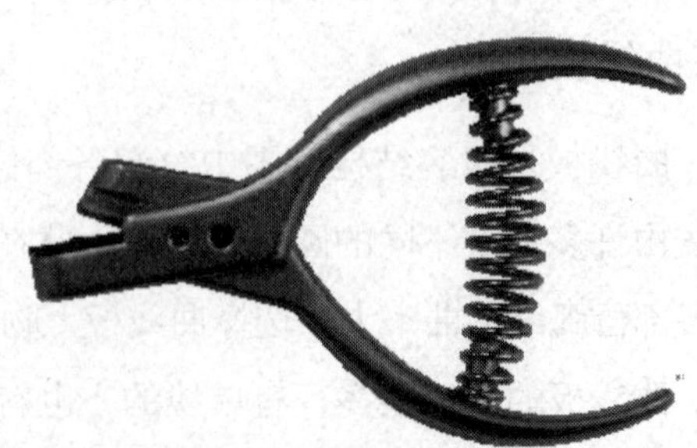

图 1—11　刀口钳

6. 服装裁剪刀

专用的服装裁剪刀刀身长，手柄设计合理，便于操作人员剪裁样板与面料，如图 1—12 所示。

图 1—12　服装裁剪刀

三、服装结构制图步骤

服装结构制图必须按顺序进行，制图步骤一般如下：

1. 先画面料图，后画辅料图

一件服装所使用的面、辅料必须相配合。制图时，应先绘制面料结构图，然后根据面料结构图进行辅料（如粘衬）图的配置。

2. 先画主要部件，后画零部件

服装的主要部件是指服装制作时必备的裁片，如上衣的前、后衣片，袖片等。制图时先绘制主要部件，这样便于零部件的比例配置，后期制作时更有利于裁片的用料预算及排料。

3. 先定长度，再定宽度，后画弧线

制图时，先定裁片的长度，如衣长、腰节长等纵向长度，再绘制裁片的宽度，如肩宽、胸围大等横向宽度，之后将各个部位用弧线连接画顺。其中，长度方向代表经向，宽度方向代表纬向。

4. 先画外部轮廓，再画内部结构

制图时应先确定裁片的外部轮廓形态，之后根据设计要求，在内部画出具体结构，如各部位的分割线位置及走向、口袋的大小等。

第二节　服装结构制图术语、主要部位代号及符号

一、服装结构制图术语

1. 轮廓线：表示服装裁片及零部件外部轮廓的制图线条。
2. 结构线：表示服装各部位之间关系的制图线条。
3. 基础线：结构制图时首先画出的水平方向和垂直方向的直线。
4. 净样：服装裁片的实际尺寸，不包括缝份、贴边等。
5. 毛样：服装裁片的尺寸，已包括缝份、贴边等。
6. 画顺：连接结构图中的直线与弧线、弧线与弧线，要求线条圆顺流畅，没有棱角。
7. 劈势：根据规格尺寸，直线部位的偏进量。
8. 困势：根据规格尺寸，直线部位需偏出的量。
9. 凹势：根据规格尺寸，制图时需要凹进的部分。
10. 翘势：轮廓线与水平线之间抬高（上翘）的量。
11. 省：也称省缝，为了使服装适合人体体型曲线，在衣片上缝去的部分。
12. 裥：也称褶裥，为了使服装适合人体体型曲线，在衣片上折叠的部分。
13. 抽褶：根据体型的需要，将衣片某些部位抽紧，使面料起皱。
14. 纱向：纺织原料的经向和纬向，有横、直、斜之分。
15. 门幅：纺织原料纬向的宽窄。
16. 搭门：门、里襟相叠合的部分。
17. 挂面：上衣门、里襟反面的贴边。
18. 登闩：夹克衫下摆收紧的部位。
19. 串口：领面与驳头面缝合处。
20. 嵌线：衣长沿边、袋口边等部位拼接的窄条。
21. 过肩：也称复势，男女上衣肩背部分割拼接的部位。
22. 袖头：也称克夫，袖子下端收紧拼接的部位。

23. 袋爿：用于开袋的袋口，无袋盖。

二、服装结构制图主要部位代号

服装结构制图主要部位代号见表 1—3。

表 1—3　服装结构制图主要部位代号

序号	中文	英文	代号	序号	中文	英文	代号
1	长度	Length	L	2	头围	Head Size	HS
3	领围	Neck Girth	N	4	胸围	Bust Girth	B
5	腰围	Waist	W	6	臀围	Hip Girth	H
7	横肩宽	Shoulder	S	8	领围线	Neck Line	NL
9	前中心线	Front Center Line	FCL	10	后中心线	Back Center Line	BCL
11	上胸围线	Chest Line	CL	12	胸围线	Bust Line	BL
13	下胸围线	Under Bust Line	UBL	14	腰围线	Waist Line	WL
15	中臀围线	Middle Hip Line	MHL	16	臀围线	Hip Line	HL
17	肘线	Elbow Line	EL	18	膝盖线	Knee Line	KL
19	胸（高）点	Bust Point	BP	20	颈肩点	Side Neck Point	SNP
21	颈前点	Front Neck Point	FNP	22	颈后点	Back Neck Point	BNP
23	肩端点	Shoulder Point	SP	24	袖窿	Arm Hole	AM
25	袖长	Sleeve Length	SL	26	袖口	Cuff Width	CF
27	袖山	Arm Top	AT	28	袖肥	Bicpes Circumference	BC
29	裙摆	Skirt Hem	SH	30	脚口	Slacks Bottom	SB
31	底领高	Band Height	BH	32	翻领宽	Top Collar Width	TCW
33	前衣长	Front Length	FL	34	后衣长	Back Length	BL
35	前胸宽	Front Bust Width	FBW	36	后背宽	Back Bust Width	BBW
37	上裆（股上）长	Crotch Depth	CD	38	股下长	Inside Length	IL
39	前腰节长	Front Waist Length	FWL	40	后腰节长	Back Waist Length	BWL
41	肘长	Elbow Length	EL	42	前裆	Front Rise	FR
43	后裆	Back Rise	BR				

三、服装结构制图符号

服装结构制图符号是传达设计意图，沟通设计、生产和管理部门之间的技术语言。服装结构制图符号的形式、名称及用途见表 1—4。

表 1—4　服装结构制图符号的形式、名称及用途

序号	符号	名称	用途
1	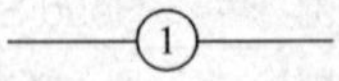 ①	顺序号	制图的先后顺序
2		等分号	某一线段平均等分
3	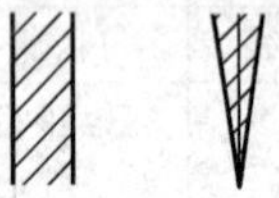	褶裥	衣片中需折叠的部位
4	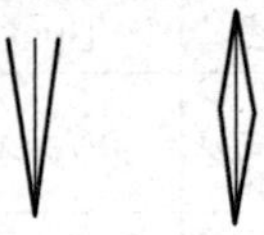	省	衣片中需缝去的部位
5	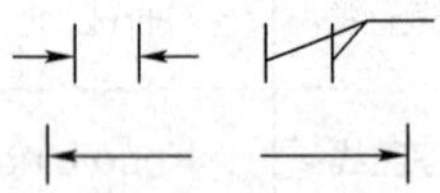	间距线	某部位两点间的距离
6		拼接号	裁片中两个部位应连接在一起
7	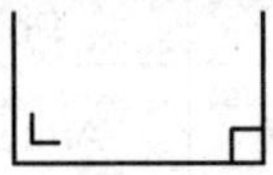	直角号	两条线相互垂直
8	○ ● □ ▲	等量号	两个部位的尺寸相同
9		眼位	扣眼的位置
10		扣位	纽扣的位置
11		经向号	表示原料的经向
12	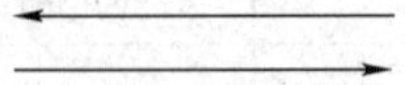	顺向号	表示毛绒的顺向
13	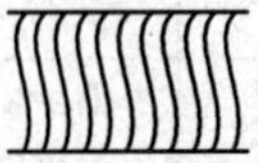	螺纹号	衣服下摆、袖口等处装螺纹边（或松紧带）
14		明线号	缉明线的标记
15		细裥号	裁片中该部位直接收成碎褶裥
16		归缩号	裁片中该部位经熨烫后归缩
17		拔伸号	裁片中该部位经熨烫后拔开、伸长

续表

序号	符号	名称	用途
18		拉链	表示该部位装拉链
19		花边	表示该部位装花边

第三节　人体测量方法及服装放松量

人体测量是进行服装结构制图的前提，是服装设计和生产中十分重要的环节。为了便于测量，首先需要在人体表面确定一些基准点作为测量时的参照，基准点一般选在人体外表明显、稳定、易测的位置上，如图 1—13 所示。

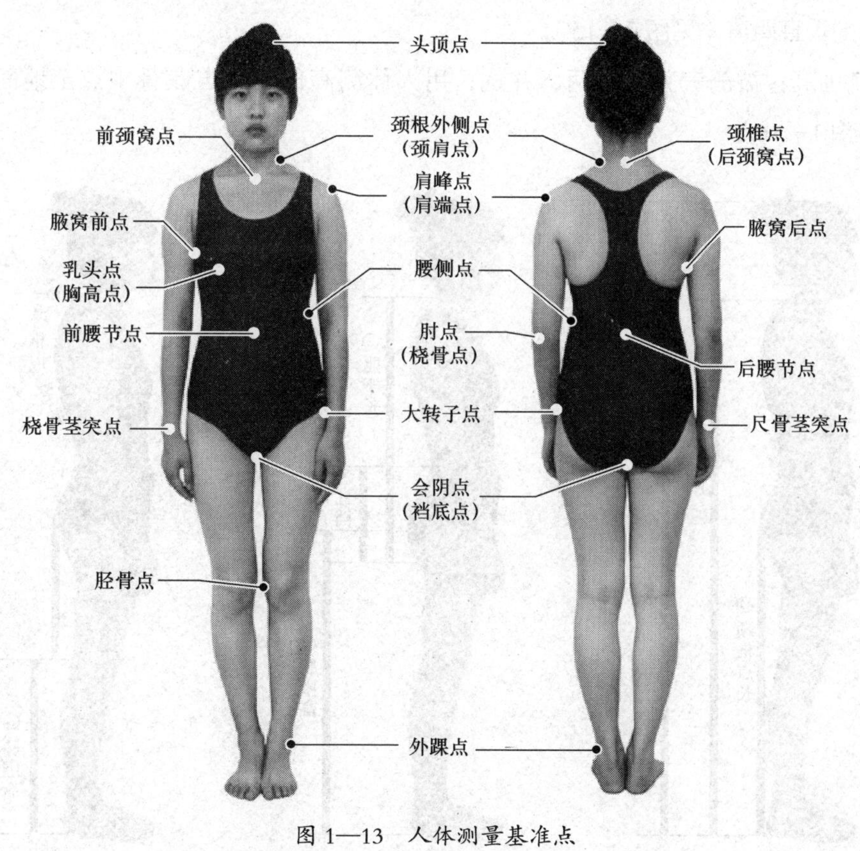

图 1—13　人体测量基准点

根据《服装用人体测量的尺寸定义与方法》（GB/T 16160—2017）的规定，人体测量的部位有 30 个垂直部位和 31 个水平部位及 1 个斜度与 1 个体重量，但在实际应用过程中，并不是每个部位都需要进行测量。

一、垂直部位

1. 身高：被测者直立，赤足，两脚并拢，头部面向正前方，用人体测高仪测量自头顶至地面的垂直距离（见图 1—14）。

2. 躯干长：被测者直立，两脚并拢，头部面向正前方，用人体测高仪测量自第七颈椎点至会阴点的垂直距离（见图 1—15）。

3. 腰围高：被测者直立，两脚并拢，腰部放松，用人体测高仪在体侧测量自腰际线至地面的垂直距离（见图 1—17）。

4. 臀围高：被测者直立，两脚并拢，用人体测高仪测量自臀部最突出点所在水平面至地面的垂直距离（见图 1—15）。

5. 直裆：被测者直立，两脚分开与肩同宽，腿部放松，用人体测高仪测量自腰际线至会阴点的垂直距离（见图 1—15）。

6. 膝围高：被测者直立，两脚并拢，用人体测高仪测量自髌骨中点至地面的垂直距离（见图 1—16）。

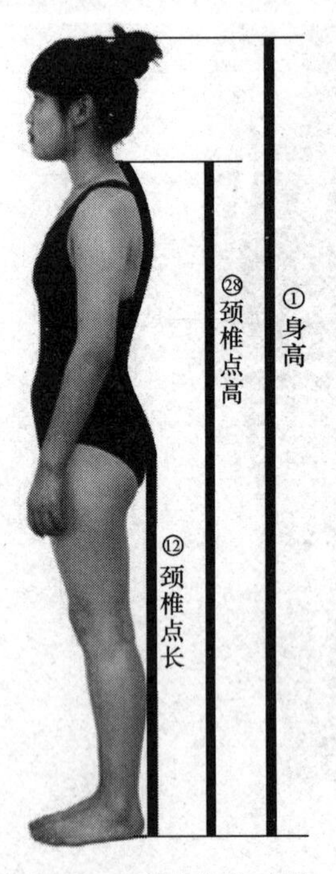

图 1—14 垂直部位测量 1

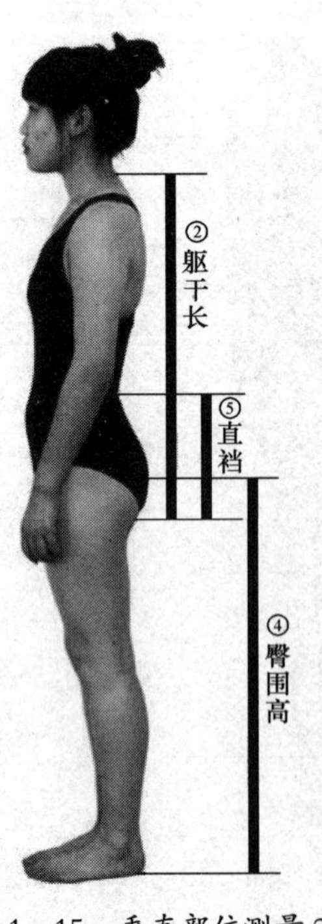

图 1—15 垂直部位测量 2

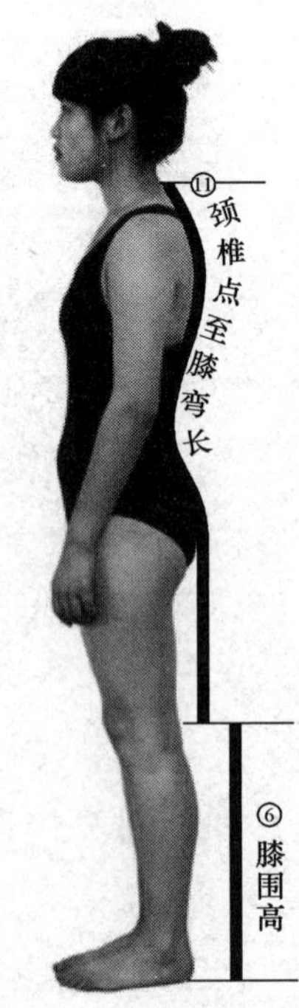

图 1—16 垂直部位测量 3

7. 外踝高：被测者直立，两脚并拢，用人体测高仪测量自外踝点至地面的垂直距离（见图 1—16）。

8. 坐姿颈椎点高：被测者直坐于凳面，躯干挺直，且大腿完全由坐面支撑，小腿自然下垂，头部面向正前方，用人体测高仪测量自第七颈椎点至凳面的垂直距离。

9. 腋窝深：被测者直立，两脚并拢，双臂自然下垂，肩部放松，头部面向正前方，用一根软尺经腋窝下水平绕人体一圈，用另一根软尺测量自第七颈椎点至第一根软尺上缘部位的垂直距离。

10. 背腰长：被测者直立，两脚并拢，双臂自然下垂，肩部放松，头部面向正前方，用软尺测量自第七颈椎点沿脊柱曲线至腰际线的曲线长度（见图 1—19）。

11. 颈椎点至膝弯长：被测者直立，两脚并拢，双臂自然下垂，肩部放松，头部面向正前方，用软尺测量自第七颈椎点，沿背部脊柱曲线至臀围线，再垂直至胫骨点（膝部）的长度（见图 1—16）。

12. 颈椎点长：被测者直立，两脚并拢，双臂自然下垂，肩部放松，头部面向正前方，用软尺测量自第七颈椎点，沿背部脊柱曲线至臀围线，再垂直至地面的长度（见图 1—14）。

13. 颈椎点至乳头点长：被测者直立，两脚并拢，双臂自然下垂，肩部放松，头部面向正前方，用软尺测量自第七颈椎点，沿颈部过颈根外侧点，再至乳头点的长度（见图 1—20）。

14. 颈椎点至腰围长（前身）：被测者直立，两脚并拢，双臂自然下垂，肩部放松，头部面向正前方，用软尺测量，自第七颈椎点沿颈部过颈根外侧点，再经乳头点后垂直至腰际线的长度（见图 1—20）。

15. 颈根外侧点至乳头点长：被测者直立，两脚并拢，双臂自然下垂，肩部放松，头部面向正前方，用软尺测量自颈根外侧点至乳头点的长度（见图 1—18）。

16. 前腰长：被测者直立，两脚并拢，双臂自然下垂，肩部放松，头部面向正前方，用软尺测量自颈根外侧点经乳头点，再垂直至腰际线的长度（见图 1—19）。

17. 腰至臀长：被测者直立，两脚并拢，腹部放松，用软尺测量从腰际线沿体侧臀部曲线至大转子点的长度（见图 1—17）。

18. 躯干围：被测者直立，两脚分开与肩同宽，双臂自然下垂，头部面向正前方，用软尺测量，以右肩线（颈根外侧点与肩峰点连线）的中点为起点，从背部经腿分叉处过会阴点，经右乳头再至起点的长度。测量时软尺经前面腰际线以下到后面人体背部处需贴合人体测量。

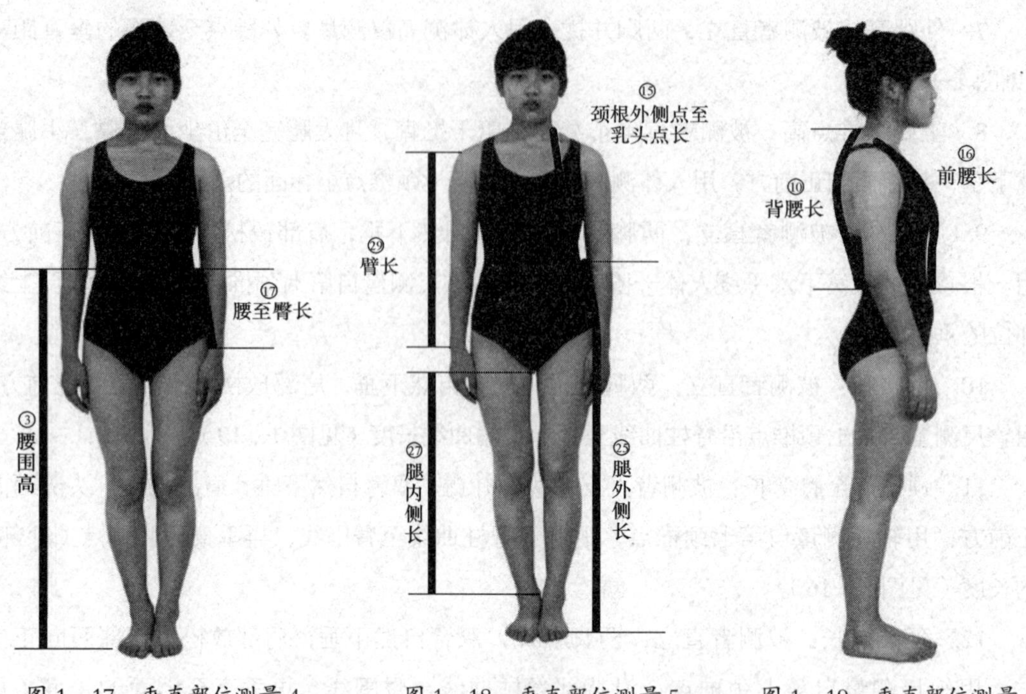

图 1—17 垂直部位测量 4　　图 1—18 垂直部位测量 5　　图 1—19 垂直部位测量 6

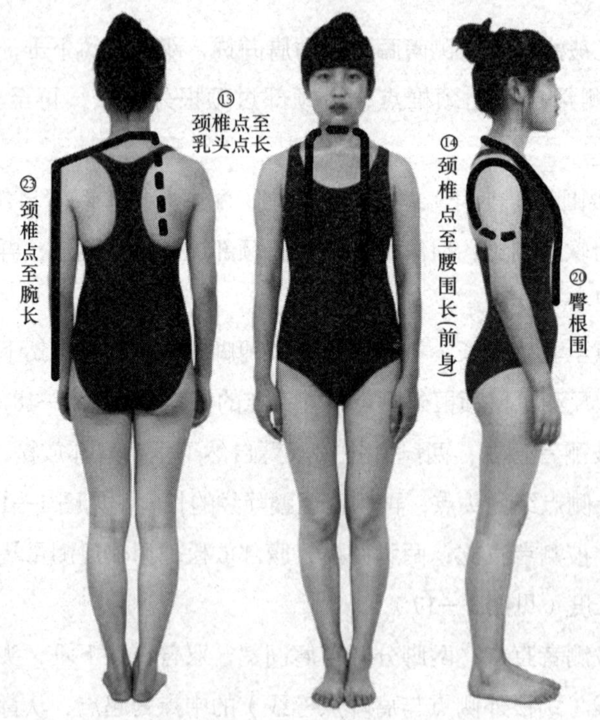

图 1—20 垂直部位测量 7

19. 周裆长：被测者直立，两脚分开与肩同宽，双臂自然下垂，头部面向正前方，用软尺测量自前身腰际线中点经会阴点至背部腰际线中点的曲线长。

20. 臂根围：被测者直立，手臂自然下垂，以肩峰点为起点，经腋窝前点和腋窝后点，再至起点的围长（见图 1—20）。

21. 上臂长：被测者直立，手握拳放在臀部，手臂弯曲成 90°，肩部放松，用软尺测量自肩峰点至桡骨点（肘部）的距离。

22. 下臂长：被测者直立，手握拳放在臀部，手臂弯曲成 90°，肩部放松，用软尺测量自桡骨点（肘部）至尺骨茎突点（腕部）的长度。

23. 颈椎点至腕长：被测者直立，两脚并拢，双臂自然下垂，肩部放松，头部面向正前方，用软尺测量自第七颈椎点经肩峰点，沿手臂过桡骨点（肘部）至尺骨茎突点（腕部）的长度（见图 1—20）。

24. 手臂内侧长：被测者直立，两脚并拢，双臂向外伸展 30°，肩部放松，头部面向正前方，用软尺测量自腋窝中点至桡骨茎突点（腕部）的距离。

25. 腿外侧长：被测者直立，两脚并拢，用软尺测量自腰际线沿臀部曲线至大转子点，然后垂直至地面的长度（见图 1—18）。

26. 大腿长：被测者直立，两脚并拢，用软尺测量腿内侧自会阴点至胫骨点（膝部）的垂直距离。

27. 腿内侧长：被测者直立，两脚分开与肩同宽，体重平均分布于两腿，测量自会阴点至外踝点的垂直距离（见图 1—18）。

28. 颈椎点高：被测者直立，用人体测高仪测量自第七颈椎点至地面的垂直距离（见图 1—14）。

29. 臂长（直线测量）：被测者直立，手臂自然下垂，用软尺测量自肩峰点至尺骨茎突点的直线距离（见图 1—18）。

二、水平部位

1. 头围：被测者直立，头部面向正前方，用软尺经眉间点上方绕过枕后点测量的最大水平围长，测量时头发包含在内（见图 1—21）。

2. 颈围：被测者直立，头部面向正前方，用软尺测量经第七颈椎点处和甲状软骨凸下缘点处的围长（见图 1—21）。

3. 颈根围：被测者直立，双臂自然下垂，肩部放松，头部面向正前方，用软尺经第七颈椎点、颈根外侧点及颈窝点测量的颈根部围长（见图 1—21）。

4. 肩长：被测者直立，双臂自然下垂，肩部放松，头部面向正前方，测量自颈根外侧点至肩峰点的贴体距离（见图 1—21）。

5. 总肩宽：被测者直立，双臂自然下垂，肩部放松，头部面向正前方，测量左右肩峰点之间的水平弧长（见图 1—22）。

6. 背宽：被测者直立，双臂自然下垂，肩部放松，头部面向正前方，用软尺测量左右肩峰点分别于左右腋窝后点连线的中点的水平弧长（见图 1—22）。

7. 胸围：被测者直立，双臂自然下垂，肩部放松，正常呼吸，用软尺经肩胛骨、腋窝和乳头测量的最大水平围长（见图 1—21）。

8. 两乳头点间宽（女）：被测者直立，双臂自然下垂，肩部放松，正常呼吸，测量左、右乳头之间的水平距离（见图 1—22）。

9. 下胸围（女）：被测者直立，手臂自然下垂，肩部放松，正常呼吸，用软尺紧贴着乳房下部测量的人体水平围长（见图 1—21）。

10. 腰围：被测者直立，两脚并拢，正常呼吸，腹部放松，用软尺测量胯骨上端与肋骨下缘之间的腰际线的水平围长（见图 1—21）。

11. 臀围：被测者直立，两脚并拢，正常呼吸，腹部放松，在臀部最丰满处测量的水平围长（见图 1—21）。

12. 上臂围：被测者直立，手臂自然下垂，在肩点和肘部的中间处测量的水平围长（见图 1—22）。

13. 肘围：被测者直立，手臂弯曲约 90°，手伸直，手指朝前，测量的肘部围长。

14. 腕围：被测者手臂自然下垂，经腕部突出点测量的围长。

15. 掌围：被测者前臂保持水平，四指并拢，拇指分开，测量掌骨处的最大围度。

16. 大腿根围：被测者直立，两脚分开与肩同宽，腿部放松，用软尺紧靠臀沟下方测量的最大水平围长（见图 1—22）。

17. 大腿中部围：被测者直立，两脚分开与肩同宽，腿部放松，测量臀围线与膝围线中间的位置的大腿水平围长（见图 1—22）。

18. 膝围：被测者直立，两脚分开与肩同宽，腿部放松，测量膝部的水平围长，测量时软尺上缘与胫骨点（膝部）对齐（见图 1—22）。

19. 下膝围：被测者直立，两脚分开与肩同宽，腿部放松，测量膝盖骨下部的水平围长（见图 1—22）。

20. 腿肚围：被测者直立，两脚分开与肩同宽，腿部放松，测量小腿腿肚最粗的水平围长（见图 1—22）。

21. 踝上围：被测者直立，两脚分开与肩同宽，腿部放松，测量紧靠踝骨上方最细处的水平围长。

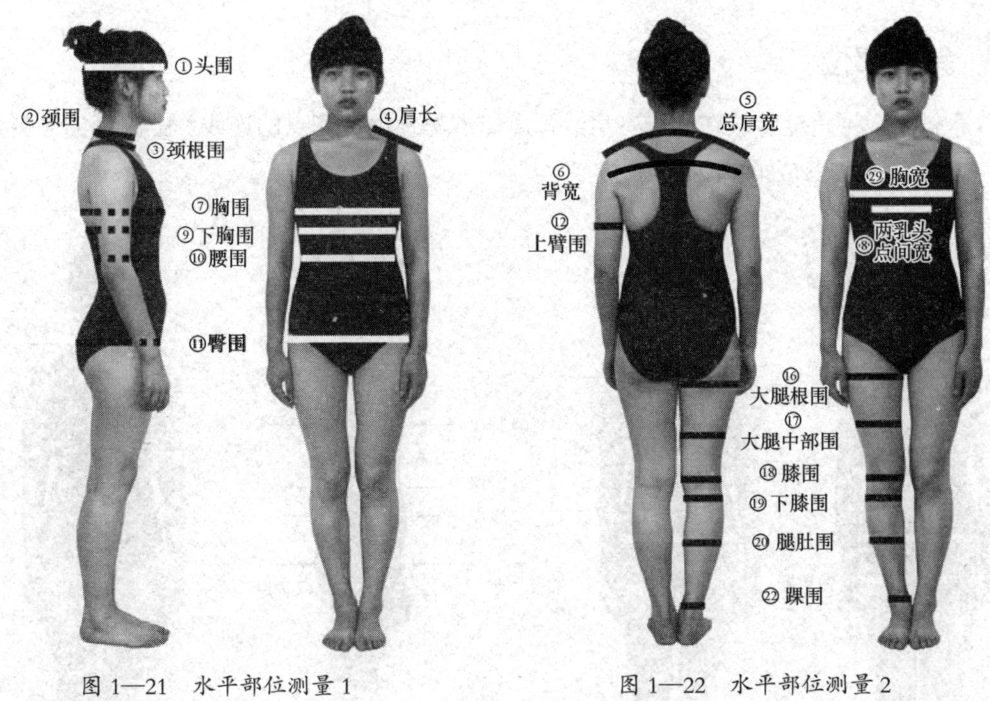

图 1—21　水平部位测量 1　　图 1—22　水平部位测量 2

22. 踝围：被测者直立，两脚分开与肩同宽，腿部放松，测量经过外踝骨最突出点的水平围长（见图 1—22）。

23. 手长：被测者右前臂与伸展的右手成直线，四指并拢，拇指分开，测量中指尖至掌根部第一条皮肤皱褶的距离。

24. 足长：被测者赤足直立，脚趾伸展，测量最突出的足趾与足后跟最突出点连线的最大直线距离。

25. 胸厚：在乳头点高度上，测量躯干前、后最突出部位间厚度方向上的水平直线距离（见图 1—24）。

26. 腰厚：在腰际线上，测量腰部前、后最突出部位间厚度方向上的水平直线距离（见图 1—24）。

27. 腹厚：在髂嵴点高度上，测量腹部前、后最突出部位间厚度方向上的水平直线距离（见图 1—24）。

28. 臀厚：在臀部向后最突出部位高度上，测量臀部前、后最突出部位间厚度方向上的水平直线距离（见图 1—24）。

29. 胸宽：在乳头点高度上，测量胸廓两侧最突出部位间的水平直线距离（见图 1—22）。

30. 臀宽：测量臀部左右大转子点间的水平直线距离（见图 1—23）。

31. 腹围：测量经髂嵴点的腹部水平围长（见图 1—23）。

三、斜度部位

肩斜度：将角度计放在被测者肩线（肩峰点与颈根外侧点的连线）上测量的倾斜角值，以度（°）为单位（见图 1—25）。

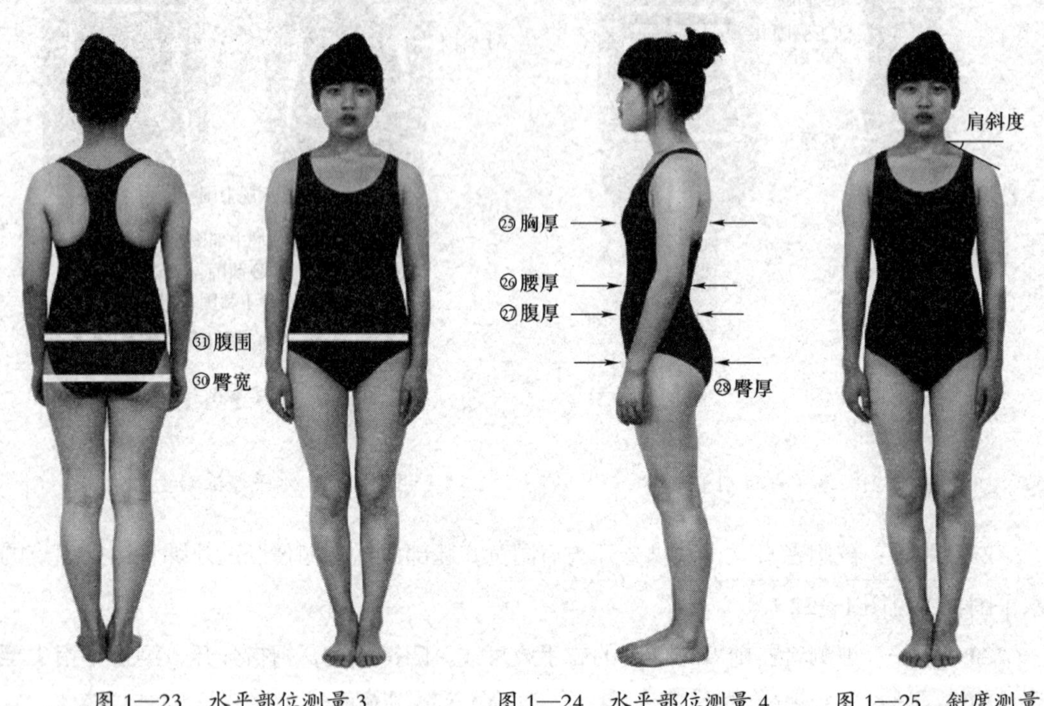

图 1—23 水平部位测量 3　　图 1—24 水平部位测量 4　　图 1—25 斜度测量

四、体重

体重：被测者稳定地站在体重计上，体重计显示的数值，以千克为单位。

五、服装放松量

为了使成品服装能够满足人体正常活动需要，在量体所得数据（净尺寸）的基础上，根据服装品类、款式和穿着环境，服装各部位尺寸必须加放一定的活动量，即放松量。

如图 1—26 所示，内圆表示人体的围度，外圆表示服装的围度，两圆之间的空隙（两圆周长的差值）即是服装的放松量，计算公式为 $2\pi(R-r)$。

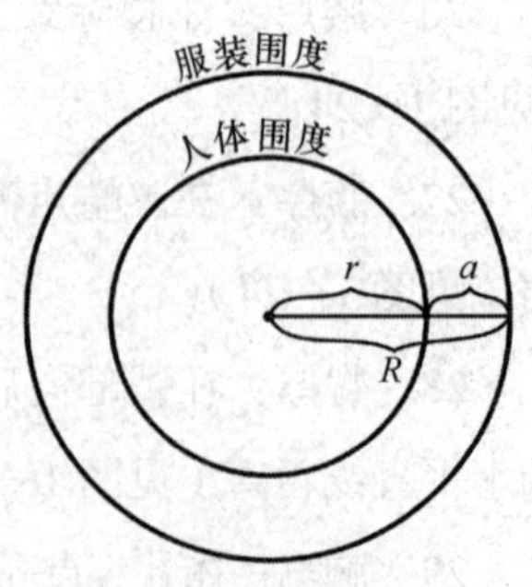

注：R为服装围度半径；
r为人体围度半径；
a为服装与人体之间的空隙。

图 1—26 放松量示意图

例如，号型 160/84A 女上衣，人体净胸围为 84 cm，取最小放松量 4 cm，则成品服装的胸围等于（84+4）cm，即

88 cm，成品服装与人体胸围之间的间隙 $R-r\approx 0.6$ cm，这就是人体呼吸与活动需要的间隙量。按此推算，当间隙量为 1 cm 时，放松量为 6 cm；间隙量为 2 cm 时，放松量为 12 cm。

对于一件具体的服装来说，各部位放松量大小的确定与诸多因素有关，这些因素主要包括：①外套内侧衣服的总厚度；②不同地区的生活习惯和自然环境；③款式特点的要求；④衣料的性能和厚薄；⑤工作性质及其工作时所需活动量；⑥个人爱好与穿着要求等。

第四节　国家服装号型标准

服装号型标准是由国家标准化管理委员会颁布的，便于服装行业工业化生产的技术性文件。服装号型标准的使用不仅可以促进从业人员之间的技术交流，帮助企业制定完整的尺码体系，而且有利于加强服装产品的质量监控，方便消费者选购适体的服装。

我国国家服装号型标准为 GB/T 1335，其中：GB 为“国标”拼音首字母，T 为推荐使用。GB/T 1335 服装号型标准分为：GB/T 1335.1—2008 男子服装号型标准、GB/T 1335.2—2008 女子服装号型标准和 GB/T 1335.3—2009 儿童服装号型标准三部分。

一、国家服装号型标准的主要内容

1. 号型定义

号：指人体的身高，以厘米为单位，是设计和选购服装长短的依据。

型：指人体的胸围或腰围，以厘米为单位，是设计和选购服装肥瘦的依据。

2. 体型分类代号

国家服装号型标准根据我国男、女人体体型特征，按胸腰差（即净胸围与净腰围的差值）的数值，将人体划分成 Y、A、B、C 四种体型。其中，Y 代表胸围大、腰围小的体型；A 代表一般体型；B 代表腰围较粗的体型，属于微胖体型；C 代表腰围很粗的体型，属于肥胖体型。各个体型的胸腰差见表 1—5。

表 1—5 体型定义表 单位：cm

体型分类代号	男子胸腰差	女子胸腰差
Y	22 ~ 17	24 ~ 19
A	16 ~ 12	18 ~ 14
B	11 ~ 7	13 ~ 9
C	6 ~ 2	8 ~ 4

3. 号型标识

号型标识是服装规格的代号。根据国家服装号型标准规定，号与型之间用斜线隔开，后接人体体型分类代号，由此共同构成号型标识。现以上装号型标识 160/84A 为例说明：160 为号，写在前；84 为型，写在后；A 为人体体型。

童装不分体型，因此号型标识不带体型分类代号。

4. 人体主要控制部位

国家服装号型标准中确定了人体的基本部位，上装是身高与胸围，下装是身高与腰围。除基本部位外，标准中对人体的控制部位做了选定，男子、女子标准共有 10 个：身高、颈椎点高、坐姿颈椎点高、全臂长、腰围高、胸围、颈围、总肩宽、腰围、臀围。儿童不设颈椎点高。

5. 号型系列

号型标准中设置以中间标准体（男、女体型中间标准体见表 1—6）为中心，向两边依次递增或递减，构成号型系列，服装规格以此为依据进行尺寸系列设计。具体方法为：身高以 5 厘米分档；胸围以 4 厘米分档组成系列；腰围以 4 厘米或 2 厘米分档组成系列。号与型分别构成 5·4 系列与 5·2 系列。

表 1—6 男、女体型中间标准体 单位：cm

体型类别		Y	A	B	C
男子	身高	170	170	170	170
	胸围	88	88	92	96
	腰围	70	74	84	92
女子	身高	160	160	160	160
	胸围	84	84	88	88
	腰围	64	68	78	82

二、服装号型应用

服装号型是服装工业生产和消费者选购服装的依据。服装号型系列并不能与消费者的实际人体尺寸一一对应，因此需要对不同尺寸的人体进行靠档划分。如：

身高（号）	……	163 ～ 167 cm	168 ～ 172 cm	……
选用号		165	170	
净胸围（型）	……	82 ～ 85 cm	86 ～ 89 cm	……
选用型		84	88	
净腰围（型）	……	65 ～ 66 cm	67 ～ 68 cm	……
选用型		66	68	

思考与练习

1. 服装结构制图主要部位代码有哪些？常用的服装结构制图术语有哪些？
2. 人体基准点设置的意义是什么？
3. 人体测量部位有哪些？怎样测量各部位尺寸？测量时应注意哪些要点？

第二章 裙装结构制图

裙装造型丰富，表现形式多样，穿着场合广泛，是女士喜欢的下装品种。造型上，裙装以不同围度的松紧变化与不同长度的对比变化构成其多样的外观形态；裁片数量上，裙装有一片、两片、三片、四片、六片、八片之分；结构上，裙装可以采用省道、褶裥、分割等形式丰富的处理方法。

学习目标：

1. 了解裙装构成的基本要素。
2. 掌握裙装结构制图的基本原理、方法和步骤。
3. 学会运用裙装的变化原理和方法，制作出不同款型裙子的结构样板。

第一节　裙装结构与人体的关系

裙装的基本结构是围绕腹部、臀部和下肢（不分两腿）的筒状无裆结构，它主要由一个长度（裙长）和三个围度（腰围、臀围、摆围）构成，如图 2—1 所示。

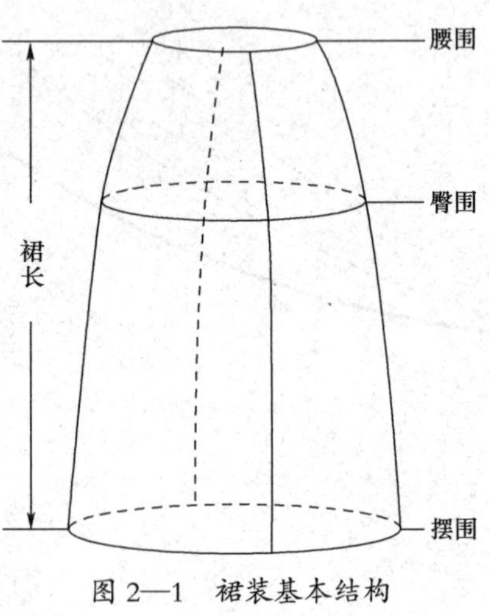

图 2—1　裙装基本结构

一、裙装腰部与人体的关系

人体腰部是人体三个重要水平围度中最细的一个围度，是人体上身与下身的分界处，围绕腰部水平一周即为制图腰围线。以腰围线为界，裙腰在腰围线位置高低的分配形成了低腰裙、平腰裙与高腰裙，如图 2—2 所示。

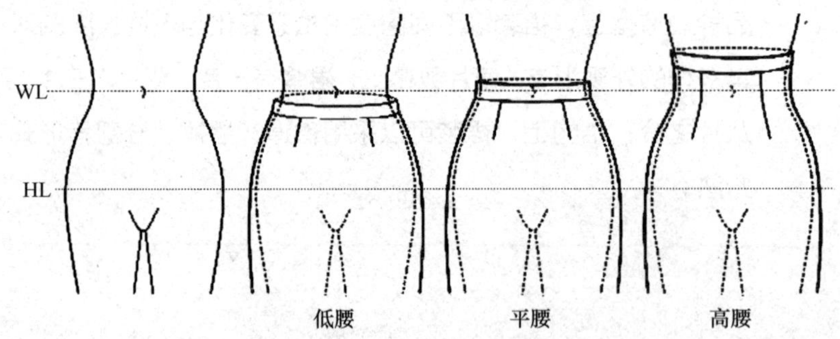

图 2—2　裙腰在腰围线位置分配

人体腰部是裙装的最高支撑点，这就决定了裙腰要符合人体腰部的尺寸，不能过大。但考虑到穿着季节、人体生理特征、日常生活的需要等因素，且工业生产时要满足多数人群的需要，因此裙腰需要在人体腰围尺寸上加放松量，放松量一般为 0 ～ 3 cm。

人体是个双曲面，腰部的横截面呈现扁圆型。裙腰在结构制图时需要根据裁片分配的数量来确定腰围计算方式，常见的裁片分配方式为四等分，因此基础腰围计算公式为 $\frac{W}{4}$。为保证侧缝竖直，前后腰围同前后臀围需共同做前后差调节处理，如图 2—3 所示。

由于人体腹部前凸、后腰凹进、臀部外凸的人体特征，以及人体腿部走路时向前运动的不同支撑力，导致合体裙装制图时后片腰口需要做低落处理，才能保证裙装底边的水平原则，如图 2—4 所示。

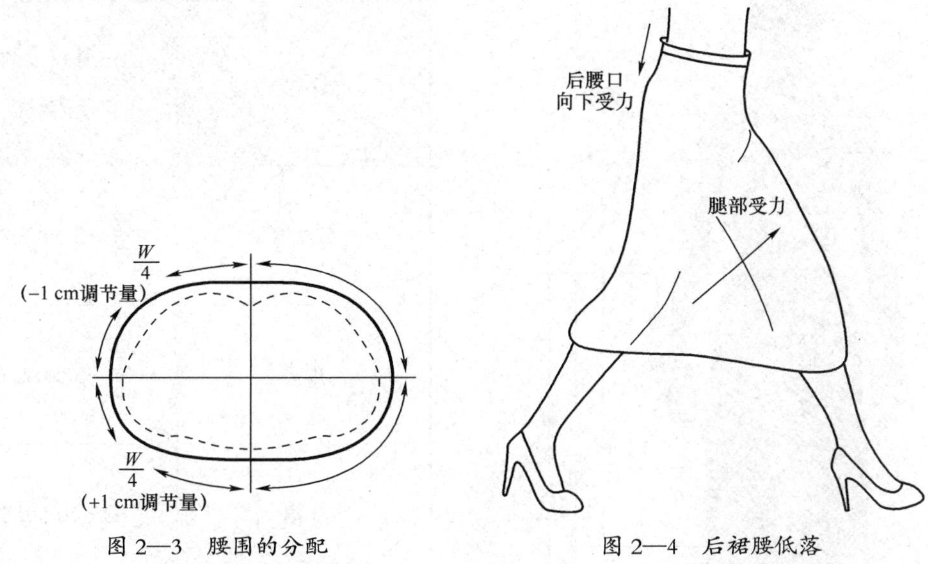

图 2—3　腰围的分配　　图 2—4　后裙腰低落

二、裙装臀部与人体的关系

臀部是人体下部明显隆起的部位，通过臀部最高点水平一周为臀围。人体在做坐、下蹲动作时，臀部表皮随动作发生扩张变化，使臀围变大。当人体平坐时，臀围平均增加 2.6 cm 左右；当人体下蹲时，臀围平均增加 4 cm 左右。所以一般情况下，臀围的最小放松量为 4 cm，合体裙的臀围放松量为 4 ～ 6 cm，其他款式裙装臀围放松量可根据具体款式、造型酌量加放。

裙装臀围与腰围相同，以四等分计，但由于人体臀部的横剖面呈现前平宽后凸窄的特点，当臀围四等分时，会显得人体臀部视觉上更加厚大。所以，在进行合体裙装制图时，习惯将前裙片臀围加大 1 cm 左右、后裙片臀围减小 1 cm 左右进行调节，如图 2—5 所示。

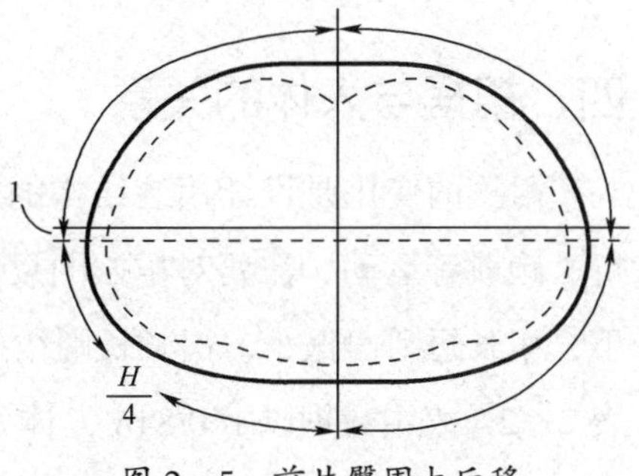

图 2—5　前片臀围大后移

三、裙装长度与人体的关系

裙长是裙装分类的依据之一。按照裙长，裙装可分为超短裙、短裙、中裙、中长裙和长裙五大类。超短裙与短裙在人体大腿中部上下变化，中裙在人体膝盖附近变化，中长裙

在人体小腿中部上下变化，长裙在人体脚踝上下变化，如图 2—6 所示。常用裙长与身高比见表 2—1。

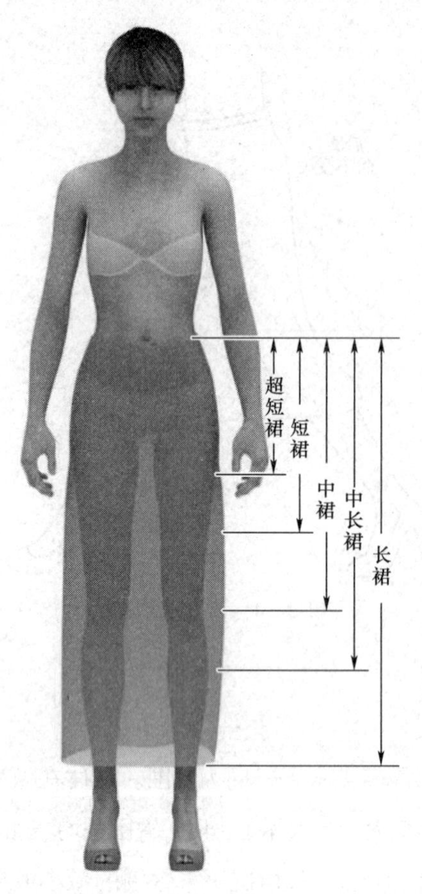

图 2—6 裙长变化

表 2—1 常用裙长与身高比

裙型	占身高比例（可使用数据）
超短裙	$\frac{号}{5}$ −3 cm 左右
短裙	$\frac{号}{5}$ +8 cm 左右
中裙	$\frac{2}{5}$号 −10 cm 左右
中长裙	$\frac{2}{5}$号 +10 cm 左右
长裙	$\frac{3}{5}$号 −4 cm 左右

四、裙摆与人体的关系

裙摆的变化是设计裙装结构的重要因素之一。当裙长过膝后，为了适应人体下肢步行、跑跳等运动，需要对裙摆的尺寸进行加大处理或者对裙摆进行开衩处理。一般情况下，裙长短则裙摆小，裙长长则裙摆大，如图 2—7 所示。裙装最小摆围与长度的关系见表 2—2（表中数据以 160/84A 人体为依据）。

五、臀腰差的形成与处理方法

人体从腰部到臀部这个区间，包含了腰部、前腹、后臀及髋骨等，是人体下体双曲面变化起伏显著的部位。从图 2—8 中可以看出臀围大于腰围，这就构成了腰围与臀围之间的差值，即臀腰差。臀腰差的处理是设计与制作下装的关键问题之一。据有关资料统计，我国成年男子的腰臀差一般为 16 cm 左右，女子的臀腰差一般为 20 cm 左右。

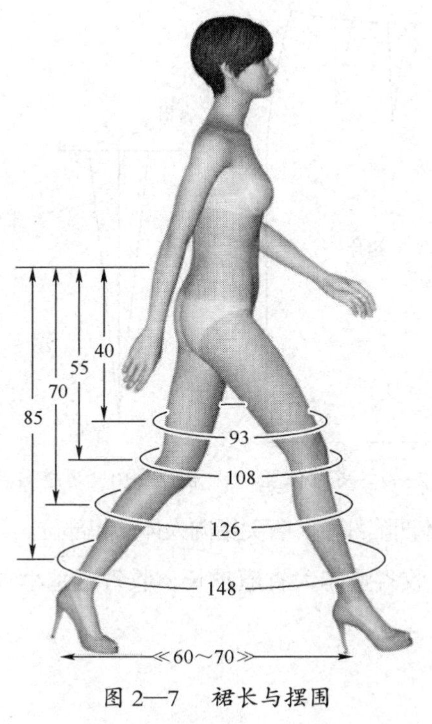

图 2—7　裙长与摆围

表 2—2　裙装最小摆围与长度的关系

正常步幅（cm）		60 ～ 70
裙型	长度（cm）	最小摆围（cm）
短裙	40	93 左右
中裙	55	108 左右
中长裙	70	126 左右
长裙	85	148 左右

在处理臀腰差时，首先需要根据臀围的分配方式进行计算，后依据服装款式对其进行合理分配。例如：臀腰差 20 cm，臀围分配方式为四等分，则 20（臀腰差）÷4（臀围分配方式）= 5 cm，只需要在每个裁片的腰围处减掉 5 cm 就可以得到腰围尺寸。

为了使裙装腰部达到合体的效果，一般采用省道、褶裥、分割等结构形式处理臀腰差。

1. 省道

省道也称省缝，是指为了使服装适合人体体型曲线，在衣片上缝去的部分。人体的腰臀、胸臀之间都存在着一定的差值，这就使得面料依附于人体后，在人体凹陷部位出现空隙量，服装变得不合体。利用省道将空开人体多余的面料处理平整后，服装会更加美观合体。

（1）省道的设计原理

将人体下体视为一个圆柱体，用面料包裹人体后，由于人体腰围与臀围之间存在臀腰差，所以在腰部会出现很多空开人体的浮量，这时在腰围处利用省道将浮量缝合，就可以使面料符合人体腰部的形态。通过这种方式，我们清楚地认识到，省道的位置应该处于人体的凹陷部位，作用于制图的关键线上，如腰围线，如图 2—9 所示。

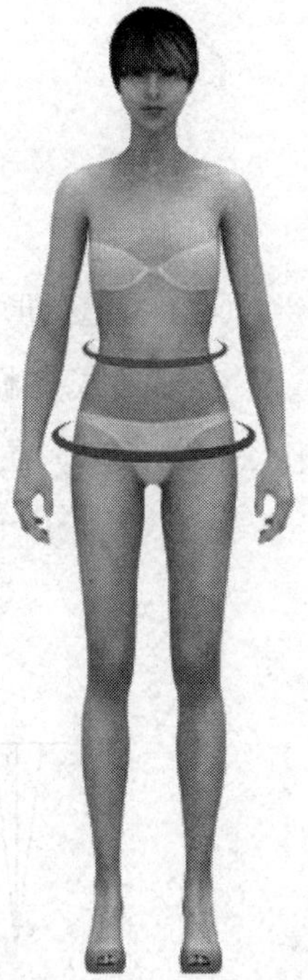

图 2—8　腰、臀围尺寸比例关系

在人体腰臀部位由上小下大的圆台体过渡时，就决定了省道的大体形态为锥子形。省道各部位的名称如图 2—10 所示。收省量的大小及省道的数量要根据省道所处位置与臀腰差的要求进行合理配置，如人体腰臀间部位呈现前腹微凸、臀部后凸显著的状态，使得前裙片的收省量要小于后裙片的收省量，省道的长度也因前腹凸水平位置高于臀凸水平位置而呈现后长前短的特征。裙装单个省道收省量一般为 2 ～ 3 cm，收省量过小，达不到收省的目的；收省量过大，省尖缝制后又难以烫平。省道具有固定的指向性，即：省根处在人体凹陷部位，省尖指向人体凸起部位。

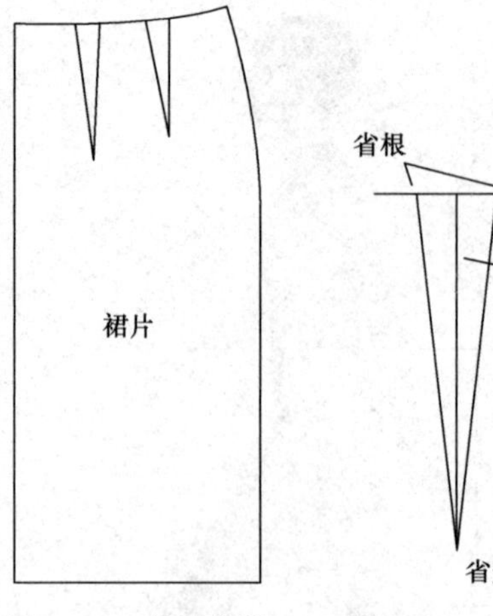

图 2—9　省道位置　　图 2—10　省道名称

在收省角度相同、面料隆起量相同的情况下，收省量越大省道越长，收省量越小省道越短，如图 2—11 所示。

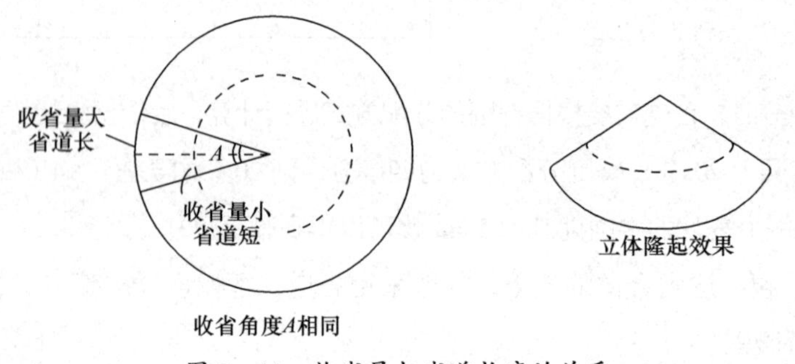

图 2—11　收省量与省道长度的关系

（2）省道的形式

省道形式多样，常见的有锥形省、楔形省、橄榄省、弧形省、胖省、瘦省等，如图 2—12 所示。在实际应用中，可根据省道所处服装裁片的位置，选用合适的省道形式。

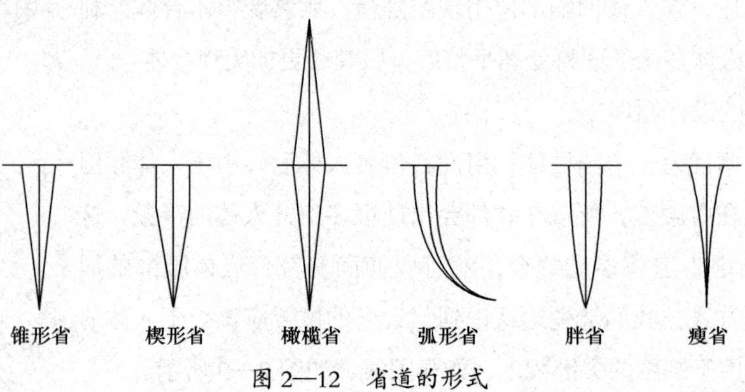

图 2—12　省道的形式

（3）省道的作用

省道可将面料从平面形式转化为立体形式，使服装变得舒适得体，同时可调节服装的视觉比例，并具有装饰效果。

2. 褶裥

（1）褶裥的定义

褶裥是指在衣片上对面料进行折叠、折皱所形成的，具有装饰和功能作用的部分。

（2）褶裥的形式

省道只能出现在服装对应的人体的凹凸双曲面位置，而褶裥可以存在于服装的任何一个部位，应用空间广泛。常见的褶裥形式有碎裥（细碎的褶裥）、顺风裥（倒向一侧的褶裥）、阴裥（两侧向中心折叠，中心形成内凹的褶裥）、阳裥（中心向两侧折叠，中心形成外凸的褶裥），如图 2—13 所示。

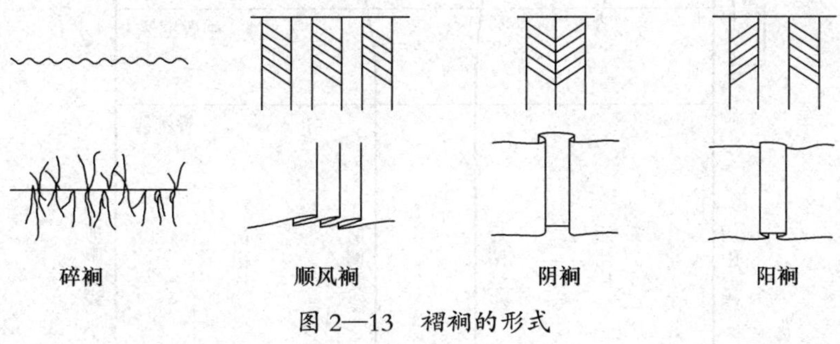

图 2—13　褶裥的形式

（3）褶裥的作用

褶裥可在服装局部产生褶皱，起到装饰作用，并能使平面的服装产生立体效果。

3. 分割

分割是将服装裁片进行剪切，使裁片数量增加的方法。分割有两种形式（见图 2—14）：一种是功能性分割，这种分割可将省道与褶裥隐藏在分割线内，使服装更加美观；另一种是装饰性分割，这种分割往往是为了增加服装的外观美感，迎合市场需求，利用形式美法则对服装进行的外观改造。

六、裙装各部位线条及部件名称

裙装各部位线条及部件名称如图 2—15 所示。

图 2—14 功能性分割与装饰性分割运用

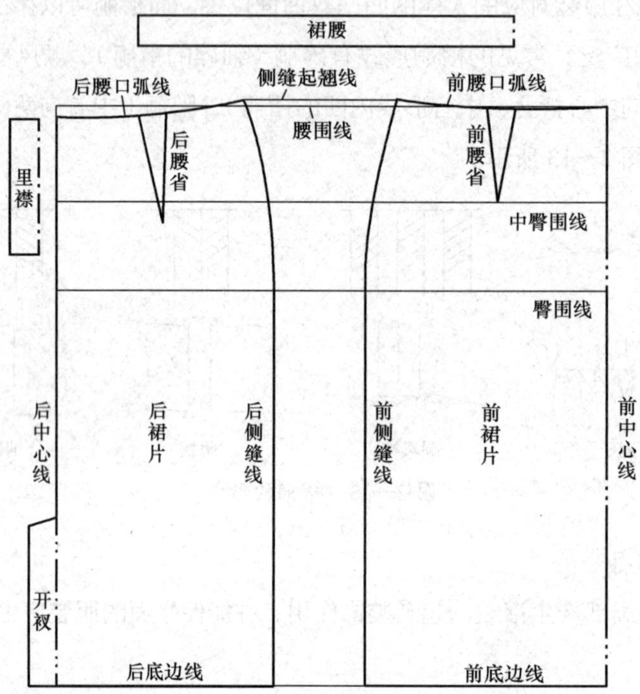

图 2—15 裙装各部位线条及部件名称

第二节 西服裙结构制图

西服裙一般搭配西服正装穿着，造型多为筒型，松量合体，结构简洁明了，色调自然优雅，取直料裁剪，是裙装的基本型，属于直裙，常作为学习裙装结构制图的入门款式。

西服裙的生产通知单（样单）见表 2—3。

表 2—3　西服裙生产通知单（样单）

品牌：××××	款号：××××	名称：西服裙
纸样编号：××××	下单日期：××××	完成日期：××××

款式图：

面料：纱卡
成分：棉 100%
组织：斜纹组织
幅宽：144 cm

辅料：
无纺粘合衬、隐形拉链、配色线、商标、洗水唛

系列规格表（5·4）　单位：cm

部位	规格	155/64A S	160/68A M	165/72A L	档差	公差
1	裙长	51	53	55	2	±1
2	腰围	66	70	74	4	±1
3	臀围	88	92	96	4	±1
4	臀长	17.5	18	18.5	0.5	±0.5
5	摆围	82	86	90	4	±1

工艺要求：
1. 省道：前后省道位置正确，省长正确，倒向对称，省尖处平顺
2. 拉链：隐形拉链安装平整，无起涟，高低一致
3. 装腰：装腰平整，无起涟
4. 开衩：裙后中开衩，门、里襟高低一致、平整
5. 裙下摆：下摆 3 cm 折烫，手工三角针
6. 缉线：顺直，无跳针、断线现象
7. 商标：位置端正，号型标志清晰，号型标志钉在商标下沿
8. 整烫：各部位熨烫到位，平服，无亮光、水花、污迹，底边平直无起浪现象
9. 针迹：明线 14 针 /3 cm

工艺编制：　　　　工艺审核：　　　　审核日期：

一、西服裙款式特点概述

西服裙呈直筒型，合体，前后腰各收 2 个省道，装直腰，收裙摆，后中装隐形拉链，并在裙摆后中做开衩处理以方便行走，外观简洁。西服裙适合用女士呢、薄花呢、人字呢、法兰绒等纯毛料，也可选用丝绸、亚麻、府绸、麻纱、毛涤等面料，面料要求平整、光洁、柔软、挺括，具有一定弹性，且不容易起皱。

二、西服裙制图规格尺寸（见表 2—4）

表 2—4　西服裙制图规格尺寸

单位：cm

号型	裙长	腰围	臀围	摆围	臀长	腰宽
160/68A	53	70	92	86	18	3

三、西服裙结构制图

1. 基础框架（见图 2—16）

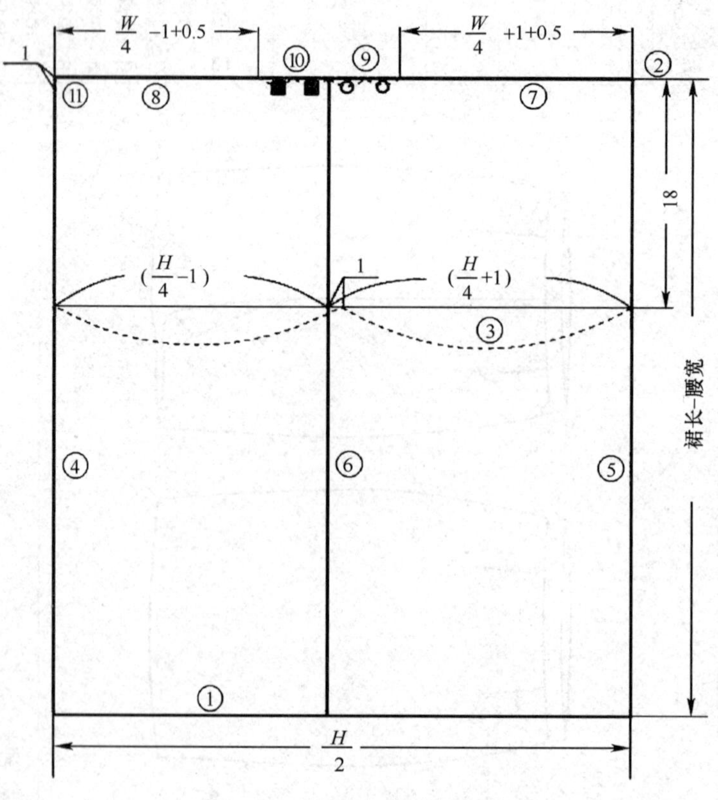

图 2—16　西服裙基础框架图

（1）下平线：绘制水平线一条，为底边基础线。

（2）上平线：绘制上平线一条，为腰围基础线。上平线与下平线间距为裙长 – 腰宽 = 50 cm。

（3）臀围线：距上平线向下 18 cm（臀长）绘制水平线一条。

（4）后中心基础线：左侧绘制铅垂线一条。

（5）前中心基础线：右侧绘制铅垂线一条，与后中心基础线间距$\frac{H}{2}$=46 cm。

（6）侧缝基础线：将臀围线二等分，中点向左侧偏移 1 cm，绘制一条铅垂线为侧缝基础线。

（7）前腰围大：腰围基础线上由前中心线向左侧量取$\frac{W}{4}$+1（前后差）+ 0.5（工艺吃势量）=19 cm。

（8）后腰围大：腰围基础线上由后中心线向右侧量取$\frac{W}{4}$−1（前后差）+ 0.5（工艺吃势量）=17 cm。

（9）前腰省量：将前腰围大至侧缝基础线的量二等分，取一等份为前腰省量。

（10）后腰省量：将后腰围大至侧缝基础线的量二等分，取一等份为后腰省量。

（11）后中低落：后中心基础线与腰围基础线交点沿后中心基础线下降 1 cm。

2. 裙片结构（见图 2—17）

（1）前裙片结构

1）前侧缝线：取前腰围大至侧缝基础线中点、前臀围大端点、底边侧缝基础线偏右 1.5 cm 三点连线构成前侧缝线，并向上延长 0.7 cm 为侧缝起翘量。注意臀围线以上部位要符合人体胯部形态，上平下弯，臀围线以下平直。

2）前腰口弧线：由侧缝起翘至前中心基础线以弯弧连线，前腰口线与侧缝线垂直。

3）前中心线：将前中心基础线以单点画线绘制。

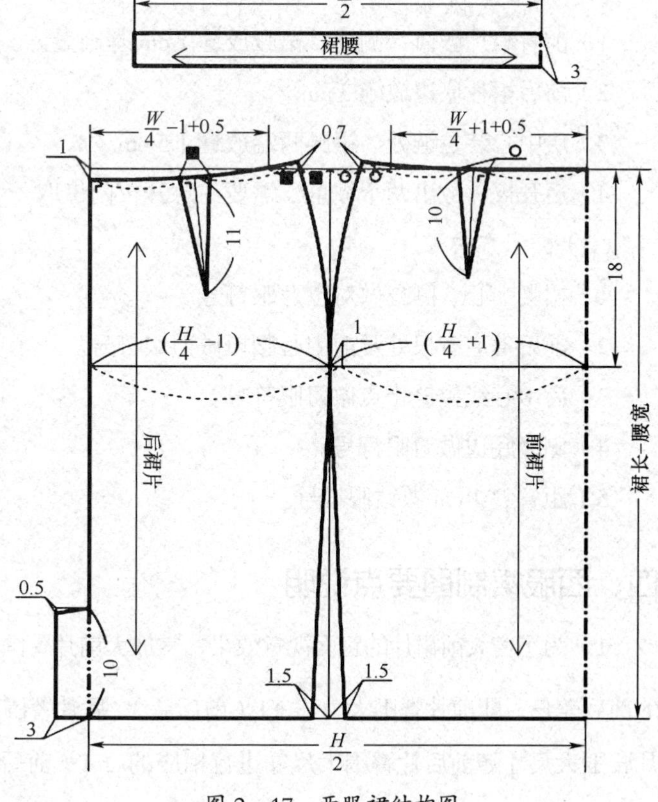

图 2—17　西服裙结构图

4）前底边线：侧缝底边偏进 1.5 cm 点与前中心线连线。

5）前腰省：将前腰口线二等分，取等分点做前腰口线垂直线为省中线，省道宽为前腰围大至侧缝基础线余量的一半，省道长为 10 cm。

（2）后裙片结构

1）后侧缝线：取后腰围大至侧缝基础线中点、后臀围大端点、底边侧缝基础线偏左 1.5 cm 三点连线构成后侧缝线，并向上延长 0.7 cm 为侧缝起翘量，形态与前侧缝线一致。

2）后腰口弧线：由侧缝起翘至后中心基础线低落 1 cm 点以弯弧连线，后腰口线与侧缝线垂直，后中心基础线与后腰口线垂直。

3）后中心线：将后中心基础线以粗实线绘制。

4）后裙衩：后中心线底边处绘制长 10 cm、宽 3 cm 的开衩，上端低落 0.5 cm。

5）后底边线：侧缝底边偏进 1.5 cm 点与后中心线连线。

6）后腰省：将后腰口线二等分，取等分点做后腰口线垂直线为省中线，省道宽为后腰围大至侧缝基础线余量的一半，省道长为 11 cm。

3. 裁片放缝（见图 2—18）

（1）放缝要求

1）前后裙片腰口、侧缝、裙腰放缝 1 cm 基础量。

2）前后裙片底边放缝 3 cm。

3）后中心装拉链处、裙腰两端放缝 1.5 cm。

4）后开衩需放出两个衩量，需要注意开衩门襟取一个量，开衩里襟取两个量。

（2）标记方法

1）裙腰中心、侧缝做对位刀眼符号。

2）前后省道省根处及前中心腰口做刀眼符号。

3）后中心线拉链止点做刀眼符号。

4）侧缝底边做刀眼符号。

5）距省尖 1 cm 做钻眼符号。

四、西服裙制图要点说明

1. 为了增大前裙片的正面视觉效果，常加大前片臀围大尺寸，使前后片臀围大存在 1 cm 的前后差量，即前片臀围大为$\frac{H}{4}+1$（前后差），后片臀围大为$\frac{H}{4}-1$（前后差），同时，前后片腰围大尺寸随前后片臀围大尺寸进行相应的 ±1（前后差）处理。

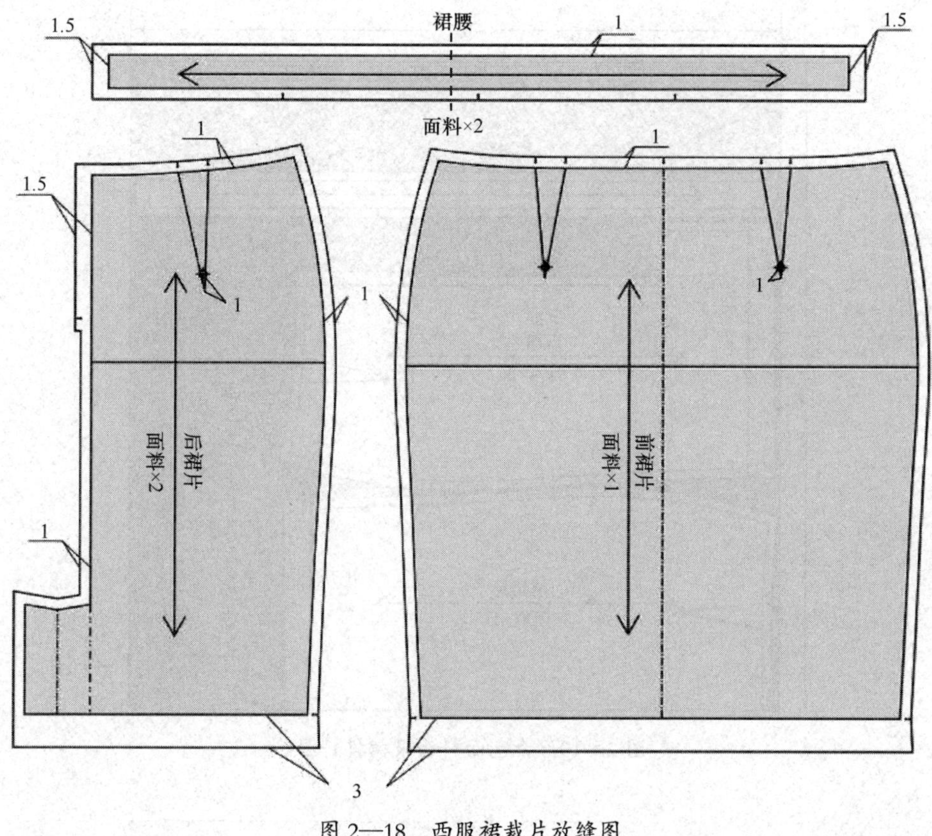

图 2—18　西服裙裁片放缝图

2. 西服裙绱腰缝制时，需要给出裙片腰围一定的缝制吃势量，所以，在每个裁片腰围处需加出 0.5 cm 的缝缩量。

3. 当西服裙的臀腰差超过 25 cm 时，需要调整腰围处的省道数量，一般前后片各做 4 个省道。

4. 后裙片由于人体腰部的特征，需要在后片腰围基础线处低落 1 ～ 1.5 cm。

5. 省道的长度：前片一般在中臀围线附近；后片可做长些，并指向人体臀围线。

6. 臀长是腰围线与臀围线之间的距离，是绘制裙装确定腰围线与臀围线的重要数据。要注意，臀长随着人体的高矮发生变化，不是固定数据，制图时要充分考虑人体。

五、西服裙排料

裙装在排料过程中，要注意面料的图案。当面料是素色或无方向性图案时，裁片可采用头尾颠倒的形式进行排料，如图 2—19 所示。有方向性图案的面料必须沿面料方向进行排料，如图 2—20 所示。

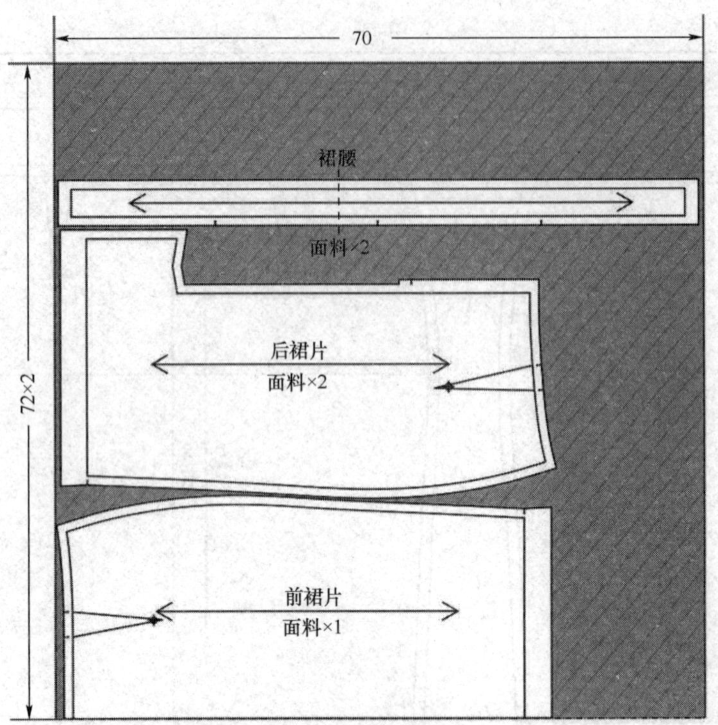

图 2—19　素色面料西服裙排料图

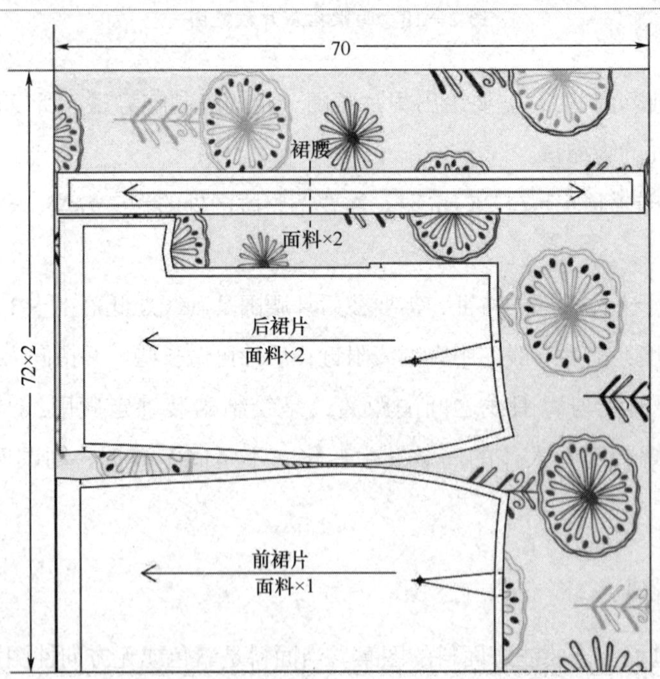

图 2—20　有方向性图案面料西服裙排料图

知识拓展

服装样板制作是具有工程性、艺术性、技术性的生产过程。服装样板是以设计师的平面款式图为基础，制板师通过科学的计算分配与严谨的结构制图绘制而成的平面纸样，它是服装生产的重要技术文件之一。

在生产过程中，根据生产用途的不同，可将样板分成裁剪样板与工艺样板两大类。裁剪样板俗称毛样板，包括面料样板、里料样板、衬料样板等。工艺样板一般为净样板，主要是在生产过程中使用的样板，包括修正样板、定型样板、定位样板。

第三节　一步裙结构制图

一步裙造型结构同西服裙，属于直裙，合体，也常作为学习裙装结构制图的入门款式。与西服裙最大的区别在于，一步裙的色彩比较丰富，穿着场合也较为广泛。

一步裙的生产通知单（样单）见表 2—5。

一、一步裙款式特点概述

一步裙呈合体直筒型，前后腰口各收四个省道，装直腰，后中腰部装明拉链，后中做开衩，选用面料与西服裙相仿。

表 2—5　一步裙生产通知单（样单）

品牌：××××	款号：××××	名称：一步裙
纸样编号：××××	下单日期：××××	完成日期：××××

款式图：

面料：纱卡
成分：棉 100%
组织：斜纹组织
幅宽：144 cm

辅料：
无纺粘合衬、明拉链、配色线、商标、洗水唛

系列规格表（5·4）　　单位：cm

部位 \ 规格		155/62A	160/66A	165/70A	档差	公差
		S	M	L		
1	裙长	60	62	64	2	±1
2	腰围	64	68	72	4	±1
3	臀围	88	92	96	4	±1
4	臀长	17.5	18	18.5	0.5	±0.5
5	摆围	88	92	96	4	±1

工艺要求：
1. 省道：前后省道位置正确，省长正确，倒向对称，省尖处平顺
2. 拉链：明拉链安装平整，正面明线装饰，无起涟，高低一致
3. 装腰：装腰平整，无起涟
4. 开衩：裙后中开衩，门、里襟高低一致、平整
5. 裙下摆：下摆 3 cm 折烫，手工三角针
6. 缉线：顺直，无跳针、断线现象
7. 商标：位置端正，号型标志清晰，号型钉在商标下沿
8. 整烫：各部位熨烫到位，平服，无亮光、水花、污迹，底边平直无起浪现象
9. 针迹：明线 14 针 /3 cm

工艺编制：　　工艺审核：　　审核日期：

二、一步裙制图规格尺寸（见表 2—6）

表 2—6　一步裙制图规格尺寸

单位：cm

号型	裙长	腰围	臀围	摆围	臀长	腰宽
160/66A	62	68	92	92	18	3

三、一步裙结构制图

1. 基础框架（见图 2—21）

（1）下平线：绘制水平线一条，为底边基础线。

（2）上平线：绘制上平线一条，为腰围基础线，上平线与下平线间距为裙长－腰宽 =59 cm。

（3）臀围线：距上平线向下 18 cm（臀长）绘制水平线一条。

（4）后中心基础线：左侧绘制铅垂线一条。

（5）前中心基础线：右侧绘制铅垂线一条，与后中心基础线间距 $\frac{H}{2}$ =46 cm。

（6）侧缝基础线：将臀围线二等分，中点向左侧偏移 1 cm，绘制一条铅垂线为侧缝基础线。

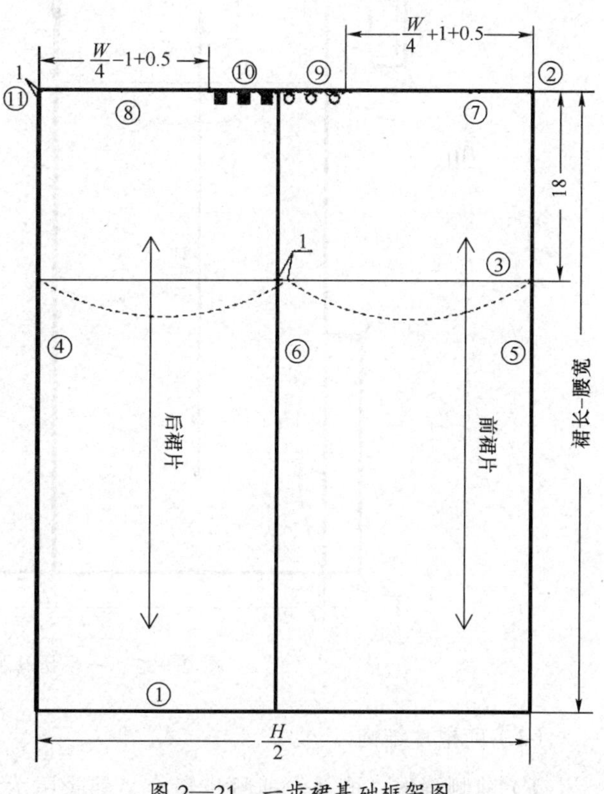

图 2—21　一步裙基础框架图

（7）前腰围大：腰围基础线上由前中心线向左侧量取 $\frac{W}{4}$ +1（前后差）+ 0.5（工艺吃势量）=18.5 cm。

（8）后腰围大：腰围基础线上由后中心线向右侧量取 $\frac{W}{4}$ -1（前后差）+ 0.5（工艺吃势量）=16.5 cm。

（9）前腰省量：将前腰围大至侧缝基础线的量三等分，取其中两等份为前腰省。

（10）后腰省量：将后腰围大至侧缝基础线的量三等分，取其中两等份为后腰省量。

（11）后中低落：后中心基础线与腰围基础线交点沿后中心基础线下降 1 cm。

2. **裙片结构（见图2—22）**

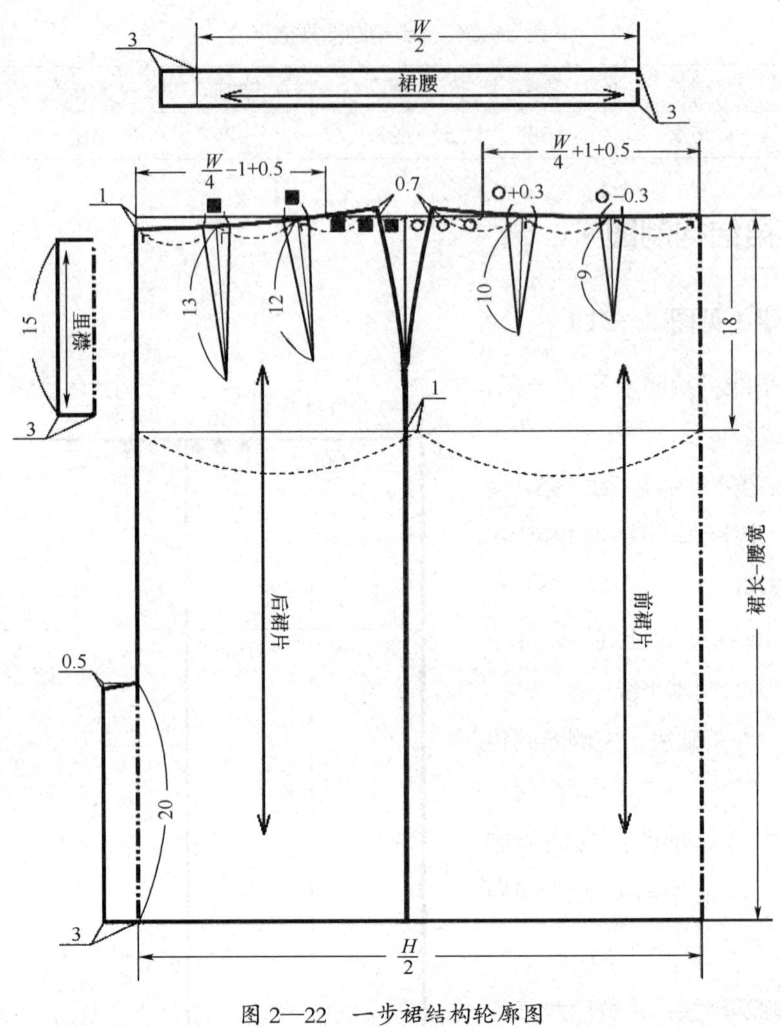

图2—22 一步裙结构轮廓图

（1）前裙片结构

1）前侧缝线：取2份前腰省量点、前臀围大端点、底边侧缝点连线构成前侧缝线，并向上延长0.7 cm为侧缝起翘量，绘制方法同西服裙侧缝线画法。

2）前腰口弧线：由侧缝起翘至前中心基础线以弯弧连线，前腰口线与侧缝线垂直。

3）前中心线：将前中心基础线以单点画线绘制。

4）前底边线：侧缝底边端点与前中心线底端点连线。

5）前腰省：将前腰口线三等分，取等分点做前腰口线2条垂直线为省中线，省道尺寸分别为：前中心省道宽“○－0.3”cm，长9 cm；前侧省道宽“○＋0.3”cm，长10 cm。

（2）后裙片结构

1）后侧缝线：绘制方法同前裙片侧缝线画法。

2）后腰口弧线：由侧缝起翘至后中心基础线低落 1 cm 点以弯弧连线，注意后腰口线要与后侧缝线、后中心线基础两端垂直。

3）后中心线：将后中心基础线以粗实线绘制。

4）后裙衩：在后中心线与底边交点向左侧绘制长 20 cm、宽 3 cm 长方形为后裙开衩，并将开衩上端低落 0.5 cm。

5）后底边线：以粗实线将后中心线底端与后侧缝底边端点连线。

6）后腰省：将后腰口线三等分，取等分点做 2 条垂直线为省中线，两个省道宽度一致，长度分别为：后中心省道长 13 cm，后侧省道长 12 cm。

3. 裁片放缝（见图 2—23）

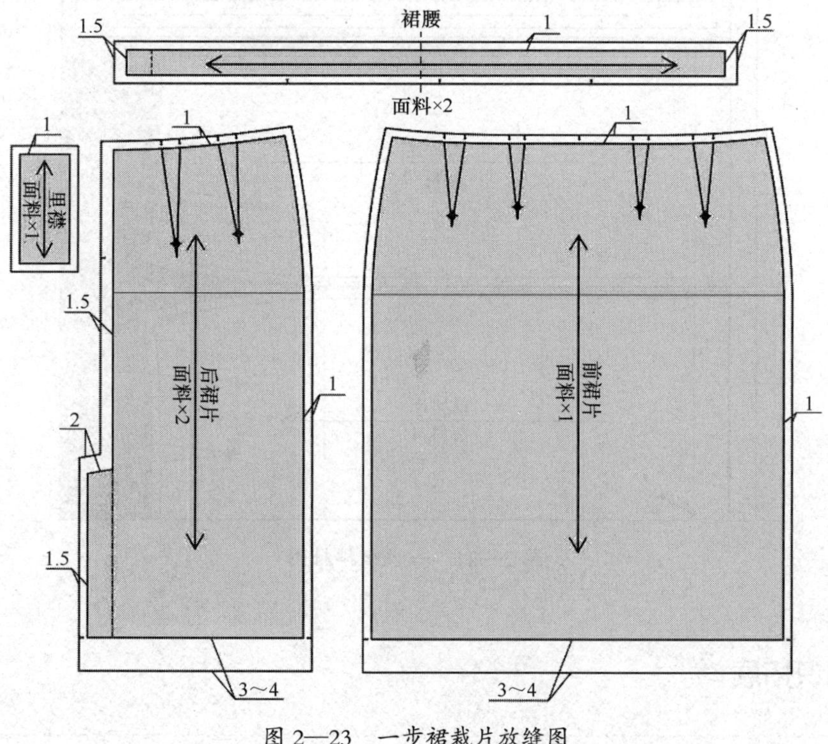

图 2—23　一步裙裁片放缝图

四、一步裙制图要点说明

1. 一步裙的裙长变化比较大，同时要注意在裙长变化的同时，摆围要随着流行趋势调整。

2. 一步裙通常为合体款式，其腰围放松量一般为 0 ～ 2 cm，臀围放松量一般为 4 ～ 6 cm。

3. 直筒一步裙裙长如果超过膝盖，则需要在裙摆做开衩处理，常见的有后中开衩与侧缝开衩两种样式。

4. 一步裙绱腰缝制时，与西服裙处理方法一样，所以也需要给裙片腰围每个裁片加出 0.5 cm 的吃势量。

五、一步裙排料（见图 2—24）

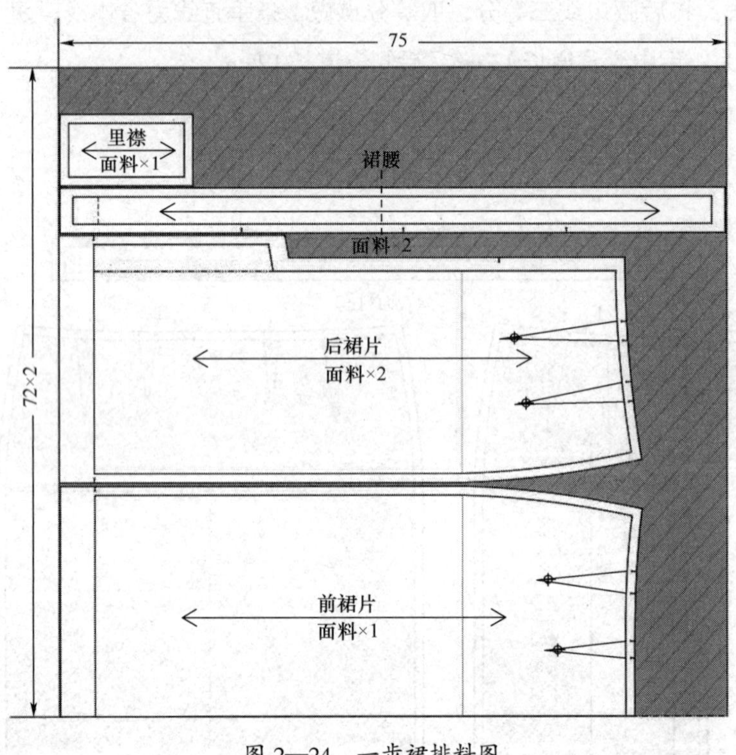

图 2—24 一步裙排料图

知识拓展

排料是服装生产的一个重要环节，是将服装样板在有限的面料上进行合理排版的过程。在工业生产过程中，好的排料方法可以为企业节省大量的成本，这就需要操作人员在排料过程中不断总结经验，以便适应不同的面料幅宽及服装款式的需求。

排料时，首先要注意面料本身的特性，如面料是否有毛向、印花图案是否有方向、面料正反面等；然后依据生产要求，以最经济的形式将服装纸样影拓在面料上。排料时可以遵循“齐边平靠，斜边颠倒；弯弧相交，凹凸互套；大片定局，小件填空；经短求省，纬满在巧”32字诀。

第四节 裙装的结构变化

服装设计师常常通过褶裥、省道、分割、重组拼接等形式对裙装进行结构设计，以达到不同廓形的要求，同时丰富裙装的款式种类。

一、裙型结构设计方法

裙型的变化主要表现在裙腰、廓形的设计变化及裁片结构变形上。

1. 裙腰的设计变化

裙腰是裙装经常变化的部位，有高、低腰之分，也有装腰与连腰两种形式，如图2—25所示。

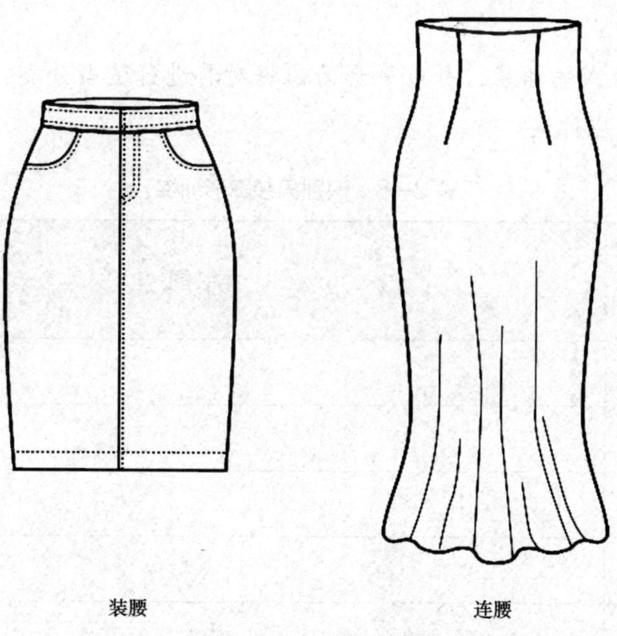

图2—25 裙腰结构变化

2. 廓形的设计变化

裙装的廓形主要由腰围、臀围与摆围三者之间的比例关系决定，一般有 V 型、H 型、A 型、X 型、O 型。裙装廓形设计变化示例见表 2—7。

表 2—7 裙装廓形设计变化示例

廓形	V 型	H 型	A 型	X 型	O 型
示例款式	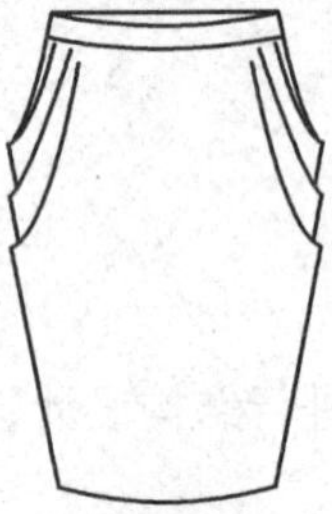	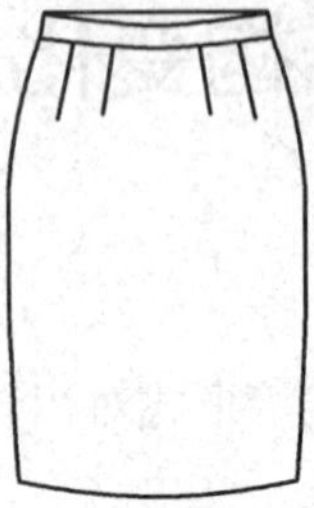		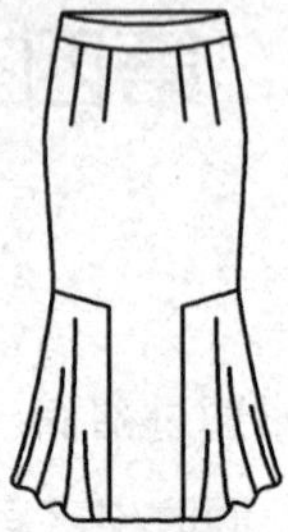	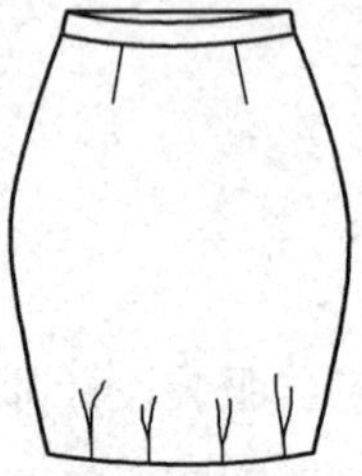
廓形剪影					

眼力训练

请收集不同款式的裙装，并以廓形为依据对其进行适当分类，然后将各自的图片放入表 2—8 相应位置。

表 2—8 识别裙装廓形训练

图片 / 分类形式	裙装图片
V 型	
H 型	
A 型	
X 型	
O 型	

3. 裁片结构变形

通常以直裙的基本款作为裁片结构变形的基础，利用剪切拼合的方式将裙片打散后再重新组合。这种剪切拼合的方式大致分为纵向剪切拼合、横向剪切拼合、斜向剪切拼合、混合剪切拼合四种形式，无论哪种形式，都是对裙装廓形变化的综合运用。例如，利用纵向剪切拼合的形式，将省尖至裙摆开剪，同时将省道合并，从而展开裙摆量，完成裙装廓形由 H 型到 A 型的转变，如图 2—26 所示；A 型裙装也可以将裁片进行横向剪切后再拼接，利用褶皱的形式，增加裙装的视觉美感，如图 2—27 所示；还可以利用斜向剪切展开再拼合或者混合剪切展开再拼合的方式，将裙装廓型由 H 型变为 X 型，如图 2—28 所示。

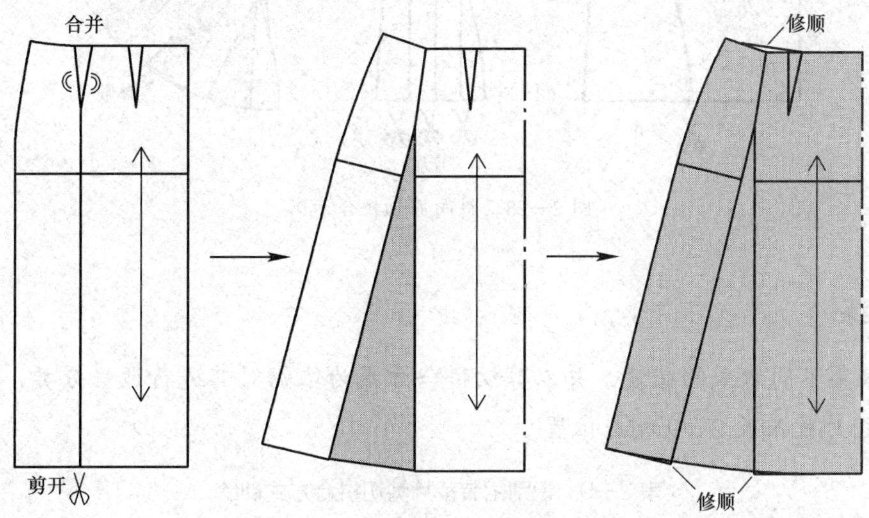

图 2—26　纵向剪切拼合示例

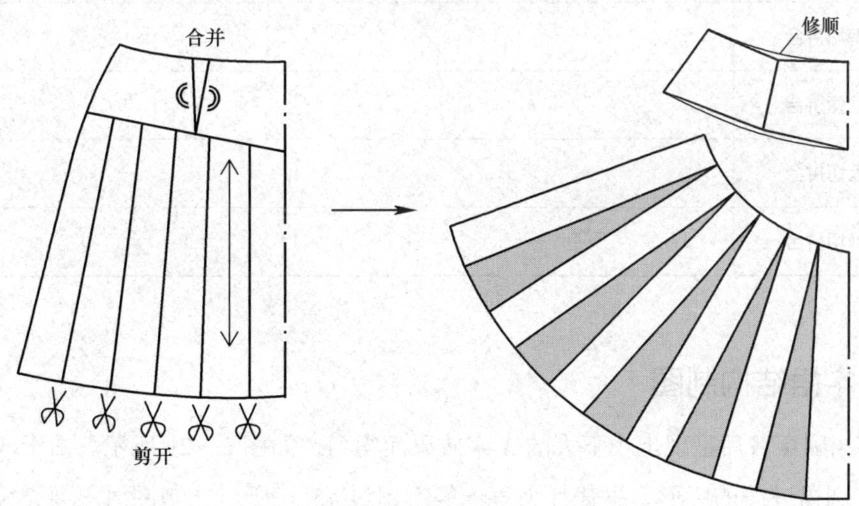

图 2—27　横向剪切拼合示例

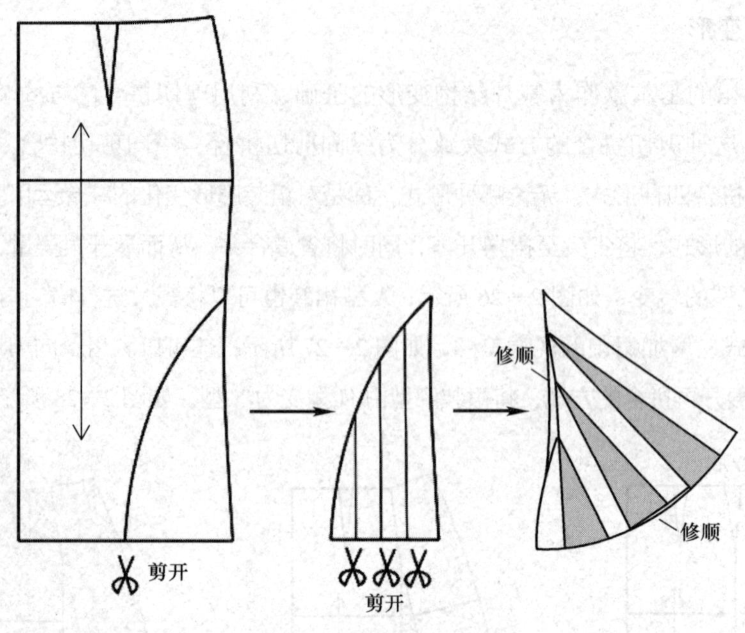

图 2—28　斜向剪切拼合示例

眼力训练

请收集不同款式的裙装，并以剪切拼合方式为依据对其进行适当分类，然后将各自的图片放入表 2—9 相应位置。

表 2—9　识别裙装裁片剪切拼合方式训练

图片 分类形式	裙装图片
纵向剪切拼合	
横向剪切拼合	
斜向剪切拼合	
混合剪切拼合	

二、A 字裙结构制图

A 字裙因穿着后呈现上小下大的 A 字效果而得名，如图 2—29 所示。由于 A 字裙是 A 型向全圆裙过渡的廓形，裙裁片夹角一般不超过 45°，所以在制图时需要充分考虑臀围。A 字裙也可以通过分割设计为款式增添色彩，如百褶类型的 A 字裙深受年轻人喜爱。

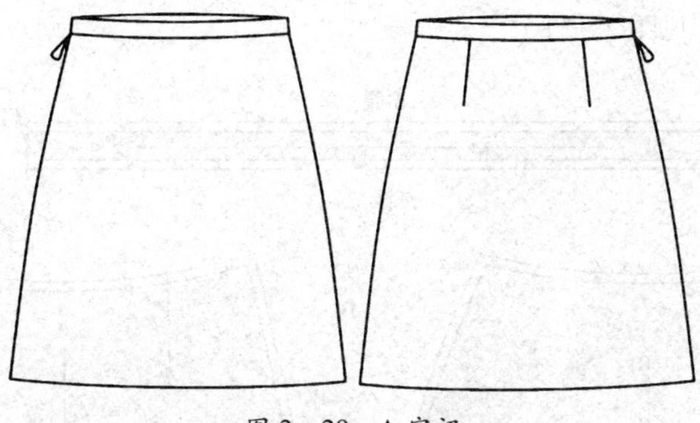

图 2—29　A 字裙

1. 普通 A 字裙

以前片无省、后片两个省道、右侧装隐形拉链的裙装款式为例，其制图规格尺寸见表 2—10。

表 2—10　A 字裙制图规格尺寸　　单位：cm

号型	裙长	腰围	臀围	摆围	臀长	腰宽
160/66A	62	68	94	94	18	3

（1）前、后片结构制图（见图 2—30）

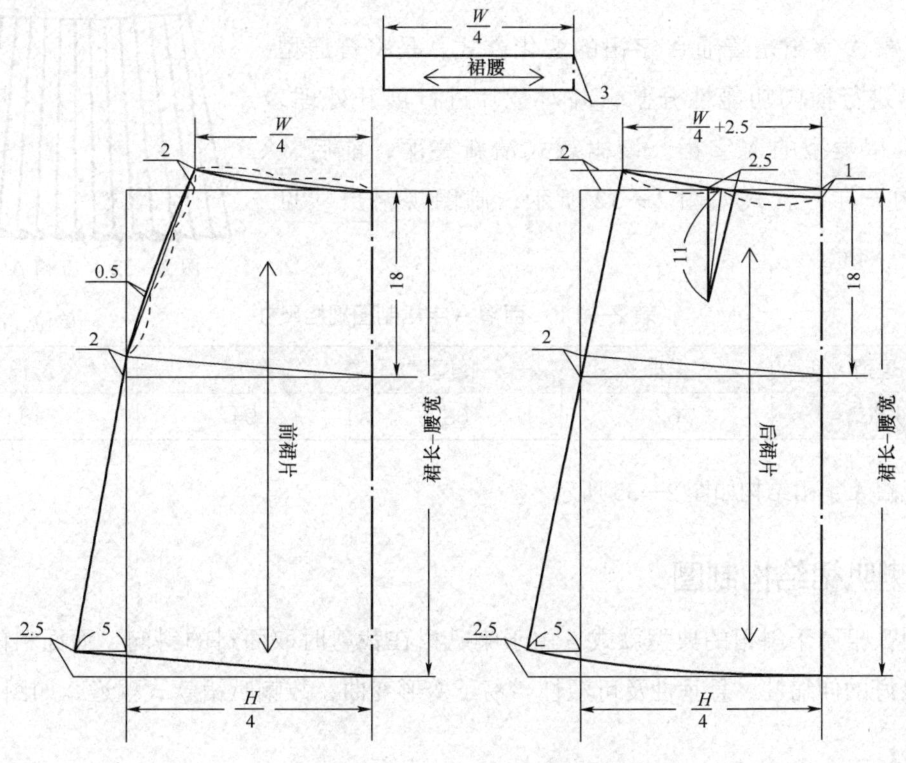

图 2—30　A 字裙结构图

（2）裁片放缝（见图 2—31）

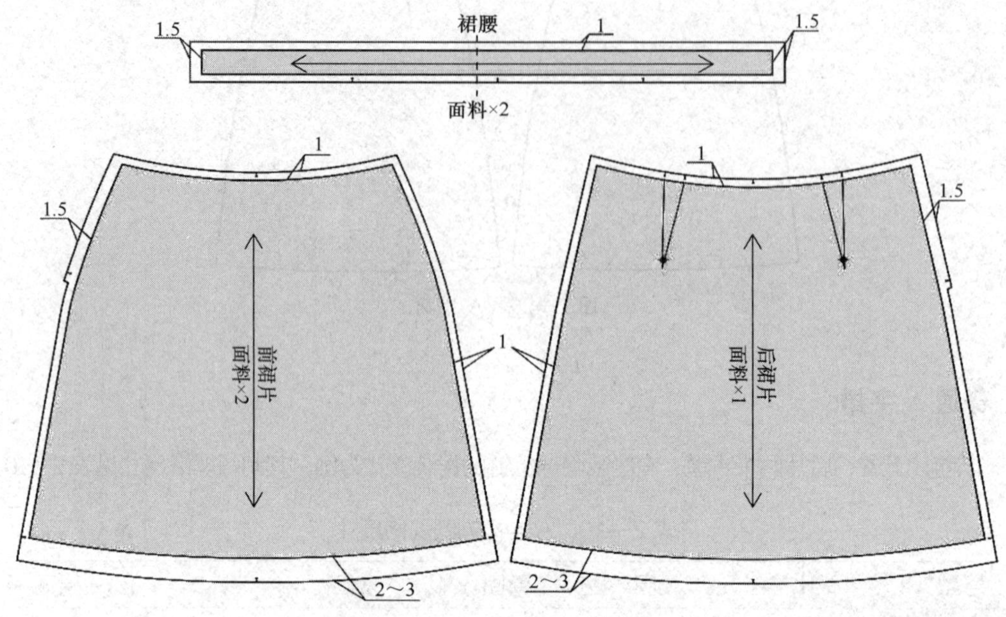

图 2—31　A 字裙裁片放缝图

2. 百褶 A 字裙

百褶 A 字裙是普通 A 字裙的变化款式，是将普通型 A 字裙进行横向功能性分割，并对裁片进行展开处理，做出百褶类型的 A 字裙。该裙款式清新亮丽，前后裁片结构一样，款式如图 2—32 所示，制图规格尺寸见表 2—11。

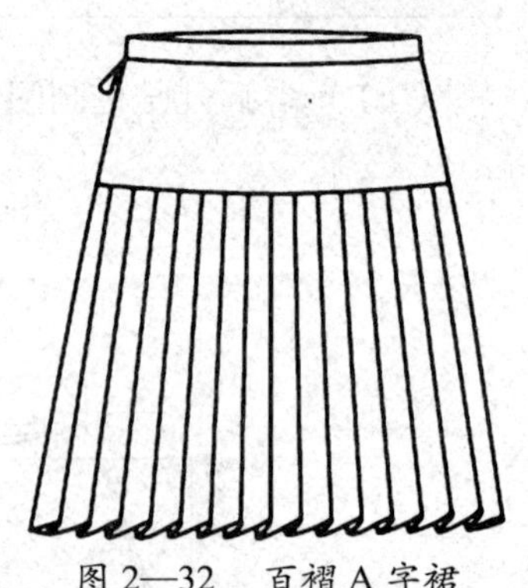

图 2—32　百褶 A 字裙

表 2—11　百褶 A 字裙制图规格尺寸

单位：cm

号型	裙长	腰围	臀围	臀长
160/66A	62	68	94	18

百褶 A 字裙结构如图 2—33 所示。

三、喇叭裙结构制图

喇叭裙属于斜裙的典型款式。由于喇叭裙在裁剪时取面料的斜向，而面料的斜向具有良好的伸缩性、悬垂性及可塑性，易于变形变曲，故喇叭裙款式飘逸，如图 2—34 所示。

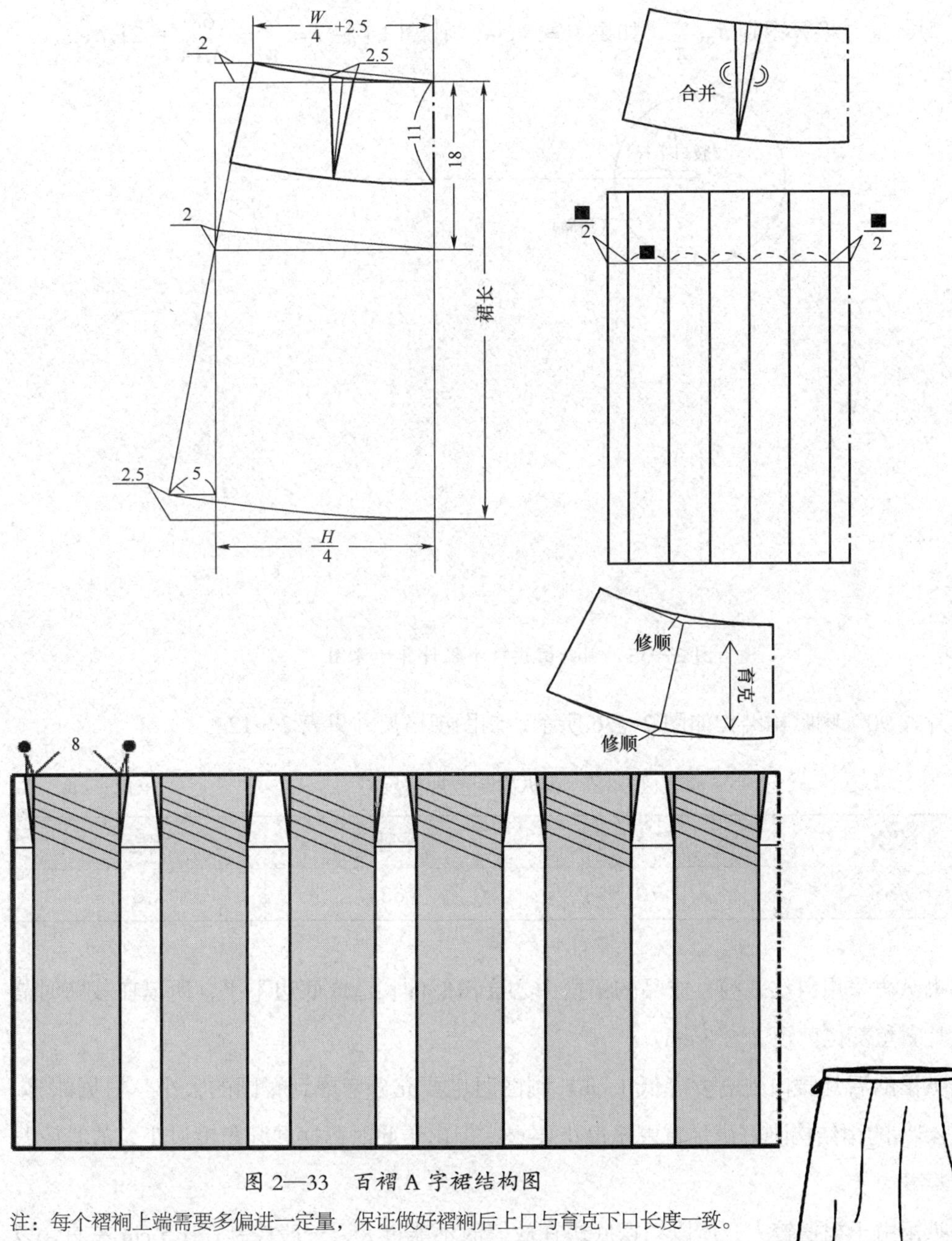

图 2—33　百褶 A 字裙结构图

注：每个褶裥上端需要多偏进一定量，保证做好褶裥后上口与育克下口长度一致。

绘制喇叭裙时，当腰围及裁片数量确定后，如何确定腰口半径就显得尤为重要，因为需要利用这个数据来确定喇叭裙的总长度。

利用圆周计算公式 $R=\frac{W(C)}{2\pi}$ 来进行腰口半径的确定，如图 2—35 所示。例如：两片式喇叭裙，当喇叭裙每片展开角度

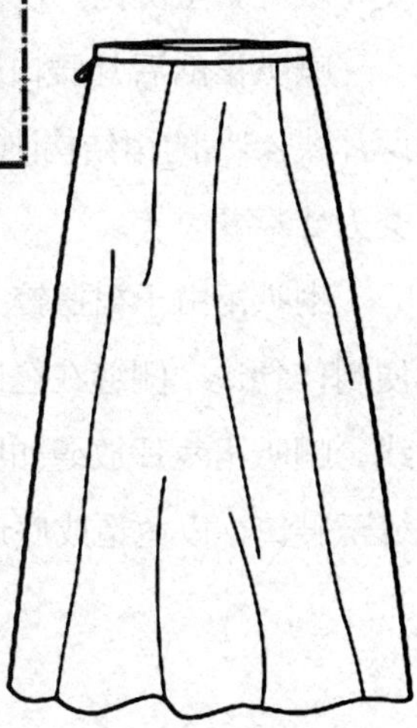

图 2—34　喇叭裙

为 90° 时，通过换算得到 $R=\frac{W}{\pi}$，如果 W=68 cm，则腰口半径 $R=\frac{W}{\pi}=\frac{68}{3.14}\approx 21.7$ cm。

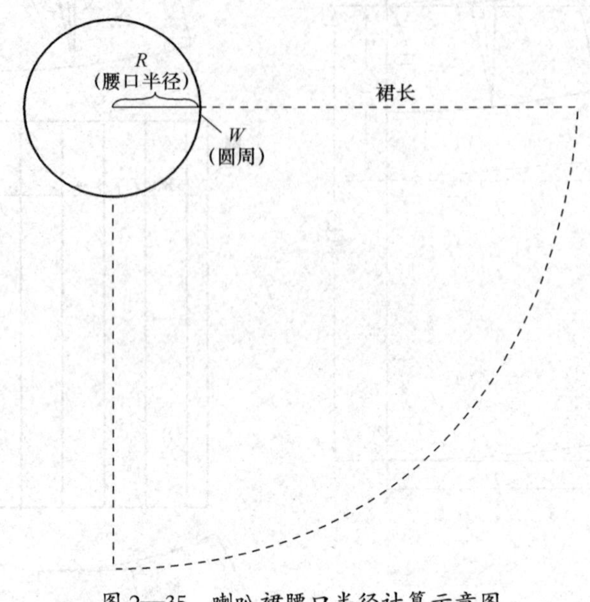

图 2—35　喇叭裙腰口半径计算示意图

两片式 90° 喇叭裙结构如图 2—36 所示，制图规格尺寸见表 2—12。

表 2—12　喇叭裙制图规格尺寸　　单位：cm

号型	裙长	腰围	腰宽
160/68A	70	68	3

因喇叭裙采用斜丝裁剪，成品的裙摆中心会自然伸长造成底边不平，所以在裁剪时需要将裁片斜丝部位剪短 2 ～ 3 cm。

喇叭裙的后片腰口处需要降低 1 cm。制图时也要充分考虑到臀围的大小，根据测算，两片式 45° 的裙结构刚好满足臀围量最小要求，但由于此时裙摆展开角度过小，故其应归类为 A 字裙。

喇叭裙由于裙摆较大，所以裙摆底边在放缝时不能过大，一般控制在 1.5 cm 左右，以便制作卷边。侧缝在经向处装隐形拉链并在装拉链处放缝 1.5 cm，拉链长度不可超过臀围线。喇叭裙裁片放缝如图 2—37 所示。在缝制喇叭裙时也应该注意，缝制侧缝时要从底边缝至腰口，以免造成底边侧缝在缝制过程中被拉长。

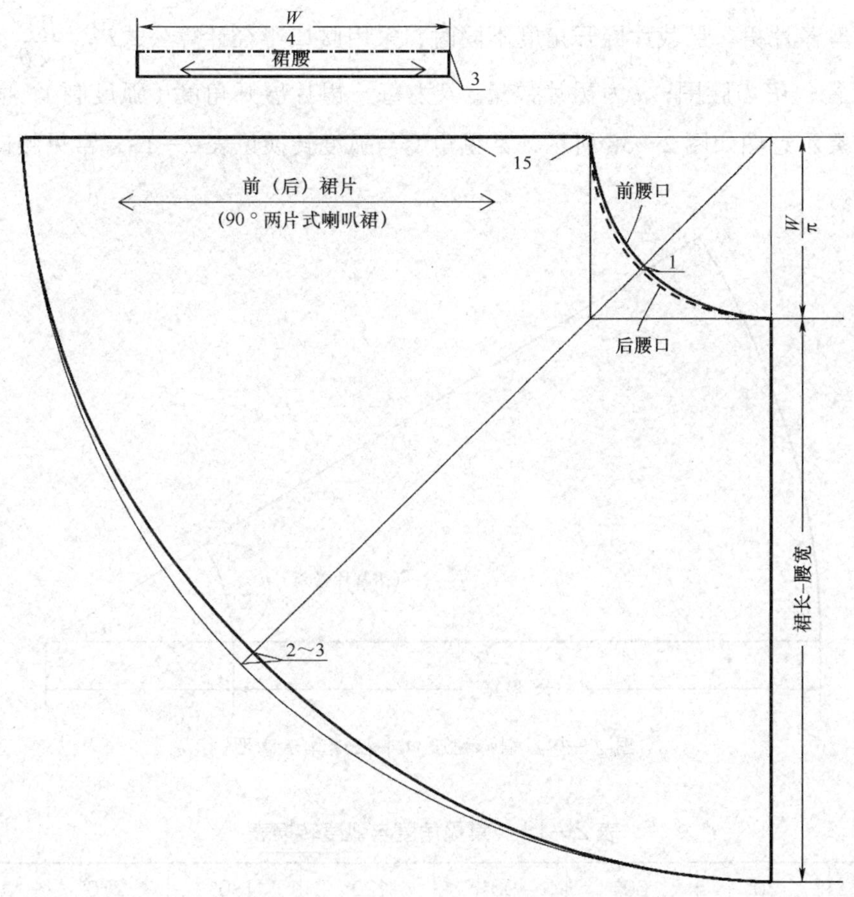

图 2—36　两片式 90° 喇叭裙结构图

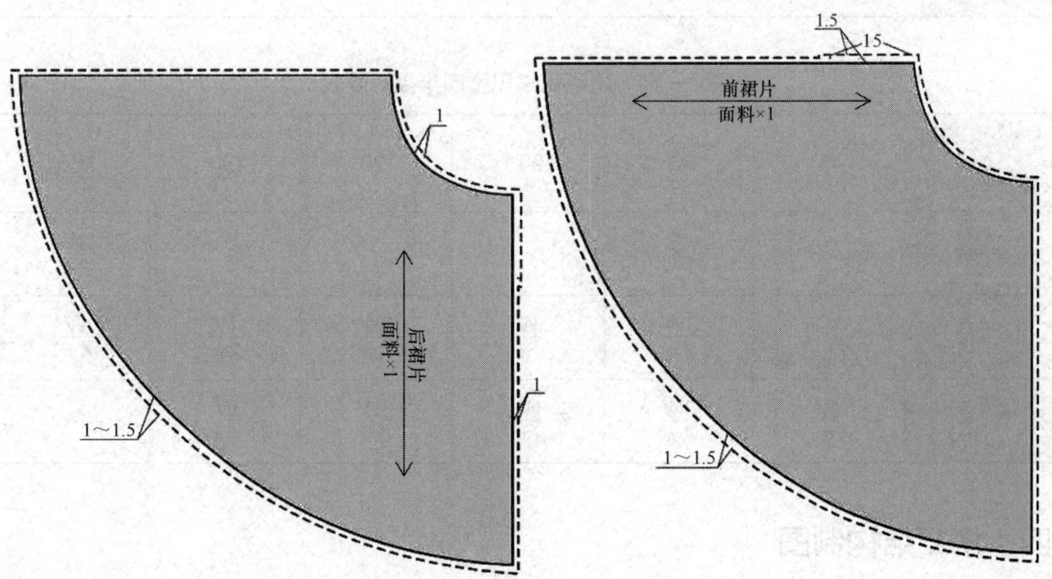

图 2—37　喇叭裙裁片放缝图

在裁剪多片裙，且裁片展开角度不同时，采用腰口半径计算公式$R=\dfrac{W}{n\times\theta}$，其中 R 为腰口半径；W 为腰围；n 为裙片数量；θ 为每一裙片展开角度（弧度制）。喇叭裙腰口半径计算示意图如图 2—38 所示，常见角度与弧度转换见表 2—13，常见腰口半径见表 2—14。

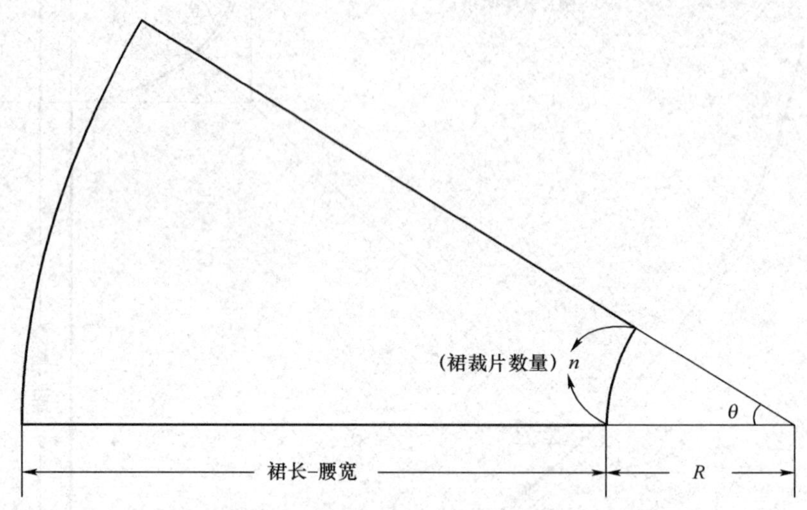

图 2—38 喇叭裙腰口半径计算示意图

表 2—13 常见角度与弧度转换表

角度	30°	60°	90°	120°	180°	270°	360°
弧度	$\frac{\pi}{6}$	$\frac{\pi}{3}$	$\frac{\pi}{2}$	$\frac{2}{3}\pi$	π	$\frac{3}{2}\pi$	2π

表 2—14 喇叭裙常见腰口半径对照表

角度 裁片数	45°	60°	90°	120°	180°	360°
一片						$\frac{W}{2\pi}$
二片		$\frac{3W}{2\pi}$	$\frac{W}{\pi}$	$\frac{3W}{4\pi}$	$\frac{W}{2\pi}$	$\frac{W}{4\pi}$
四片	$\frac{W}{\pi}$	$\frac{3W}{4\pi}$	$\frac{W}{2\pi}$	$\frac{3W}{8\pi}$	$\frac{W}{4\pi}$	

四、塔裙结构制图

塔裙又称为节裙，裙长至脚踝，是在裙装上做横向分割，并在分割处做细裥处理的一种裙型。塔裙款式具有较强的美感，当运用不同面料时所体现的风格也不同，如用棉质印花布，体现田园风格；用轻薄的纱料，则给人飘逸的感觉。

图 2—39　三节塔裙

1. 三节塔裙

三节塔裙是将长裙横向分割成三份，再将每一份以褶裥的形式拼接起来，形成规律的褶裥，最后装松紧腰。三节塔裙的款式如图 2—39 所示，结构如图 2—40 所示，制图规格尺寸见表 2—15。

表 2—15　三节塔裙制图规格尺寸　　单位：cm

号型	裙长	腰围	臀围（参考）	腰宽
160/68A	88	68	88 净	3

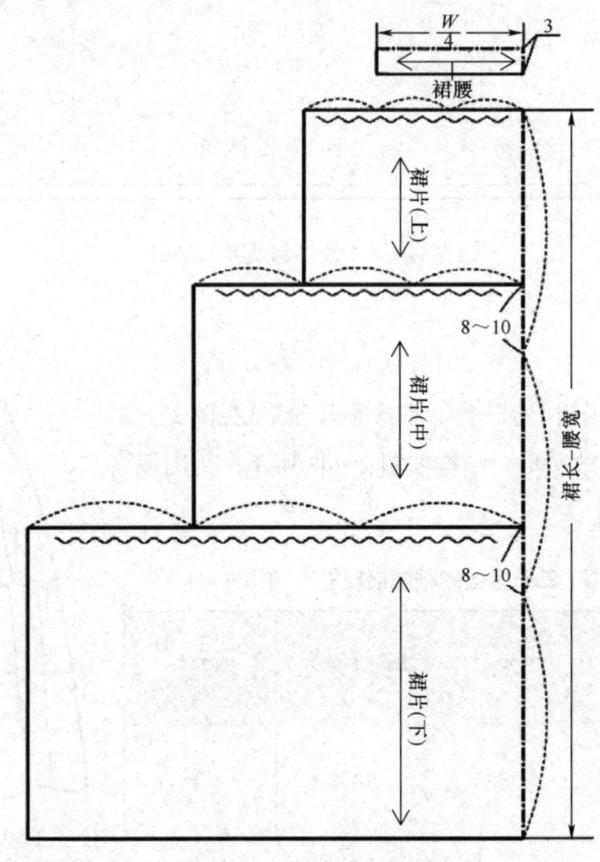

图 2—40　三节塔裙结构图

三节塔裙的裁片放缝如图 2—41 所示。

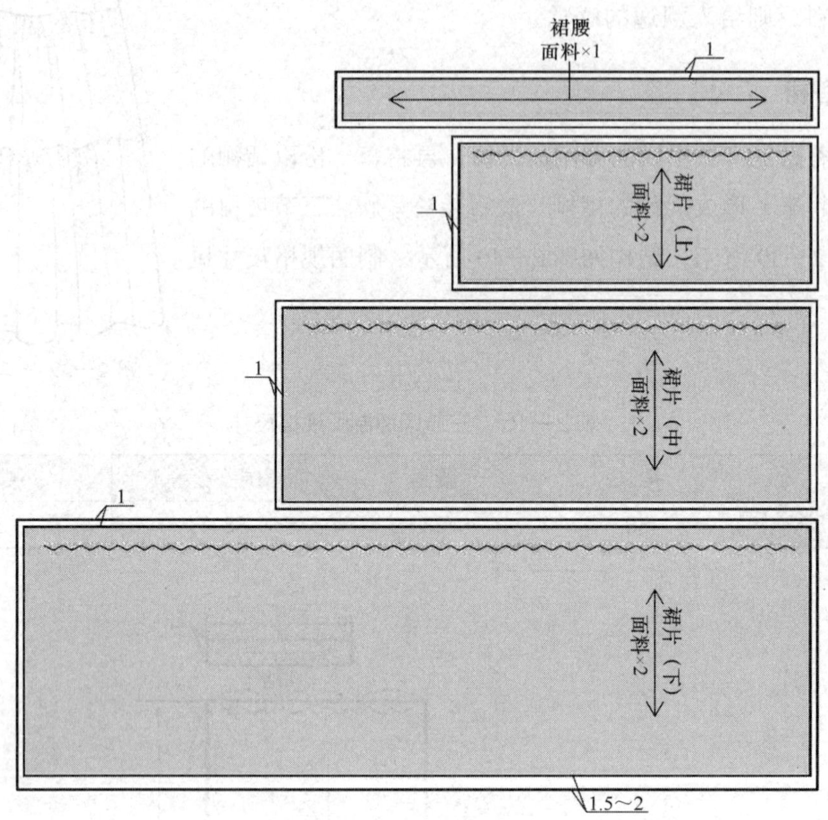

图 2—41　三节塔裙裁片放缝图

2. 二节塔裙

二节塔裙与三节塔裙形制一样。本款塔裙（款式见图 2—42）连腰，上节以弯弧形式裁剪，结构如图 2—43 所示，制图规格尺寸见表 2—16。

表 2—16　二节塔裙制图规格尺寸　　单位：cm

号型	裙长	腰围	臀围（参考）	腰宽
160/68A	73	68	88 净	3

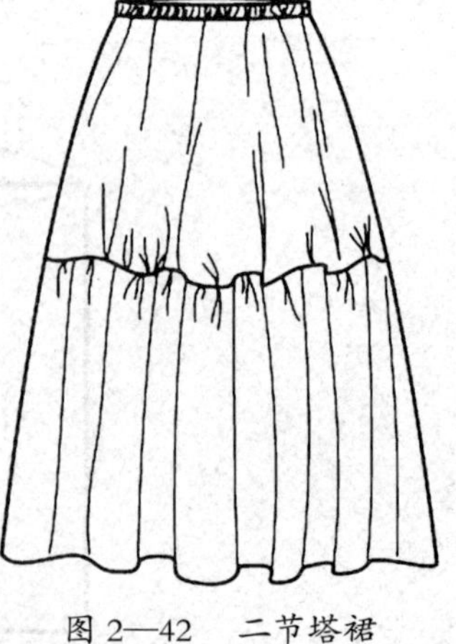

图 2—42　二节塔裙

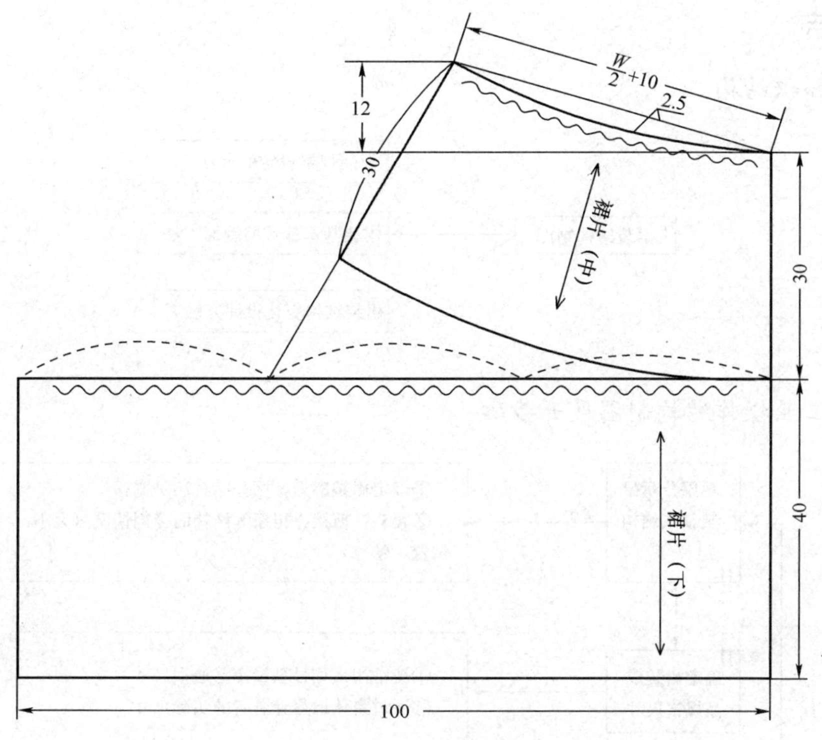

图 2—43　二节塔裙结构图

思考与练习

1. 为自己进行量体，并参照西服裙结构图，制作一条西服裙。

2. 总结一下，在制作西服裙的过程中用到了哪些样板？哪些属于裁剪样板？哪些属于工艺样板？

3. 按 1∶1 比例绘制一步裙结构图。

4. 找几款一步裙，分析一下它们都是用哪些方式解决走路的问题。

5. 结合自身尺寸，设计并制作一步裙样板。

6. 以腰围 68 cm、180° 两片结构绘制喇叭裙结构图，制图比例 1∶5。

7. 结合裙装款式变化原理，为自己量身设计一款裙子，并进行结构制图，制图比例 1∶1，同时完成工业样板制作。

8. 为自己量身定制一条塔裙，要结合分割设计变化。

本章小结

一、知识结构

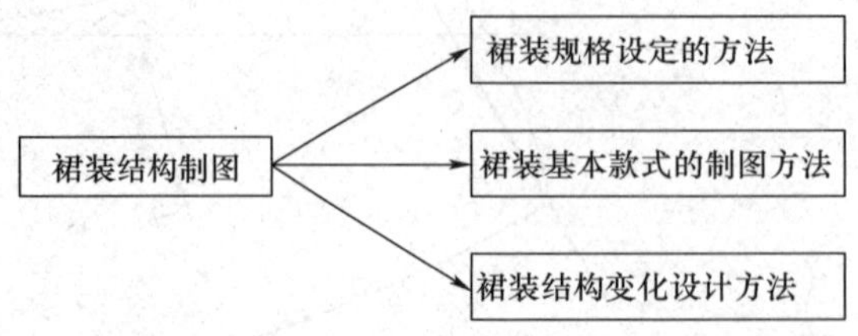

二、工业操作结构制图展开步骤

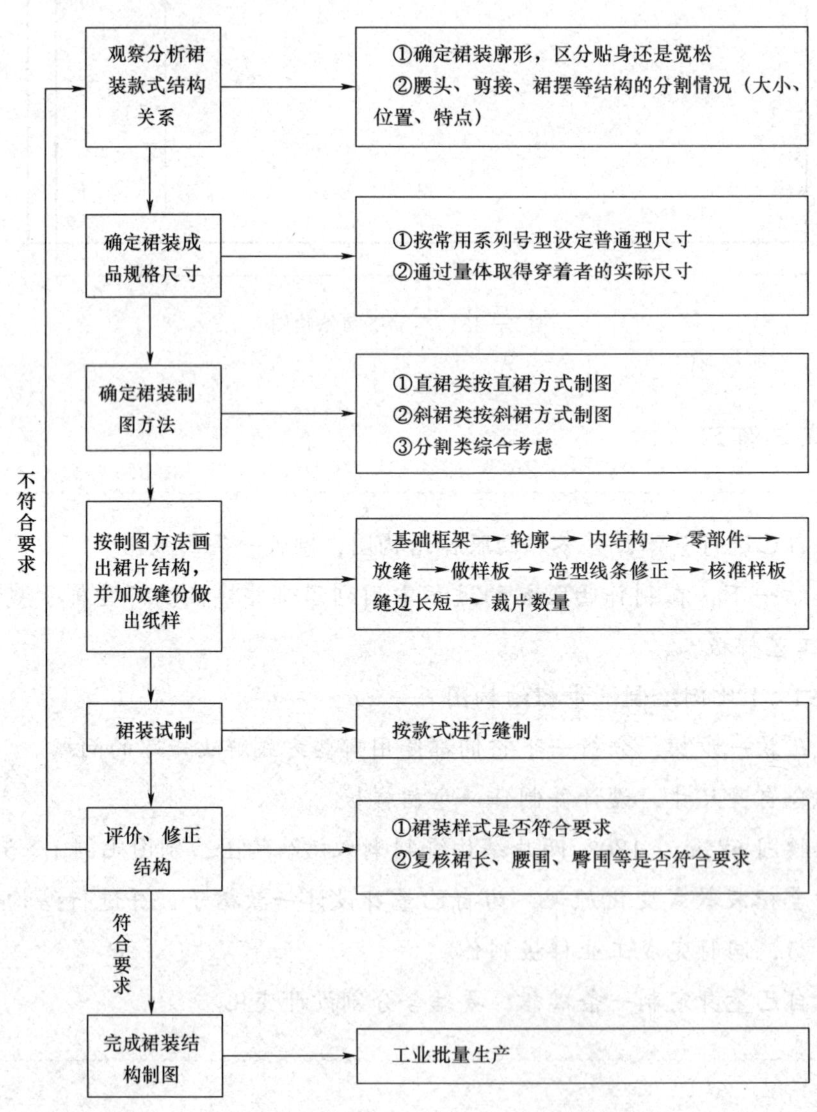

第三章
裤装结构制图

裤装是下装常规服装品类之一。随着时代的发展，裤装的款式种类越来越多，穿用范围也越来越广泛，且不受性别、年龄、季节、气候、场合等条件的限制，因而裤装在服装领域中占据着非常重要的地位。

学习目标：

1. 深入了解裤装与人体的关系，掌握裤装局部制图的原理。
2. 掌握归纳服装款式特点的方法。
3. 通过制图实践活动，掌握裤装结构制图的制图步骤。
4. 了解裤装局部结构变化规律，并能找出其结构上的异同。

第一节　裤装结构与人体的关系

裤装是包裹人体臀、腹并区分两腿的基本着装形式，如图3—1所示。从图3—1可以看出，裤装的外形轮廓由裤长、上裆、腰围、臀围、横裆、中裆及脚口等几大环节构成。

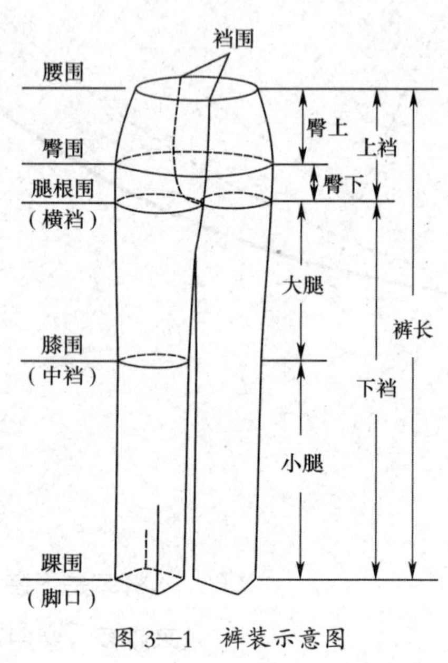

图3—1　裤装示意图

一、裤装与人体下肢的关系

人体下肢由大腿、膝关节、小腿、踝关节、足五部分组成。下肢的长度占人体身高的60%多一点，是设计裤长的基础。下肢中大腿较为粗壮，膝关节位置较窄，踝关节最细，表现在裤腿管平面造型上为横裆宽、中裆较小、脚口最小。

二、裤长与人体的关系

测量裤长时一般以腰侧点向上2 cm为起始点，沿臀部曲线至臀侧点，之后再竖直向下量至离地面适当的距离。决定裤长的主要因素有：①款式的设计需求，即根据裤装的流行特点以及裤装的本身比例关系来制定裤长，以达到视觉美观的效果；②个人的穿着习惯，不同的穿着习惯对裤长有着不同的要求。

根据裤长，可将裤装分为短裤、中裤、中长裤和长裤四大类，如图3—2所示。

三、裤装围度与人体的关系

裤装的围度是裤装服用性能指标的重点之一，它不仅要满足人体运动的需求，也要满足裤装长度与围度的美感比例要求。作为下装，裤装成品腰围尺寸的设置要考虑到人体呼吸、蹲坐等动作与就餐后人体腹围的增加以及季节等因素，这就需要为裤装腰围适当地加放一定的松量。同时，裤装还要考虑到人体进行坐、弯腰、下蹲、行走时人体臀部的尺寸变化，因此也需要对裤装臀围进行一定的加放，根据裤装的宽松度，一般将裤装分为紧身型、适体型和宽松型三大类。裤装具体腰围与臀围放松量可参考表 3—1。

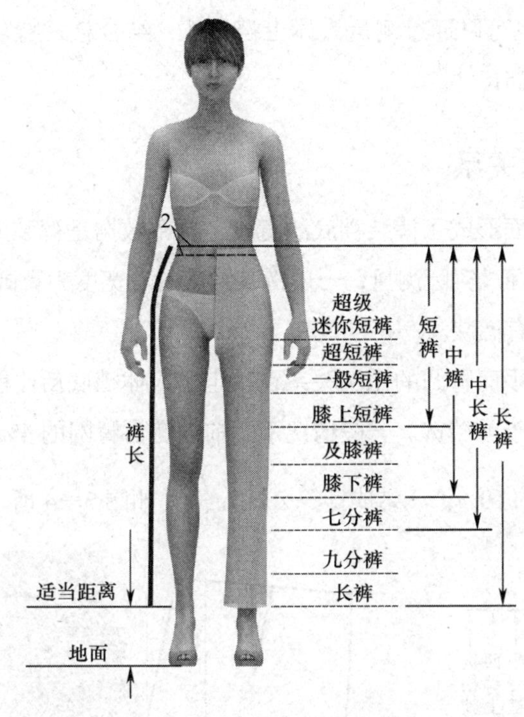

图 3—2 裤长与人体的关系

表 3—1 裤装腰围与臀围放松量参考表 单位：cm

部位	合体程度	夏季	春秋季	冬季
腰围	所有款式	0 ~ 2		
备注		根据人体净尺寸或不同季节的腰围测量数据（如秋冬季需要在内衣外进行测量）具体确定腰围放松量。如果面料为弹力面料，则腰围可不放或者放松量为负		
臀围	紧身型	4	6	8
	合体型	6 ~ 8	8 ~ 10	10 ~ 12
	较宽松型	12 ~ 14	14 ~ 16	16 ~ 18
	宽松型	18 以上		
备注		根据人体净尺寸或不同季节、不同款式的臀围测量数据（如秋冬季需要在内衣外进行测量），具体确定臀围放松量。如果面料为弹力面料，则臀围可不加放松量或者放松量为负		

四、上裆与人体的关系

上裆也叫直裆，成品的上裆尺寸随款式的变化而变化。为了比例协调，一般上裆的尺寸随着臀围的增大而增大。根据款式特点，一般宽松型裤装上裆尺寸较大，合体型裤装上裆尺寸适中，紧身型裤装上裆尺寸较小。实践中，一般利用上裆与臀围的比例关系

（上裆 = $\frac{H}{4}$）制定上裆尺寸。需要注意的是，上裆尺寸经常会受到人体体型与裤型的制约，如图 3—3 所示，因此也可以通过测量人体上裆尺寸，结合款式特点，再加上一定的放松量来确定成品裤装的上裆尺寸。

五、裆宽与人体的关系

人体在裆底的转折面形成了裤装裆底的宽度，这个数据是裤装成品穿在人体之后裆部是否平整利落的关键。经过实际测量，一般裤装裆底的总宽度为臀围的 14% ～ 16%，这个比例关系基本适用于所有裤装。

由于人体腹部相对平而臀凸的比例关系，决定了人体裆底后比前大，作用在裤装结构时，就形成了后裆宽大于前裆宽。一般情况下，前裆宽占臀围的 4%，总结成计算公式为：$H\frac{0.4}{10}$；后裆宽占臀围的 10%，总结成计算公式为$\frac{H}{10}$，如图 3—4 所示。

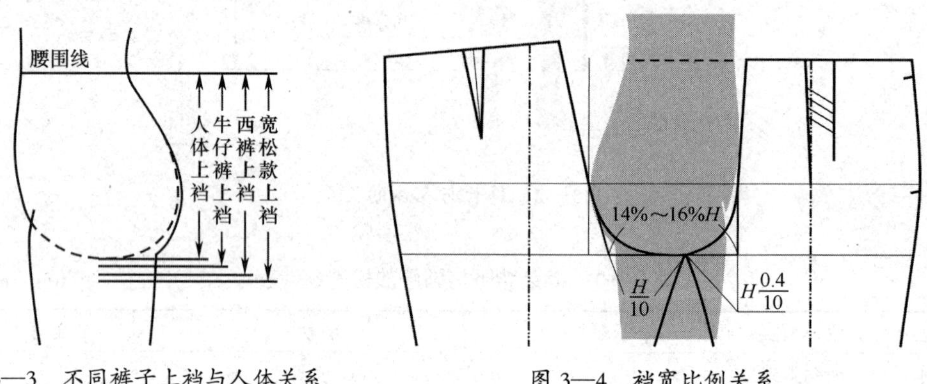

图 3—3　不同裤子上裆与人体关系

图 3—4　裆宽比例关系

六、后裤片起翘产生的原因

裤装作为包裹人体下肢的款式，必须满足人体运动的需求，后裤片的起翘就是为了满足人体的运动而产生的。人体上裆部位的最大运动就是下蹲时所产生的伸展，这时候，裤子后片包裹上裆部位的面料就要按照人体需要增加这部分伸展量，如果不增加这部分伸展量，当人体下蹲时，由于后裤片长度不够，将会向下拉扯裤腰，如图 3—5 所示，此时人体就会感觉非常不舒服。因此，后裤片需要在后裆缝处适当地加放起翘量。

七、臀腰差处理位置

裤装的臀腰差是裤装处理的关键，褶裥与省道的存在就是解决臀腰差的最佳方法。在裤装中，臀腰差一般可以通过八个部位来分配，如图 3—6 所示，从前裤片中心开始依次为：①前中劈势；②前中褶裥；③前侧褶裥；④前侧缝劈势；⑤后侧缝劈势；⑥后侧省道；⑦后中省道；⑧后中困势。

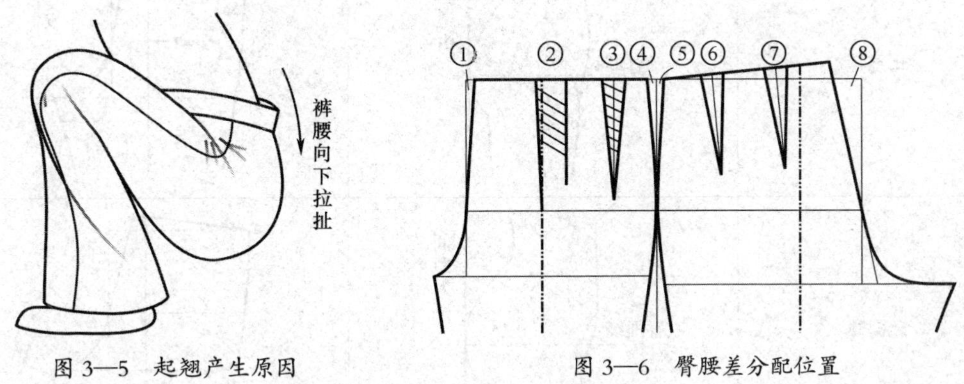

图 3—5　起翘产生原因　　　图 3—6　臀腰差分配位置

不同的臀腰差要根据实际需求设定褶裥与省道的数量，但一般情况下，根据人体的特点，前中劈势不超过 1.5 cm，前中褶裥不超过 4 cm，后裤片的单个省道宽度不能设置过大，否则会在省尖处形成明显凸点，影响穿着效果。

八、后裆困势（臀角度）

人体的臀部有平有翘，沿臀部边缘做铅垂线，这条铅垂线与人体臀部形成一个夹角，这个夹角就是臀角度，体现在后裤片上就形成了后裆困势。习惯上以 15 ：X（变量）来确定臀角度，人体臀部的平翘直接影响着臀夹角数值的确定，进而形成不同体型、不同款式的裤片的后裆困势，后裆困势的数值直接影响着裤子后裆缝是否贴体、美观。人体臀角度与后裤片后裆困势比值关系见表 3—2。

表 3—2　人体臀角度与后裤片后裆困势比值关系

体型	人体体型	后裆困势比值（15 ：X）
平臀体	间距小 臀围线	15:3

续表

体型	人体体型	后裆困势比值（15 ：X）
正常体	间距适中 臀围线	15:3.5
翘臀体	间距大 臀围线	15:4

九、后落裆产生的原因

在裤装结构制图过程中，后裤片裆底需要在前裤片裆底的基础上低落一定的量，这种现象称为后落裆，如图 3—7 所示。

这部分低落主要是因为人体的裆底部位决定着后裤片裆宽大于前裤片，从裆底至膝围之间存在着一定的省量，不同裤装款式的省量大小合并之后，就会形成自然的后裆低落量，这部分量就是后落裆量，如图 3—8 所示。一般裤装的后落裆量为 0.7 ～ 1 cm。

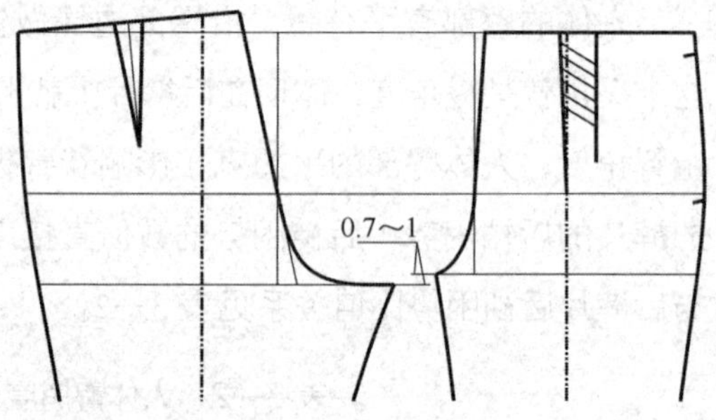

图 3—7 后裆低落

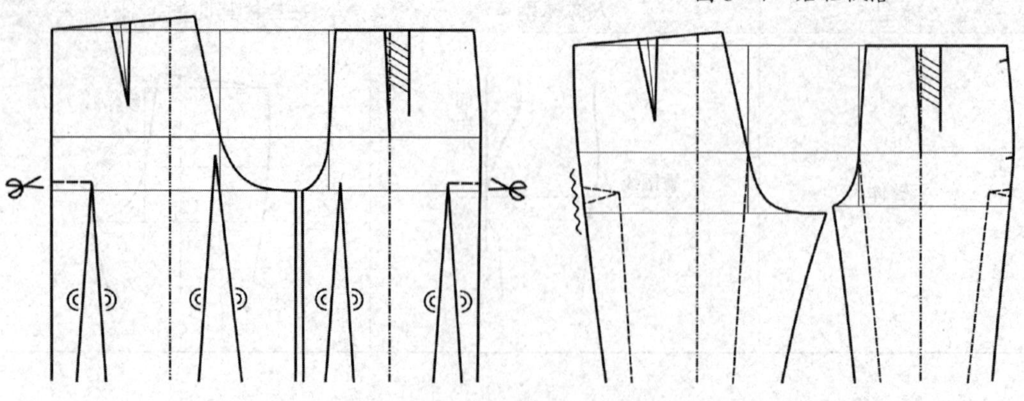
图 3—8 后裆低落产生的原因

十、裤装各部位线条及部件名称

裤装各部位线条及部件名称如图 3—9 所示。

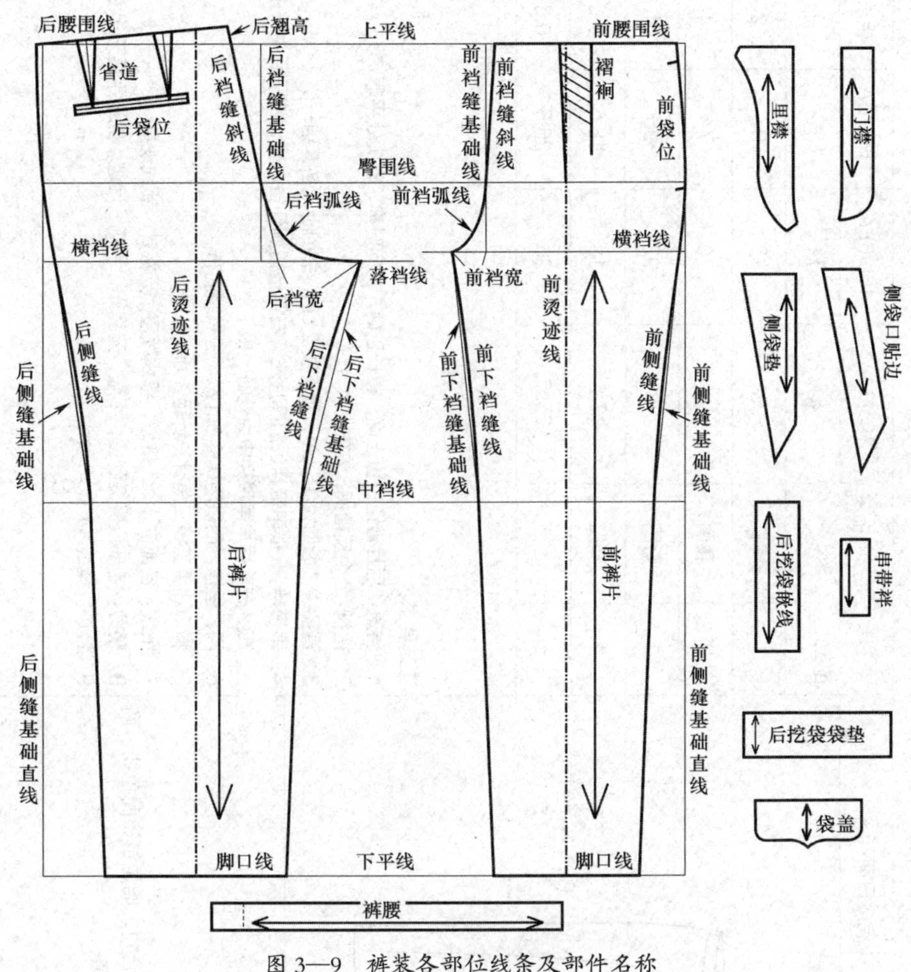

图 3—9　裤装各部位线条及部件名称

第二节　女西裤结构制图

女西裤是女性下装重要的款式之一，通常搭配西装穿着，结构简洁，是学习裤装结构制图的基础。

女西裤的生产通知单（样单）见表 3—3。

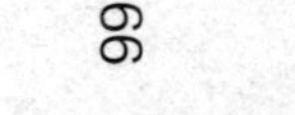

表 3—3　女西裤生产通知单（样单）

品牌：××××　款号：××××　名称：女西裤

纸样编号：××××　下单日期：××××　完成日期：××××

款式图：

面料：哔叽
成分：涤 70%，羊毛 30%
组织：斜纹组织
幅宽：144 cm

辅料：
无纺粘合衬、明拉链、配色线、商标、洗水唛

系列规格表（5·4）　单位：cm

部位 \ 规格		155/64A	160/68A	165/72A	档差	公差
		S	M	L		
1	裤长	93	95	97	2	±1
2	腰围	66	70	74	4	±1
3	臀围	88	92	96	4	±1
4	脚口	17.5	18	18.5	0.5	±0.2
5	上裆	25.5	26	26.5	0.5	±0.2

工艺要求：

1. 省道：后片省道位置正确，省长正确，倒向对称，省尖处平顺
2. 褶裥：2 个反褶裥，左右各 1 个
3. 直插袋：袋口大 15 cm，距裤腰 2 cm，袋口上下各套结一个
4. 串带袢：5 根串带袢，前裤片左、右第一褶裥处各一根，裤子后中一根，由后中至左、右前裤片串带袢中点处各一根
5. 门、里襟：门襟明线 3 cm 宽，里襟装底布
6. 脚口：手工缲三角针，针距 1 cm
7. 缉线：各部位 1 cm 拼缝，缝线顺直，无跳针、断线现象
8. 整烫：各部位熨烫到位，平服，无亮光、水花、污迹，底边平直无起浪现象
9. 针迹：缝线 14 针 /3 cm

工艺编制：　工艺审核：　审核日期：

一、女西裤款式特点概述

女西裤呈合体锥型，修长挺拔，前片左右各一个反褶裥，直插袋，后片左右各收一个省，串带袢五根，做门、里襟，直腰，绱拉链。

女西裤可用面料范围较广，一般选用中薄型且具有一定抗皱性、耐磨性的面料，如法兰绒、哔叽、派力司等，如果选用化纤面料，则要选用优良的面料，避免产生静电而影响裤子的着装效果。

二、女西裤制图规格尺寸（见表 3—4）

表 3—4　女西裤制图规格尺寸表　　单位：cm

号型	裤长	腰围	臀围	脚口	上裆	腰宽
160/68A	95	70	92	18（半围）	26（含腰）	3

三、女西裤结构制图

1. 基础框架（见图 3—10）

（1）上平线：绘制水平线一条。

（2）前侧缝基础直线：绘制上平线的垂直线。

（3）下平线：距上平线取裤长 – 腰宽 =92 cm 绘制平行线为下平线。

（4）横裆线：距上平线向下取上裆 – 腰宽 =23 cm 绘制水平线一条。

（5）臀围线：将横裆线至上平线间距三等分，靠近横裆线等分点做水平线。

（6）中裆线：臀围线至下平线间距二等分，并向上 3 cm 做水平线。

（7）前裆缝基础线：前侧缝基础线向左量取前臀围大$\frac{H}{4}$ –1=22 cm，由上平线做垂直线至横裆线。

（8）前裆宽（小裆宽）：横裆线与前裆缝基础线交点向左$H\frac{0.4}{10}$=3.68 cm。

（9）前烫迹线：横裆线由前侧缝基础线向左 0.7 cm 点至前裆宽端点二等分，等分点处以双点画线做横裆线垂直线。

（10）前脚口大：下平线与前烫迹线交点左右平分脚口 –2 =16 cm。

（11）前下裆缝基础线：脚口大端点与前裆宽中点连线，并与中裆线相交，交点与前裆宽连线。

（12）前侧缝基础线：以前烫迹线为对称轴，将中裆左右对称，分别连接脚口大端点与横裆线 0.7 cm 点。

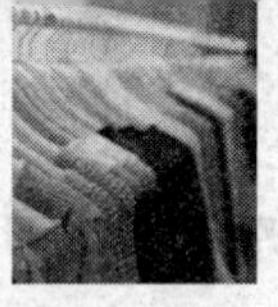

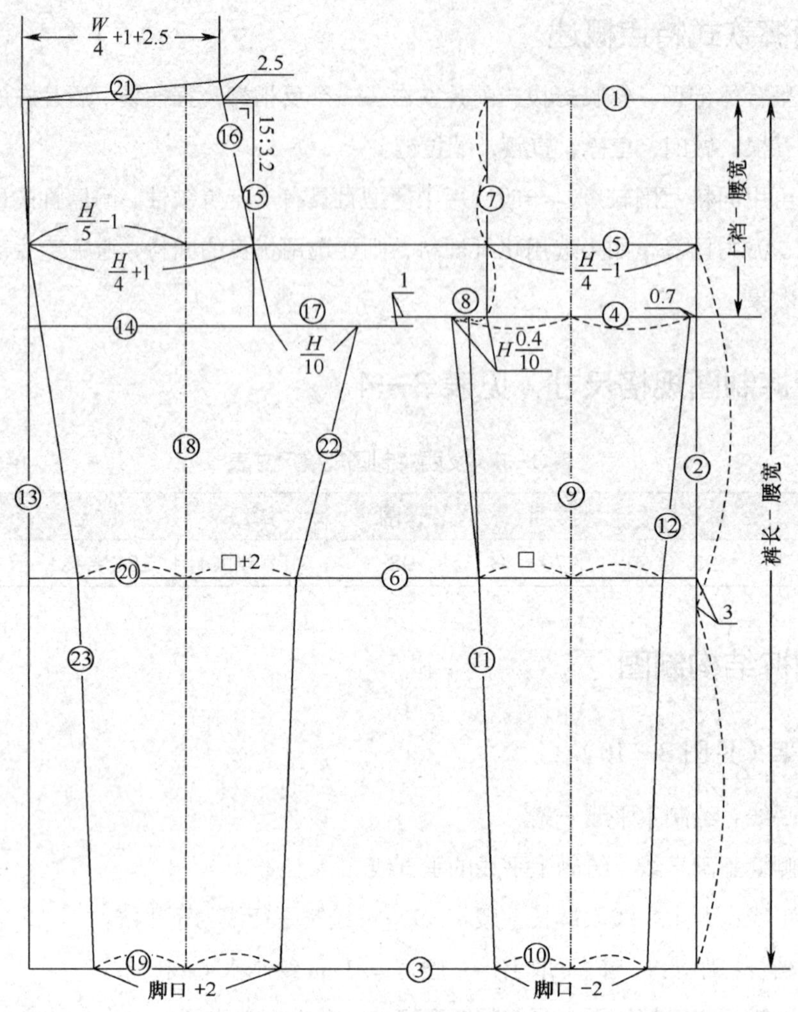

图 3—10 女西裤基础框架图

（13）后侧缝基础直线：绘制上平线垂直线。

（14）后落裆线：由横裆线向下 1 cm 做后落裆线。

（15）后裆缝基础线：后侧缝基础线向右量取后臀围大$\frac{H}{4}$+1=24 cm 找一点，该点处由上平线至后落裆线做垂直线。

（16）后裆缝斜线：后臀围大端点沿后裆缝基础线向上量取 15 ∶ 3.2 做后裆缝斜线分别交于后落裆线与上平线，并在上平线向上延长 2.5 cm。

（17）后裆宽（大裆宽）：后裆缝斜线与落裆线交点量向右取$\frac{H}{10}$=9.2 cm 。

（18）后烫迹线：臀围线上由后侧缝基础直线向右量取$\frac{H}{5}$−1=17.4 cm，以双点划线做垂直线交上平线至下平线。

（19）后脚口大：下平线与后烫迹线交点左右平分脚口 +2 =20 cm。

（20）后中裆大：以前中裆大一半为基础，烫迹线左右各加放 2 cm 量取。

（21）后腰围大：后裆缝斜线 2.5 cm 点向上平线量取$\frac{W}{4}$+1+2.5（省）=21 cm。

（22）后下裆缝基础线：后脚口大端点与后中裆端点、后裆宽端点连线。

（23）后侧缝基础线：后脚口大端点与后中裆端点、后侧缝基础直线与臀围线交点、后腰围大端点连线。

2. 裤片结构（见图 3—11）

（1）前裤片结构

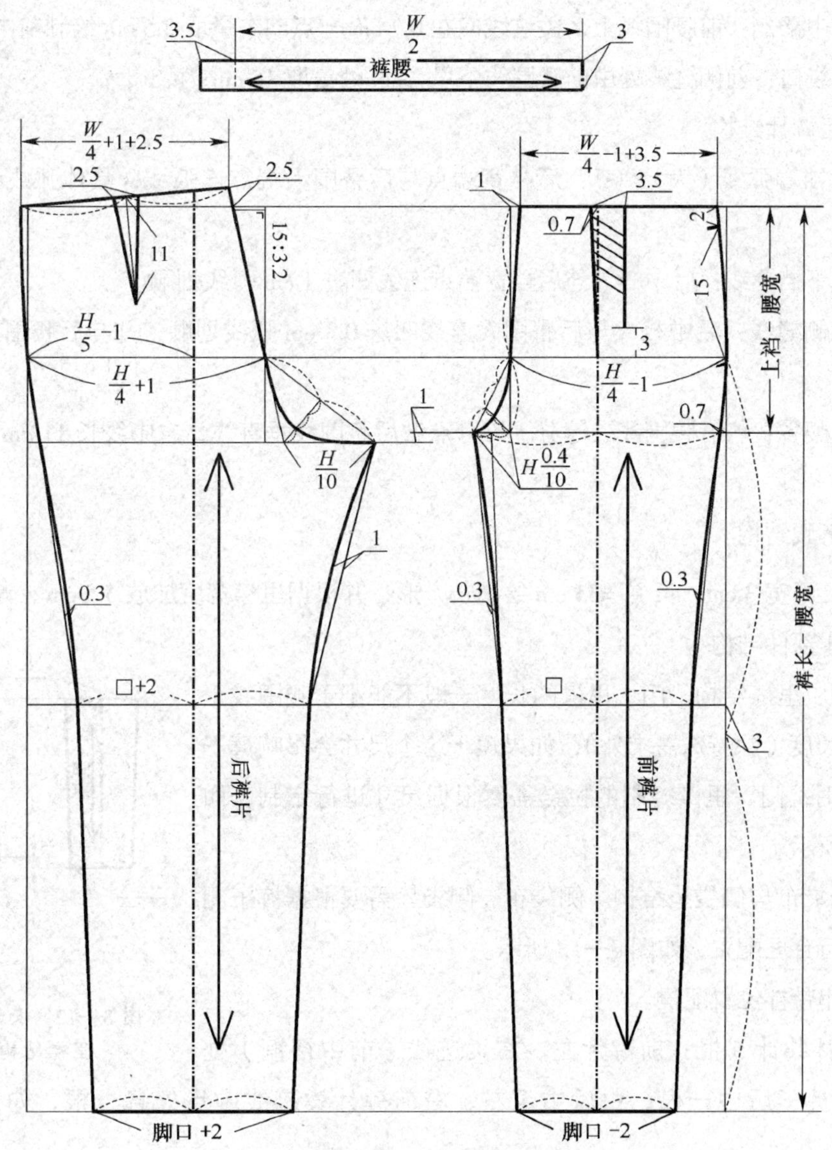

图 3—11　女西裤结构图

1）前腰围线：前裆缝基础线与上平线交点劈进 1 cm，在上平线上量取前腰围大 $\frac{W}{4}-1+3.5$（裥）=20 cm。

2）前裆缝斜线：前腰围大劈势 1 cm 点与臀围线和前裆缝基础线交点连线。

3）前裆弯弧线（小裆弯）：前裆宽端点与前臀围大端点连弧线，连线参考点见图 3—11。

4）前下裆缝线：小裆宽端点与前中裆大连线的中点凹进 0.3 cm 连弧线。

5）前侧缝线：前中裆大与前臀围大端点连线的中点凹进 0.3 cm 划弧线，并与前腰围大端点连弧线。

6）前中褶裥：前腰围线上，烫迹线偏左 0.7 cm 一点向右量取 3.5 cm 绘制前中褶裥。

7）前袋口：前侧缝线处由前腰围线下量 2 cm 处量取 15 cm 为袋口大。

（2）后裤片结构

1）后裆弯弧线（大裆弯）：后裆宽端点与后臀围大端点连弧线，具体弧线参考点见图 3—11。

2）后下裆缝线：后中裆大与后裆宽端点连线凹进 1 cm 弧线划顺。

3）后侧缝线：后中裆大与后臀围大连线凹进 0.3 cm 弧线划顺，并与后腰围大端点弧线划顺。

4）后腰省：将后腰围线二等分，等分点做后腰围线垂直线，省中线长 11 cm，省道宽 2.5 cm。

（3）裤腰结构

裤腰：腰宽 3 cm、长 $\frac{W}{2}$=35 cm 绘制长方形，并根据里襟宽度加放 3.5 cm 松量。

（4）零部件结构

1）门、里襟结构。门、里襟的长度一般不能小于腰围线至臀围线的长度（除特殊需求外），如果短于这个尺寸会影响裤子穿脱，同时，门、里襟缝制的拉链需要根据尺寸进行定制，如图 3—12 所示。

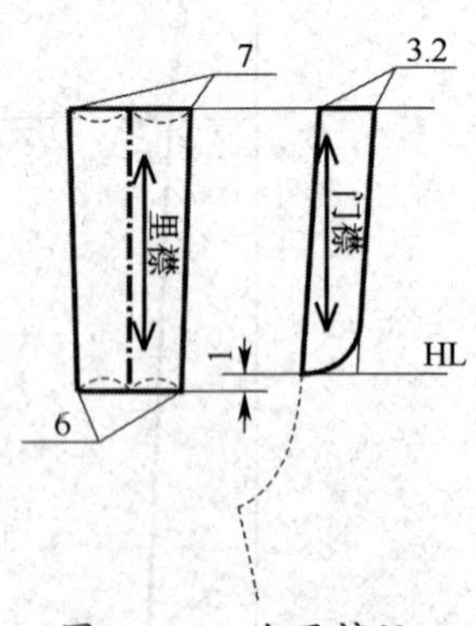

图 3—12 女西裤门、里襟结构图

2）侧袋布与侧袋垫结构。侧袋布、侧袋垫需要根据裤子侧缝形状进行合理配置，如图 3—13 所示。

（5）串带袢位置配置

串带袢共计 5 根，前裤片左、右烫迹线（前中褶裥）处各一根，裤子后中一根，由后中至左、右前裤片烫迹线中点处各一根，如图 3—14 所示。

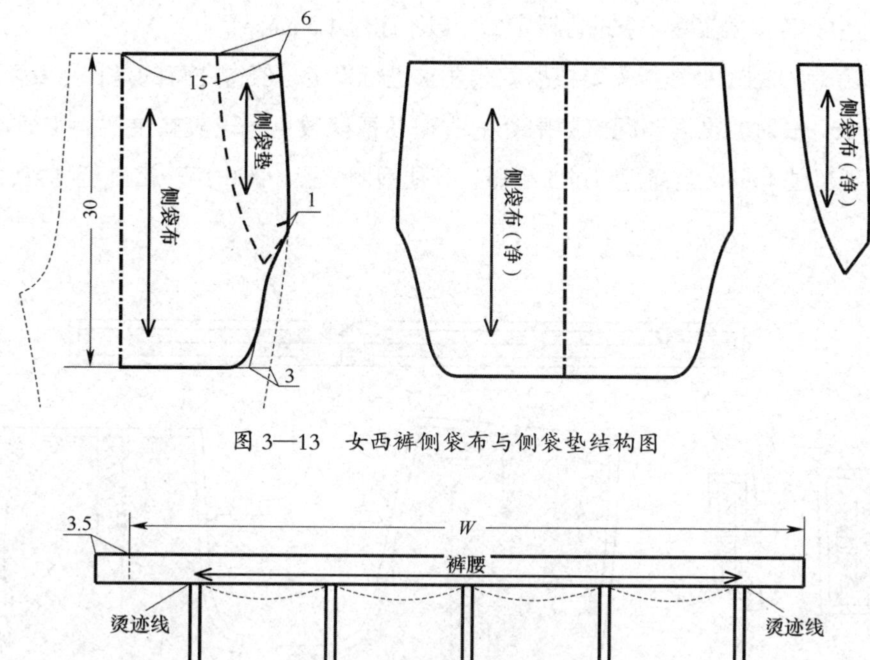

图 3—13　女西裤侧袋布与侧袋垫结构图

图 3—14　女西裤串带袢位置配置图

3. 裁片放缝

女西裤裁片放缝如图 3—15 所示。

（1）放缝要求

1）前裤片袋口侧缝放缝 2 cm，脚口放缝 3 cm，其余边放缝 1 cm。

2）前侧袋垫侧缝放缝 1.5 cm，其余边放缝 1 cm。

3）侧袋布侧缝放缝 1.5 cm，袋口不放缝，其余各边放缝 1 cm。

（2）标记方法

1）裤子袋口、脚口、省道做对位刀眼符号。

2）裤腰后中、左右、侧缝处做刀眼符号。

3）后腰省道距省尖 1 cm 做钻眼符号。

四、女西裤制图要点说明

1. 一般西裤的裤长从腰侧点至地面向上 2 cm；臀围尺寸是在臀部最丰满处水平围的基础上，一般加放 8 ～ 16 cm，也要视季节、穿着习惯和潮流而定；脚口尺寸是在踝关节围基础上再按需加放，一般视季节、穿着习惯和潮流而定，传统西裤的脚口尺寸一般在 38 ～ 44 cm。

2. 前中劈势根据实际需求进行设定，一般不超过 1.5 cm。

3. 裤子前片的褶裥数量需要根据款式要求进行设定，值得注意的是，当女西裤的臀腰差超过 25 cm 时，也需要调整腰围处的省道及褶裥数量。一般前中褶裥（烫迹线处）的褶裥量不超过 4 cm。当褶裥超过 1 个时，其他褶裥位置一般由第一褶裥至侧袋口处等距分配。

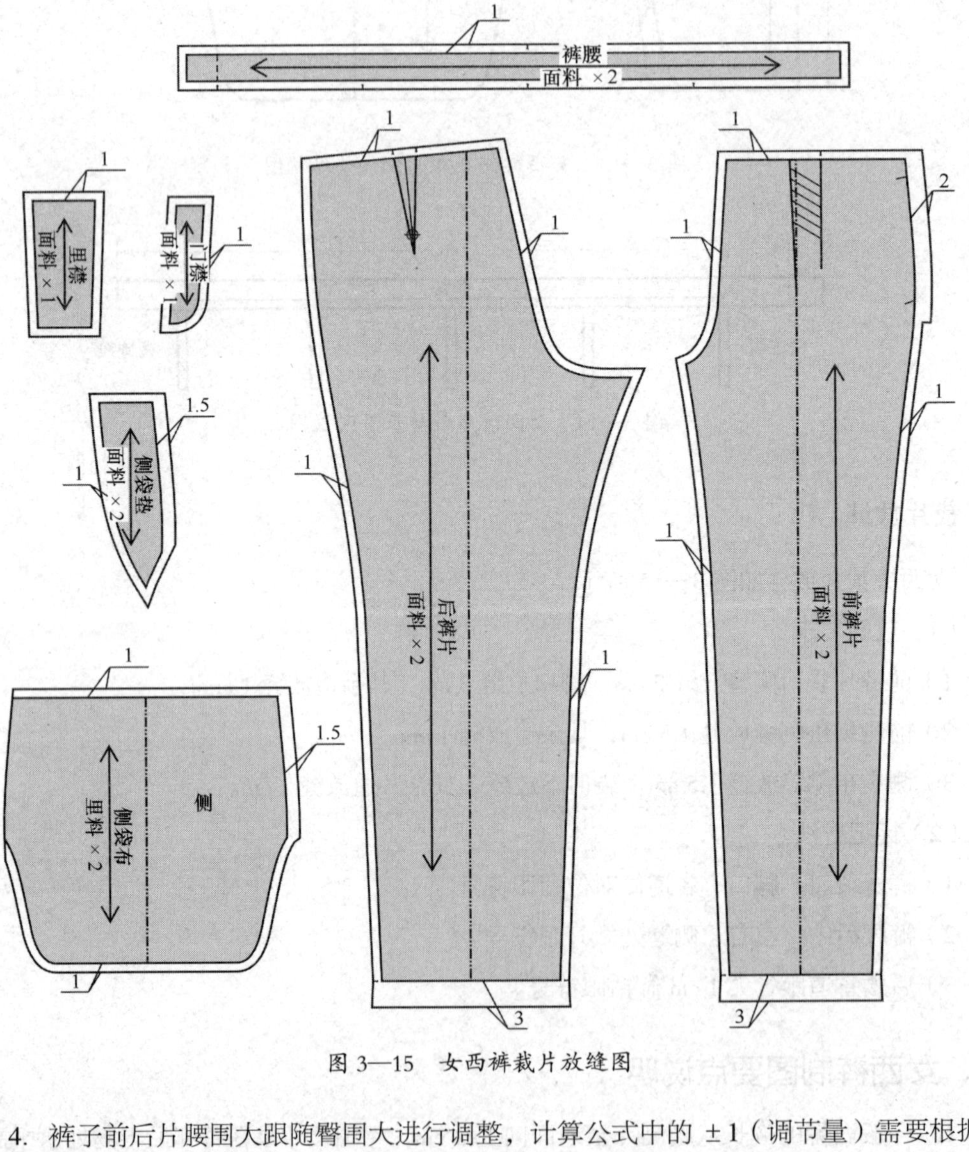

图 3—15　女西裤裁片放缝图

4. 裤子前后片腰围大跟随臀围大进行调整，计算公式中的 ±1（调节量）需要根据实际需求进行设置，有时会出现前腰围大为$\frac{H}{4}+1$的情况，甚至更大的调节量，这都是个别人体体型腰部的差异造成的。

5. 上裆尺寸是由腰围量至人体裆底的尺寸，可根据实际裤装款式由人体上裆尺寸加上放松量进行计算，同时，也可以利用成品尺寸以$\frac{W}{4}$进行计算。

6. 中裆尺寸可根据实际成品膝围尺寸制图，也可将前裆宽（小裆宽）做二等分或三等分，取相应的等分点与脚口大连线，连线与中裆线的交点构成中裆尺寸，所取等分点的位置影响裤子中裆尺寸大小，也直接影响裤管的肥瘦效果。

7. 后裆困势（后裆缝斜线）根据人体臀部的翘度，常采用 15：X 进行设置，当臀部越翘时，X 取值越大，相反 X 取值越小。

五、女西裤排料

女西裤排料如图 3—16 所示，排料注意事项参考裙装排料。

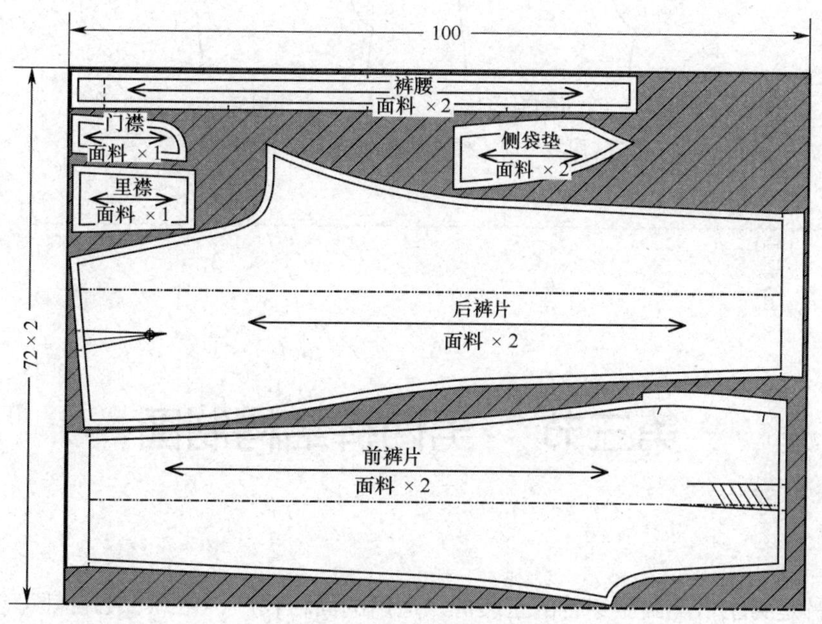

图 3—16 女西裤排料图

知识拓展

裤装腰口的褶裥是处理臀腰差的方法之一。褶裥一般分为正褶裥与反褶裥两类。

正褶裥是指在裤片正面，由侧缝方向折向前中心方向的褶裥；反褶裥是指在裤片正面，由前中心方向折向侧缝方向的褶裥。一般情况下，正褶裥多用于肥胖体的裤装中，这样做可以削弱肥胖体腹部凸起的视觉效果；反褶裥则多用于普通款式的裤装，如图 3—17 所示。

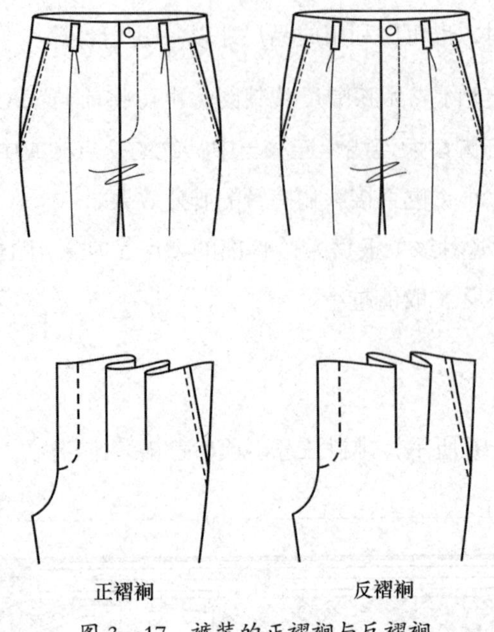

图 3—17 裤装的正褶裥与反褶裥

第三节 男西裤结构制图

男西裤是男士搭配西服穿着的正装裤，适用的面料较广，化纤、毛料都可以用来制作男西裤。由于多穿着于正式场合，所以男西裤多选用暗色面料。考究的男西裤版型合体，采用毛料制作，再结合工艺，更能够烘托出男性的气质。

男西裤的生产通知单（样单）见表 3—5。

一、男西裤款式特点概述

该款男西裤呈合体锥型，前片左、右各两个反褶裥，斜插袋，后腰口左右各收两个省道，双嵌线挖袋，装直腰，六根串带袢，装拉链。

表 3—5　男西裤生产通知单（样单）

<table>
<tr><td>品牌：××××</td><td>款号：××××</td><td>名称：男西裤</td><td colspan="7">系列规格表（5·4）　　单位：cm</td></tr>
<tr><td>纸样编号：××××</td><td>下单日期：××××</td><td>完成日期：××××</td><td colspan="2" rowspan="2">规格
部位</td><td>165/70A</td><td>170/74A</td><td>175/78A</td><td>档差</td><td>公差</td></tr>
<tr><td colspan="3" rowspan="7">款式图：</td><td>S</td><td>M</td><td>L</td><td></td><td></td></tr>
<tr><td>1</td><td>裤长</td><td>104</td><td>106</td><td>108</td><td>2</td><td>±1</td></tr>
<tr><td>2</td><td>腰围</td><td>72</td><td>76</td><td>80</td><td>4</td><td>±1</td></tr>
<tr><td>3</td><td>臀围</td><td>96</td><td>100</td><td>104</td><td>4</td><td>±1</td></tr>
<tr><td>4</td><td>脚口</td><td>19.5</td><td>20</td><td>20.5</td><td>0.5</td><td>±0.2</td></tr>
<tr><td>5</td><td>上裆</td><td>27.5</td><td>28</td><td>28.5</td><td>0.5</td><td>±0.2</td></tr>
<tr><td colspan="7" rowspan="2">工艺要求：
1. 省道：前后省道位置正确，省长正确，倒向对称，省尖处平顺
2. 褶裥：4 个反褶裥，左右各 2 个
3. 斜插袋：袋口大 15 cm，袋口 0.4 cm 嵌线装饰，距裤腰 2 cm，袋口底各套结一个
4. 后挖袋：袋口大 13 cm，口袋宽 1 cm，袋口方正，嵌线宽窄一致，平整
5. 串带袢：6 根串带袢，左、右前裤片第一褶裥处各一根，距裤片后中左、右 3 cm 各一根，由后中 3 cm 至左、右前裤片串带袢中点处左、右各一根
6. 门、里襟：门襟明线 3 cm 宽，上口手工暗缲缝，里襟装底布，底布过裆缝 2 cm
7. 脚口：手工缲三角针，针距 0.5 cm
8. 缉线：各部位 1 cm 拼缝，缝线顺直，无跳针、断线现象
9. 整烫：各部位熨烫到位，平服，无亮光、水花、污迹，底边平直无起浪现象
10. 针迹：缝线 14 针 /3 cm</td></tr>
<tr><td>面料：毛哔叽
成分：羊毛 80%，涤纶 20%
组织：斜纹组织
幅宽：144 cm</td><td colspan="2">辅料：
无纺粘合衬、腰里衬、明拉链、配色线、商标、纽扣、洗水唛</td></tr>
</table>

工艺编制：　　　　工艺审核：　　　　审核日期：

二、男西裤制图规格尺寸（见表 3—6）

表 3—6　男西裤制图规格尺寸表　　单位：cm

号型	裤长	腰围	臀围	脚口	上裆	腰宽
170/74A	106	76	100	20（半围）	28（含腰）	4

三、男西裤结构制图

1. 基础框架（见图 3—18）

（1）上平线：绘制水平线一条。

（2）前侧缝基础直线：绘制上平线的垂直线。

（3）下平线：距上平线取裤长 – 腰宽 =102 cm 绘制平行线为下平线。

（4）横裆线：距上平线向下取上裆 – 腰宽 =24 cm 绘制水平线一条。

（5）臀围线：将横裆线至上平线间距三等分，靠近横裆线等分点做水平线。

（6）中裆线：臀围线至下平线间距二等分，并向上 3 cm 做水平线。

（7）前裆缝基础线：前侧缝基础线向左量取前臀围大 $\frac{H}{4}-1=24$ cm，由上平线做垂直线至横裆线。

（8）前裆宽（小裆宽）：横裆线与前裆缝基础线交点向左$H\frac{0.4}{10}=4$ cm。

（9）前烫迹线：横裆线由前侧缝基础线向左 0.7 cm 点至前裆宽端点二等分，等分点处以双点划线做横裆线垂直线。

（10）前脚口大：下平线与前烫迹线交点左右平分脚口 – 2 =18 cm。

（11）前下裆缝基础线：脚口大端点与前裆宽中点连线，并与中裆线相交，交点与前裆宽端点连线。

（12）前侧缝基础线：以前烫迹线为对称轴，将中裆左右对称，分别连接脚口大端点与横档线 0.7 cm 点。

（13）后侧缝基础直线：绘制上平线垂直线。

（14）后落裆线：由横裆线向下 1 cm 做后落裆线。

（15）后裆缝基础线：后侧缝基础线向右量取后臀围大 $\frac{H}{4}+1=26$ cm，由上平线至后落裆线做垂直线。

（16）后裆缝斜线：后臀围大端点沿后裆缝基础线向上量取 15：3.2 做后裆缝斜线分别交于后落裆线与上平线，并在上平线向上延长 2.5 cm。

（17）后裆宽（大裆宽）：后裆缝斜线与落裆线交点量向右取$\frac{H}{10}=10$ cm。

（18）后烫迹线：臀围线上由后侧缝基础直线向右量取 $\frac{H}{5}-1=19$ cm找一点，在该点处以双点划线做垂直线交上平线至下平线。

（19）后脚口大：下平线与后烫迹线交点左右平分脚口 +2 =22 cm。

（20）后中裆大：以前中裆大一半为基础，烫迹线左右各加放 2 cm 量取。

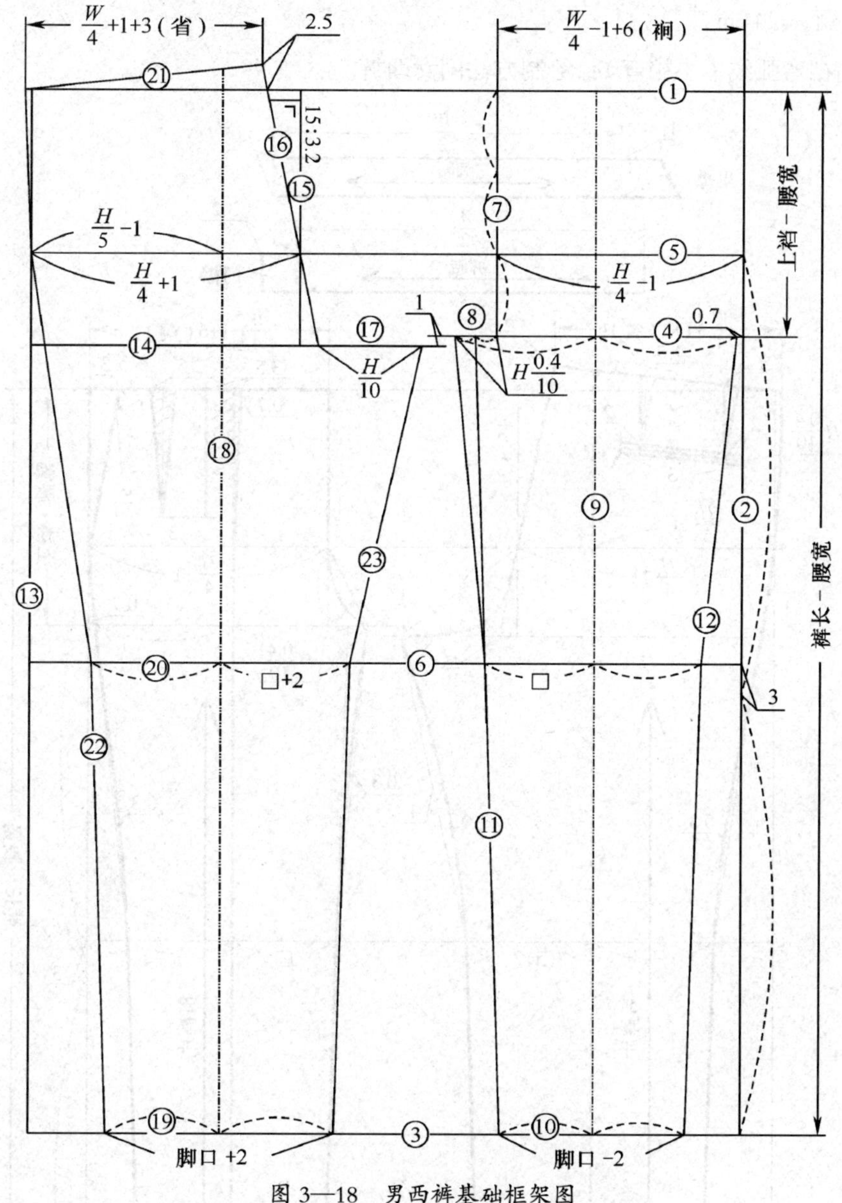

图 3—18　男西裤基础框架图

（21）后腰围大：后裆缝斜线 2.5 cm 点向上平线量取$\frac{W}{4}$+1+3（省）=23 cm。

（22）后下裆缝基础线：后脚口大端点与后中裆端点、后裆宽端点连线。

（23）后侧缝基础线：后脚口大端点与后中裆端点、后侧缝基础直线与臀围线交点、腰围大端点连线。

2. 裤片结构（见图 3—19）

（1）前裤片结构

1）前腰围线：前裆缝基础线与上平线交点，在上平线上向右量取前腰围大 $\frac{W}{4}-1+6$（裥）=24 cm。

2）前裆弯弧线（小裆弯）：绘制方法同女西裤。

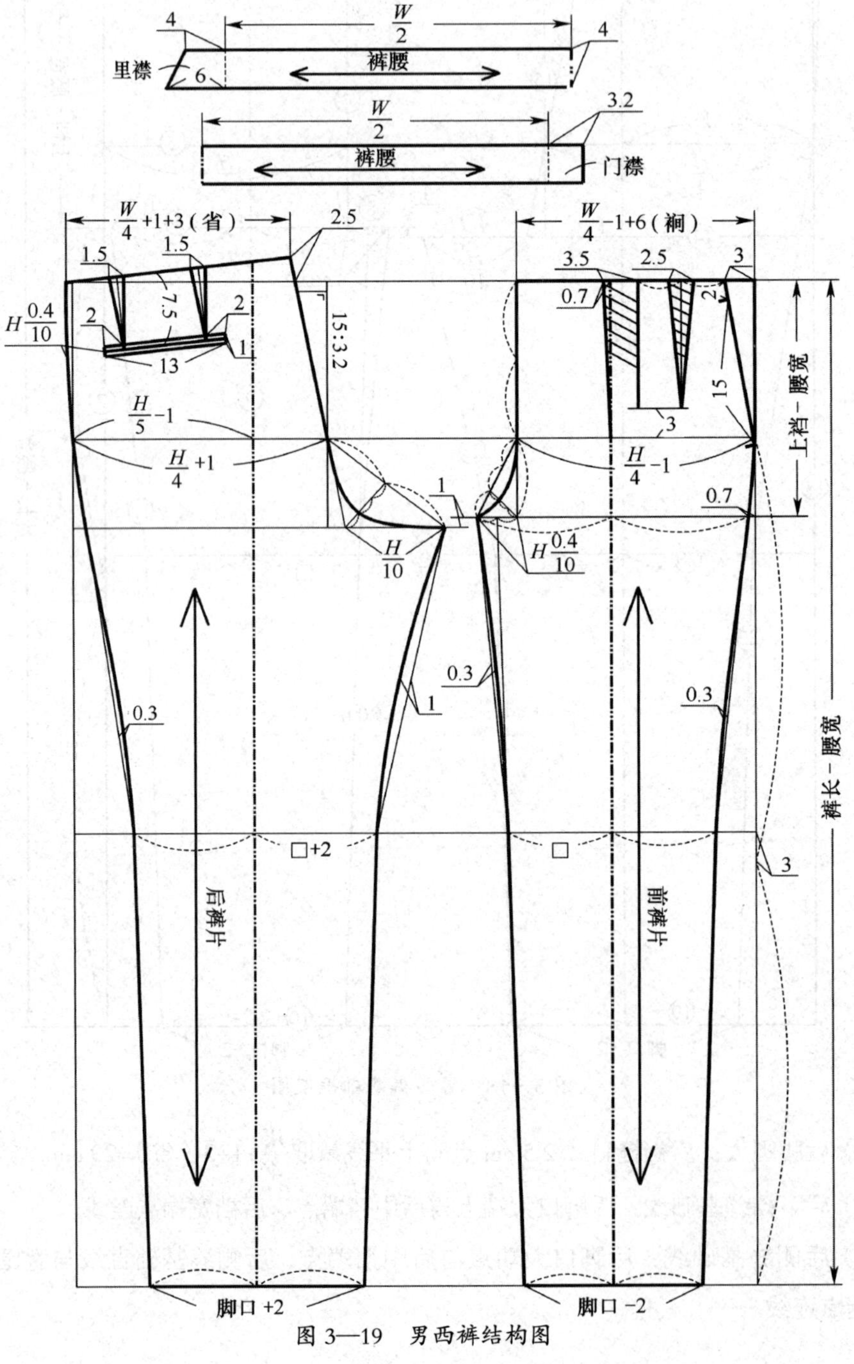

图 3—19　男西裤结构图

3）前下裆缝线：小裆宽端点与前中裆端点连线的中点凹进 0.3 cm 连弧线。

4）前侧缝线：前中裆大与前臀围大端点连线的中点凹进 0.3 cm 划弧线，并与前腰围大端点连顺。

5）前袋口：侧缝由前腰围线偏进 3 cm，斜向量至侧缝 17 cm 为袋口大，下 2 cm 袋口封结点。

6）前腰褶裥：前腰围线上，烫迹线偏左 0.7 cm 向右量取 3.5 cm 绘制前中褶裥，前中褶裥距袋口位中点绘制前侧褶裥，褶裥宽 2.5 cm。

（2）后裤片结构

1）后裆弯弧线（大裆弯）：后裆弯弧线绘制方法同女西裤。

2）后下裆缝线：后中裆大与后裆宽端点连线凹进 1 cm 弧线划顺。

3）后侧缝线：后中裆大与后臀围大连线凹进 0.3 cm 弧线划顺，并与后腰围大端点弧线划顺。

4）后挖袋位：平行后腰围线下量 7.5 cm，距离后侧缝线 $H\frac{0.4}{10}$ =4 cm，绘制长 13 cm、宽 1 cm 的双嵌线挖袋袋位。

5）后腰省：沿后挖袋位两侧各偏进 2 cm，垂直绘制到后腰围线为省中线，后中省道宽与后侧省道宽各为 1.5 cm。

（3）裤腰结构

裤腰：腰宽 4 cm、长 $\frac{W}{2}$=38 cm 绘制长方形，并根据里襟宽度加放 4 cm 松量，门襟宽度加放 3.2 cm 松量。

（4）零部件结构

1）门、里襟结构。男西裤门襟一般宽 3.2 ～ 3.5 cm；里襟的形状根据需求进行设计，可做成手枪柄状，也可做成平头状，如图 3—20 所示；里襟长度比门襟长 0.5 ～ 1 cm。

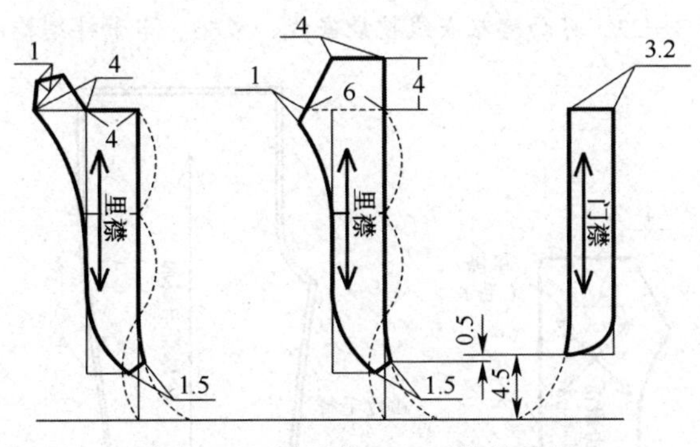

图 3—20　男西裤门、里襟结构图

2）侧袋布、侧袋垫、侧袋口贴边结构。侧袋布、侧袋垫、侧袋口贴边三者需要根据男西裤侧袋的袋口形状及前裤片的形状进行配置，如图 3—21 所示。

3）后挖袋袋布结构（见图 3—22）。

4）双嵌线挖袋嵌线、袋垫、串带袢结构（见图 3—23）。

5）里襟与前裤片里料结构。精作男西裤需要将裤子的里面也做光，不露缝边，所以精作男西裤需要在里襟及前裤片处配置里料，具体配置方法如图 3—24 所示。

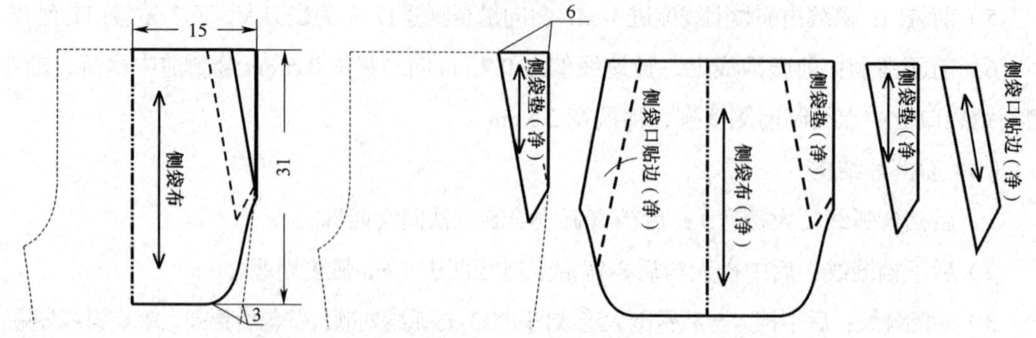

图 3—21　男西裤侧袋布、侧袋垫、侧袋口贴边结构图

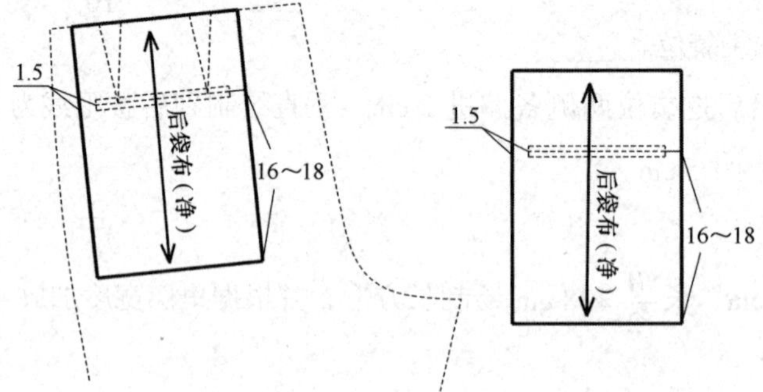

图 3—22　男西裤后挖袋袋布结构图

图 3—23　男西裤双嵌线挖袋嵌线、袋垫、串带袢结构图

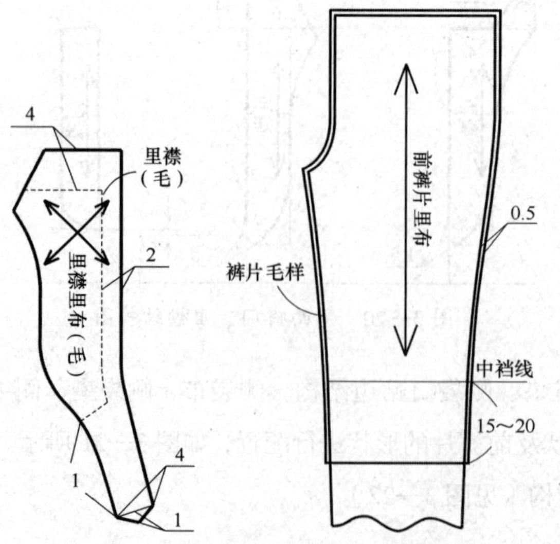

图 3—24　男西裤里襟、前裤片里料结构图

（5）串带袢位置配置

男西裤一般为 6 根串带袢，后中两根串带袢距离后中间距均为 3 cm，左、右前裤片前中褶裥处各一根串带袢，由后中 3 cm 至左、右前裤片串带袢中点处左、右各一根串带袢，如图 3—25 所示。

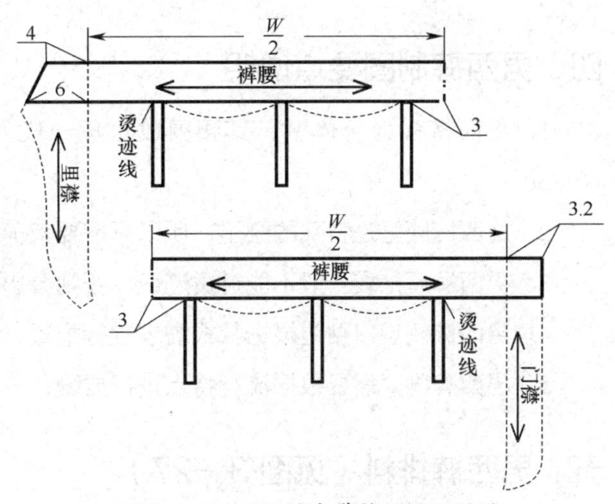

图 3—25　男西裤串带袢位置配置图

3. 裁片放缝（见图 3—26）

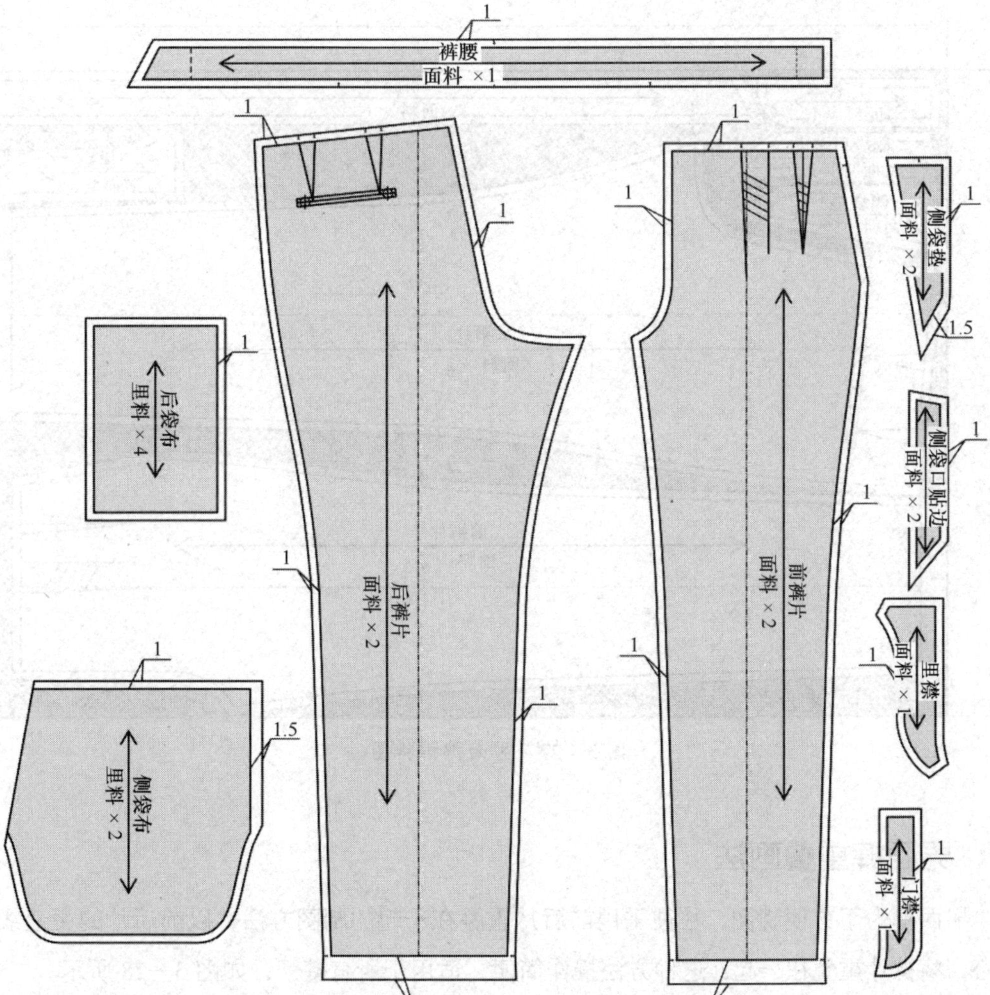

图 3—26　男西裤裁片放缝图

四、男西裤制图要点说明

1. 男西裤多为合体型，其腰围放松量一般为 0 ～ 2 cm，臀围放松量一般为 8 ～ 10 cm。

2. 男西裤腰里是特殊的腰里，所以只需要裁剪腰面。

3. 男西裤后挖袋一般不能过烫迹线，否则会影响成品烫迹线的整烫。

4. 男西裤侧袋口贴边根据款式需求进行配置，可采用贴边与裤片相连的形式。

5. 男西裤脚口需要根据流行特点进行放缝，一般放缝 3 ～ 4 cm。

五、男西裤排料（见图 3—27）

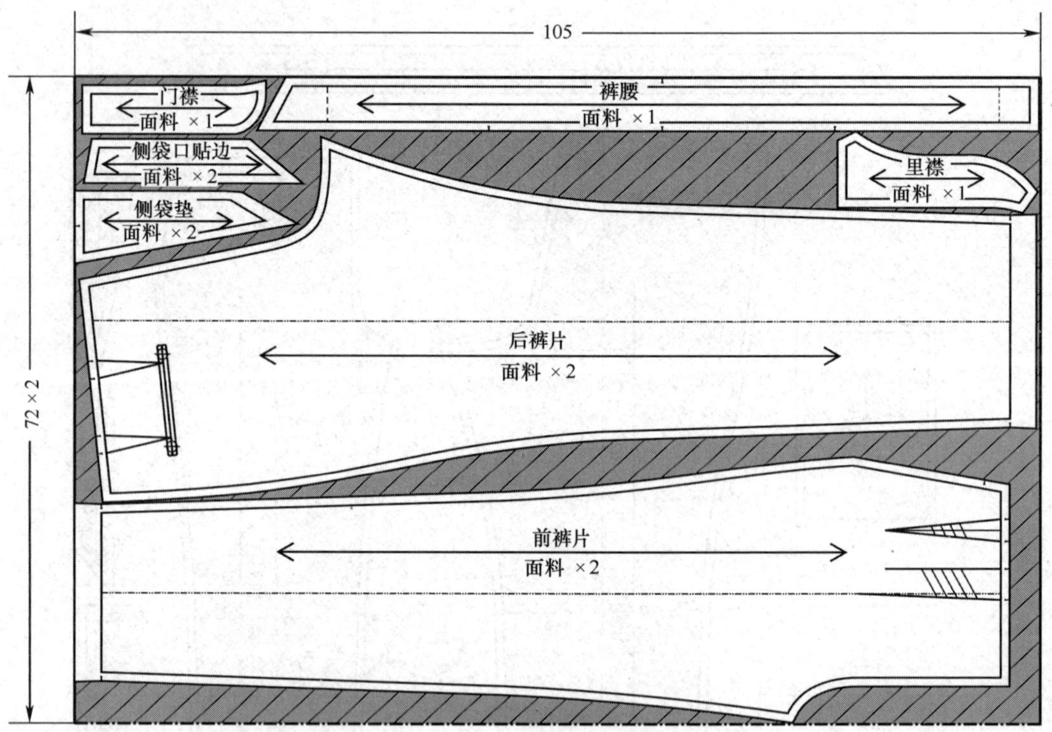

图 3—27　男西裤排料图

六、男西裤重叠画法

男西裤为了方便制图，往往采用前后片重叠在一起的制图方法，以前后片的烫迹线为中心，将裤片重叠在一起，这种方法操作简便，适用于所有裤子，如图 3—28 所示。

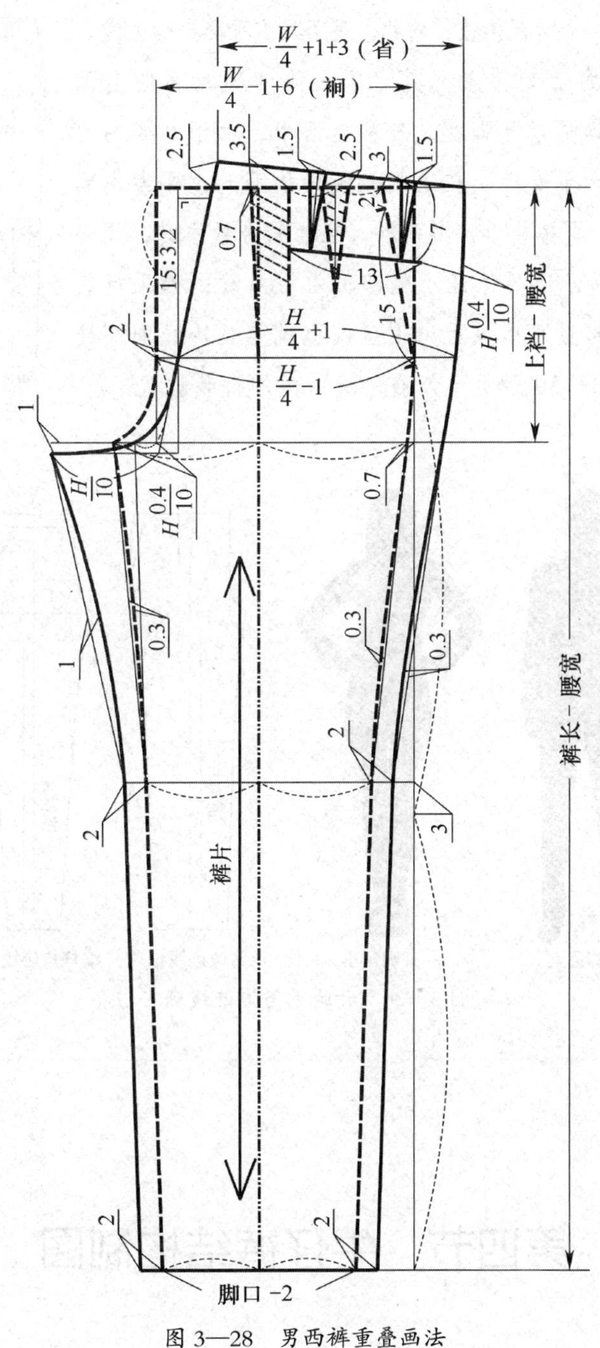

图 3—28　男西裤重叠画法

知识拓展

裤装烫迹线又叫挺缝线，是裤装裤腿结构的中心线。以烫迹线为中心，小腿部位的脚口与中裆甚至大腿部位的横裆需要左右对称，如图 3—29 所示。烫迹线的确定是裤装特别

是西裤等正装视觉上能否体现挺拔、对称，是否具有平衡感的关键。

男女人体下肢的活动特点，决定了人体两脚之间的空隙量，这个量叫作开脚量或开脚度。日常生活中，由于站姿的习惯，男性的开脚量大于女性。在绘制裤装结构图时，要考虑到人体的开脚量问题。当裤装为弹力面料，且为紧身款式时，烫迹线可以偏向侧缝移动，但要保证小腿部位左右对称；如果裤装是宽松款式，则开脚量可以设置得大些，也就是烫迹线向侧缝偏移得多些，如图3—30所示，如哈伦裤一类的裤装款式。

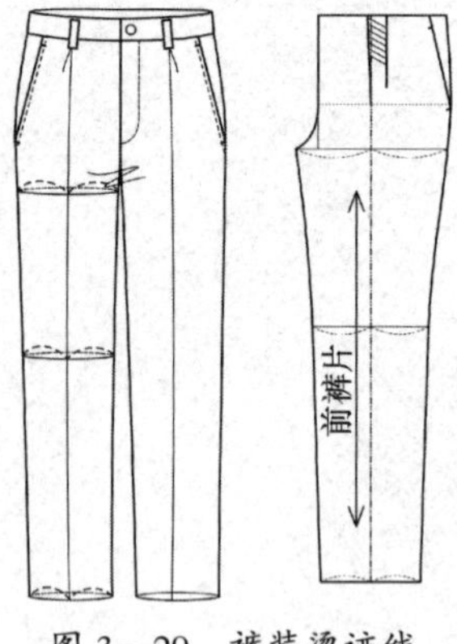

图3—29 裤装烫迹线

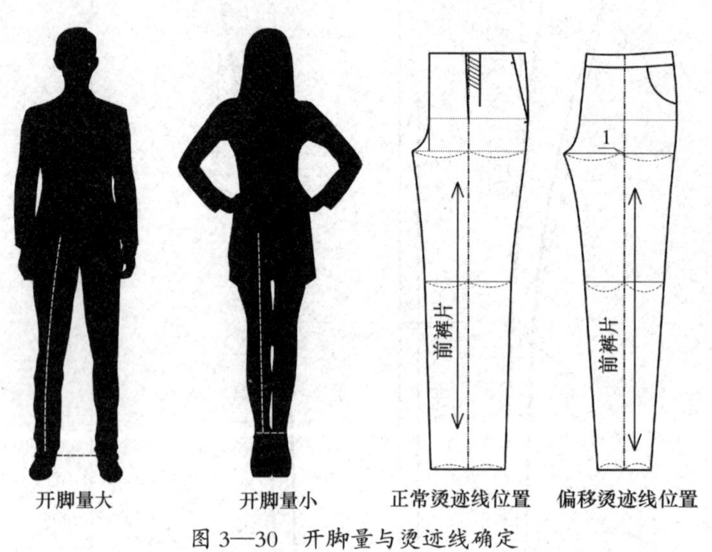

图3—30 开脚量与烫迹线确定

第四节 牛仔裤结构制图

牛仔裤一般采用劳动布、牛津劳动布等靛蓝色水磨面料制作，也有用仿麂皮、灯芯绒、平绒等面料制成的。借助牛仔裤耐磨的特性，现代牛仔裤在后整理阶段常进行洗磨处理，形成一种特有的设计风格，而且洗磨过的牛仔裤面料更加柔软，穿在身上时尚又舒适。

牛仔裤的生产通知单（样单）见表3—7。

表 3—7 牛仔裤生产通知单（样单）

品牌：××××	款号：××××	名称：牛仔裤
纸样编号：××××	下单日期：××××	完成日期：××××

款式图：

面料：牛仔布
成分：棉 100%
组织：斜纹组织
幅宽：144 cm

辅料：
无纺粘合衬、明拉链、配色线、商标、纽扣、洗水唛

系列规格表（5·4） 单位：cm

部位 \ 规格		155/64A S	160/68A M	165/72A L	档差	公差
1	裤长	94	95	96	1	±1
2	腰围	72	76	80	4	±1
3	臀围	86	90	94	4	±1
4	中裆	18.3	19	19.7	0.7	±0.2
5	脚口	14.5	15	15.5	0.5	±0.2
6	上裆	20.5	21	21.5	0.5	±0.2

工艺要求：

1. 月亮袋：袋口 0.6 cm 装饰明线，两端铆钉加固，右侧月亮袋内一只硬币袋
2. 后贴袋：距后育克 1.5 cm 贴袋，袋位准确，高低一致，平整
3. 裆缝与下裆缝：埋夹宽（0.1+0.6）cm
4. 串带袢：5 根串带袢，前裤片左、右月亮袋口袋位处各一根，后中一根，两者中点各一根
5. 门、里襟：门襟装饰明线 3 cm 宽
6. 裤腰：弯弧裤腰，左右高低一致，平整无扭曲
7. 脚口：卷边缝 2 cm
8. 缉线：各部位 1 cm 拼缝，缝线顺直，无跳针、断线现象
9. 整烫：各部位熨烫到位，平服，无亮光、水花、污迹，底边平直无起浪现象
10. 针迹：缝线 14 针 /3 cm
11. 水洗处理

工艺编制： 工艺审核： 审核日期：

一、牛仔裤款式特点概述

现以女士合体弹力牛仔裤为例介绍牛仔裤。该款牛仔裤呈锥形，无裥省结构，脚口较小，两个月亮侧袋，右袋内有一个硬币袋，五根串带袢，后片育克分割，两个贴袋，装弧腰。牛仔裤在前后裆缝与下裆缝处做埋夹工艺处理，且做水洗处理。

二、牛仔裤制图规格尺寸（见表 3—8）

表 3—8　牛仔裤制图规格尺寸表　　单位：cm

号型	裤长	腰围	臀围	中裆	脚口	上裆	腰宽
160/68A	95	76	90	19（半围）	15（半围）	21（含腰）	3.5

三、牛仔裤结构制图

1. 前、后裤片结构（见图 3—31）

牛仔裤前、后裤片结构制图过程同男、女西裤。

2. 零部件结构

（1）后育克省道合并转移

牛仔裤后育克需要合并省道，之后将省道转移，合并后的裁片需要修顺，如图 3—32 所示。

（2）裤腰合并

将牛仔裤前后裤片的裤腰合并，形成一条弯弧状的裤腰，并将裁片修顺，注意裤腰的里襟需要加放在裤腰上，如图 3—33 所示。这种裤腰多用于低腰裤，成品的裤子腰部也更加符合人体的腰部结构，更加贴体。

（3）门、里襟

牛仔裤的门、里襟同西裤一样，需要利用裤片结构进行配置，这样成品才能够符合同一条裤子对每个裁片的要求，如图 3—34 所示。

（4）袋布、袋垫、硬币袋（见图 3—35）

（5）串带袢位置配置

牛仔裤串带袢的位置如图 3—36 所示。串带袢共 5 根，后中一根，前裤片左、右月亮袋口袋位处各一根，之后两者之间中点左、右再放置一根。

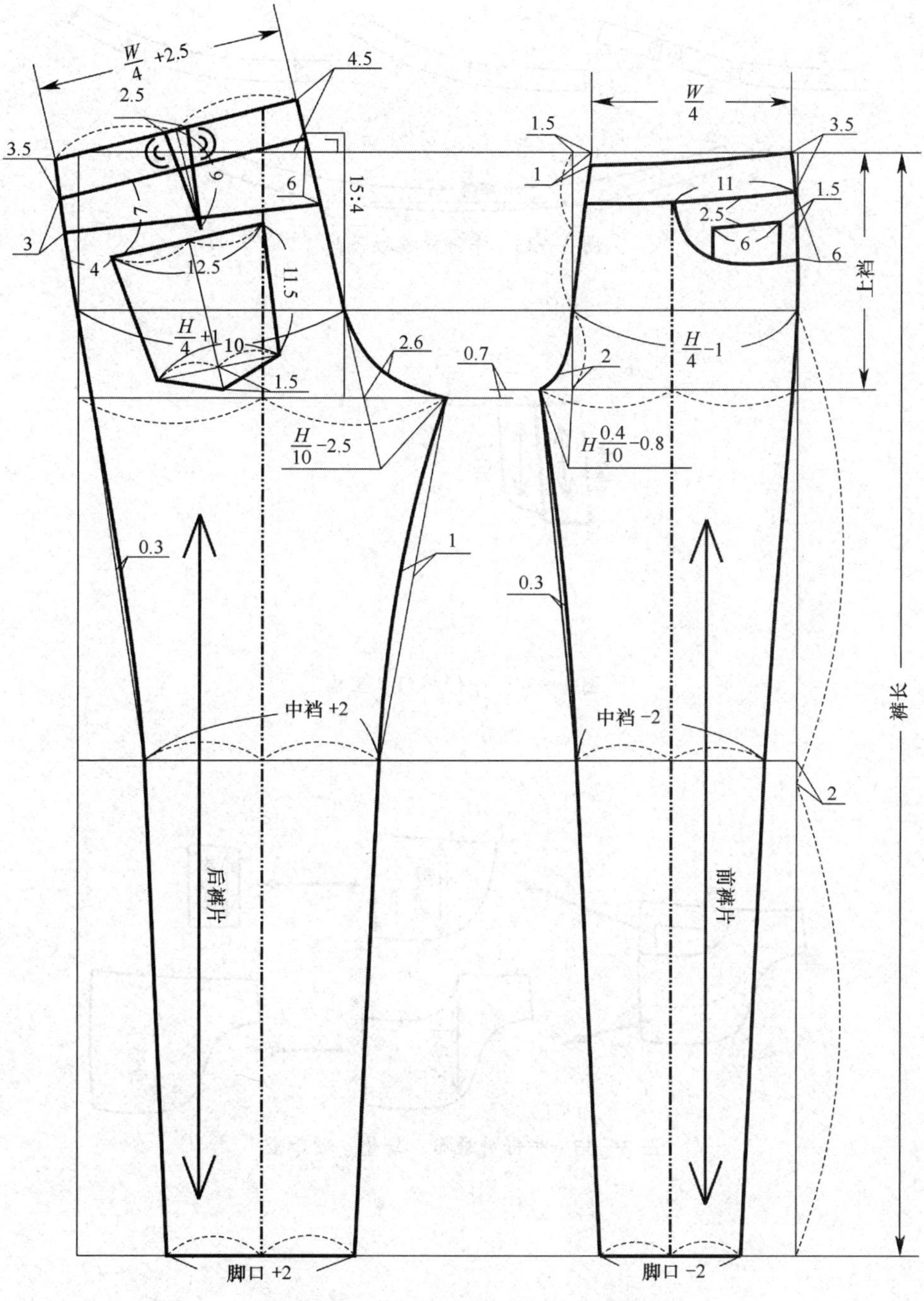

图 3—31　牛仔裤前、后裤片结构图

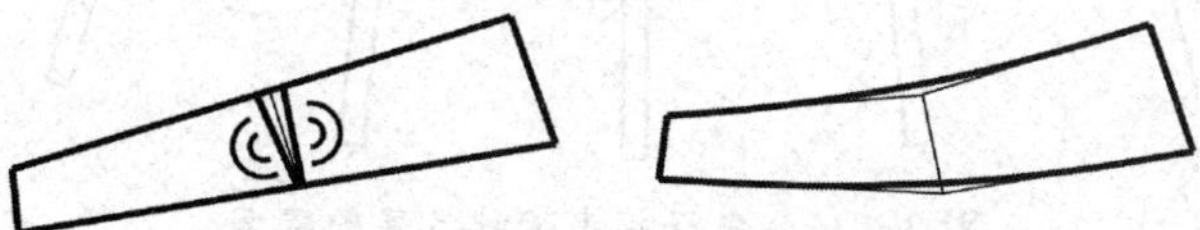

图 3—32　牛仔裤后育克省道合并

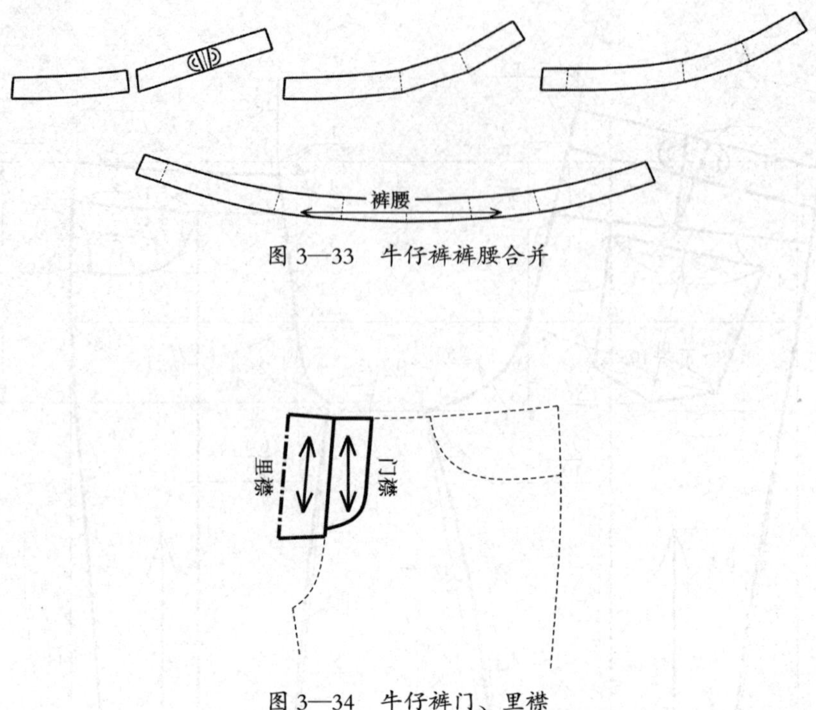

图 3—33 牛仔裤裤腰合并

图 3—34 牛仔裤门、里襟

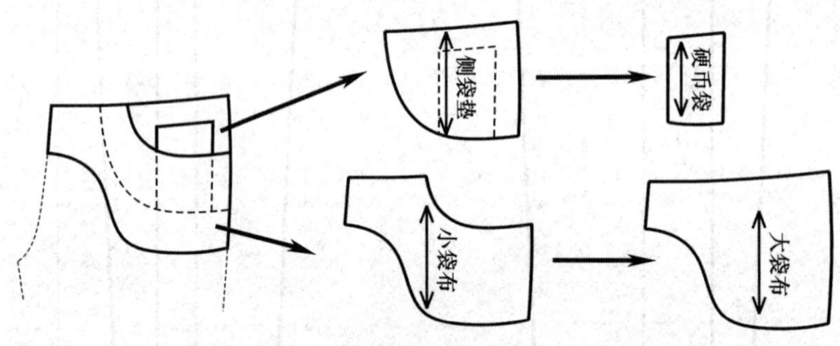

图 3—35 牛仔裤袋布、袋垫、硬币袋

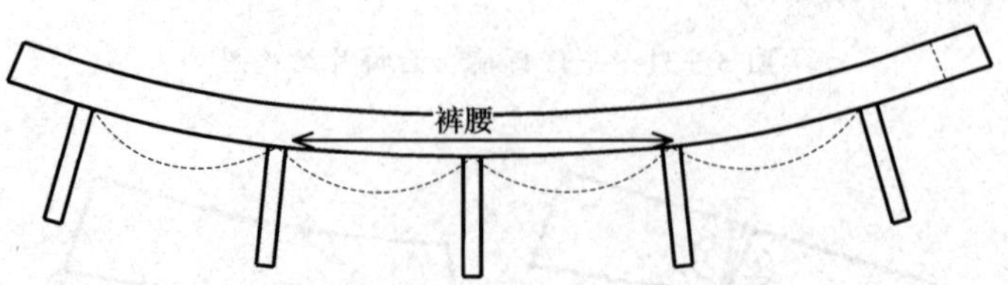

图 3—36 牛仔裤串带袢位置配置图

3. **裁片放缝（见图 3—37）**

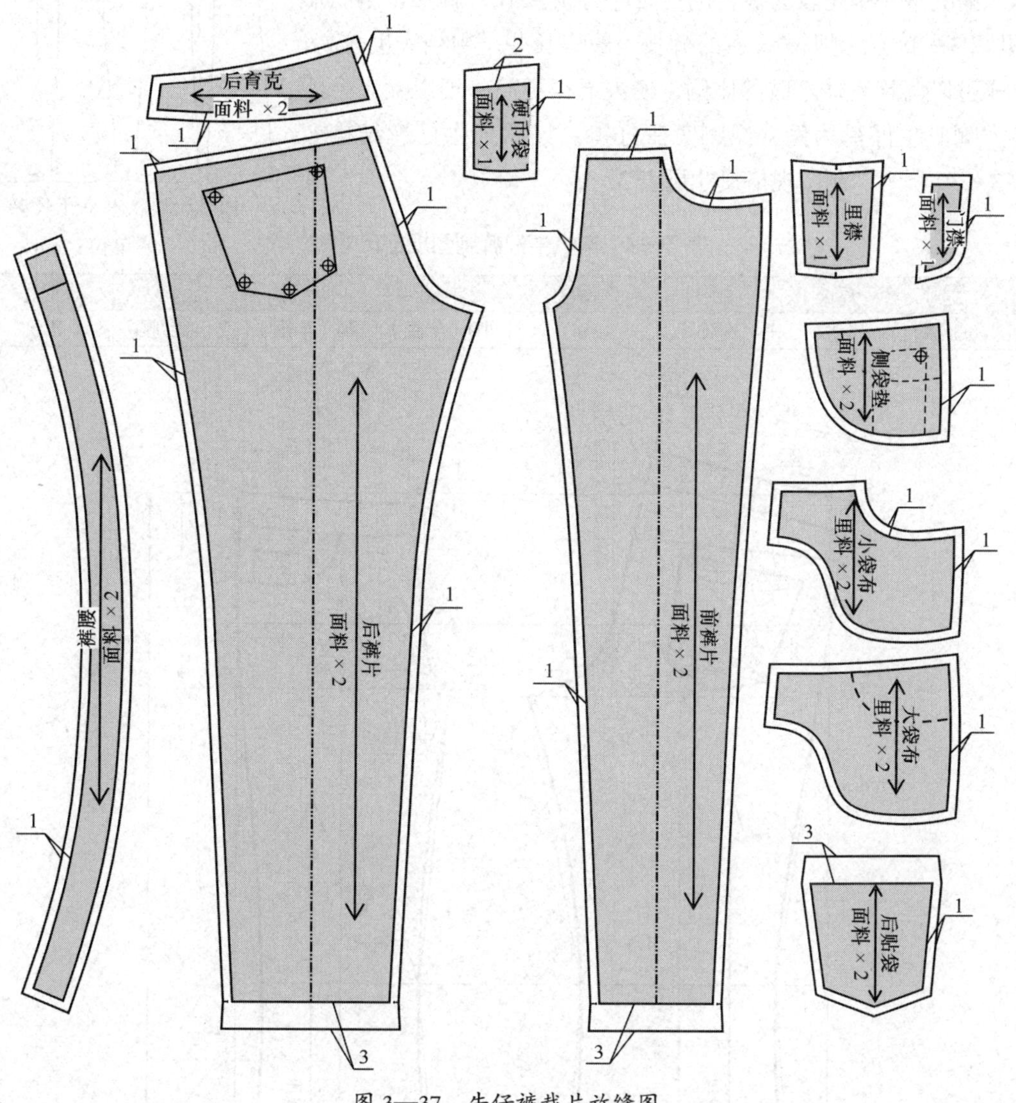

图 3—37　牛仔裤裁片放缝图

四、牛仔裤制图要点说明

1. 牛仔裤一般以前后浪来定上裆。

2. 牛仔裤穿着时强调合体性，同时后片裆部不能有多余的面料，所以牛仔裤的结构和普通裤子的结构有所区别，前后裆宽不能过大，否则容易出现裆部八字纹。

3. 紧身型女式牛仔裤在制图时，要充分考虑人体腿部的结构特征，一般需要在中裆至脚口的位置将裤腿左右放出一定的量来保证牛仔裤的合体情况。

五、喇叭牛仔裤

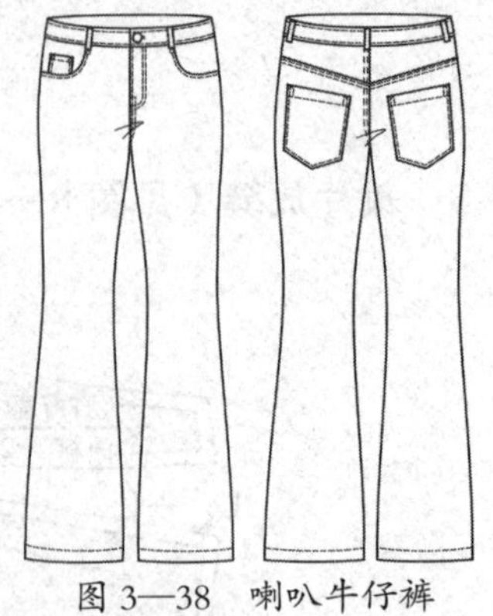
图 3—38 喇叭牛仔裤

喇叭牛仔裤是较为流行的一种牛仔裤款式，脚口呈喇叭形（见图 3—38）。喇叭牛仔裤的裤长一般稍长些，中裆线也较高，这样可以调整人体下肢的比例，使人显得更高。现以女士合体弹力喇叭牛仔裤为例介绍喇叭牛仔裤。该款式牛仔裤结构如图 3—39 所示，制图规格尺寸见表 3—9。

表 3—9 喇叭牛仔裤制图规格尺寸表 单位：cm

号型	裤长	腰围	臀围	中裆	脚口	上裆	腰宽
160/68A	100	76	90	19（半围）	24（半围）	21（含腰）	3.5

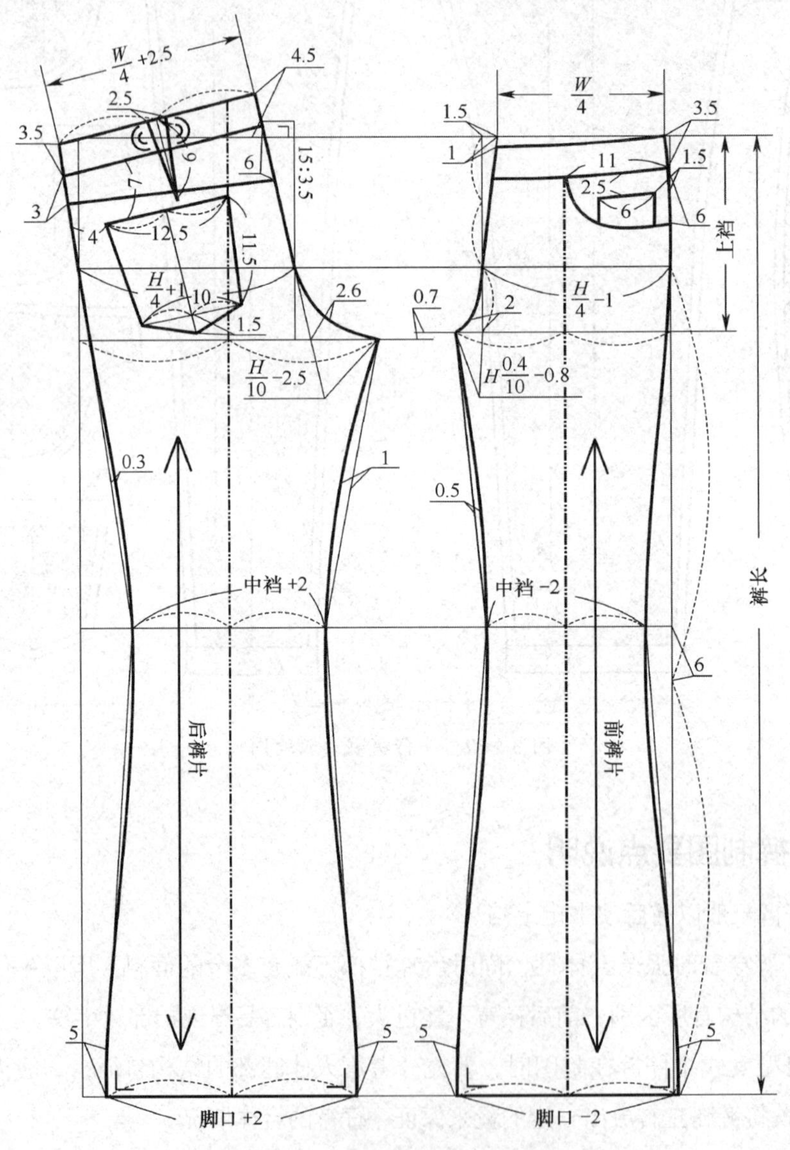

图 3—39 喇叭牛仔裤结构图

注：喇叭牛仔裤的脚口形状应该遵循成品紧扣人体腿部的状态，或者将脚口绘制成与侧缝垂直的弧线状态。

第五节　裤装的结构变化

裤装作为服装重要的组成部分，通过合理的设计及结构变化，可以变化出众多的款式。

一、裤型结构设计方法

裤装除了腰部与裙装一样分低、中、高外，还可以通过调整中裆与脚口的比例关系来改变裤腿廓形，也可以通过改变局部结构设计来变化裤装款式。

1. 裤腿廓形设计变化

裤装常常以中裆与脚口的比例关系所形成的裤腿廓形来进行分类。裤腿廓形设计变化见表 3—10。

表 3—10　裤腿廓形设计变化

	中裆＜脚口	中裆＝脚口	中裆＞脚口
裤型	喇叭裤	直筒裤	锥型裤
裤腿廓形剪影	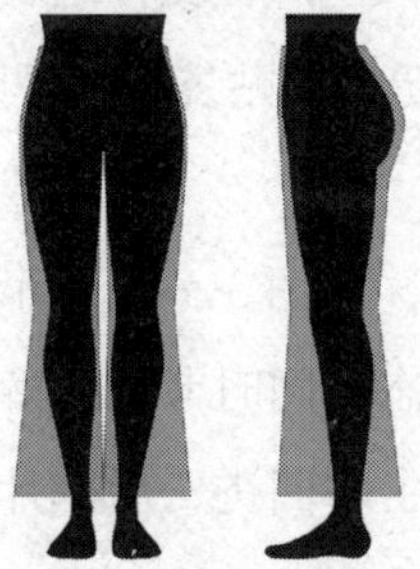	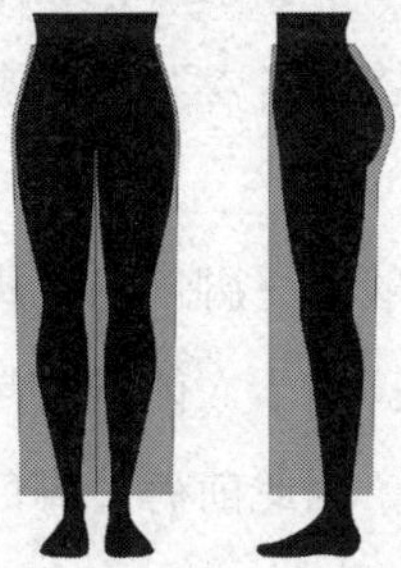	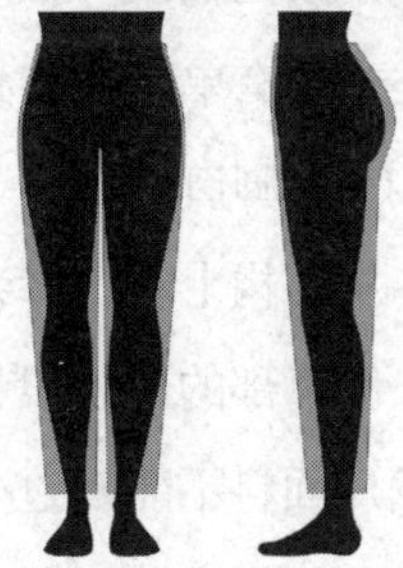

2. 裤装局部结构设计变化

（1）腰部变化

裤装的腰部设置形式与裙装相同，有高腰、中腰（正常腰位）、低腰之分。低腰裤与高腰裤的结构设计都是以中腰裤为基础进行的，低腰裤只是将中腰裤按照需要将多余的量剪切掉即可。而高腰裤需要按人体腰部以上部位制图后拼接在中腰裤上，不能直接将中腰裤向上延长，这是由人体腰部至胸部的尺寸是逐渐增大的情况所决定的，如图 3—40 所示。

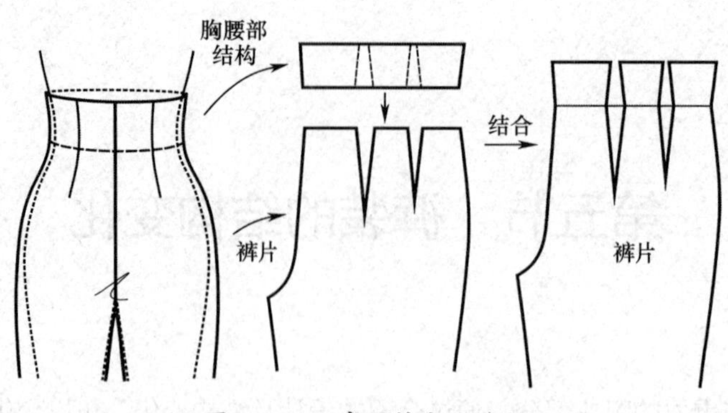

图 3—40　高腰裤变化过程

（2）门襟位置变化

裤装的门襟变化主要是位置的变化，常见的有侧缝开门襟、前中裆缝开门襟等，如图 3—41 所示。有些裤装门襟是随着腰口一起变化的。

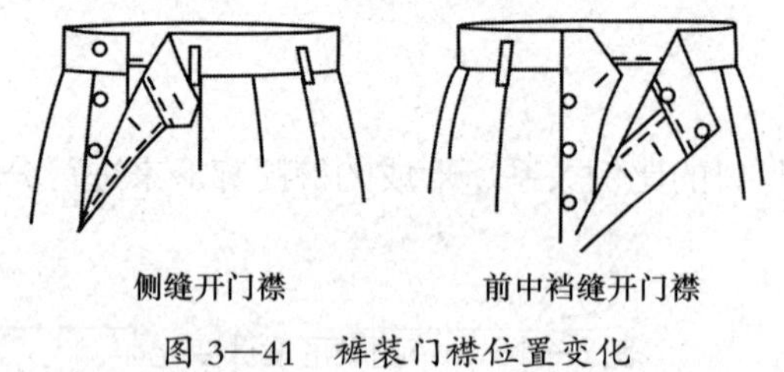

图 3—41　裤装门襟位置变化

（3）口袋变化

裤装的插袋一般有直插袋、斜插袋和弯插袋（月亮袋）；后袋有挖袋类与贴袋类，挖袋类主要有单嵌线袋和双嵌线袋，贴袋类有袋盖贴袋、无袋盖贴袋及风琴贴袋。

（4）脚口变化

从结构上看，裤装脚口一般为平脚口与翻脚口两类，如图 3—42 所示。考究的裤装随着人体脚部的形状设计脚口线。由于人体脚背是隆起状态，同时考虑到裤脚口落在脚背上的裁片面料不能有过多的余量，因此前裤片脚口可以向上略凹进，后裤片脚口可以向下略凸出，如图 3—43 所示。

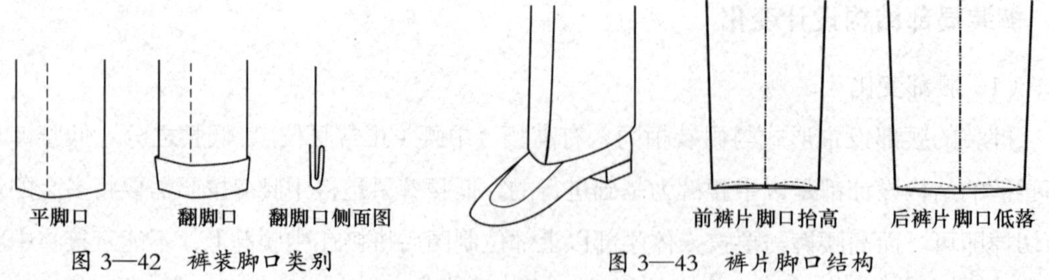

图 3—42　裤装脚口类别

图 3—43　裤片脚口结构

3. 裤装纸样结构变化

凸肚体也称凸腹体，是人体特殊体型之一。这种体型腹部向前凸出，人体腰围或腹围大于胸围的尺寸。这种体型在我国特殊体型人群中所占比例较大，特别是随着年龄的增大，皮下脂肪在腹部沉积明显，人体的厚度不断增大，便形成了凸肚体。凸肚体一般臀部相对平缓，人体厚度大，前腰围与前臀围大于后腰围与后臀围，前裆长也随之增大。凸肚体可以通过调节裤片基本型来进行裤片纸样设计，如图 3—44a、图 3—44b 所示。

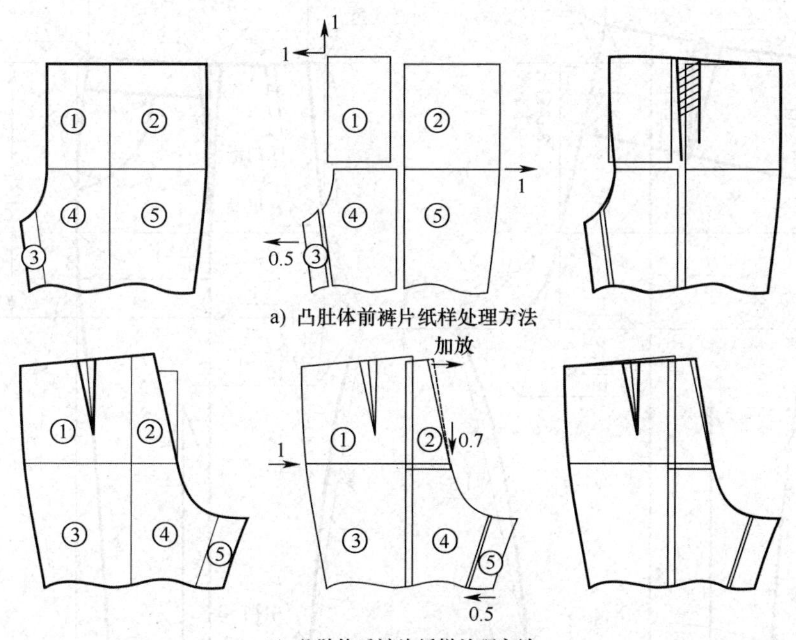

图 3—44　凸肚体裤片纸样处理方法

如果凸肚体同为翘臀体时，则后裤片的裆宽与后裆困势需要加大。其他体型或裤装款式可以根据实际需要，利用凸肚体纸样处理方法，进行调整。

二、铅笔裤结构制图

铅笔裤又被称为小脚裤、烟管裤，是指有着纤细裤管的裤子，裤脚很瘦，整个裤子基本贴着腿。这种裤型的特点是剪裁超低腰，可以对臀、腿部塑型，让臀部紧贴、腿线纤长，款式如图 3—45 所示，在制图裁剪时要注意腿部的造型及尺寸。铅笔裤的制图规格尺寸见表 3—11。

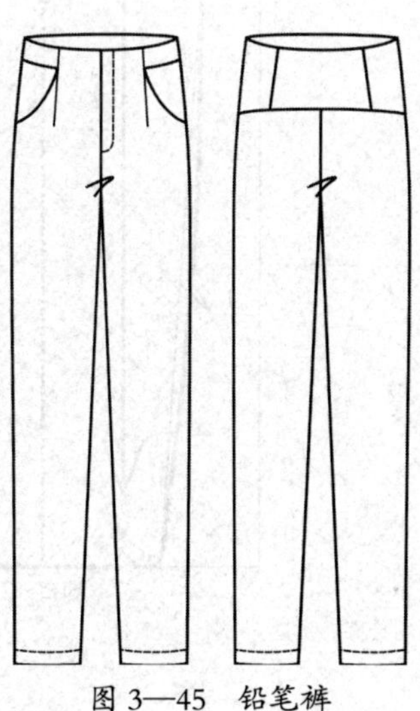

图 3—45　铅笔裤

表 3—11　铅笔裤制图规格尺寸表　　　　　单位：cm

号型	裤长	腰围	臀围	中裆	脚口	上裆
160/68A	96	70	90	18（半围）	14（半围）	23

1. 裤片结构（见图 3—46）

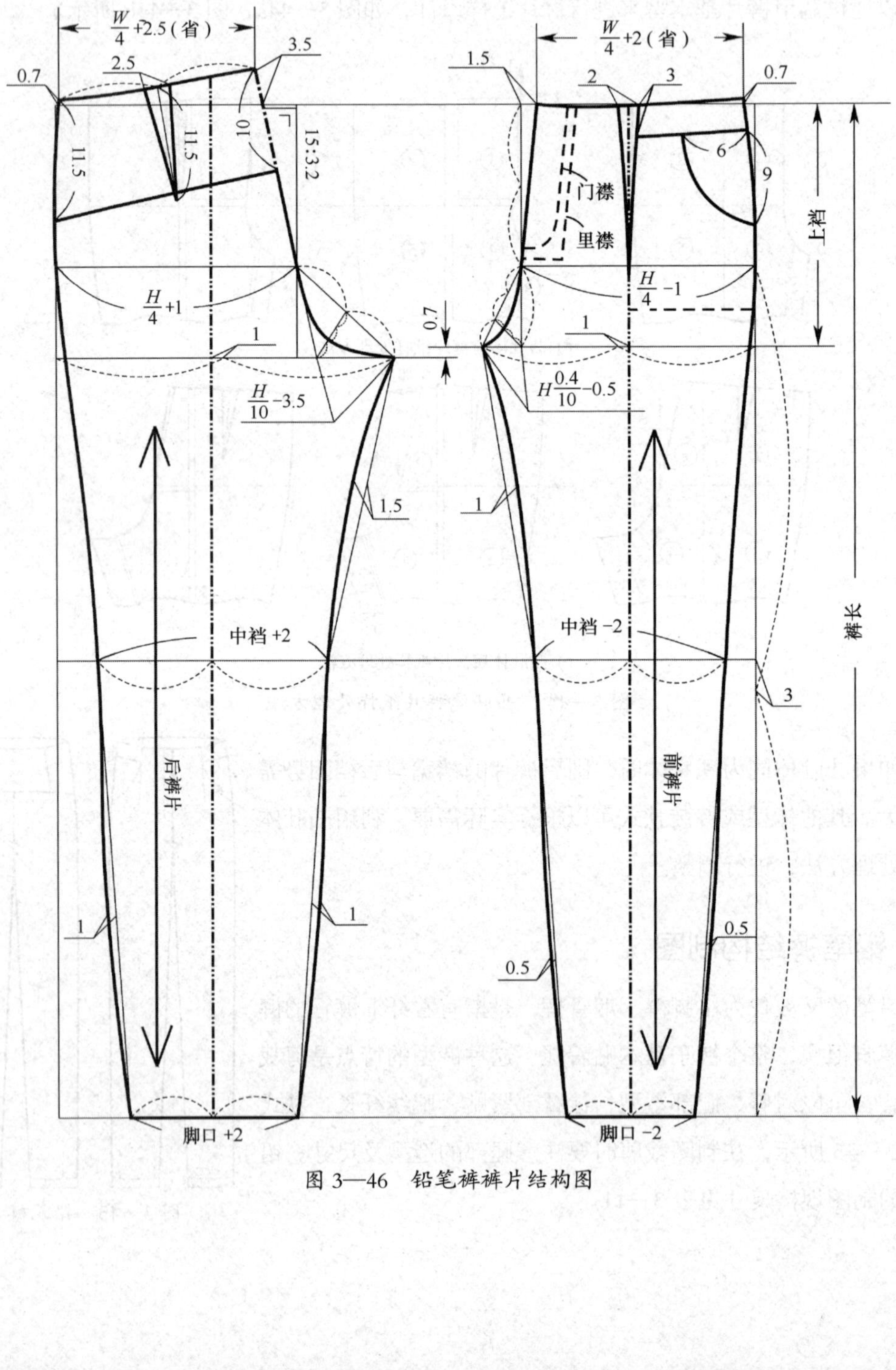

图 3—46　铅笔裤裤片结构图

2. **裁片放缝（见图 3—47）**

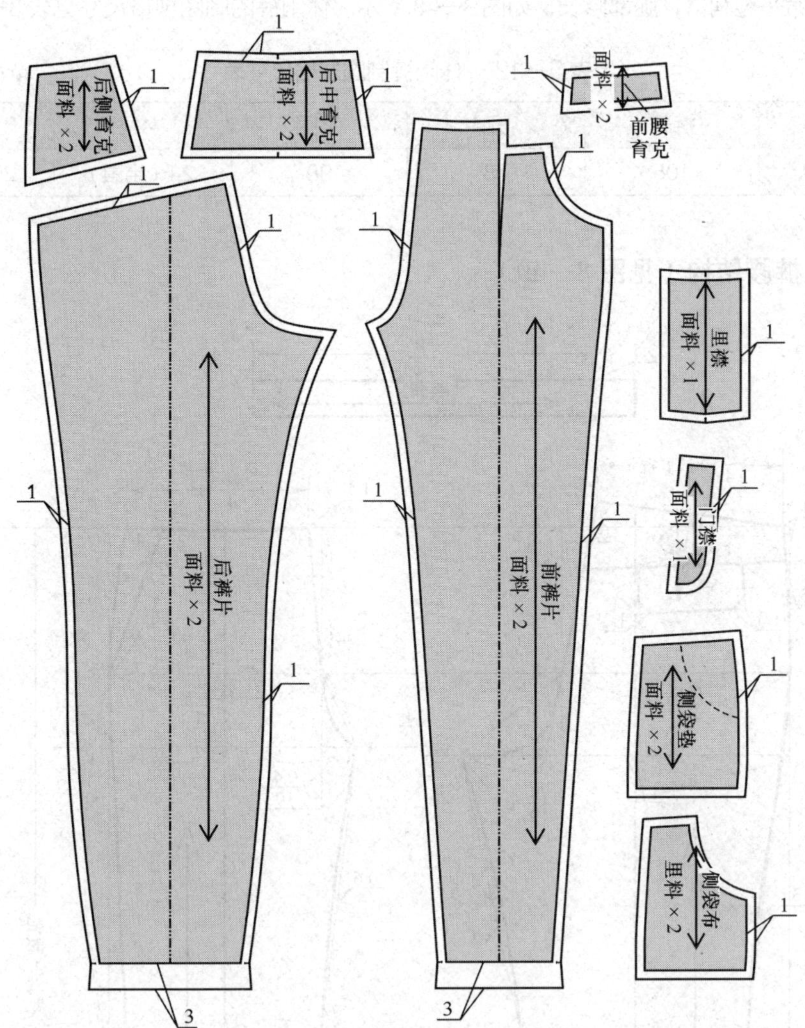

图 3—47　铅笔裤裁片放缝图

三、休闲裤结构制图

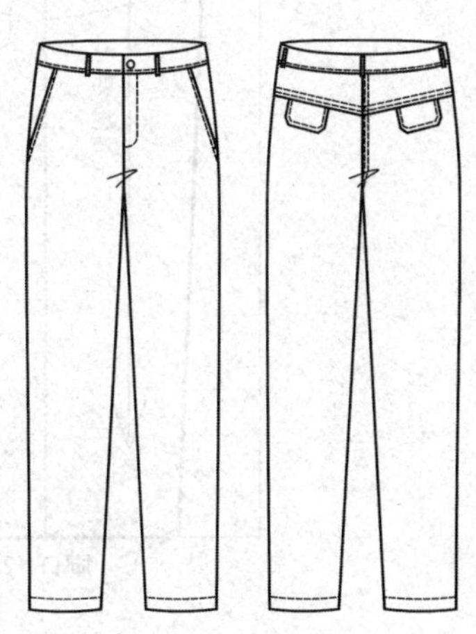

图 3—48　休闲裤

广义的休闲裤包含了一切非正式商务、政务、公务场合穿着的裤子，穿起来显得比较休闲随意。实际应用过程中，休闲裤主要指以西裤为模板，在面料、板型方面比西裤随意、舒适，颜色更加丰富多彩的裤子。一般来说，休闲裤大体上分为三种：第一种为多褶型休闲裤，即在腰部前面设计有数个褶，这种裤型几乎适合所有穿着者；第二种为单褶型休闲裤，即在腰部前面对称地各设计一个褶，相比前者，裤型较为流畅，并且具有一定的“扩容性”；第三种为无褶型休闲裤（欧版裤型），即腰部没有任何褶，裤子显得非常平整利落，腿部修长，如图 3—48 所示。休闲裤的制图规格尺寸见表 3—12。

表 3—12　休闲裤制图规格尺寸表　　单位：cm

号型	裤长	腰围	臀围	中裆	脚口
170/76A	105	78	98	24（半围）	20（半围）

1. 裤片及裤腰结构（见图 3—49）

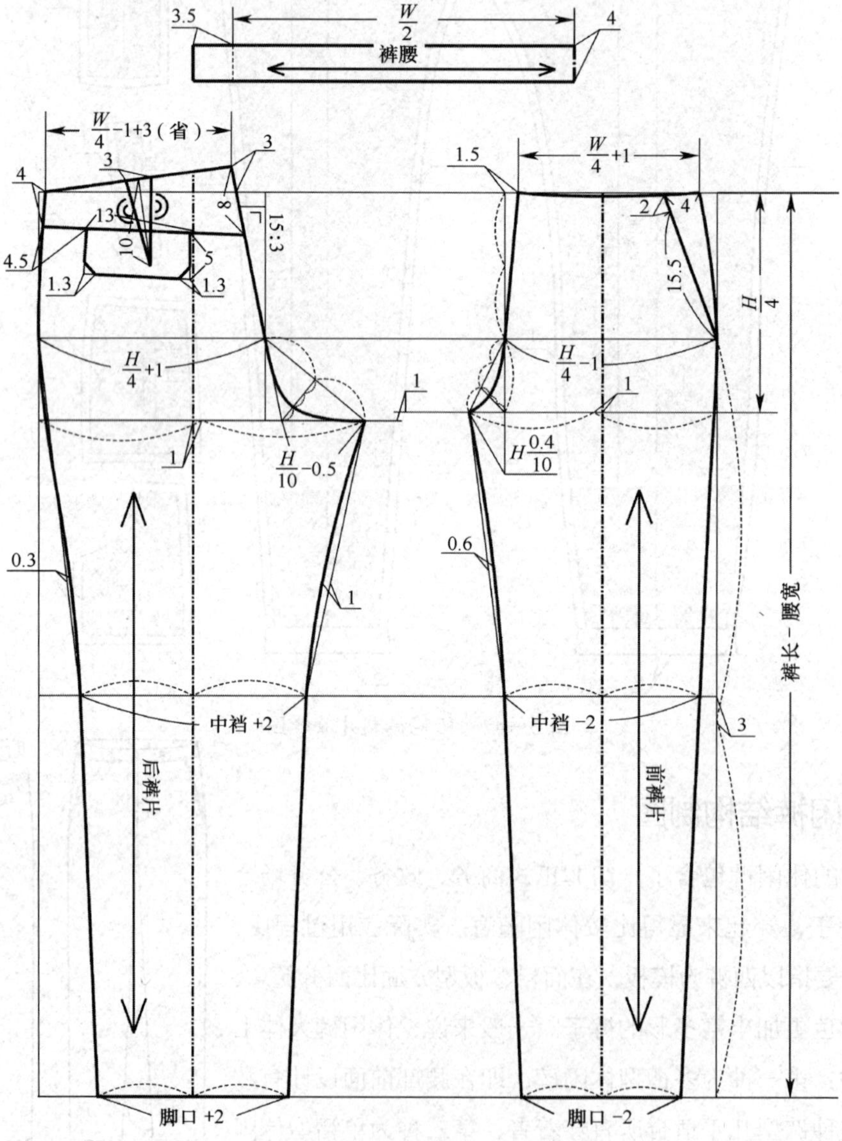

图 3—49　休闲裤裤片及腰结构图

2. 零部件结构（见图 3—50）

除正装外的裤装，可以考虑使用图 3—50d 袋布裁配方法。这种方法可以省去袋垫布的裁配，工艺制作上少一道工序，同时又能保证口袋的平薄，一举两得。

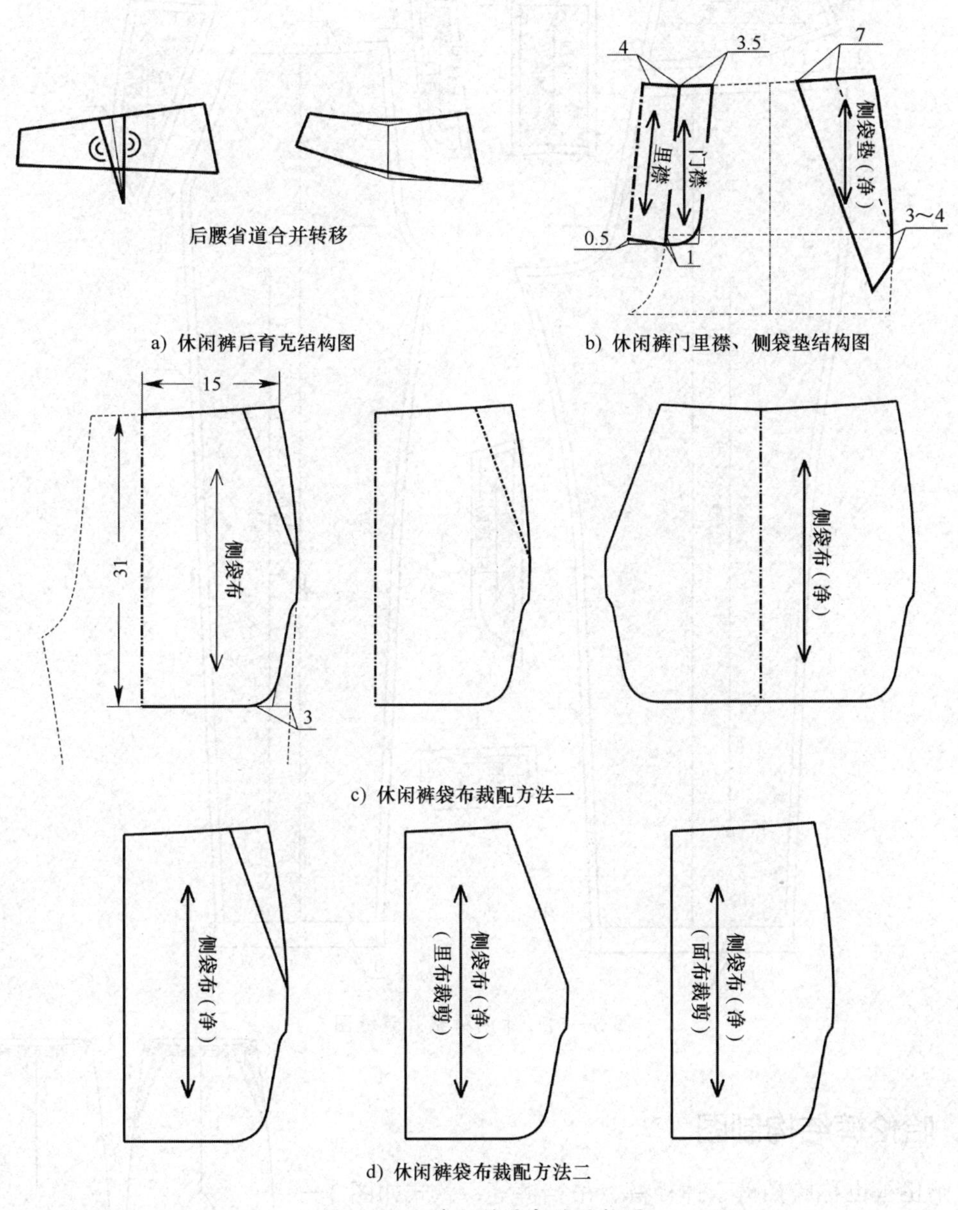

图 3—50　休闲裤零部件结构图

3. 裁片放缝（见图 3—51）

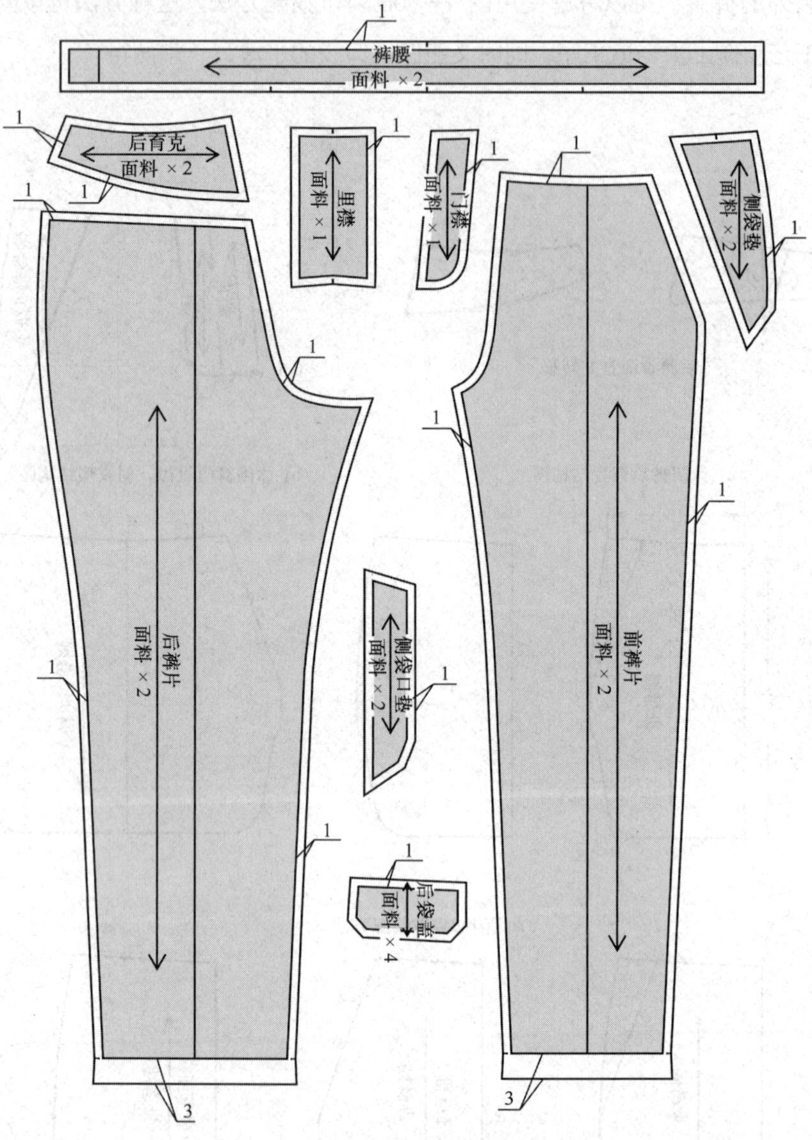

图 3—51　休闲裤裁片放缝图

四、哈伦裤结构制图

哈伦裤也称胯裆裤、掉裆裤、吊裆裤等，款式如图 3—52 所示，它有着区别于其他裤型的文化背景和风格特征。

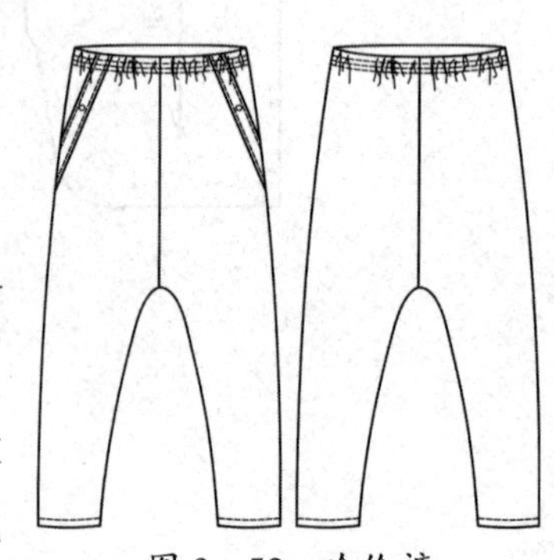

图 3—52　哈伦裤

哈伦裤的特点是裤裆宽松，可随意改变的裤子裆部大小，裆部大多比较低。哈伦裤在增加臀部和裤口的视觉比例，夸张臀部尺寸并缩小裤口尺寸的同时，要保证裤子整体线条和谐，注意裤裆与裤管的比例。为了便于穿着，多数哈伦裤采用松紧腰的做法，以适合多种体型的人群。哈伦裤的制图规格尺寸见表 3—13。

表 3—13　哈伦裤制图规格尺寸表　　单位：cm

号型	裤长	腰围	臀围	上裆	脚口
160/68A	92	96	108	33	16（半围）

1. 裤片结构（见图 3—53）

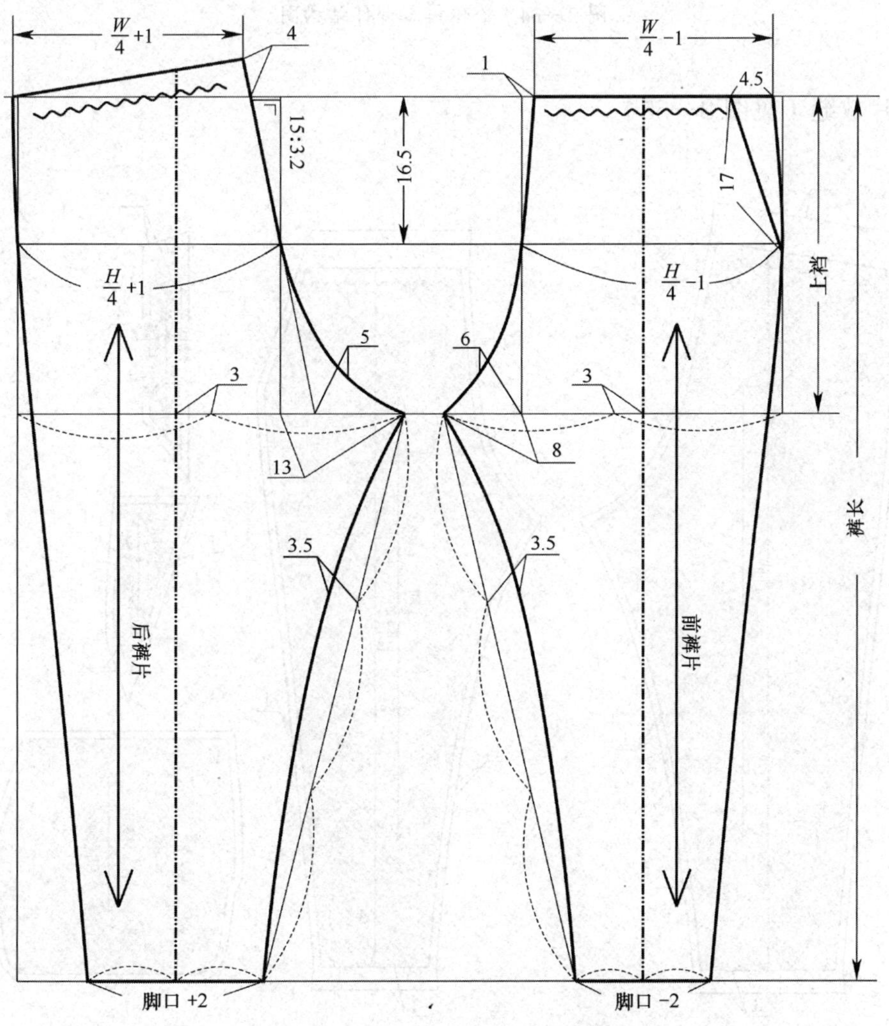

图 3—53　哈伦裤裤片结构图

2. 零部件结构（见图 3—54）

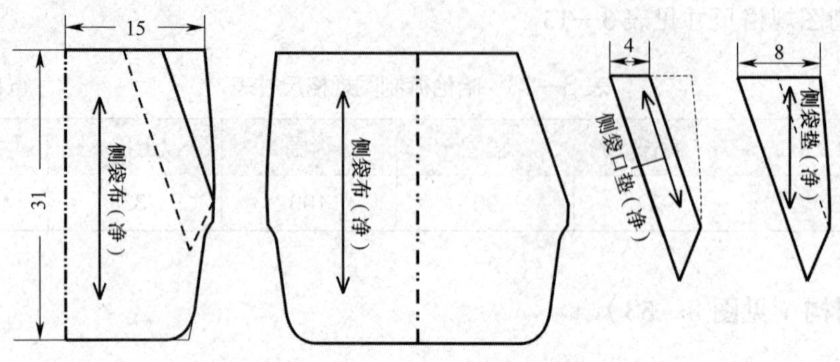

图 3—54 哈伦裤零部件结构图

3. 裁片放缝（见图 3—55）

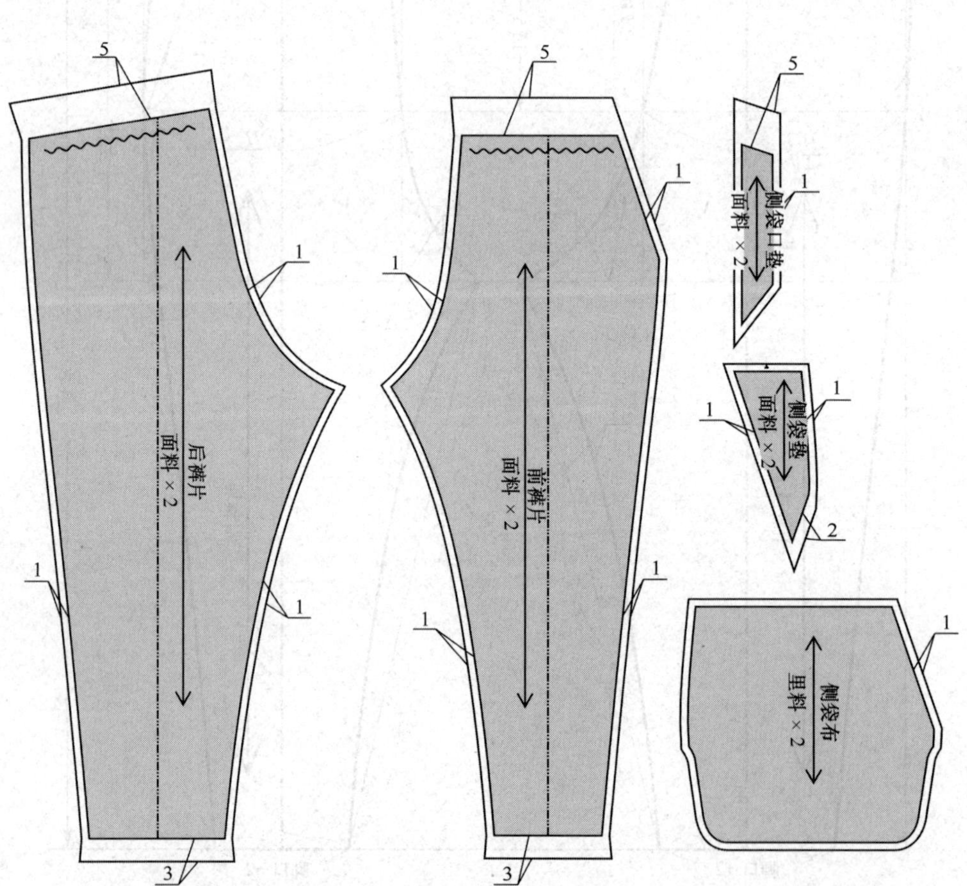

图 3—55 哈伦裤裁片放缝图

五、马裤结构制图

马裤分为传统马裤（见图 3—56）和现代马裤。传统马裤因多数使用无弹力面料，而使得裤子有着独特的样式。传统马裤因需要搭配马靴穿着，所以裤腿的小腿部位多用绑绳与扣子紧固，便于将裤子放置于马靴内。为了保证骑马时大腿活动不受裤子束缚，传统马裤大腿部位有足够的宽松活动量。

现代马裤在款式上发生了很大的变化，它一般采用弹性良好的面料制作，款式变得贴体，与普通裤子的裁剪方法一致，且多为七分裤，从穿着角度看与靴裤形式变得一样，失去了传统马裤独有的款式特点。

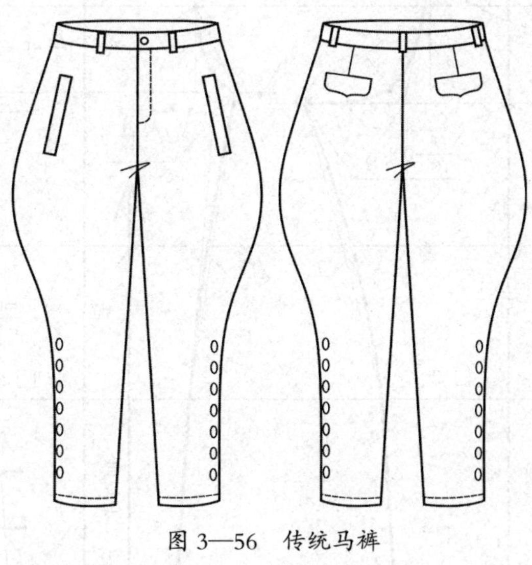

图 3—56　传统马裤

传统马裤的制图规格尺寸见表 3—14。

表 3—14　传统马裤制图规格尺寸表　　单位：cm

号型	裤长	腰围	臀围	中裆	脚口	上裆	腰宽
160/68A	96	70	98	21（半围）	15（半围）	27.5（含腰）	3

1. 裤片结构（见图 3—57）

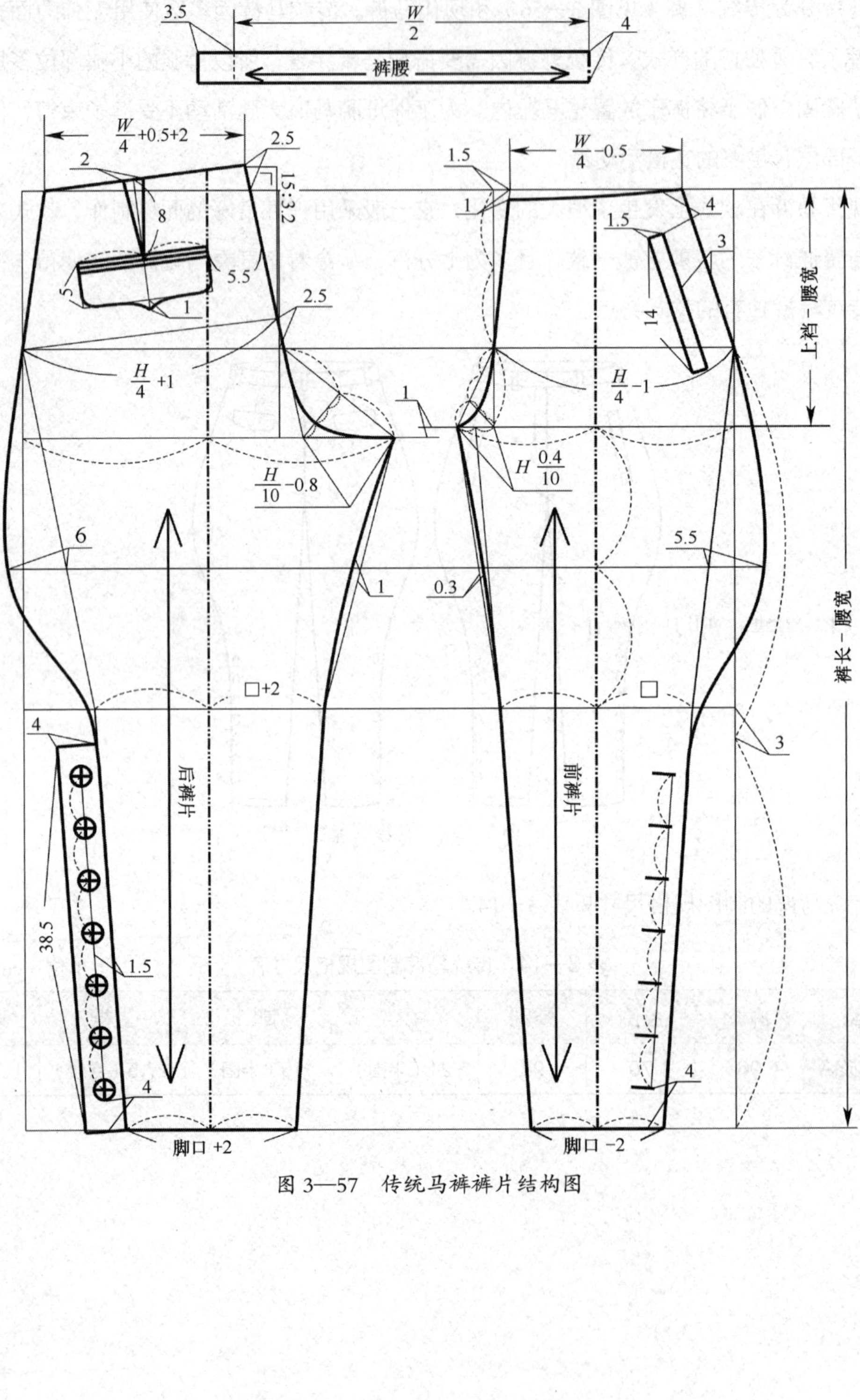

图 3—57 传统马裤裤片结构图

2. **裁片放缝（见图 3—58）**

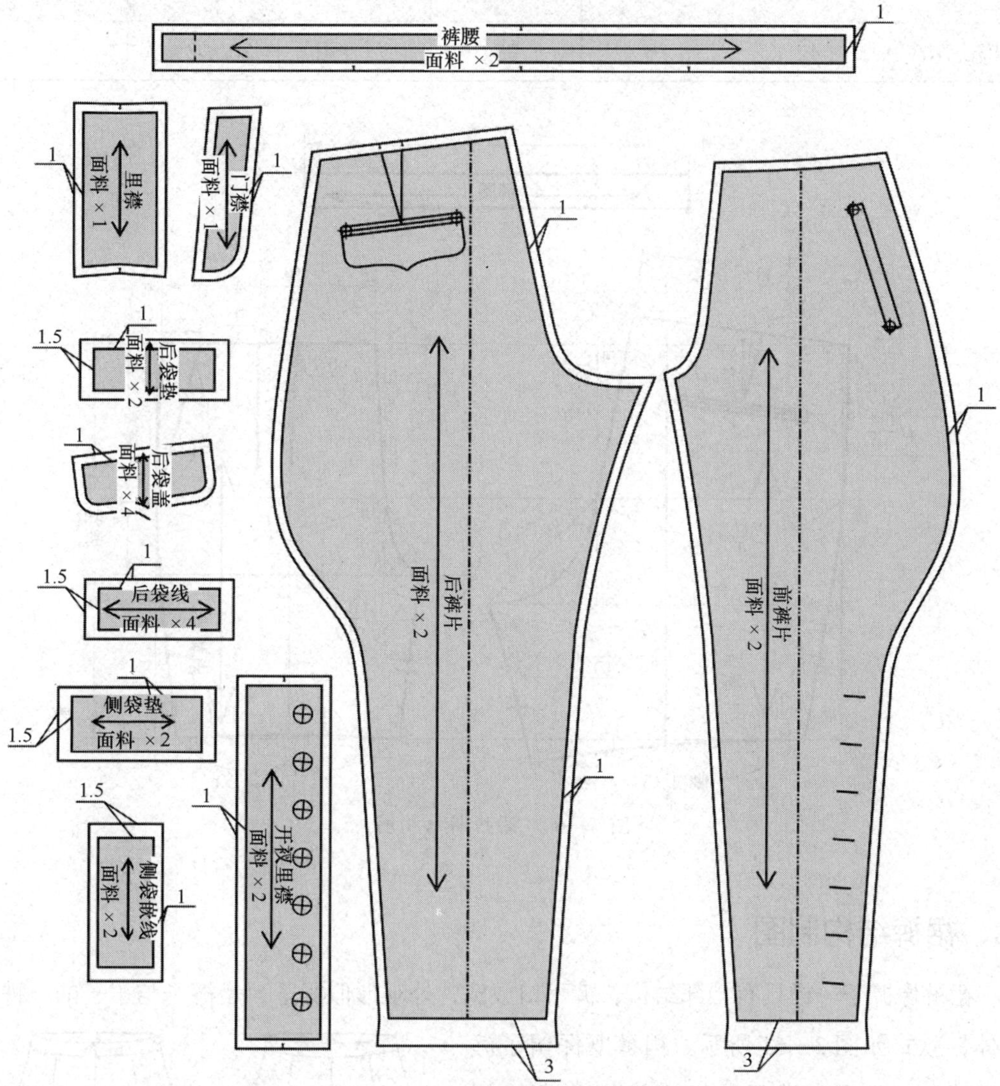

图 3—58 传统马裤裁片放缝图

六、西短裤结构制图

西短裤款式如图 3—59 所示，工艺与西裤基本相同，裤长在膝盖以上。西短裤是男士夏天必不可少的裤装之一。与长裤相比，西短裤的后落裆相对较大，其结构参考图 3—60。西短裤的制图规格尺寸见表 3—15。

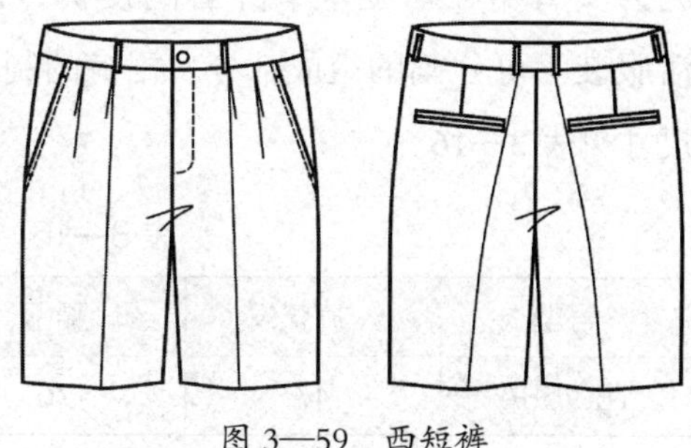

图 3—59 西短裤

表 3—15 西短裤制图规格尺寸表 单位：cm

号型	裤长	腰围	臀围	脚口	上裆	腰宽
170/74A	42	76	98	26（半围）	28（含腰）	4

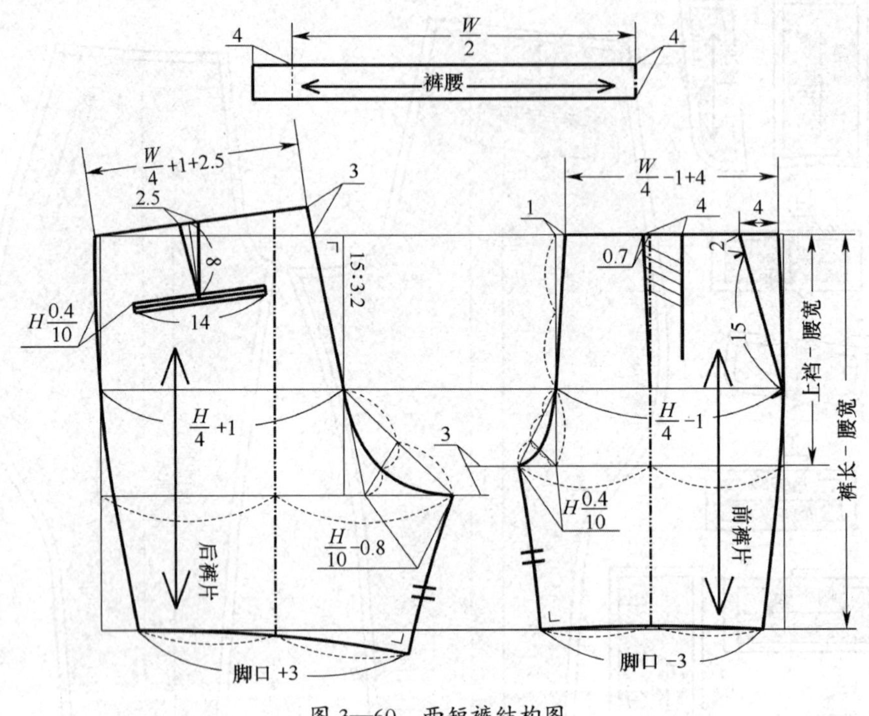

图 3—60 西短裤结构图

七、裙裤结构制图

裙裤像裤子一样具有裆部结构，裤下口放宽，外观形似裙子，是裤子与裙子的一种结合体，款式如图 3—61 所示。裙裤既保留了裤子的优点，又具有裙子的飘逸浪漫和宽松舒适。裙裤色彩鲜艳，装饰手法不拘一格，已成为女青年在盛夏季节穿着的便裤，属于生活服装不可分割的组成部分。裙裤的制图规格尺寸见表 3—16。

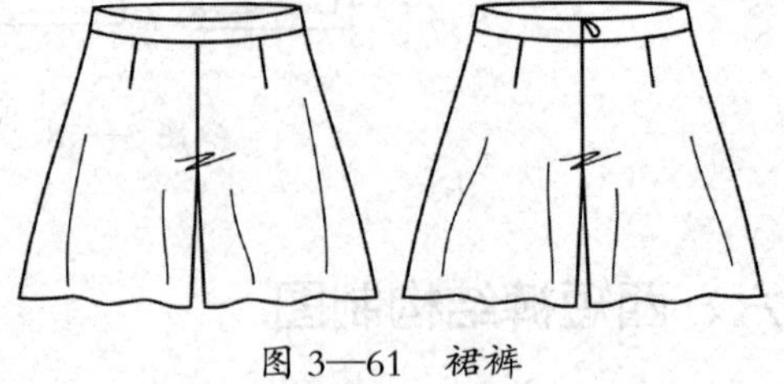

图 3—61 裙裤

表 3—16 裙裤制图规格尺寸表 单位：cm

号型	裤长	腰围	臀围	上裆	腰宽
160/68A	47	70	100	27（含腰）	3

1. 结构（见图 3—62）

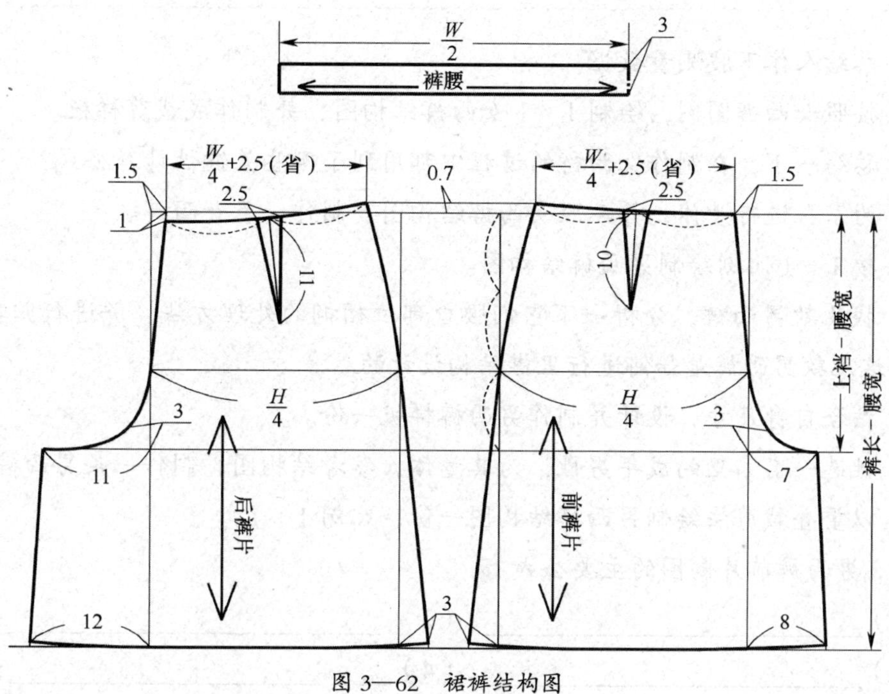

图 3—62 裙裤结构图

2. 裁片放缝（见图 3—63）

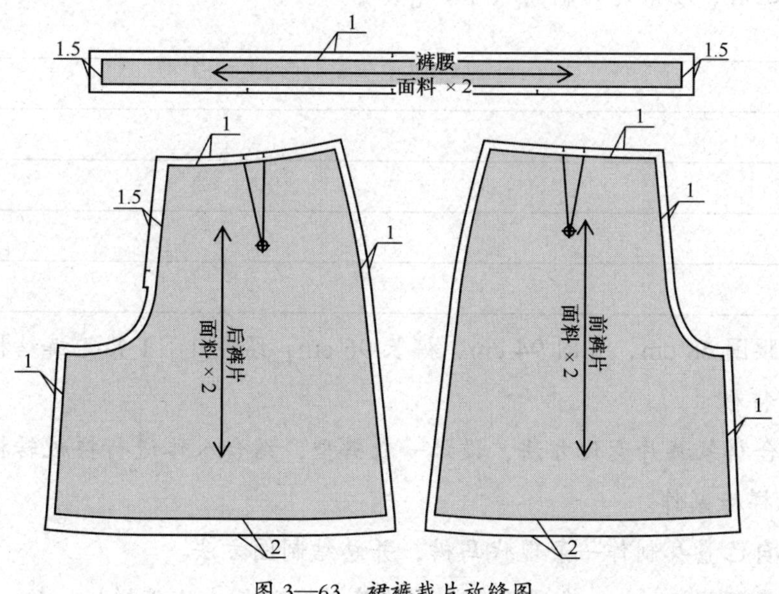

图 3—63 裙裤裁片放缝图

思考与练习

1. 总结人体下肢测量数据。

2. 按照女西裤图例，绘制 1∶1 女西裤结构图，并制作成裁剪样板。

3. 总结一下，在制作女西裤的过程中都用到了哪些关键性计算公式？

4. 为家人进行量体，并参照女西裤结构图，制作一条女西裤。

5. 按 1∶1 比例绘制男西裤结构图。

6. 找几款男西裤，分析一下它们腰口部位褶裥的处理方法，并进行归类，同时观察这几款男西裤是如何进行里襟结构设计的。

7. 结合自身尺寸，设计并制作男西裤样板一份。

8. 挑选一名家里的成年男性，为其量体，参考结构图，制作一条男西裤。

9. 以重叠裁剪法绘制男西裤结构图一份，比例 1∶1。

10. 男西裤前片制图的主要公式有：

（1）______________________；（2）______________________；

（3）______________________；（4）______________________；

（5）______________________；（6）______________________；

（7）______________________；（8）______________________。

11. 简述前、后裤片的制图顺序。

____

____

____

____

____

____

12. 以腰围 68 cm、臀围 94 cm、裤长 96 cm，绘制 1∶1 铅笔裤结构图，并制作全套裁剪样板。

13. 结合裤装裁片变化方法，设计一款裤型，结合人体进行样板转换设计，同时完成工业样板制作。

14. 为自己量身制作一条现代马裤，并总结制图方法。

15. 以净腰围 70 cm、净臀围 90 cm 为基础，制作哈伦裤样板一份。

16. 结合夏季流行趋势，设计一款裙裤，并制作裁剪样板。

本章小结

一、知识结构

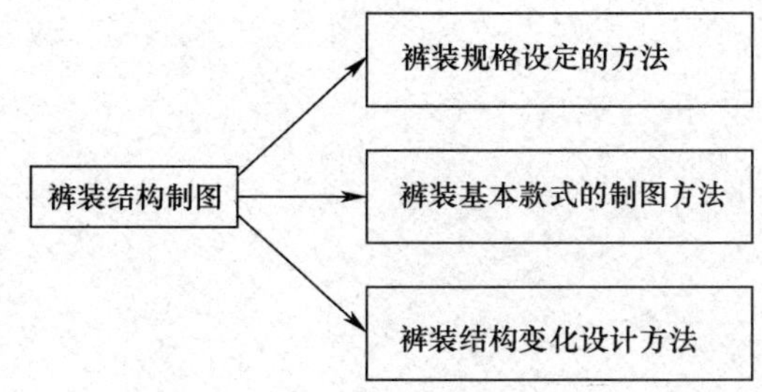

二、技能要求

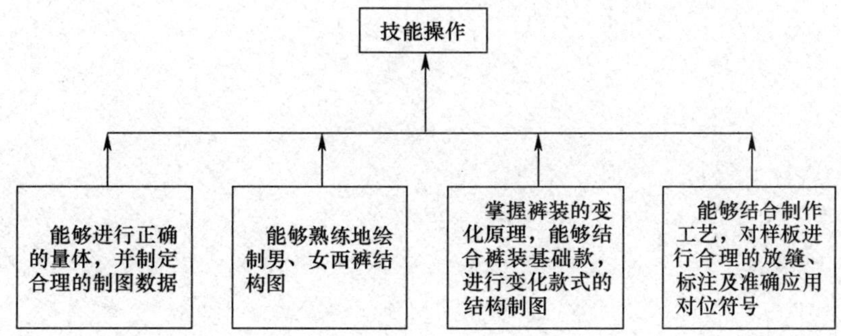

第四章
女上衣结构制图

女上衣的基本结构一般包括前后衣片、袖片、领片等。女上衣的款式变化较大，品种繁多，其款式会随着流行趋势的发展而不断变化。

学习目标：

1. 了解女上衣与人体结构的关系。
2. 掌握胸省的转移处理方法。
3. 掌握基本款女上衣结构制图的绘画原则和绘画步骤，学会对女上衣局部结构进行设计并掌握其制图方法。

第一节　女上衣结构与人体的关系

一、衣领与颈部的关系

从正面观察，人体颈部呈上细下粗的圆台状，颈部上细下粗的形态决定了合体领型的上口小于下口，且领型呈现前端翘高的样式。从侧面观察，颈部向前倾斜且后高前低的状态，这使得领子的后领座高（后领脚）要大于前领座高（前领脚）。颈部下端的横截面近似桃形，横截面的形状及后颈根部的活动共同决定了衣片领口呈前领宽（前横开领）窄、后领宽（后横开领）宽的基本形状，且领口弧线后平前弯。颈部与衣领的关系如图 4—1 所示。

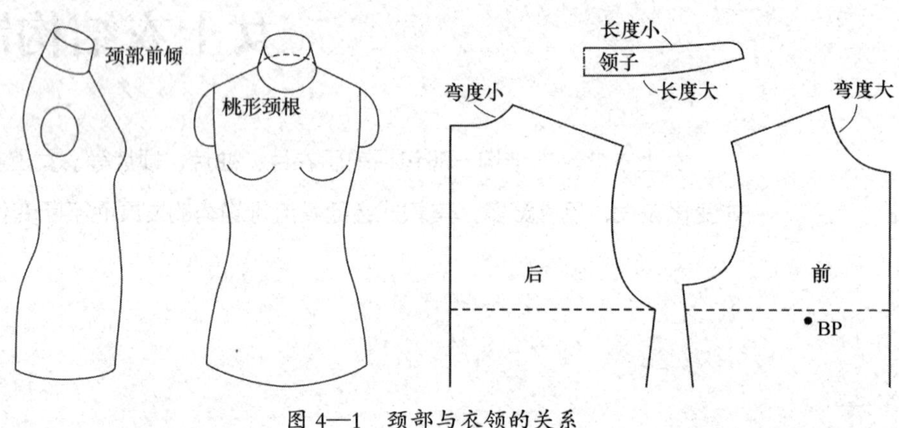

图 4—1　颈部与衣领的关系

二、上衣与躯干的关系

躯干是人体的主要部分，包含肩、胸、背、腰、臀等部位。上衣的衣片包裹人体躯干，一般可根据上衣底边所在人体的部位对上衣款式进行归类，如图 4—2 所示。

1. 肩部

肩部是服装的支撑点，是上衣前后衣片的分界线。肩端呈球面状且前倾，前肩呈双曲面，后肩呈弓形，前肩宽小于后肩宽。在制作上衣时，为了能够让服装前肩贴体，需要对前肩部做拔开工艺处理，同时后肩加放出肩胛骨的松量，这些因素使得服装的后肩斜线略长于前肩斜线。女性的肩部较窄，且斜，以颈肩点为基准点测量肩斜角度呈 20°，上衣的肩斜拼缝一般要平行于肩部轮廓，所以衣片的前肩斜角度大于后肩斜角度，一般前肩斜角度为 21°，后肩斜角度为 19°，如图 4—3 所示。

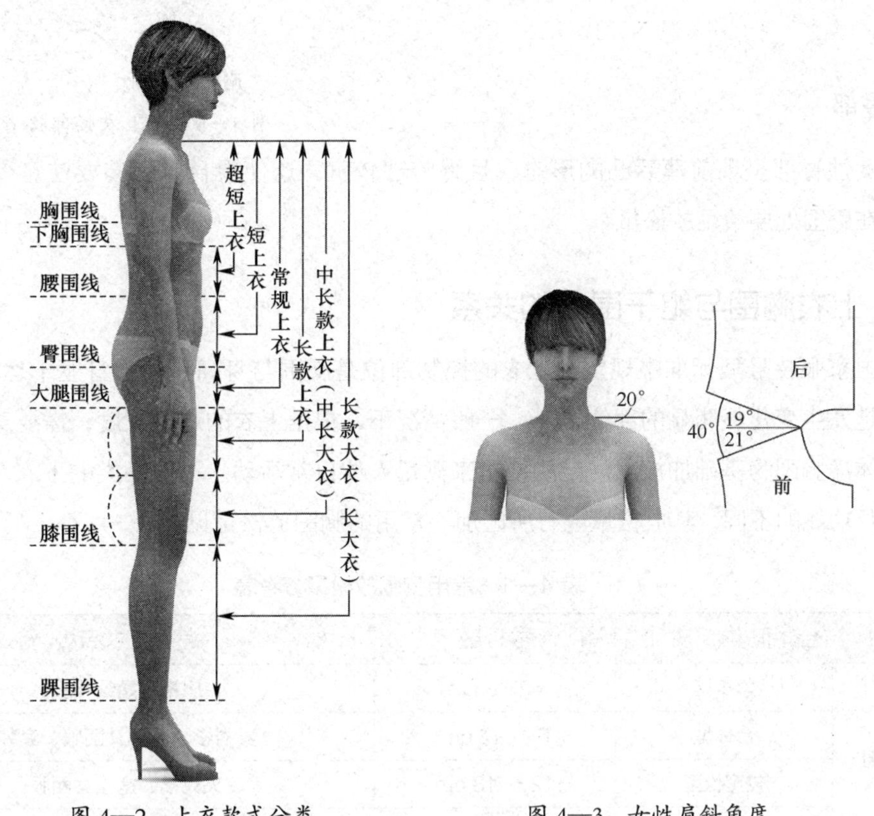

图 4—2　上衣款式分类　　　　图 4—3　女性肩斜角度

2. 胸、背部

胸部体现为胸廓的状态。女性的胸廓相对男性小，呈扁圆形；胸部前端表现为乳胸凸起，女性的乳胸部呈圆锥形；背部较为平坦。以腰节线为界，由于女性前胸部曲线起伏较大、后背平坦，决定了女性前腰节长长于后腰节长，如图 4—4 所示。

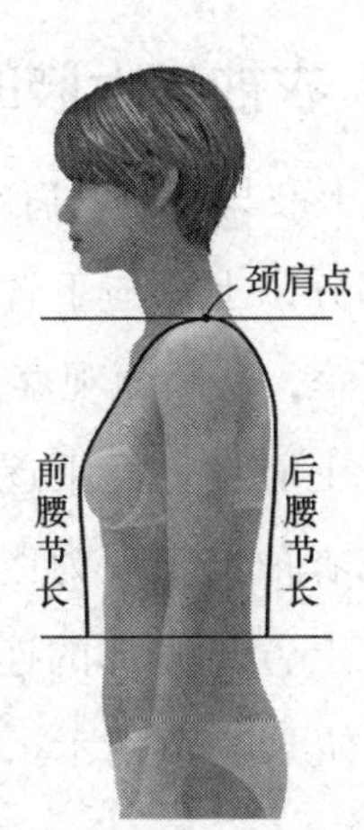

图 4—4　女性前、后腰节长

3. 腰部

女性腰部呈扁圆形，小于胸围和臀围，侧腰部与后腰部呈双曲面。

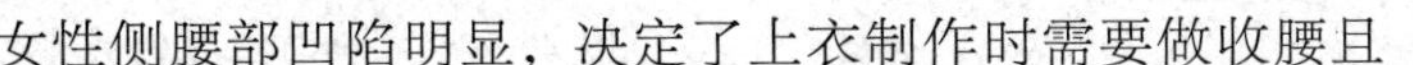

女性侧腰部凹陷明显，决定了上衣制作时需要做收腰且

要将腰部拔开处理。女性的躯干外表起伏明显，通过胸、腰、臀的横截面可以直观地发现三者之间存在着较大的体积差，这些体积差就是确定服装上衣（特别是贴体服装）腰部省、褶量的依据，如图 4—5 所示。

臀部横截面
腰部横截面
胸部横截面

图 4—5　女上衣腰部收省处理原因

4. 臀部

女性臀部呈现前薄后凸的形态，且臀胯部较宽，这使得合体女装要注意臀胯部的形态，在臀围处要给足放松量。

三、上衣胸围与躯干围度的关系

国家服装号型标准中规定：上衣的控制部位是胸围与身高。在上身躯干运动过程中，胸围是发生变化最明显的部位之一。一般情况下，根据上衣的适体程度，需要对服装成品以人体净胸围为基础加放出一定的松量来满足人体日常活动。不同品类的上衣，依据款式风格及功能的不同，其放松量也有所区别。常用的胸围放松量见表 4—1。

表 4—1　常用胸围放松量参考表

合体程度		放松量	适合上衣品类
胸围	紧身型	4 ～ 6 cm	旗袍、婚纱礼服
	合体型	6 ～ 12 cm	女衬衫、合体女西服、套装
	较宽松型	12 ～ 18 cm	夹克衫、宽松女西服
	宽松型	18 cm 以上	大衣、羽绒服

四、衣袖与上肢的关系

上肢与躯干的肩部相连，分为上臂、下臂和手三部分，上臂与下臂由肘关节相连接。当上肢自然下垂，从侧面观察，下臂略前倾，呈一定角度，整个上肢自上而下逐渐由粗变细。上肢的特征反映在衣袖上表现为：前袖弯线内凹，后袖弯线外凸；上臂与肩部的连接，构成了袖子袖山弧线形态，如图 4—6 所示。

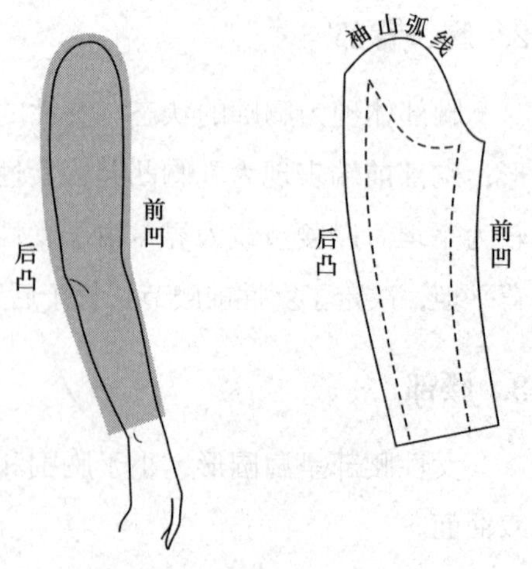

图 4—6　衣袖与上肢的关系

五、上衣裁片分配方法

1. 胸围尺寸分配配比

将人体胸围的横截面视为一个圆形，并将圆形四等分，产生 A、B、C、D 四个点；分别过四个点做纵向与横向分割线，可以得到图 4—7 所示的胸围尺寸分配关系。这种上衣结构称为“四开身”上衣，前后衣片的胸围各占总胸围的 $\frac{1}{4}$。同理，若将人体胸围的横截面三等分，产生 A、B、C 三点，分别过三点做分割线，可以得到图 4—8 所示的胸围尺寸分配关系。这种上衣结构称为“三开身”上衣，每个裁片占总胸围的 $\frac{1}{3}$，同时因后片需要再进行分割，所以后片占总胸围的 $\frac{1}{6}$ 左右。

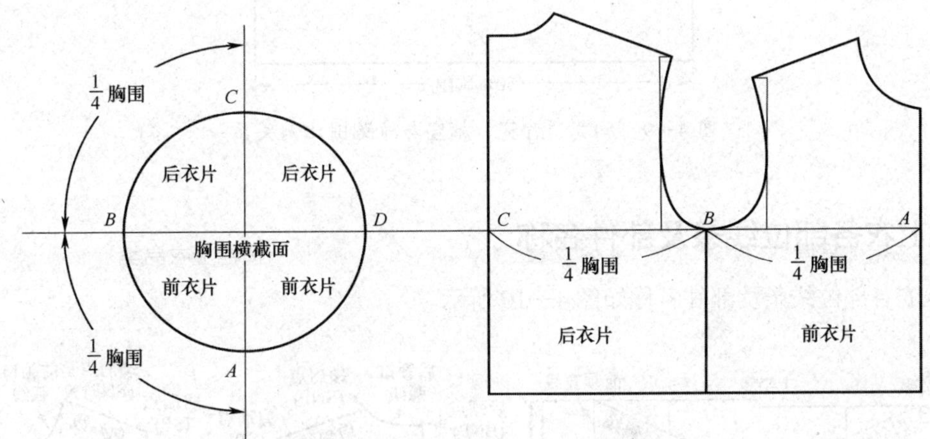

图 4—7　四开身上衣胸围配比

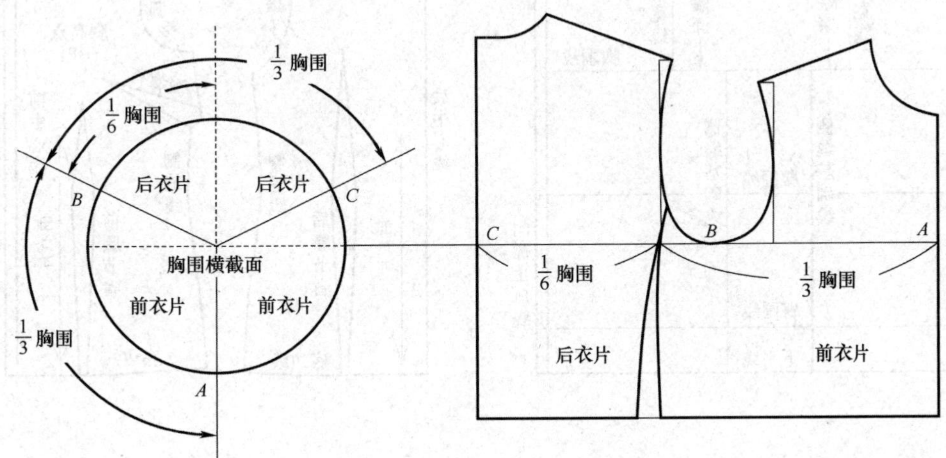

图 4—8　三开身上衣胸围配比

2. 胸宽、背宽、袖窿

胸宽、背宽、袖窿是上衣结构中的重要组成部位。通过对正常人体的抽样测量和数据分析，可以将三个部位尺寸按照所占胸围比例表示，如图 4—9 所示。图 4—9 中的比例数据是根据人体胸围的净尺寸计算而来的，因服装与人体之间存在一定的空隙松量，所以不能直接用于服装制图，但可作为检验参考数据。

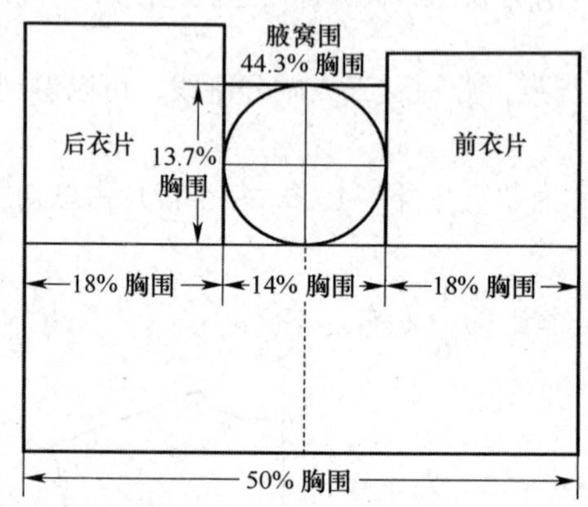

图 4—9 胸宽、背宽、袖窿与净胸围比例关系

六、上衣各部位线条及部件名称

上衣各部位线条及部件名称如图 4—10 所示。

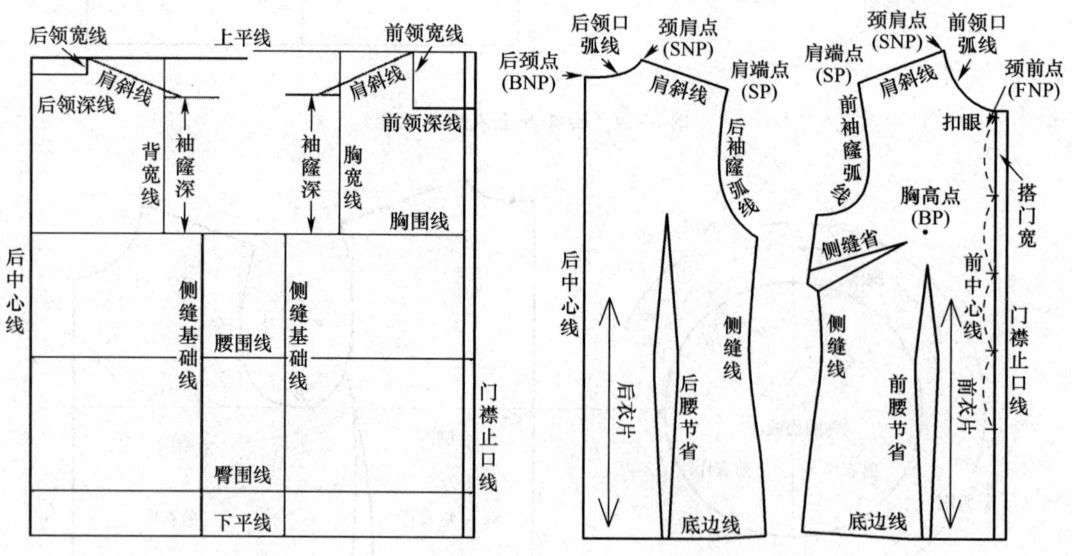

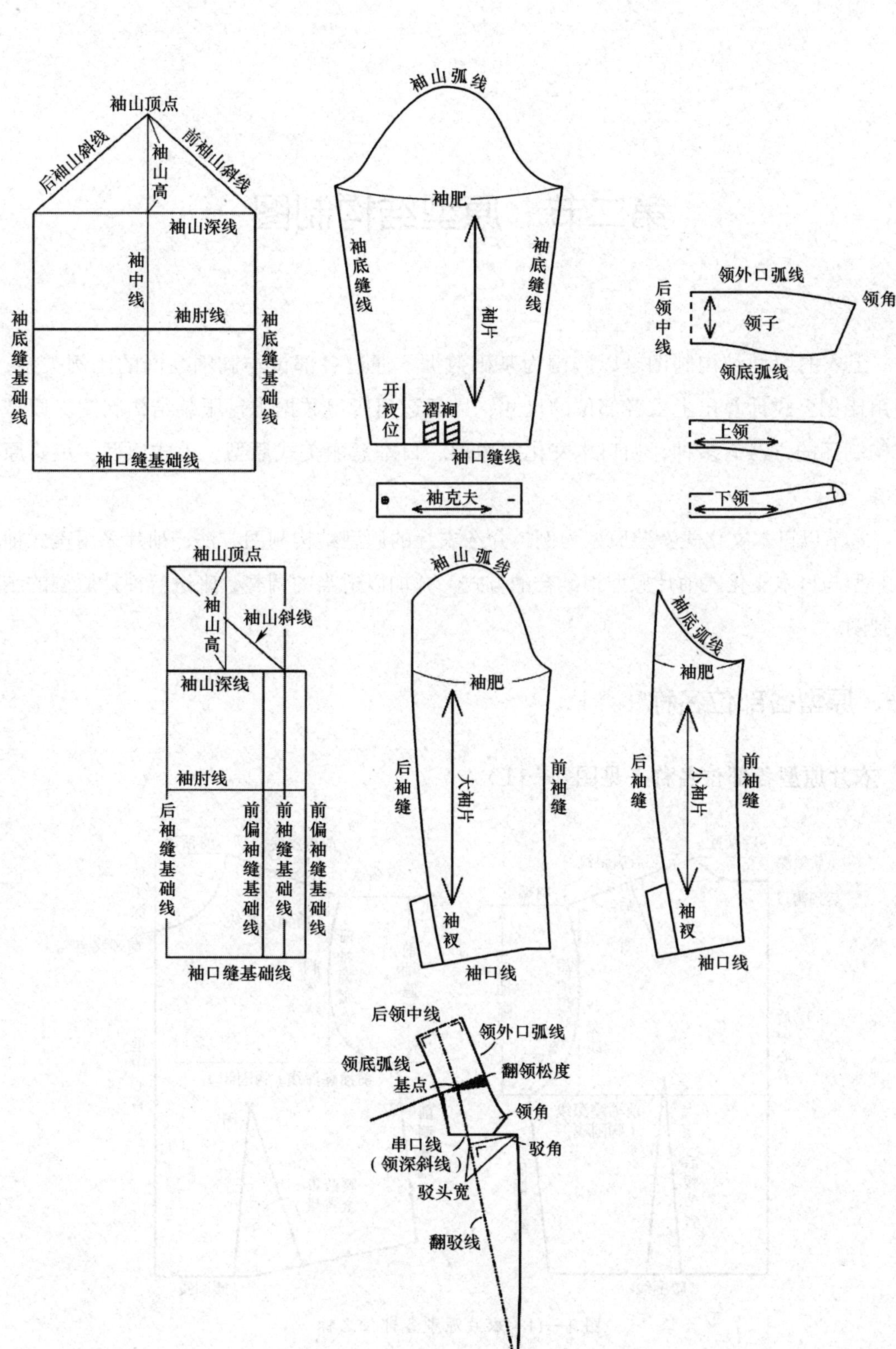

图 4—10　上衣各部位线条及部件名称

第二节　原型结构制图

上衣的原型结构制图是以胸围为基础数据，通过各部位与胸围之间的比例关系，利用比例公式计算出上衣各部位的尺寸，最后运用所得数据进行服装结构制图。原型结构制图的方法有多种，如日本文化式原型、日本登丽美式原型、美式原型、英式原型等。

本节以日本文化式女装原型为例，介绍衣片的原型结构制图方法；袖片采用美式袖片原型与日本文化式袖片原型相结合的方式，并加以适当的调整，来进行袖片原型的结构制图。

一、原型各部位名称

1. 衣片原型各部位名称（见图 4—11）

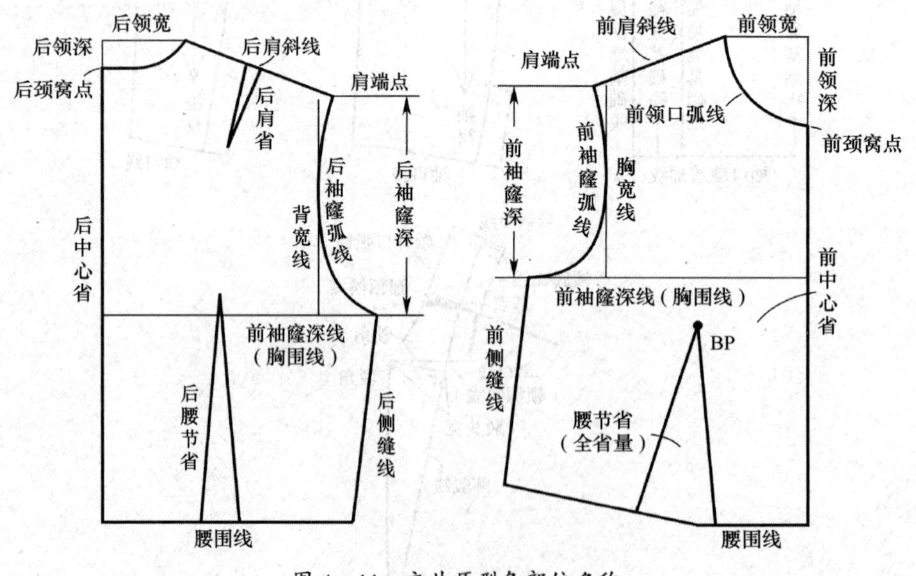

图 4—11　衣片原型各部位名称

2. 袖片原型各部位名称（见图 4—12）

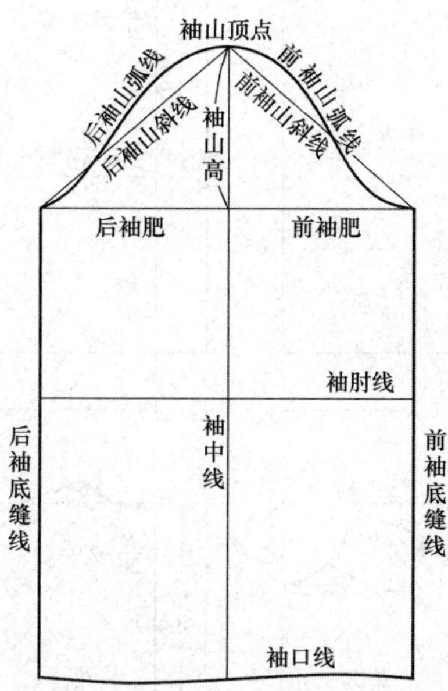

图 4—12 袖片原型各部位名称

二、原型结构制图方法

1. 衣片原型制图规格尺寸（见表 4—2）

表 4—2 衣片原型制图规格尺寸表 单位：cm

号型	胸围（净）	背长
160/84A	84	38

注：原型结构制图时，所使用的数据为人体净尺寸。

2. 衣片原型制图方法

衣片原型结构如图 4—13 所示。

（1）基础线：以人体背长尺寸为宽，$\frac{B}{2}$ +5（放松量）=47 cm 为长绘制长方形，左侧线为后中心线，右侧线为前中心线。

（2）袖窿深线：后中心线上以长方形上平线向下量取 $\frac{B}{6}$ +7=21 cm 做水平线。

（3）侧缝基础线：将长方形的长二等分，由下平线等分点向上绘制到袖窿深线。

（4）背宽线：袖窿深线上，距后中心线 $\frac{B}{6}$ +4.5=18.5 cm 做垂直线。

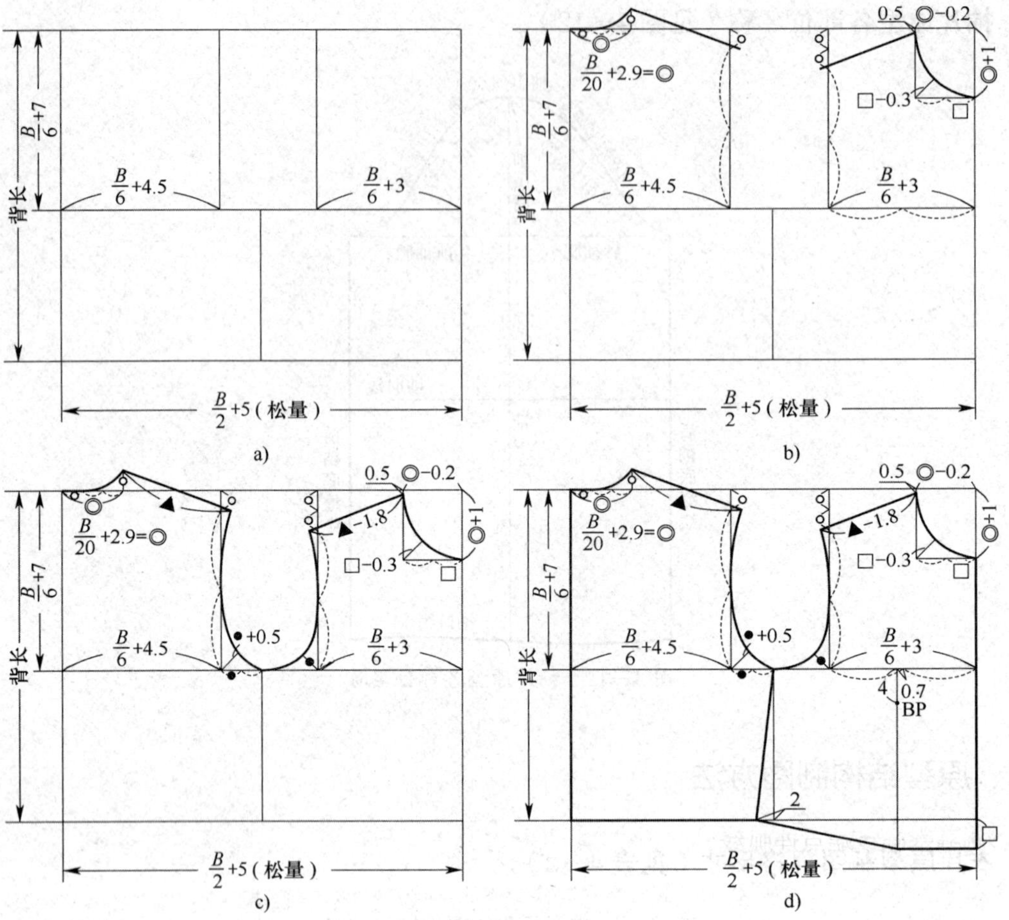

a) b) c) d)

图 4—13 衣片原型结构图

（5）胸宽线：袖窿深线上，距前中心线$\frac{B}{6}$+3=17 cm 做一垂直线。

（6）后领宽：在上平线上，距后中心线$\frac{B}{20}$+2.9=7.1 cm 量取一点，该段距离为后领宽，后中线线上点为后颈点。

（7）后领深：过后颈肩点向上取后领宽的三分之一，该段距离为后领深，上端端点为颈肩点。

（8）后领圈弧线：过颈肩点与后颈点连弧线，弧线圆顺，左段贴近上平线。

（9）后肩斜线：背宽线上距离上平线三分之一后领宽量取一点，过该点与后颈肩点连线，并向右侧延长 2 cm，为后肩端点。

（10）后袖窿弧线：取侧缝基础线至背宽线的二分之一距离，用“●”表示，在背宽线与袖窿深线的交点 45° 量取“●+0.5”cm 找一点，为后袖窿夹角量，之后将背宽线二等分，取中点，最后将后肩端点、背宽线等分点、后袖窿夹角量端点、侧缝基础线端点连弧线。

（11）侧缝：将侧缝基础线底端向后片偏移 2 cm 后与侧缝基础线顶端连线。

（12）前领宽：在上平线上，距前中心线 7.1（后领宽）–0.2=6.9 cm 量取一点，该段距离为前领宽。

（13）前领深：前中心线由上平线向下量取 7.1（后领宽）+1=8.1 cm 找一点，该段距离为前领深，该点为前颈窝点，做一条水平线交于前领宽线。

（14）前领圈弧线：分别以前领宽和前领深的长度为长和宽，做一长方形，取前领宽线向下 0.5 cm 点为前颈肩点，弧线连接前颈肩点与前颈窝点，弧线最凹处距前领宽与前领深直角交点"$\frac{\text{前领宽}}{2}$–0.3"cm。

（15）前肩斜线：前胸宽线距上平线三分之二后领宽取一点，该点与前颈肩点连线，并向左延长，之后量取后肩斜线长度，用"▲"表示，在前肩斜线上从颈肩点向下量取"▲ –1.8"cm。

（16）前袖窿弧线：在胸宽线与袖窿深线的交点 45° 量取"●"找一点，为前袖窿夹角量，之后将胸宽线二等分，取中点，最后将前肩端点、胸宽线等分点、前袖窿夹角量端点、侧缝基础线端点连弧线。

（17）胸高点：在胸围线上将胸宽二等分后向左偏移 0.7 cm 找取一点，并由该点向下绘制竖线至底边，距离袖窿深线向下 4 cm 为胸高点（BP）。

（18）侧缝差：前中心线向下低落$\frac{\text{前领宽}}{2}$，与胸高点向下延长线端点相连，再与侧缝线端点连接。

3. 袖片原型制图方法

（1）袖片基本型制图尺寸

袖片基本型是袖片的基本样板，制图时需要将衣身的前后袖窿弧长作为袖片制图的重要尺寸之一，因为袖片在制图过程中所用到的袖山高、袖肥、袖山弧长都要以此为依据。袖窿弧长测量时使用软尺，沿前、后衣片的袖窿仔细测量弧长，要求数据准确无误，如图 4—14 所示。袖片原型制图规格尺寸见表 4—3。

（2）袖片基本型制图方法

以表 4—3 数据为例进行袖片制图，袖片原型制图方法如图 4—15 所示。

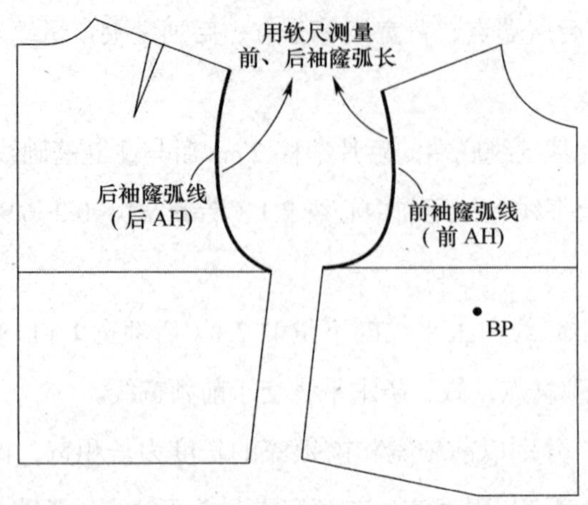

图 4—14　测量袖窿弧长（AH）示意图

表 4—3　袖片原型制图规格尺寸表　　单位：cm

前袖窿弧长（前 AH）	后袖窿弧长（后 AH）	袖长
实际测量数据（以 19.8 cm 为例）	实际测量数据（以 20.5 cm 为例）	55

1）上平线：水平线一条。

2）下平线（袖口线）：取袖长绘制一条下平线。

3）袖山高线：上平线下量 $\frac{AH}{3}$=16 cm，绘制一条水平线。

4）袖中线：垂直上平线绘制一条竖线，两条线交点为袖山顶点。

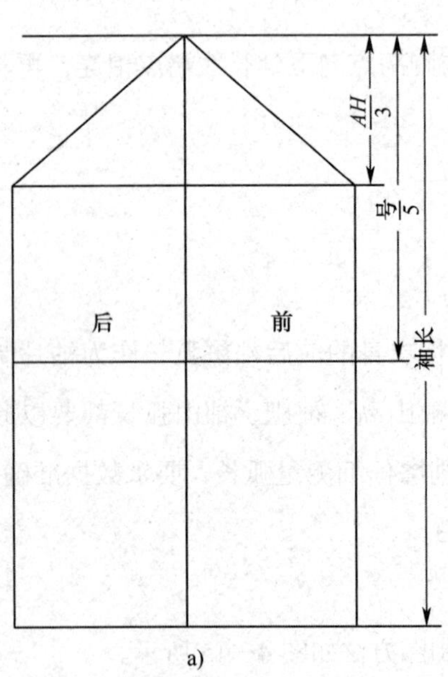

a)

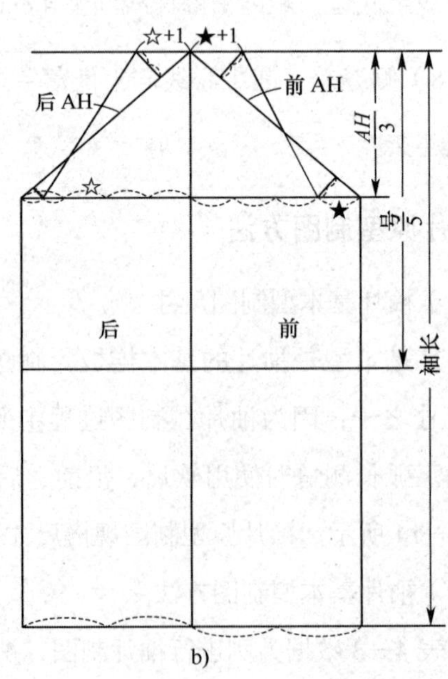

b)

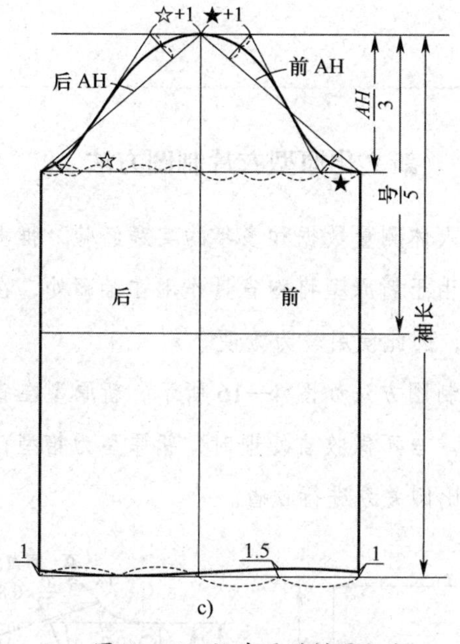

图 4—15　袖片原型制图方法

5）袖肘线：上平线下量 $\frac{号}{5}=32\ \text{cm}$，绘制一条水平线。

6）袖山斜线：以袖山顶点为圆心，分别以前、后袖窿弧长向袖山高线定长量取，袖中线左侧为后片，右侧为前片，袖山斜线与袖山高线的左右交点之间距离为袖肥。

7）袖底缝线：从前后袖肥大端点向下做垂直线到下平线（袖口线）。

8）前袖山辅助线：前袖肥四等分，取靠近袖肥右侧四分之一点与袖山顶点偏右 $\frac{前袖肥}{4}+1\ \text{cm}$ 的点连线。

9）后袖山辅助线：后袖肥四等分，取靠近袖肥左侧四分之一份，并取中点，将该点与袖山顶点偏左 $\frac{后袖肥}{4}+1\ \text{cm}$ 的点连线。

10）前袖山弧线：将袖山顶点、前袖山辅助线、前袖肥端点连弧线。

11）后袖山弧线：将袖山顶点、后袖山辅助线、后袖肥端点连弧线。

12）袖口弧线：前、后袖口大端点沿袖底缝线上移 1 cm，之后分别将前、后袖口大二等分，前袖口等分点向上偏移 1.5 cm，并将前袖口大端点，前袖口大中点、后袖口大中点、后袖口大端点连弧线。

知识拓展

新文化原型衣片制图方法

日本文化服装学院根据人体测量数据和多年的实践经验，推出了新文化式原型，新原型与旧原型同样应用广泛。由于新原型将胸省量作用在袖窿处，在使用过程中省去了旧原型将腰围对齐等烦琐的操作，因此使用较为方便。

日本新文化原型衣片的制图方法如图 4—16 所示。新原型在省位设置时按人体曲度进行配置，所以更为科学合理。当不做收省处理时，新原型为箱型；在处理腰省时，可以将胸腰差按照图 4—16 所示的比例关系进行收省。

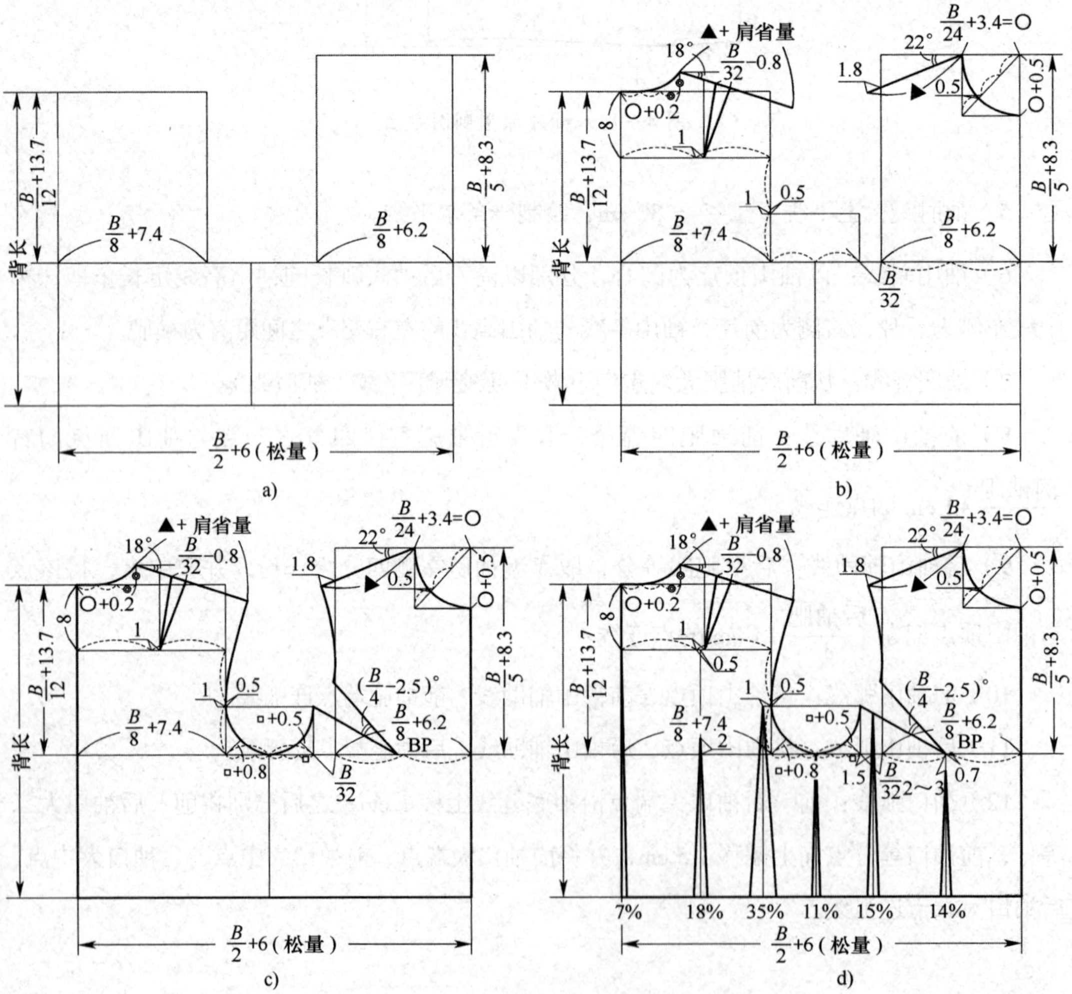

a)　b)　c)　d)

图 4—16　新文化原型衣片制图方法

第三节　女上衣的结构变化

女上衣由衣身、衣袖和衣领三部分裁片结构组成，各部分的结构变化都很丰富，款型结构相对复杂。同时，因女性外形起伏明显，尤其是胸、腰、臀等部位体积差较大，在制作服装时需要在衣身上做省道等形式处理，将因体积差所形成的面料覆盖体表的空隙量消除。因女装的结构处理变化形式多样，所以人们常说，掌握了女上衣结构设计的原理也就掌握了服装样板结构设计的全部。本节着重介绍女上衣结构变化的要素。

一、省道的设计与应用

1. 省道的设计

（1）省道的形成

女性人体胸、腰、臀之间体积差量较大，为了使缝制好的上衣穿着合体，就要把上衣中相对于人体凹进部位而空开的多余布料处理掉，如图 4—17 所示，处理的方法就是利用省道的形式将多余面料缝合去掉（也可以采用褶皱与分割裁片的形式）。收省量越大，服装的立体感就越强，服装也越合体，如图 4—18 所示。

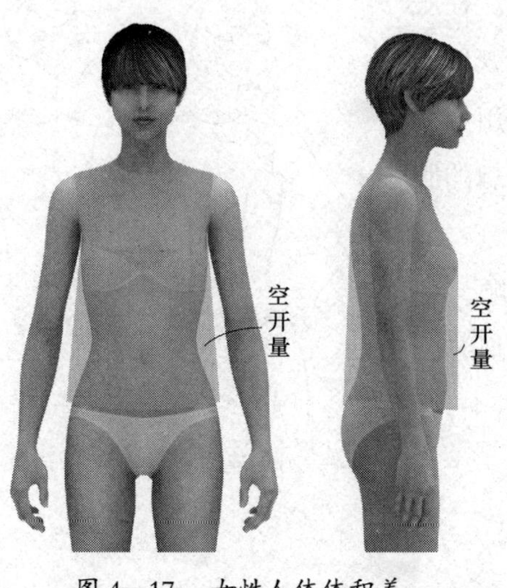

图 4—17　女性人体体积差

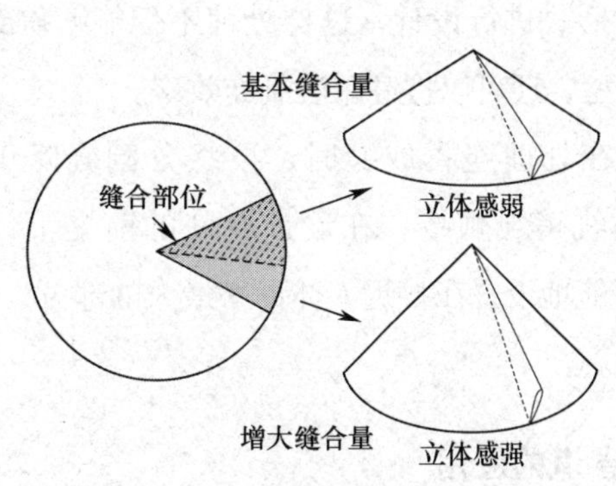

图 4—18　省道与立体感关系

（2）省道的设计原则

人体凸出的部位有乳胸凸、腹凸、肩胛骨凸、臀凸、肘凸、膝盖凸，现以上身的乳胸凸为例进行学习。

为满足人体胸部凸出部位的需要，前衣片从各个方向向胸凸部位进行省道设计，省尖均指向胸高点。胸省中各个省道的名称如图 4—19 所示。

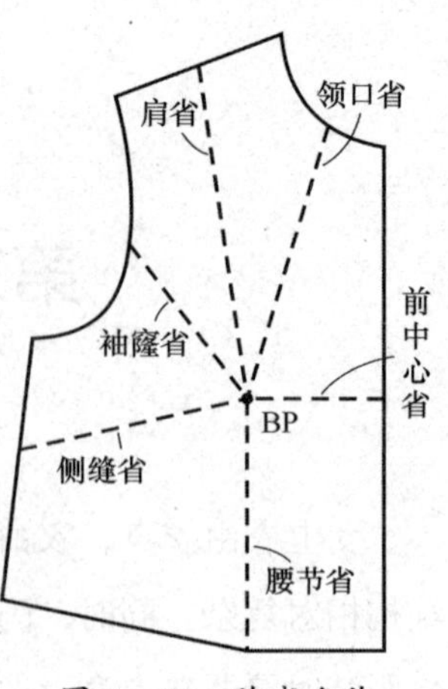

图 4—19　胸省名称

在原型结构制图时，胸省包含了衣片的省道总量，即胸凸全省。胸凸全省的量包含了胸（凸）省量、胸腰差省（胸围与腰围之间的差，在腰围线上做省，且省尖指向胸围线，不一定指向胸高点）量和设计量（依据服装实际情况设计的量）。在实际应用过程中，胸（凸）省可以在衣片上的任何部位进行转移，但不可消除。在设计胸（凸）省时，其数量可以是单个集中省量的省道，但单个省道省量过大，在工艺制作时省尖凸出，造型不美观，且工艺难度大；也可以是多个分散省量的省道。胸（凸）省的形式可以是直线形、曲线形、折线形等。

（3）腰省的设计

腰省，即胸腰差省，由胸围与腰围的差值引起。这个差值在整个腰围圆周上均匀分布，因此，通常情况下腰省在腰围线上可自由移动但不能旋转。腰省量的大小依据设计需要而定，多余的胸腰差值作为放松量作用于服装腰围中。

（4）连省成缝设计

人体外形呈双曲面形态，为了使服装样板符合人体曲面，就需要在不同位置设置省道，省道包含纵向省道、横向省道和斜向省道。在服装结构设计过程中，只采用省道的形式处理，既单调又影响服装美感，所以常将相互关联的省道采用分割缝的形式进行设计。这样处理不但能够得到理想的服装造型，还可以提高服装制作效率。

在处理连省成缝时，要将分割缝修正圆顺，使整条线美观顺畅；在设计允许的前提下，分割缝要尽可能地设置在接近人体曲率最大的部位，如图 4—20 所示。

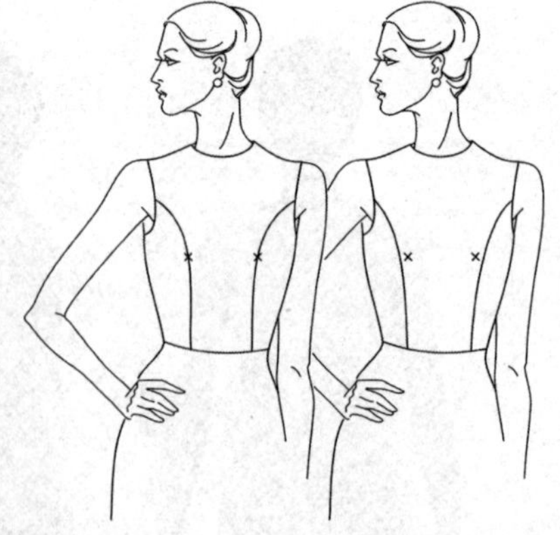
图 4—20　连省成缝与人体部位关系

2. 省道的应用

省道的设计应用是女装结构设计的灵魂，掌握了省道的设计原理，就拿到了女装结构设计的一把钥匙。

省道的转移是省道设计的基础，依据不同款式的服装要求进行合理的省道配置，是省道应用的要点。在省道转移过程中，省道的省量不发生变化，只是位置进行变换。现以原型结构制图为例，学习省道转移原理。

（1）单省道转移方法

1）胸省转侧缝省（见图 4—21）

①取原型侧缝线上任意一点连线至 BP 点，并剪开。

②前衣片 BP 点下部折叠，将腰围线底边对齐。

③修正侧缝剪开的省道长度，一般侧缝省省尖点距 BP 点 4 ～ 5 cm。

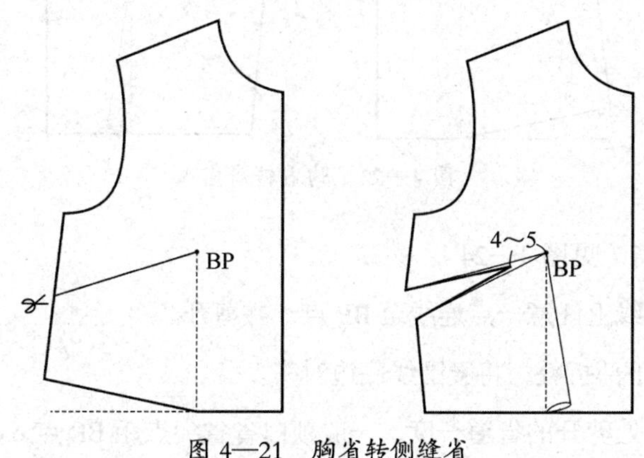

图 4—21　胸省转侧缝省

2）胸省转袖窿省（见图 4—22）

①取原型袖窿弧线上任意一点连线至 BP 点，并剪开。

②前衣片 BP 点下部折叠，将腰围线底边对齐。

③修正袖窿弧线处剪开的省道长度，一般袖窿省省尖点距 BP 点 3 ～ 4 cm。

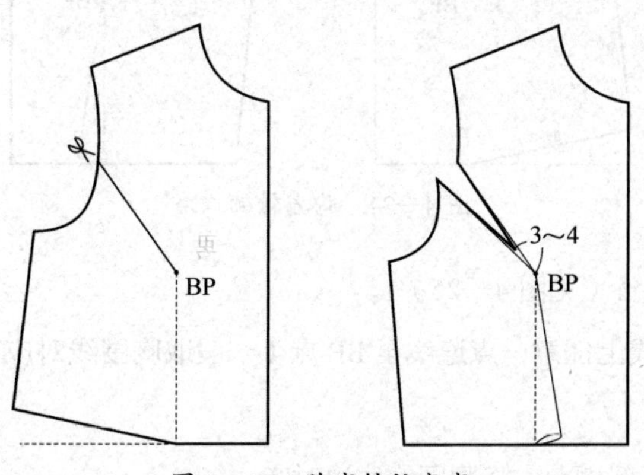

图 4—22　胸省转袖窿省

3）胸省转肩省（见图 4—23）

①取原型前肩缝线上任意一点连线至 BP 点，并剪开。

②前衣片 BP 点下部折叠，将腰围线底边对齐。

③修正前肩缝线处剪开的省道长度，一般肩省省尖点距 BP 点 6 cm 左右。

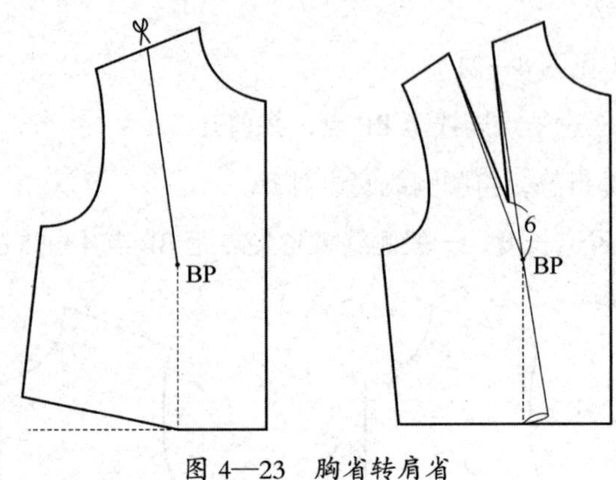

图 4—23 胸省转肩省

4）胸省转领口省（见图 4—24）

①取原型领口弧线上任意一点连线至 BP 点，并剪开。

②前衣片 BP 点下部折叠，将腰围线底边对齐。

③修正领口弧线处剪开的省道长度，一般领口省省尖点距 BP 点 6 cm 左右。

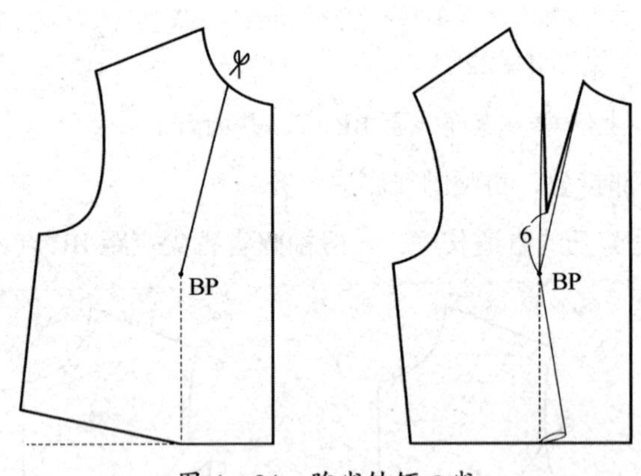

图 4—24 胸省转领口省

5）胸省转前中心省（见图 4—25）

①取原型前中心线上任意一点连线至 BP 点（一般取胸围线对应在中心线上的点），并剪开。

②前衣片 BP 点下部折叠，将腰围线底边对齐。

③修正前中心线剪开的省道长度，一般前中心省省尖点距 BP 点 1 cm。

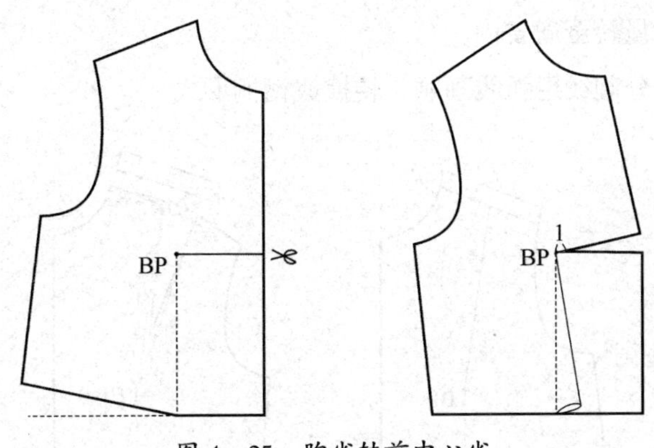

图 4—25　胸省转前中心省

（2）多省道转移方法

为了方便学习，现将胸省位置设置在侧缝，由于胸腰差的存在，设置侧缝劈势及腰节省为基础样板。

1）多次转省设计（见图 4—26）。结构制图要点：

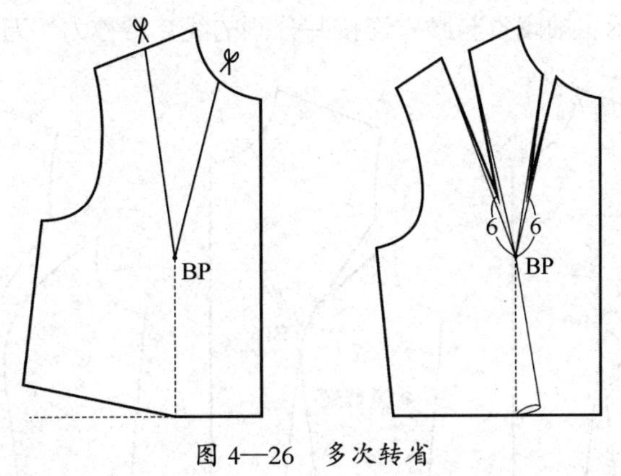

图 4—26　多次转省

①确定两条省中心线至 BP 点的位置及形态，并剪开，同时将侧缝省与腰省合并，将侧缝省与腰省的省量转至领口省内。

②修正省尖位置，距 BP 点 6 cm。

③做成样板时，注意省根部位的倒向，在领口剪开处理时，可以做辅助线将领口省省尖连线至 BP 点。

2）省转褶裥应用。胸省转至前肩育克处变褶裥设计如图 4—27 所示。

结构制图要点：

①先将前衣片基础样板的前肩部做平行肩缝的分割线，分割下来的部分为前肩育克。

②在育克分割线处确定一条肩省中心线至 BP 点，并剪开，同时将侧缝省与腰省合并，

将侧缝省与腰省的省量转至肩省内。

③将衣片的育克分割线用弧线画顺，转换成褶裥形式。

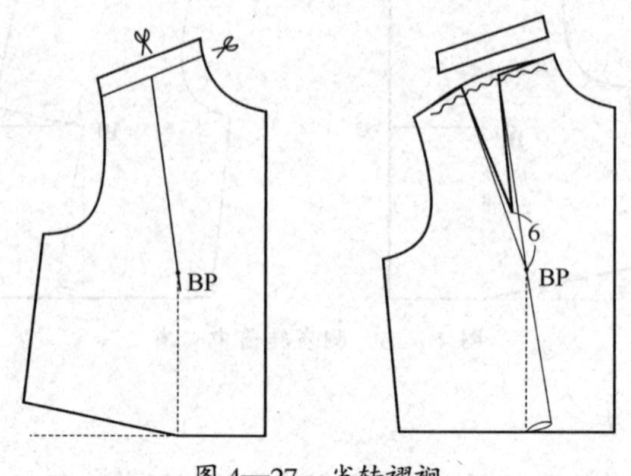

图 4—27　省转褶裥

④在转换过程中，需要将育克与衣片先做出刀眼对位标记，便于工艺制作。

3）连省成缝（公主缝）应用。公主缝是指肩省与腰省相连，并至底边的一条顺畅分割线，如图 4—28 所示。袖窿省与腰省连接并分割的线，常称为“刀背缝”。

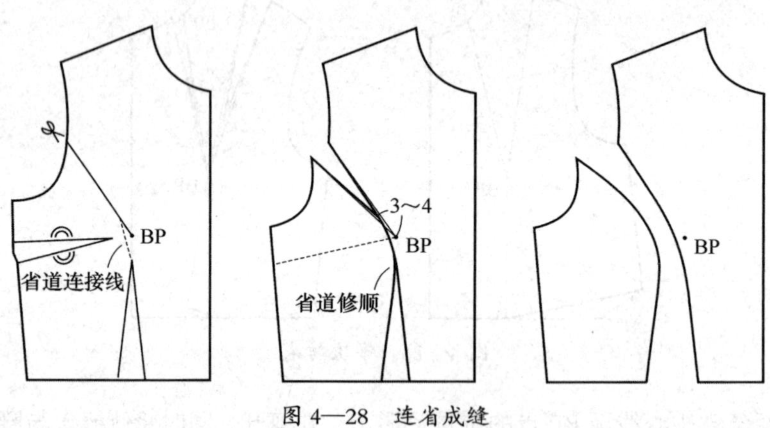

图 4—28　连省成缝

结构制图要点：

① 在袖窿处取一点为省尖，并将该点与 BP 点连线，形成公主缝分割基础线。

②沿省道线将裁片分割成左右两片，并用弧线修顺分割线。

二、领子结构设计变化

领子最靠近脸部，对脸部有重要的衬托作用，所以领型设计又称为服装的“第一形象”设计。通常将领子分为无领与有领两大类，具体领型见表 4—4。

表 4—4　领型分类

<table>
<tr><th>领型</th><th>具体领型</th><th>领型</th><th colspan="2">具体领型</th></tr>
<tr><td rowspan="7">无领</td><td>圆领</td><td rowspan="7">有领</td><td>立领</td><td></td></tr>
<tr><td>V 形领</td><td rowspan="3">翻领</td><td>平领</td></tr>
<tr><td>方形领</td><td>两用领</td></tr>
<tr><td>船形领</td><td>翻立领</td></tr>
<tr><td rowspan="3">一字领</td><td rowspan="3">驳领</td><td>平驳领</td></tr>
<tr><td>戗驳领</td></tr>
<tr><td>青果领</td></tr>
</table>

1. 无领结构

无领又称领口领，是指上衣颈脖部位无领子，只有各种几何形状的领口。这种领型可装饰性较强，有利于突出颈肩部的线条，常用在夏装、休闲装、晚装、内衣设计中。在结构设计时，为了能让前领口更加服帖，操作时一般后横开领要大于前横开领 0.5 ～ 0.8 cm。

（1）圆领（见图 4—29）

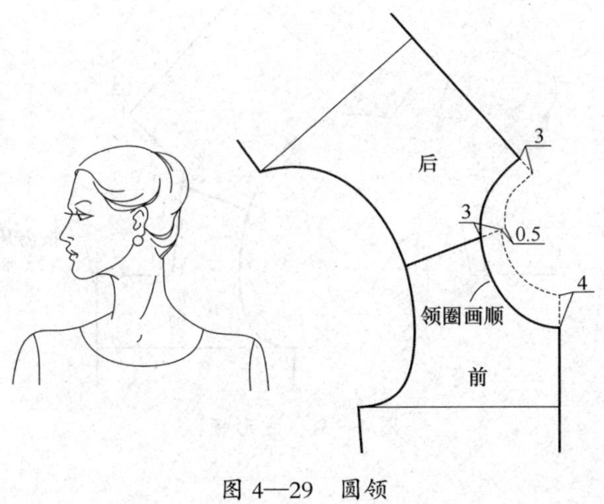

图 4—29　圆领

结构制图要点：

将前、后衣片肩缝对合，之后前、后领口部位按设计需要画出顺畅的领口弧线形状即可。注意：一般情况下，新的领圈弧线平行于基础衣片样板的领圈弧线。

（2）V 形领（见图 4—30）

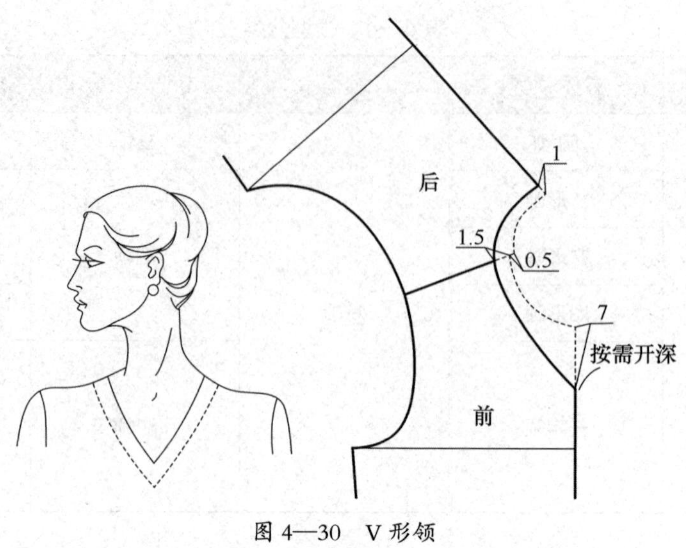

图 4—30　V 形领

结构制图要点：

1）将前、后衣片肩缝对合，使后衣片颈肩点伸出前衣片颈肩点 0.5 cm。

2）根据设计需要，在前衣片领口位画出 V 形领口形状线并圆顺至后领圈处。

（3）方形领（见图 4—31）

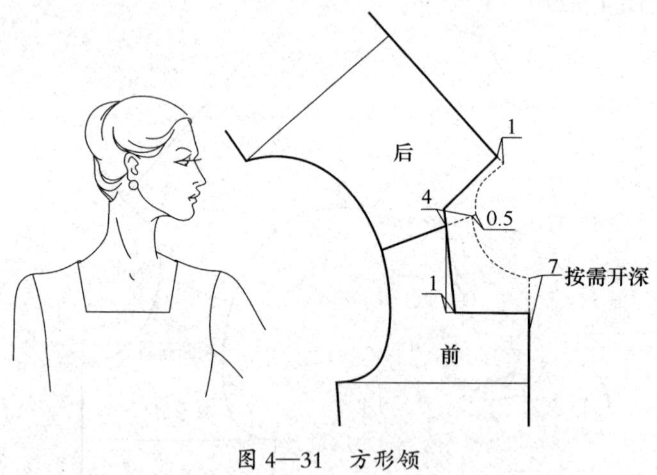

图 4—31　方形领

结构制图要点：

1）将前、后衣片肩缝对合，使后衣片颈肩点伸出前衣片颈肩点 0.5 cm。

2）按设计要求，在领口处绘制方形领口，领口垂直于前、后中心线，一般衣片的领口宽要在基础样板上放出 4 cm 以上。

（4）船形领（见图 4—32）

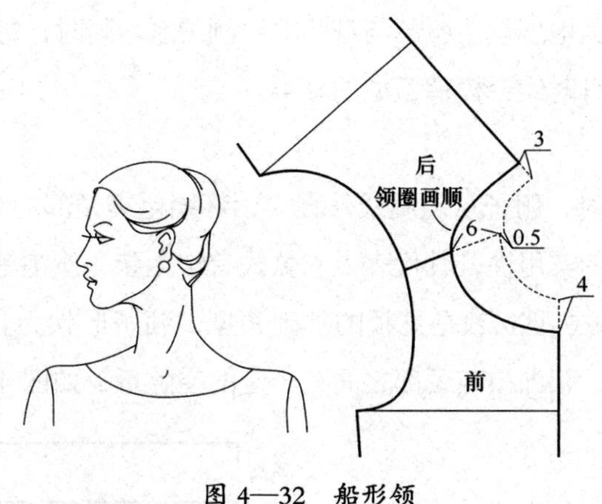

图 4—32　船形领

结构制图要点：

1）由前、后颈肩点沿肩斜线向下 6 cm 以上定衣身的颈肩点。

2）前、后领深向下加深，使前领口造型近似船底的形状。值得注意的是，船形前领口若继续加深，领型便会成为 U 形领。

（5）一字领（见图 4—33）

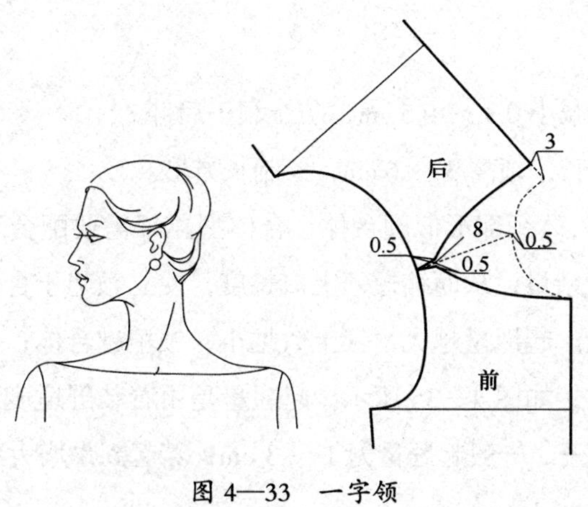

图 4—33　一字领

结构制图要点：

1）前、后领口宽根据设计需要进行设定。

2）后领深向下开深 3 cm 以上，前领深同基础样板前领深或下降 1 cm 左右。

3）由于一字领的领口宽更大，整个领圈的长度过长，着装后，领口会有较多空量，所以一般需要在衣片的领口宽点向内移动 0.5 cm，缩小领口尺寸。

2. 有领结构

该类领型是将领子缝装在衣片领圈线上，是服装中最具有表现特征的部位。通过对领

型合理的设计，可以完美地展现头脸部与身体的比例关系。同时，每一类领型又可以引申、变化出多种领型，因此有时候会模糊领型的分类。

（1）立领

立领是指上衣穿着时，领子从领圈线处直立，环绕包裹颈部的领型，又称竖领。立领简洁、利落，具有较强的实用性，其代表上衣款式有学生装、旗袍等。

1）直立型立领。直立型立领是立领的基础领型，领子形状为长方形，领上口、领下口与领圈等长，着装后，领外口与颈部之间有一定的空隙量，如图 4—34 所示。

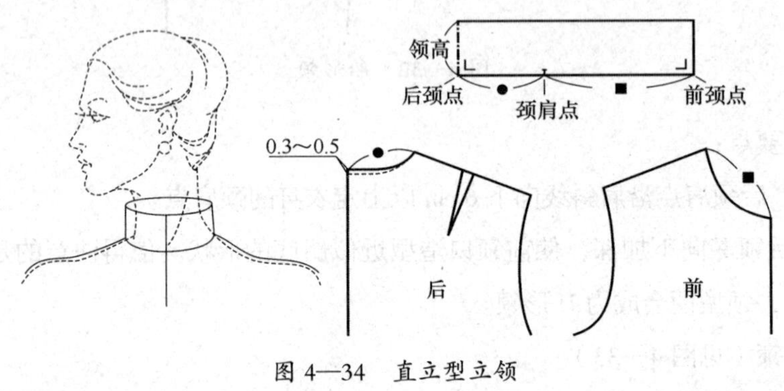

图 4—34 直立型立领

结构制图要点：

①后衣片领深需要减小 0.3 ～ 0.5 cm，防止领子后仰。

②取前、后领圈总长，领高 3 ～ 6 cm，绘制长方形。

2）合体型立领。人体颈部形似圆台体，合体型立领需要配合颈部形态，在直立型立领的上口处减少部分多余量，从而缩短领上口长度，使立领趋于合体。此时，前领端会产生向上的抬高的起翘量。起翘量越大，领上口越小，领子越合体；相反，起翘量越小，领上口越小，领子越宽松，如图 4—35 所示。起翘量是由着装舒适度决定的，即扣好第一粒纽扣后，领子不能卡脖子。一般起翘量为 1 ～ 3 cm，若起翘量增大到 4 cm，则需要将衣片领口适当加大。

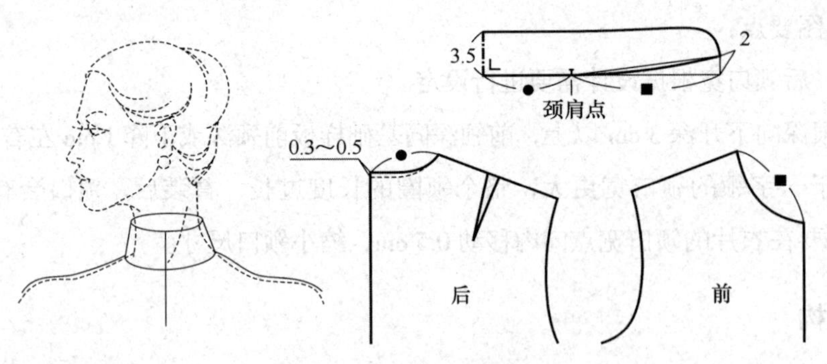

图 4—35 合体型立领

结构制图要点：

①后衣片领深需要减小 0.3 ～ 0.5 cm，防止领子后仰。

②取前、后领圈长定领子长，领高 3.5 cm 定后领中，并定出领下口颈肩点。

③确定前领角起翘量及领角造型。

3）敞口型立领。该领型与合体型立领相反，操作时加大领上口，使领上口与颈部的空隙量变大，领外口弧线增长，如图 4—36 所示。

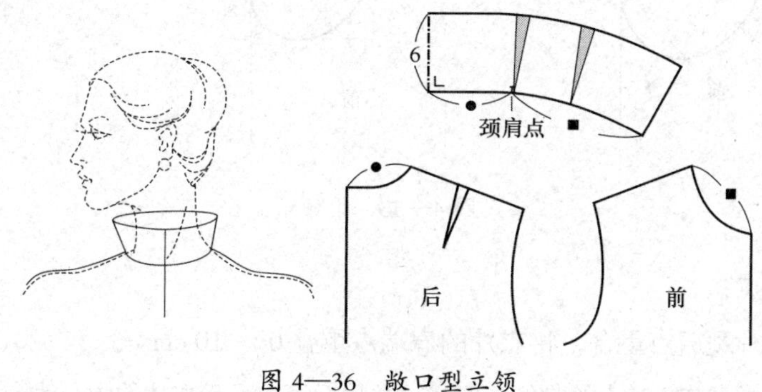

图 4—36　敞口型立领

结构制图要点：

①取前、后领圈长定领子长，领高 6 cm 定后领中，并定出领下口颈肩点。

②确定前领角低落量及领角造型。

（2）翻领

翻领是指后领有领座，具有翻折线且翻折线由后领向前领逐渐消失，并以翻折线为界，上部领子可向下翻折的领型，属于关门领。翻领采用不同的配领方法，会影响翻折线在颈部的形态，翻领一般有 U 型与 V 型之分，如图 4—37 所示。翻领按领面宽度可分为小翻领、中翻领和大翻领。翻领的领座、翻领大小、领角形状可自由调节。翻领的代表上衣款式有春秋装、冬装、衬衣等。

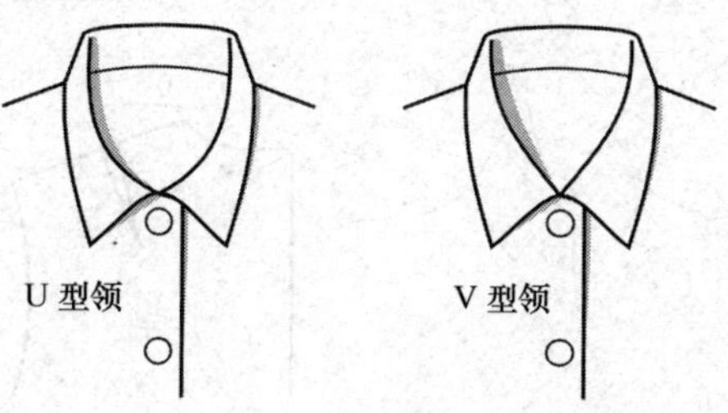

图 4—37　U 型领与 V 型领

1）平领。平领是指领座很低，领面宽大且平摊于肩部的一种领型。平领一般采用重叠前、后衣片肩缝之后在衣片上配领的制图方法，重叠量越小，领座越低，领子越平；重叠量越大，领座越高，领子越立，如图 4—38 所示。

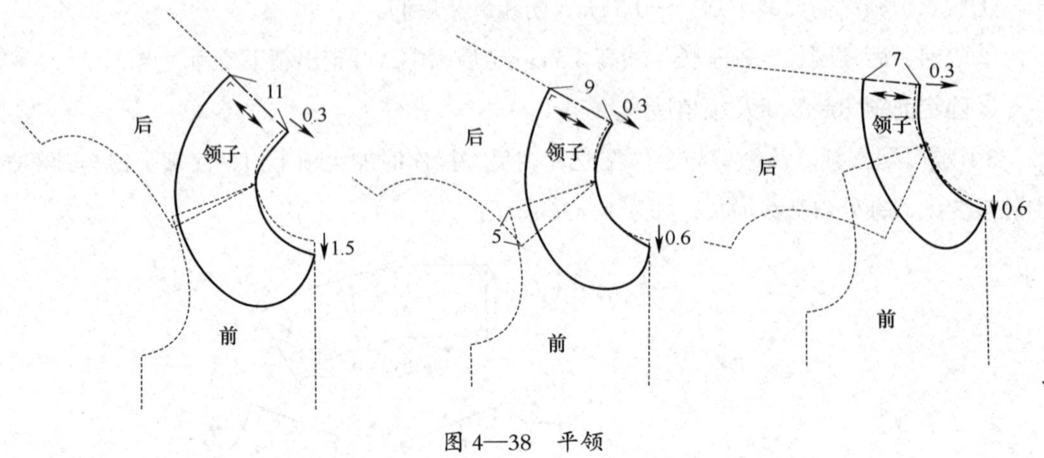

图 4—38 平领

结构制图要点：

①前、后衣片颈肩点重合，将衣片的肩端点重叠 0 ～ 10 cm。

②依据设计需求在衣片上绘制领子形状，并将后领中沿后衣片的中心线向上 0.3 ～ 0.5 cm，增加领外口的放松量。

2）两用领。两用领是指可敞开、可闭合的领型，常用于春秋装。为了能让领面顺利下翻并盖住领座，需要不断地加长领外口线直至达到设计需求。在加长领外口长度的时候，对应的后领中形成了一个起翘，这个起翘量与领座高、领外口长度存在一定的关系，即：起翘量越大，领外口长度越大，领座越低；相反，起翘量越小，领外口长度越小，领座越高，如图 4—39 所示。

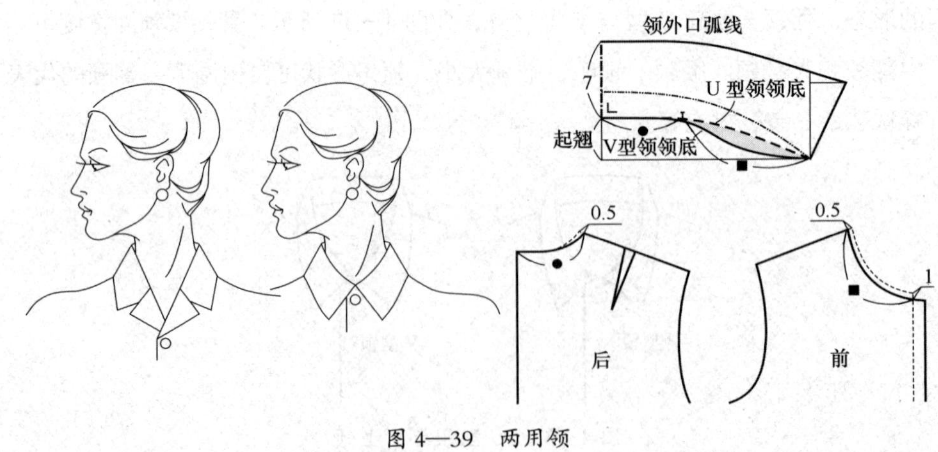

图 4—39 两用领

结构制图要点：

①将前领深下降 1 cm，前、后领宽加大 0.5 cm，重新绘制领口弧线，并记录前、后领

圈弧长。

②以前、后领圈弧长定领大，并确定后领中起翘量。

③确定领角形状及领外口弧线、领底弧线形状，领底弧线的形状决定了翻折线是呈现U型还是V型。

3）翻立领。翻立领是翻领与领座分开，分为上下领，并将下领做成合体立领的一种领型，常用于男、女衬衫，如图4—40所示。

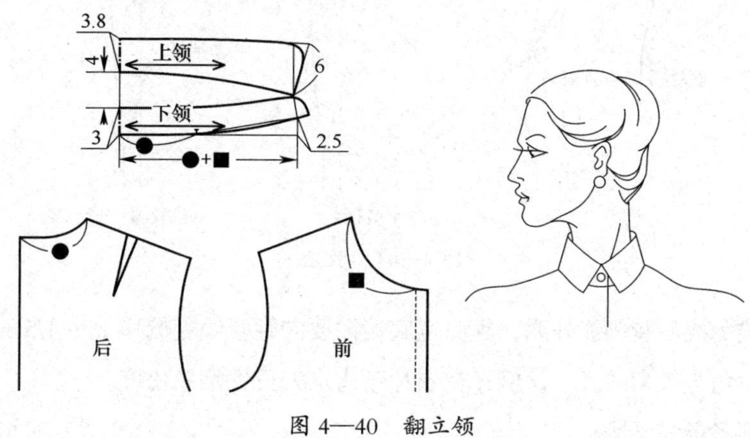

图4—40　翻立领

结构制图要点：

①取前、后领圈长度定下领长度。

②3 cm定下领后领中，在下领角处做0.5～3 cm起翘，不同的下领起翘量不同，领角造型可方可圆。

③上领的后领中与下领的后领中要做4～6 cm起翘，并绘制上领，上领的后领中要大于下领后领中0.8 cm，上领角根据设计需要制定。

（3）驳领

驳领也称翻驳领，是将领子与衣身缝合后共同翻折，衣身前中部敞开的一种领型，它由领座、翻领、驳头、翻折线四部分组成。衣身的翻折部分叫驳头，领面与驳头是一个整体，属于开门领，多用于西装、女士春秋装的设计中。按领子与驳头的关系，驳领可分为平驳领（驳头串口线成一条直线，且驳角与领角存在一个夹角）、戗驳领（在平驳领基础上驳角与领角的夹角向上）和青果领（领角与驳角没有夹角并连成为一体）三类，如图4—41所示。

驳领是用途广、结构复杂的一种领型。

结构制图要点：

1）取驳头宽7 cm，绘制驳头。

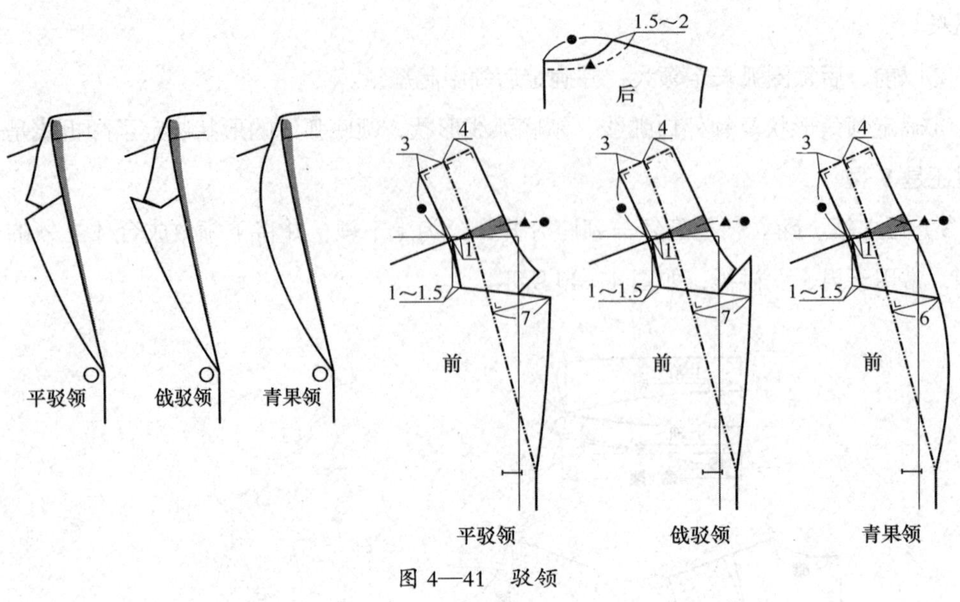

图 4—41 驳领

2）为了避免成品装领线外露，领口宽底端需要向翻驳线处偏移 1 ～ 1.5 cm。

3）确定驳角与领角的大小比例，在衣片颈肩点处设置翻领松度。

4）将翻领各条线画顺。

三、袖子结构设计变化

1. 袖子结构分析

袖子包裹着人体上肢，呈管状，是上衣造型的重要组成部分。袖子结构包含袖山高、袖肥、袖山吃量、袖管和袖口线。因袖子与衣身属于装配关系，所以装配部位的尺寸要依据衣片的袖窿尺寸来确定。理解了构成袖子结构的元素，对掌握袖子结构设计变化至关重要。

（1）袖山高

袖山高是指袖子与衣身拼装后，腋窝点（臂根）至袖山顶点的高度。袖山高直接影响着人体穿着服装后做抬手臂运动的难易，是控制侧抬手臂活动范围的重要因素之一（同时需要将袖肥的尺寸大小作为参考）。在袖子制板过程中，袖山高至关重要。

从图 4—42 中可以看出，上衣袖山高部位覆盖人体臂根以上部位。在袖山弧线长度固定的情况下，袖山高越小，覆盖臂根部位的面料就越小，手臂做抬手运动时受到的阻力就越小。

（2）袖肥

袖肥是指包裹人体臂根部位袖子的围度。袖肥大小的确定一般要考虑以下三个方面：第一，要考虑袖子伸脱动能；第二，要考虑手臂运动时肌肉增大缩小所需要的空间量；第三，要考虑上衣袖肥与衣身的比例关系。一般情况下，女装袖肥小一些，以增强女性着装后精神干练的气质；男装袖肥大一些，可增加男性手臂活动需要的空间量。

在实际操作过程中，袖山高与袖肥都需要根据袖山弧线长度来确定。在衣身的袖山弧长固定的情况下，这两个数据相互制约且呈反比例关系，即：袖山高越大，袖肥越小，袖山下尺寸越小；袖山高越小，袖肥越大，袖山下尺寸越大，如图 4—43 所示。

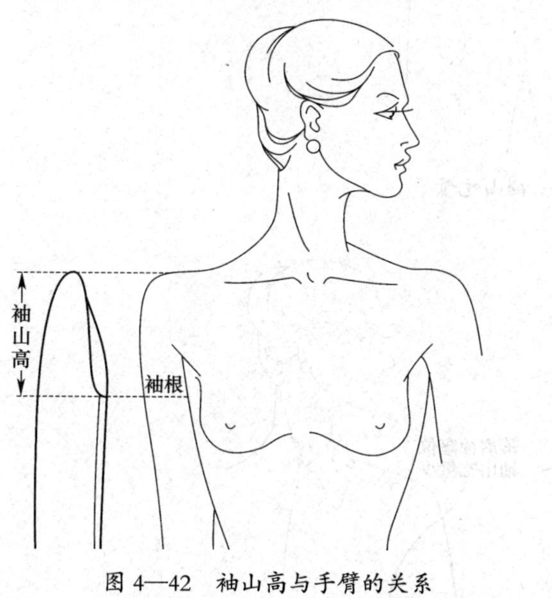

图 4—42　袖山高与手臂的关系

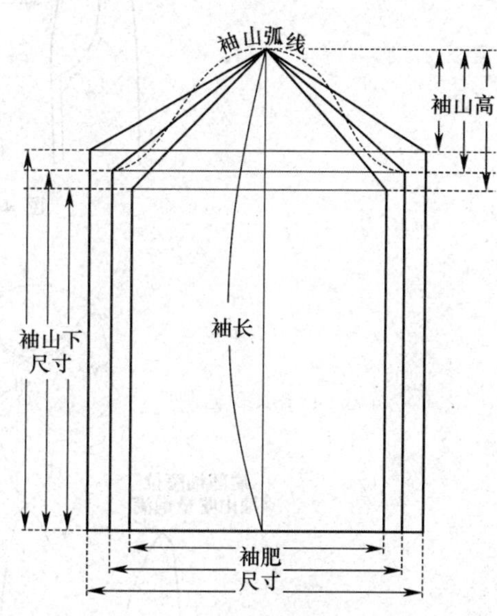

图 4—43　袖山高与袖肥的比例关系

（3）袖山吃量

袖子是通过袖山曲线与衣身袖窿曲线拼合来包裹人体肩部和手臂的，这就决定了两者之间存在一定的关联性。通常情况下，袖山的曲线长度长于衣身的袖窿曲线长度，两者之间的差值就是袖山吃量。

袖山吃量的大小随上衣绱袖的工艺要求、袖窿的位置设计及面料的厚薄而变化。结构设计时，习惯将袖窿位置设计在手臂与肩部的分界线处，成品的袖山需要有一定的工艺松量，以保证肩棉的安装而不影响袖子的美观度，如图 4—44 所示。随着袖窿分界位置的变化，袖山吃量要随之减小，甚至取消袖山吃量，如图 4—45 所示。通常情况下，面料越厚，袖山吃量越大，反之，则袖山吃量越小。

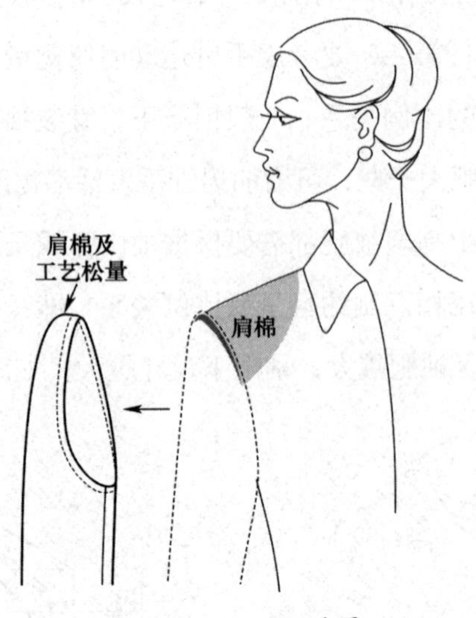

图 4—44　袖山吃量

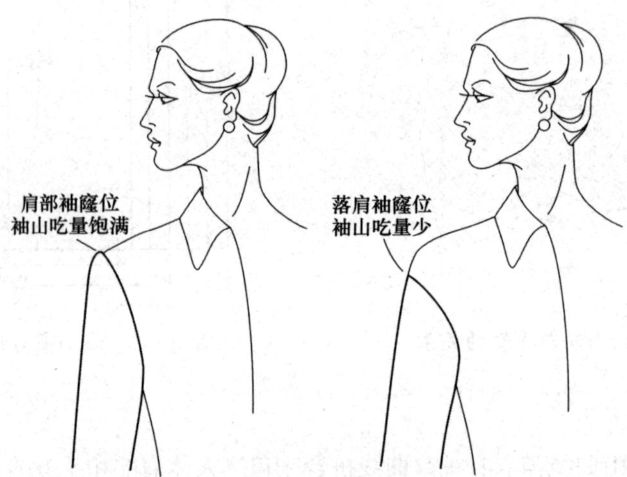

图 4—45　袖山吃量在不同袖窿分界线的变化

（4）袖管与袖口线

袖管包裹人体臂根以下的手臂部位。人体的前臂与上臂在肘关节处形成一个倾斜角，倾斜角一般为 12°～14°，合体的袖管要跟随手臂的形态形成前袖缝在肘部凹进、后袖缝在肘部凸出的状态。由于人体前臂前倾，致使手臂的前沿长度短于后沿长度，受到手臂形态特点的影响，袖口在手腕处要保证与前臂呈垂直状态，就需要缩短袖前缝，一般缩短 1～1.5 cm，如图 4—46 所示。

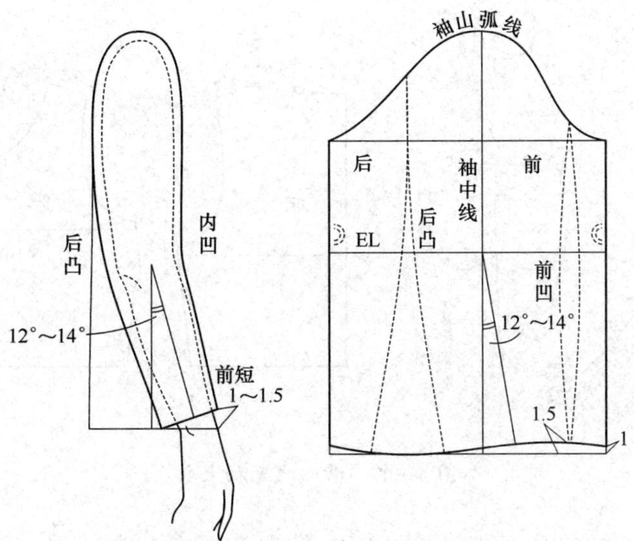

图 4—46　袖管、袖口线与手臂的关系

2. 袖子结构设计

袖子常见的分类方法见表 4—5。

表 4—5　袖子常见分类方法

分类方法	袖型	分类方法	袖型	分类方法	袖型	分类方法	袖型
长度	盖袖	裁片结构	一片袖	工艺方法	平装袖	成品形态	直袖
	短袖		两片袖		圆装袖		泡泡袖
	中袖		插肩袖				喇叭袖
	长袖						荷叶袖
							花瓣袖

（1）无袖类袖窿结构

结构制图要点：

1）由于衣身没有袖子，肩部外露，为避免腋下体表裸露过大，需将袖窿底提高 1 ～ 2 cm。

2）肩端点位置与领口宽的大小依据上衣款式而定。

背心式无袖上衣（见图 4—47）、露肩式无袖上衣（见图 4—48）和背带式无袖上衣（见图 4—49）为常见的无袖类上衣。

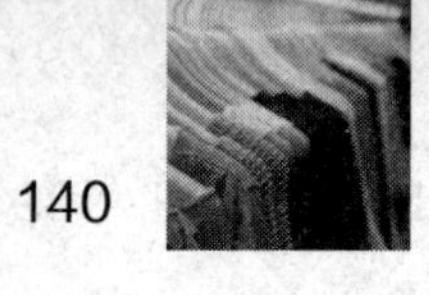

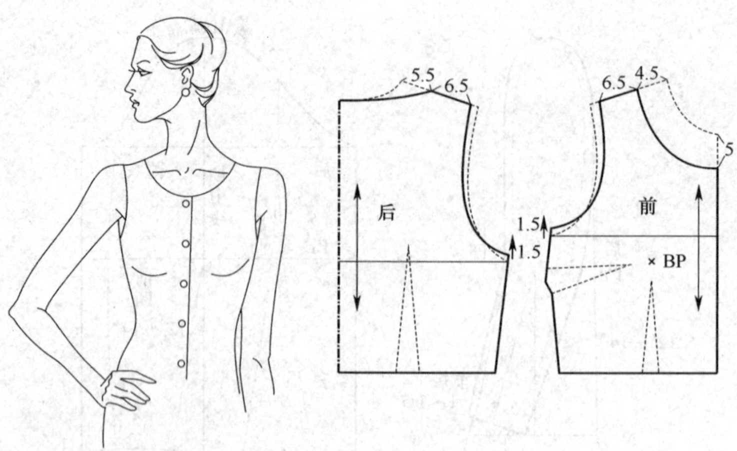

图 4—47　背心式无袖上衣

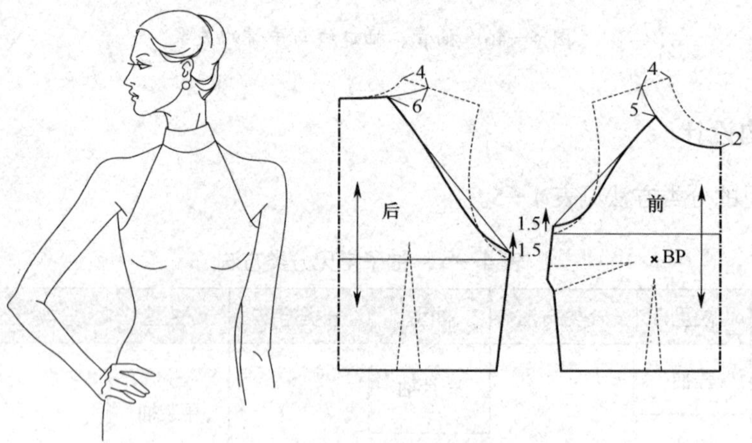

图 4—48　露肩式无袖上衣

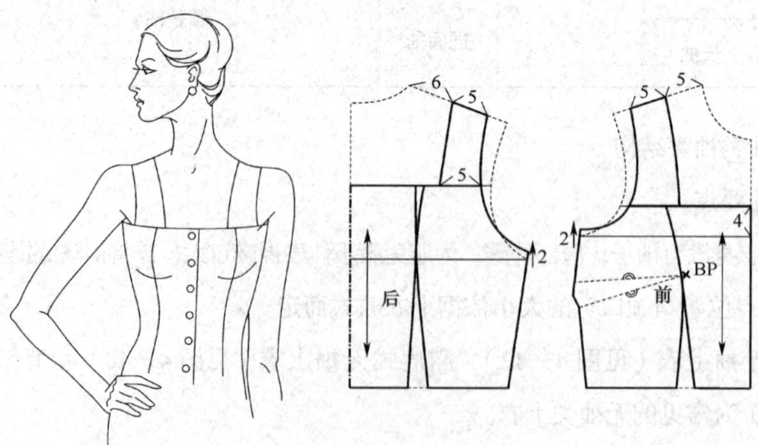

图 4—49　背带式无袖上衣

（2）盖肩袖

盖肩袖是指只能盖住人体肩部的袖型，长度一般不会超过肩部三角肌的长度，常用于夏季女装，如图 4—50 所示。

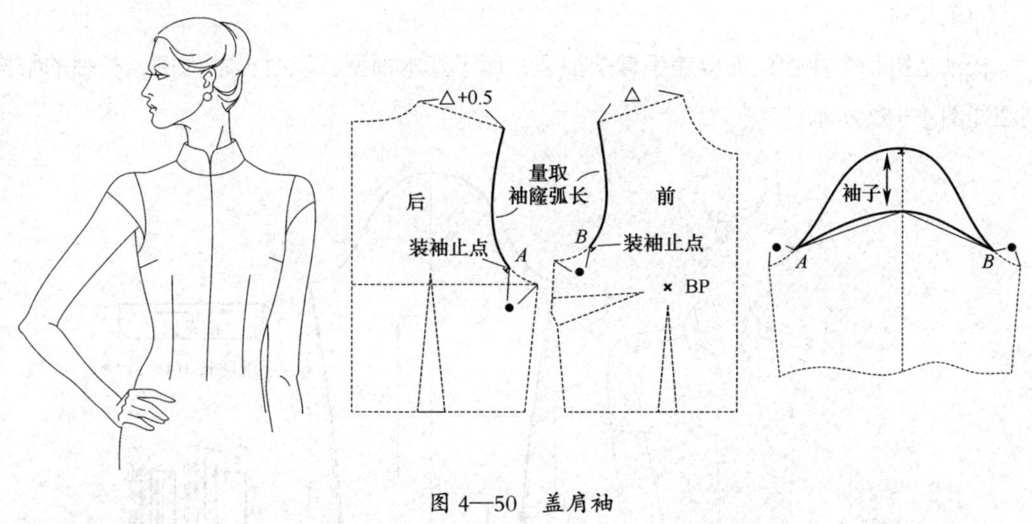

图 4—50　盖肩袖

结构制图要点：

1）取衣片袖窿，分别在前后袖窿弧线上定装袖点，并量取侧缝点至装袖点距离。

2）在袖片基础样板上，由前后袖肥端点沿袖山弧线向袖山顶点分别量取前后侧缝点至装袖点的距离，做刀眼对位点。

3）袖口依据款式需要进行平直与弧线的调节。

（3）短袖

长度在袖肘线上 10 cm 左右的袖子统称为短袖，如图 4—51 所示。

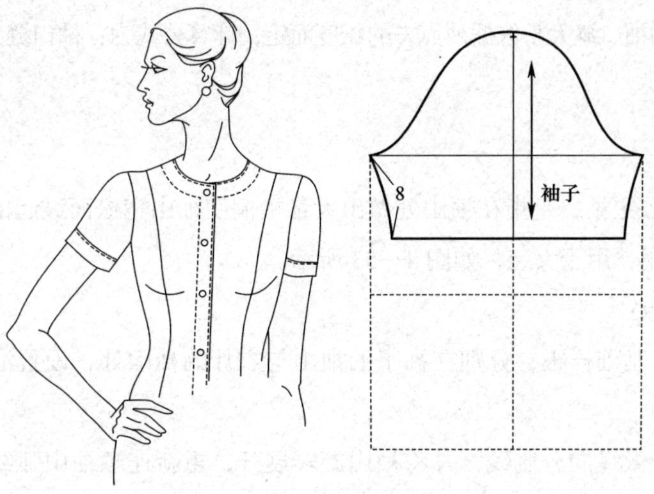

图 4—51　短袖

结构制图要点：

1）采用袖子的基础原型样板，袖长为袖山高线向下 8 ～ 10 cm。

2）袖口如有装饰形状，按设计需要制图即可。

（4）长袖

长袖是指整个袖管包裹覆盖手臂的袖型，属于基本袖型。以衬衫袖为例，长袖的结构制图如图 4—52 所示。

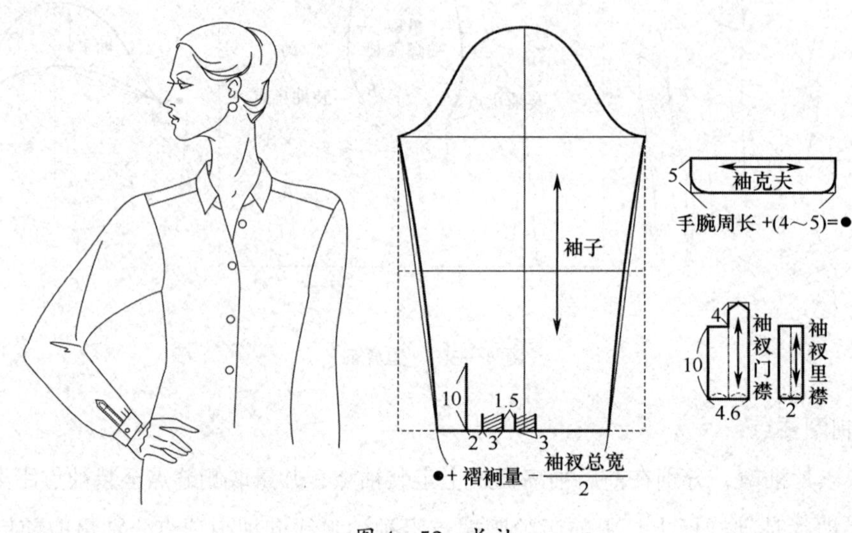

图 4—52　长袖

结构制图要点：

1）采用袖子的基础原型样板，袖口缝处剪短 4 ～ 5 cm 袖克夫量，并在后袖处开袖衩位，袖衩高低依据设计而定。

2）袖克夫的长度要依据手腕的围度，加上适当的放松量以及搭门宽度而定，为 5 ～ 6 cm。袖片的袖口缝大小依据袖克夫的长度而定，计算公式为：袖口缝大 = 袖克夫大 + 褶裥量 − $\frac{袖衩总宽度}{2}$。

（5）泡泡袖

泡泡袖又叫公主袖，是指在袖山处做出大量褶裥使袖山宽松而鼓起的袖型。泡泡袖富有极强的装饰作用，用于女装，如图 4—53 所示。

结构制图要点：

1）采用袖子基础样板，分别在袖子的袖山与衣片的袖窿处，设置泡泡袖褶裥位置对位标记。

2）在袖山处做纵向分割线，并将袖山旋转展开，重新连顺袖山弧线。泡泡袖一般有两种分割处理方法，即：一种以袖肥线为基准进行泡泡袖处理，视觉上袖山宽度增大，另一种以袖山高的二等分以上的部位进行泡泡袖处理，不影响袖山宽度。

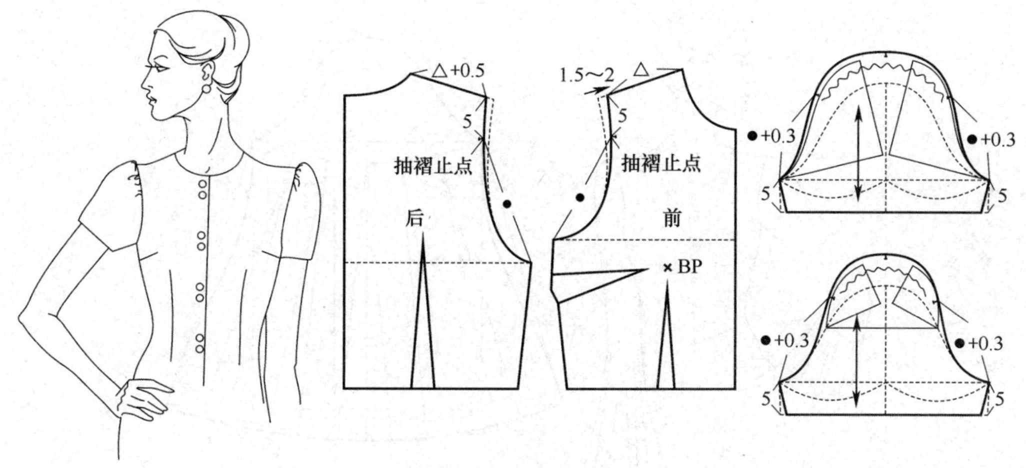

图 4—53　泡泡袖

（6）灯笼袖

灯笼袖是指肩部泡起，袖口收缩，整体袖管呈灯笼形鼓起的袖子，如图 4—54 所示。

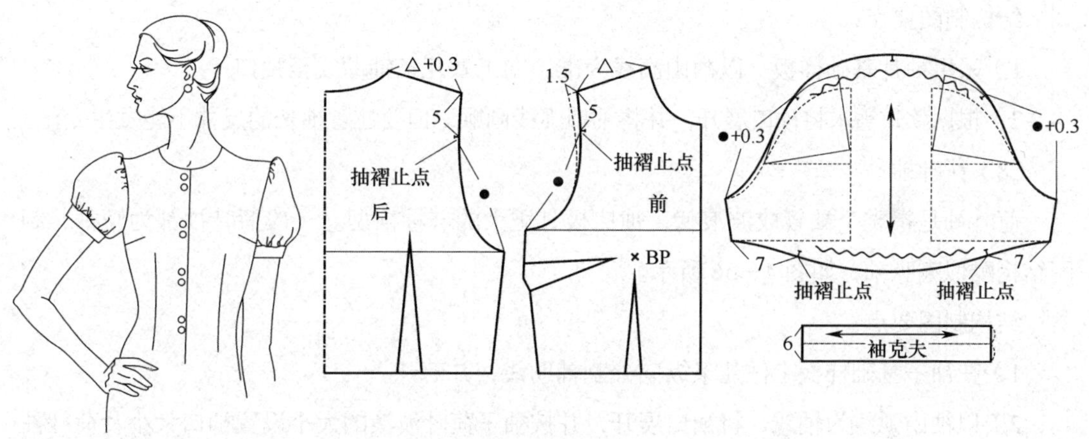

图 4—54　灯笼袖

结构制图要点：

1）采用袖子基础样板，取袖子长度，并量取袖克夫宽 3 cm。

2）取前后肩缝长度，绘制衣片袖窿弧线，并在前后袖窿弧线与袖山弧线做肩部泡量的对位标记。

3）将袖中横向展开 6 ～ 7 cm，之后取袖山高的三分之二横向分割并展开袖山，同时将袖口向下 4 cm，画顺袖口线。

（7）喇叭袖

喇叭袖是指袖管形状与喇叭形状相似的袖子，其袖管纤细而袖口宽大，一般为中袖或长袖，如图 4—55 所示。

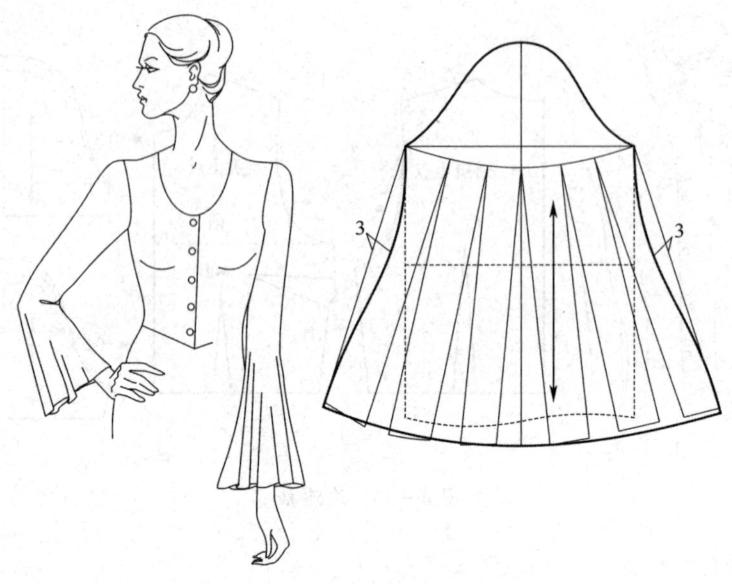

图 4—55 喇叭袖

结构制图要点：

1）采用袖片基础样板，以袖山高线为准，向下做几条辅助线至袖口。

2）根据款式需求将袖口展开，并将袖口弧线画顺，但要注意袖长的尺寸不能发生变化。

（8）荷叶袖

荷叶袖是指整个袖管成波浪状，袖口极其肥大的一种袖型。一般荷叶袖都为短袖，制图结构酷似喇叭袖，如图 4—56 所示。

结构制图要点：

1）在袖子基础样板上做几条纵向分割辅助线，并剪开。

2）以袖山弧线为轴线，将袖口展开，并按袖子荷叶波浪的大小设置袖口大小及荷叶袖在手臂内侧的波浪量，调节袖山弧线与袖口的位置。在调节过程中，将袖山弧线吃量缩小。

（9）花瓣袖

花瓣袖也叫郁金香袖，指袖片交叠如倒挂的花瓣的袖型，如图 4—57 所示。花瓣袖可结合上衣款式，在袖山处做泡袖处理。

结构制图要点：

1）取袖子基础样板，并定出前后衣片的袖片形状。

2）复制出前、后袖片。

3）将前、后袖片在袖底缝处合并，弧线修顺袖口。

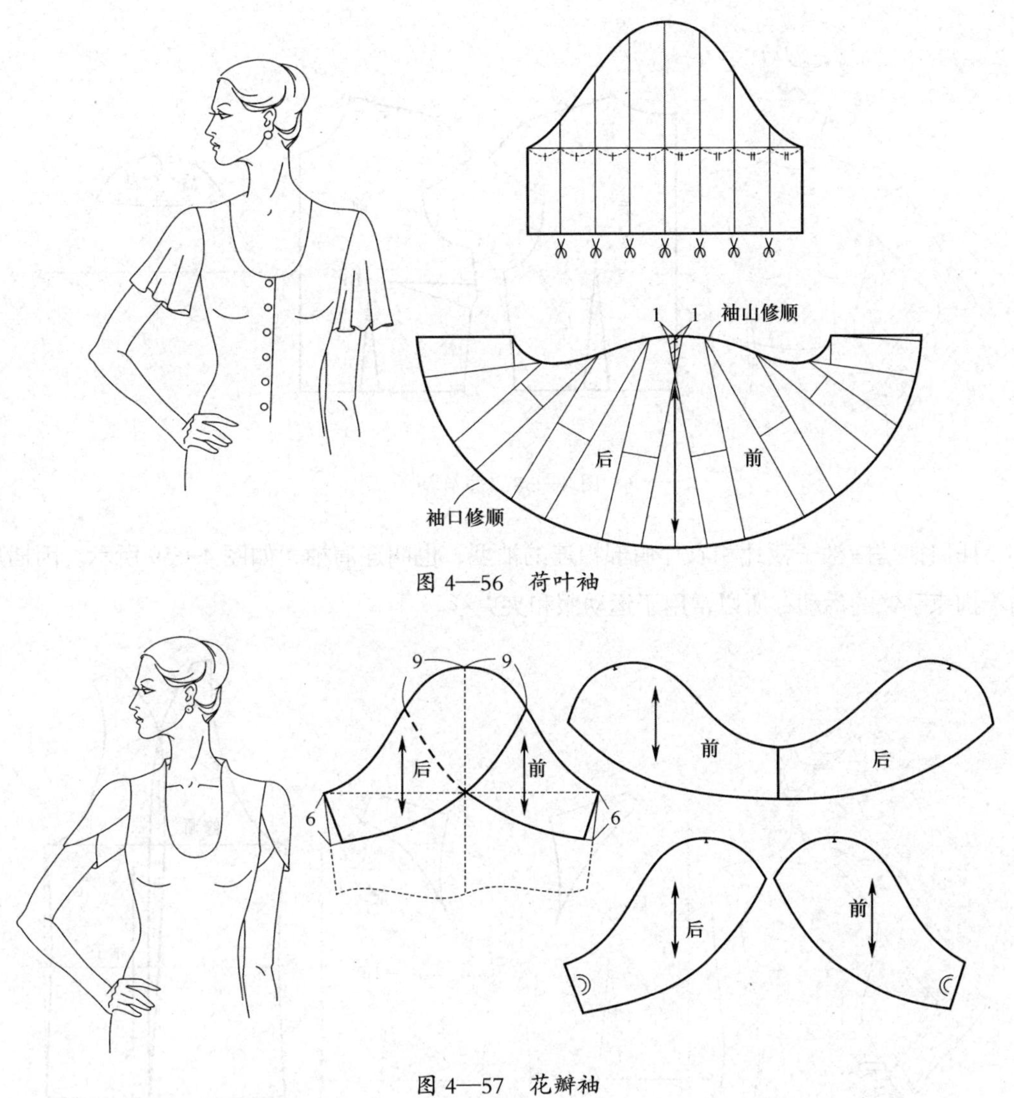

图 4—56　荷叶袖

图 4—57　花瓣袖

（10）落肩袖

落肩袖是指衣片的肩端点向外延伸并低落的袖子款式，衣片延伸的部分其实是袖子袖山的一部分，如图 4—58 所示。

结构制图要点：

1）截取基础袖片袖山的一部分，将这部分样片前后分开，分别与前后衣片的袖窿合并，弧线修顺肩线与袖山中线。

2）将袖山弧线重新修顺。

（11）插肩袖

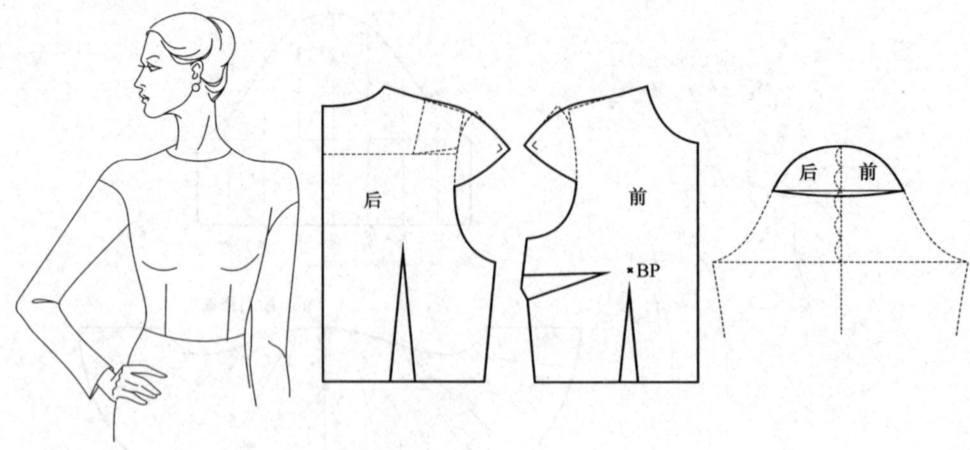

图 4—58 落肩袖

插肩袖是指袖子裁片和衣片肩部相连的袖型，也叫连肩袖，如图 4—59 所示。因插肩袖不拘束手臂的活动，所以常用于运动服和夹克衫。

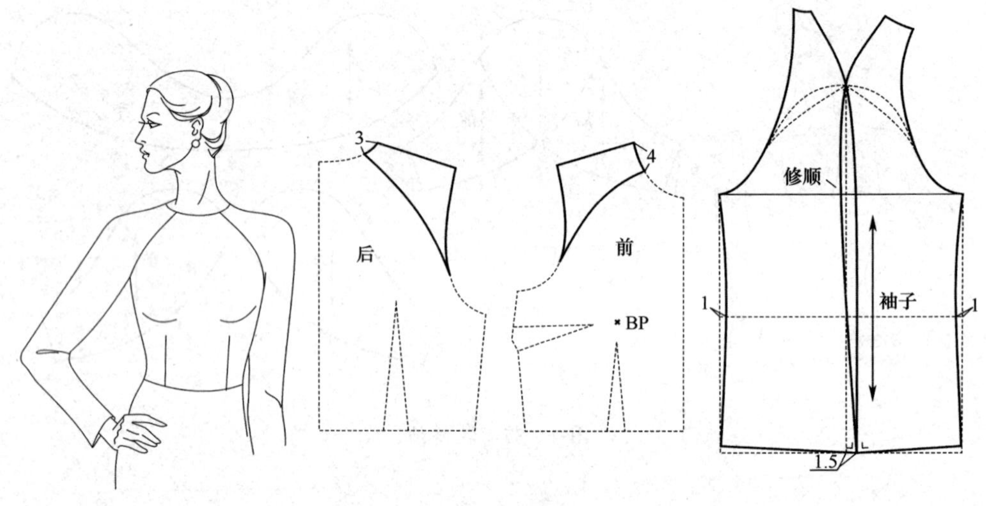

图 4—59 插肩袖

结构制图要点：

1）由前、后衣片领圈做辅助线至前、后袖窿弧线，并沿辅助线截取肩部结构。

2）将衣片肩部造型与袖子基础样板的袖山合并，并沿袖中线将袖子分成前后袖片，同时在袖山顶点处将肩线与袖中线弧线修顺。

（12）连身袖

连身袖是指袖子与衣身连成一个裁片的袖型，连身袖整体没有袖窿分割线，如图 4—60 所示。

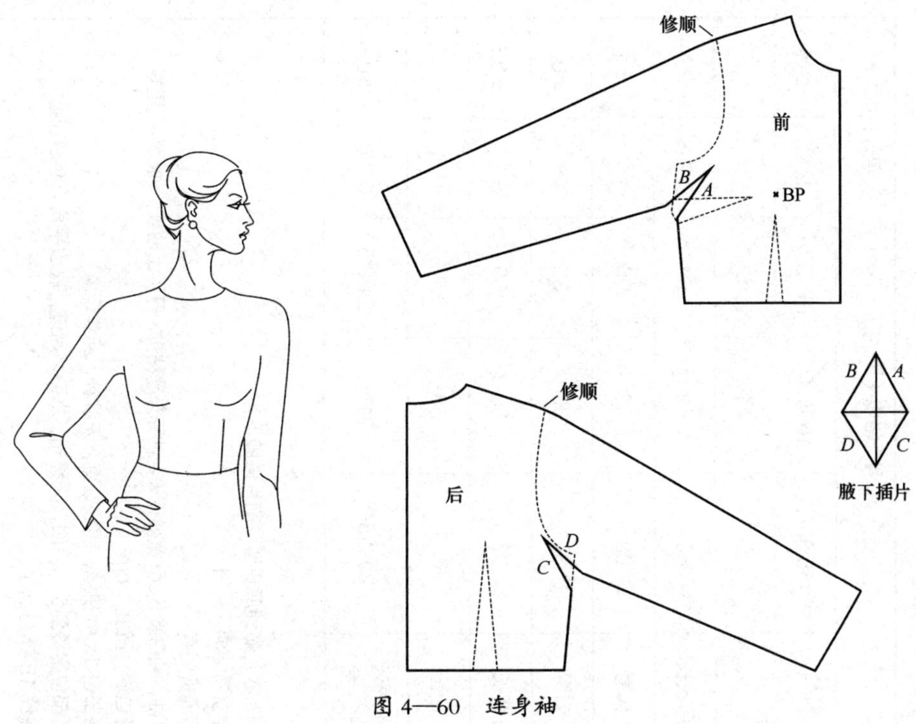

图 4—60　连身袖

结构制图要点：

1）前、后肩端点沿肩斜线延长出袖长尺寸，并根据设计需要，在肩端点处设置袖子倾斜角，并将肩端点处修顺。

2）前、后腋下偏向胸宽与背宽做插片开剪口。

3）配置前、后腋下插片，插片四周尺寸与前、后衣片腋下开剪尺寸相等。

第四节　女衬衫结构制图

衬衫是穿在内外上衣之间，或单独穿用的上衣。女衬衫款式、色彩丰富，现已成为女装重要的服装品种之一。

一、基础款女衬衫

基础款女衬衫的生产通知单（样单）见表 4—6。

表 4—6　基础款女衬衫生产通知单（样单）

品牌：××××	款号：××××	名称：基础款女衬衫
纸样编号：××××	下单日期：××××	完成日期：××××

款式图：

系列规格表（5·4）　单位：cm

部位 \ 规格		155/80A	160/84A	165/92A	档差	公差
		S	M	L		
1	后衣长	60	62	64	2	±1
2	胸围	88	92	96	4	±1
3	肩宽	37	38	39	1	±0.5
4	背长	37	38	39	1	±0.5
5	袖长	56.5	58	59.5	1.5	±0.5
6	袖克夫（长/宽）	20.2/5	21/5	21.8/5	0.8/0	±0.5

面料：府绸
成分：棉 100%
组织：平纹组织
幅宽：144 cm

辅料：
无纺粘合衬、纽扣、配色线、商标、洗水唛

工艺要求：
1. 省道：前、衣片做通底省道，前片做腋下省
2. 领子：翻立领结构，粘衬
3. 门襟：普通折门襟
4. 袖子：长袖，袖口装 5 cm 宽袖克夫，袖克夫需粘衬，开男士袖衩，袖衩做门里襟
5. 底边：卷边缝，宽度 1 cm
6. 缉线：各部位 1 cm 拼缝，缝线顺直，无跳针、断线现象
7. 整烫：各部位熨烫到位，平服，无亮光、水花、污迹，底边平直无起浪现象
8. 针迹：缝线 18 针 /3 cm

工艺编制：　　工艺审核：　　审核日期：

1. 款式特点概述

基础款女衬衫结构简明，衣身无过多的结构变化，整体造型上呈 X 型，收腰，修身，袖型也是袖子结构制图基础的一片长袖，做袖克夫，开袖衩，领子则采用常见的两用领作为女衬衫领，门襟五粒扣。掌握基础款女衬衫是学习女装制图的基础。

2. 制图规格尺寸（见表 4—7）

表 4—7　基础款女衬衫制图规格　　单位：cm

号型	后衣长	胸围	肩宽	背长	袖长	袖克夫（长 / 宽）
160/84A	62	92	38	38	58	21/5

3. 结构制图

（1）基础框架（见图 4—61）

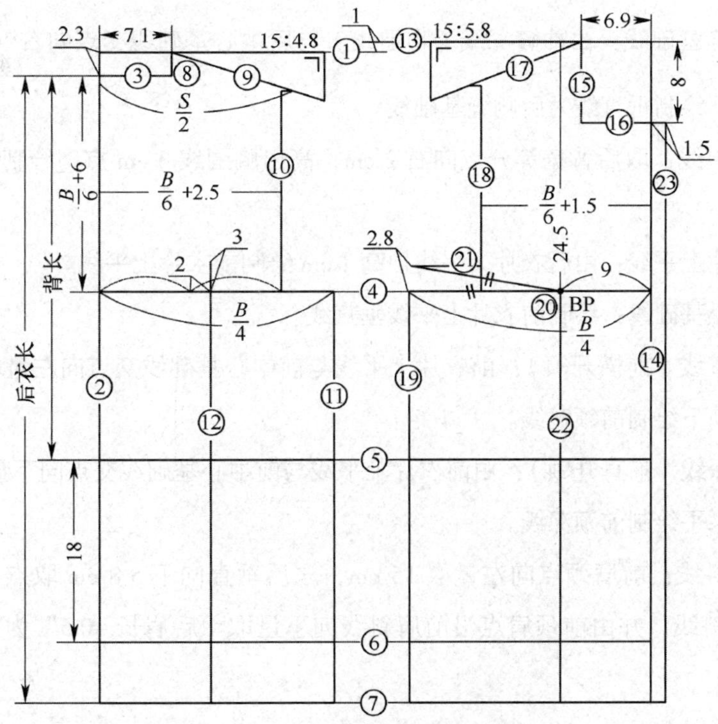

图 4—61　基础款女衬衫基础框架图

1）后衣片上平线：绘制水平线一条。

2）后中心基础线：绘制后衣片上平线的垂直线。

3）后领深线（后直开领）：由后衣片上平线与后中心基础线交点向下 2.3 cm 取点（后

颈深点），水平绘制后领深线。

4）袖窿深线（胸围线）：后领深线向下$\frac{B}{6}$ +6=21.3 cm 绘制一条水平线为袖窿深线（胸围线）。

5）腰围线：后领深线向下量取背长 38 cm 绘制水平线为腰围线。

6）臀围线：由腰围线向下 18 cm 水平绘制臀围线。

7）后衣长线：由后领深线向下量取后衣长 62 cm 绘制水平线。

8）后领宽线（后横开领）：后衣片上平线与后中心基础线交点右量 7.1 cm 为后颈肩点，垂直向下绘制后领宽线。

9）后肩斜线：后颈肩点向右量 15 cm，之后垂直向下 4.8 cm 取点，与后横开领端点连斜线为后肩斜线，并由后中心基础线水平向后肩斜线量取$\frac{S}{2}$ =19 cm 为后肩端点。

10）背宽线：后中心基础线水平向右量取$\frac{B}{6}$ +2.5=17.8 cm 绘制垂直线为背宽线。

11）后侧缝基础线：由袖窿深线（胸围线）与后中心基础线交点向右$\frac{B}{4}$ =23 cm 量取后胸围大，向下绘制垂直线为后侧缝基础线。

12）后省中线：取后背宽等分点向右 2 cm、高出胸围线 3 cm 点、绘制垂直线至衣长底边。

13）前衣片上平线：由后衣片上平线抬高 1 cm 绘制前衣片上平线。

14）前中心基础线：绘制前衣片上平线垂直线。

15）前领宽线（前横开领）：前衣片上平线与前中心基础线交点向左量取 6.9 cm 为前颈肩点，垂直向下绘制前领宽线。

16）前领深线（前直开领）：由前衣片上平线与前中心基础线交点向下量取 8 cm 为前颈窝点，过点水平绘制前领深线。

17）前肩斜线：前肩颈点向左量取 15 cm，之后垂直向下 5.8 cm 取点，与前颈肩点连斜线为前肩斜线，并由前颈肩点沿前肩斜线向下量取“后肩长 –0.5”为前肩长，端点为前肩端点。

18）前胸宽线：前中心基础线向左量取$\frac{B}{6}$ +1.5=16.8 cm 绘制垂直线为前胸宽线。

19）前侧缝基础线：前中心线在胸围线处向左量取$\frac{B}{4}$ =23 cm 胸围大绘制垂直线为前侧缝基础线。

20）胸高点（BP）：上平线下量 24.5 cm，胸围线处由前中心线向左量取 9 cm 找取胸高点。

21）前胸省量：前侧缝基础线在胸围线处抬高 2.8 cm，并与胸高点连线，连线与胸高点至前侧缝基础线的距离相等。

22）前腰省中线：胸高点垂直向下绘制前腰省中线至底边。

23）门襟止口线：前颈窝点向右量取 1.5 cm 垂直向下绘制门襟止口线。

（2）衣片结构（见图 4—62）

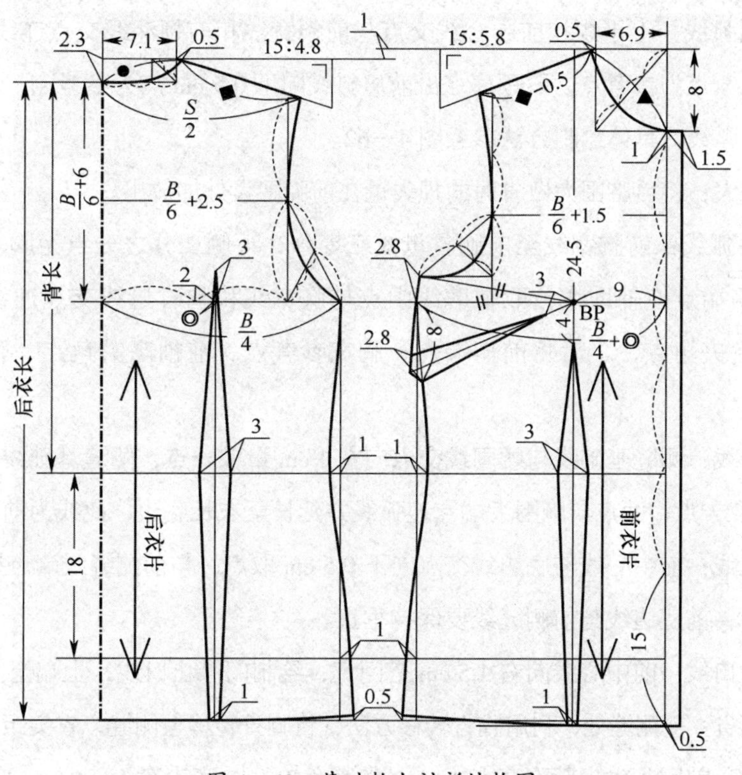

图 4—62　基础款女衬衫结构图

1）后衣片结构

①后领圈弧线：后领宽三等分，靠近颈肩点三分之一侧向上绘制垂直线与上平线相交，交点与后领宽线和后领深线交点相连，并二等分，中点沿连线向下 0.3 cm 为参考点，颈肩点沿肩斜线向下 0.5 cm 点为参考点，两参考试点与后颈深点三点连弧线为后领圈弧线，具体绘制方法参考图 4—63。

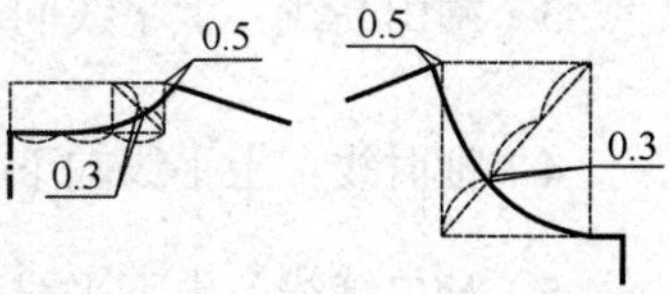

②后袖窿弧线：背宽线等分点与后胸围大端点连线，并将辅助线二等分，等分点再与背宽线与胸围线交点连线，之后连线三等分，取外侧三分之一点为后袖窿夹角点，将

0.5　0.3　0.5　0.3

图 4—63　前后领圈弧线画法

肩端点、背宽线等分点、后袖窿夹角点、胸围大端点四点连弧线。

③后侧缝线：侧缝基础线与腰围线交点向左 1 cm 量取一点，侧缝基础线与臀围线交点向右 1 cm 量取一点，两点与胸围大端点连弧线并延长至衣长底边，此线为后侧缝线。

④后底边线：后中心线和底边线交点与后侧缝线端点抬高 0.5 cm 点连弧线，同时，后底边线与后侧缝线要保持垂直。

⑤后腰省：后腰省宽 3 cm，底边线处 1 cm 宽。

2）前衣片结构

①前领圈弧线：上平线和前中心线交点与前领宽线和前领深线交点连线，并三等分，取下侧三分之一点为参考点，取颈肩点沿前肩斜线向下 0.5 cm 点为参考点，两参考点与前颈窝点三点连弧线，具体绘制方法参考图 4—62。

②前胸围大：将后胸围大做省时的损失量在前胸围大处加放出。

③前袖窿弧线：前胸宽线至前胸省量线三等分，下侧三分之一点为胸宽参考点，并与胸省量左侧端点连辅助线，取辅助线中点与胸宽线和胸省量线交点连线，并取连线中点为前袖窿夹角点，之后将前肩端点、胸宽参考点、前袖窿夹角点、胸省量端点四点连弧线。

④前侧缝线：侧缝基础线与腰围线交点向左 1 cm 量取一点，侧缝基础线与臀围线交点向右 1 cm 量取一点，两点与胸围大端点连弧线并延长至衣长底边，此线为前侧缝线。

⑤前底边线：前中心线与底边线交点向下 0.5 cm 取点，与前侧缝线端点抬高 0.5 cm 点连弧线，同时，前底边线与前侧缝线要保持垂直。

⑥门襟止口线：前中心线向右 1.5 cm 搭门宽，绘制门襟止口线，上端至前领口深线。

⑦前侧缝省：前侧缝处，利用胸省转移方法，将胸省转移至侧缝，省尖距胸高点 3 cm。

⑧前腰省：前腰省省尖距胸高点 4 cm，省道宽 3 cm，底边宽 1 cm。

⑨扣眼位：首粒扣眼位距前颈窝点 1 cm，末粒扣眼位距底边 15 cm，两点之间四等分。

（3）袖子框架（见图 4—64）

1）上平线：绘制水平线一条。

2）下平线：上平线向下量取袖长绘制下平线。

3）袖山高线：上平线向下 $\frac{AH}{3}$ =14.5 cm 绘制水平线一条。

4）袖肘线：上平线向下 $\frac{号}{5}$ =32 cm 绘制水平线一条。

5）袖口缝线：由下平线向上 5 cm 绘制水平线一条。

6）袖中线：垂直上平线绘制一条线为袖中线，袖中线与上平线交点为袖山顶点。

7）前袖山斜线：袖山顶点按前 AH 值向袖山高线右侧绘制前袖山斜线。

8）后袖山斜线：袖山顶点按后 AH 值向袖山高线左侧绘制后袖山斜线，交点至前袖山斜线与袖山高线交点之间为袖肥大。

9）前袖底缝基础线：由前袖肥端点垂直向下绘制前袖底缝基础线。

10）后袖底缝基础线：由后袖肥端点垂直向下绘制后袖底缝基础线。

11）前袖山弧线基础线：将前袖肥四等分，取最右侧一等分点与袖山顶点向右“前袖肥四等分量 +1 cm”连线为前袖山弧线基础线。

12）后袖山弧线基础线：将后袖肥四等分，取最左侧一等分的中点与袖山顶点向左“后袖肥四等分量 +1 cm”连线为后袖山弧线基础线。

13）前、后袖底缝：袖口缝线按“袖口大 + 褶裥量 –1.6 cm”确定袖底缝大小，由前后袖底缝基础线左右量取袖肥与袖口的差值的一半，量取点分别与前后袖肥端点连线，如图 4—65 所示。

14）袖克夫大：袖口缝向下绘制袖克夫大。

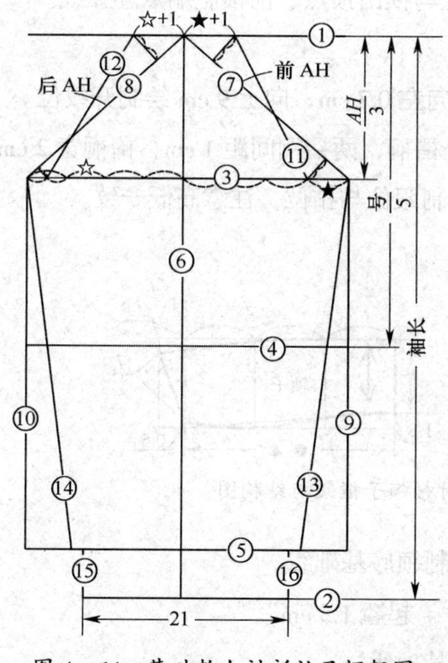

图 4—64　基础款女衬衫袖子框架图

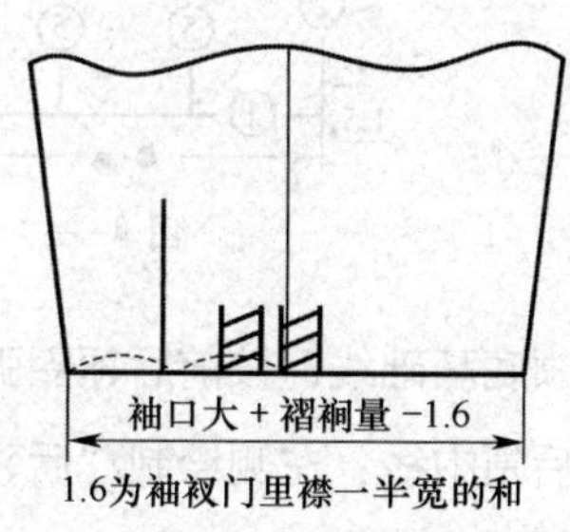

图 4—65　袖口缝尺寸确定

（4）袖子结构（见图 4—66）

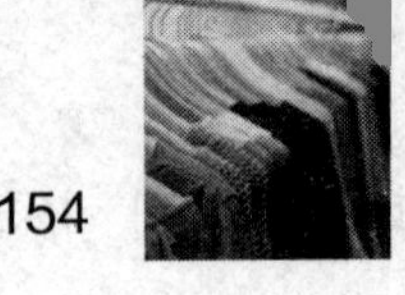

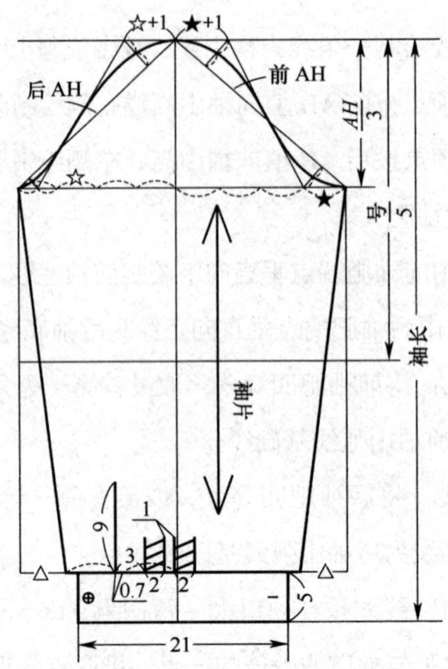

图 4—66　基础款女衬衫袖子结构图

1）前袖山弧线：过前袖肥右侧四分之一点与袖山右侧参考点分别做前袖山弧线基础线的垂直线，并分别将垂直线二等分，等分点与袖山顶点、前袖肥端点连弧线。

2）后袖山弧线：方法同前袖山弧线。

3）袖衩位：袖中线至后袖底缝线等分点向左 0.7 cm、向上 9 cm 绘制开衩位。

4）褶裥位：由开衩位向右 3 cm 绘制两个褶裥，两褶裥间距 1 cm，褶裥宽 2 cm。

5）眼位、扣位：袖克夫两侧进 1 cm，绘制眼位与扣位，注意高低一致。

（5）领子框架与结构（见图 4—67）

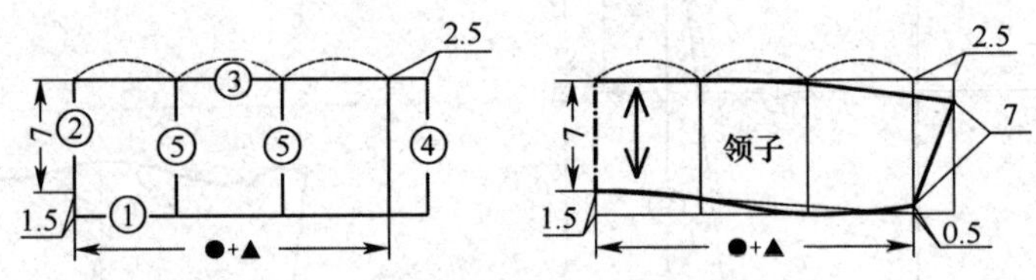

图 4—67　基础款女衬衫领子框架与结构图

1）领底基础线：按前后领圈弧线长度绘制领底基础线。

2）后领中线：左侧绘制“后领中宽（7）+ 起翘 1.5 cm”。

3）领外口弧线基础线：绘制领外口弧线基础线。

4）领角基础线：领大向右 2.5 cm 绘制领角基础线。

5）按图 4—67 所示分别绘制出领底弧线、领外口弧线、领角形状，注意领底弧线前端需要抬高 0.5 cm，领底弧线、领外口弧线与后领中线垂直。

4. 零部件结构

按图 4—68 所示，依据开衩高低进行袖衩门、里襟的配置。

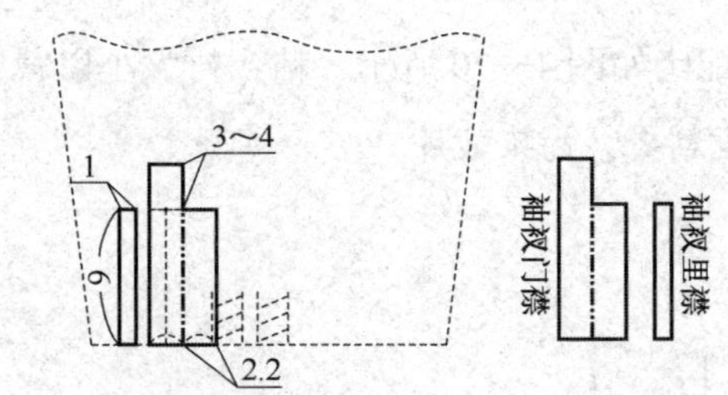

图 4—68　基础款女衬衫袖衩门、里襟结构图

5. 裁片放缝（见图 4—69）

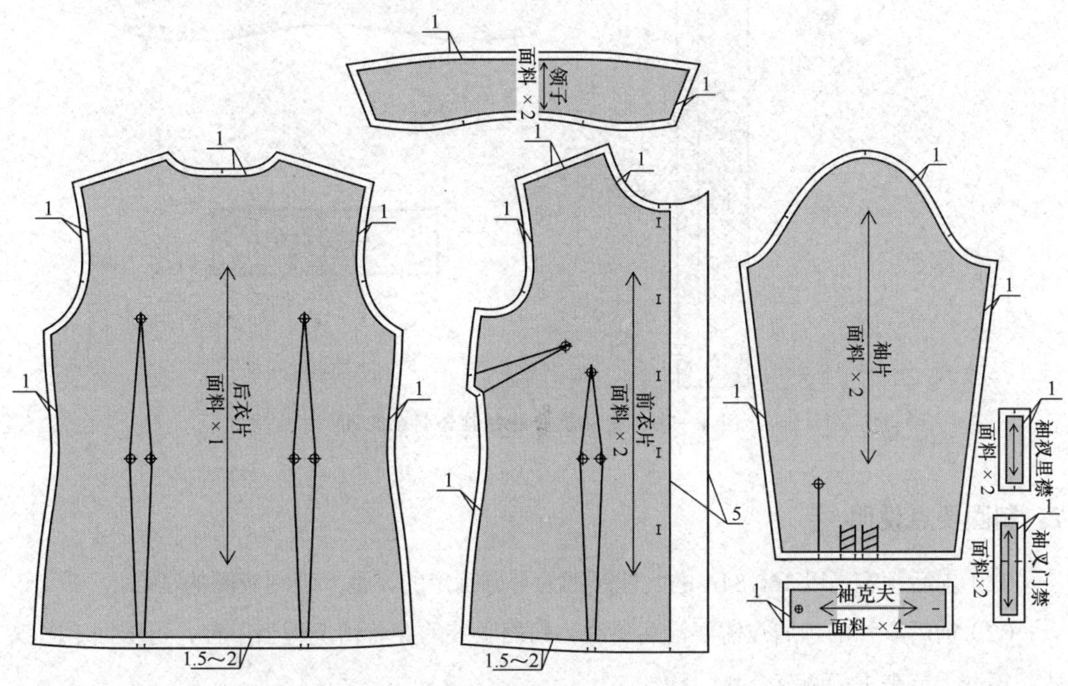

图 4—69　基础款女衬衫裁片放缝图

（1）放缝要求

1）前衣片门襟止口放缝 5 cm。

2）前、后衣片底边放缝 1.5 ～ 2 cm，其余边放缝 1 cm。

（2）标记方法

1）前衣片门襟止口、装领点、装袖点、省根部位做对位刀眼符号。

2）后衣片后领圈弧线中点、装领点、装袖点、省根部位做对位刀眼符号。

3）前、后腰省距省尖 1 cm、距省中线左右 0.3 cm 做钻眼符号。

6. 辅料

基础款女衬衫粘合衬配比如图 4—70 所示，粘合衬大小以裁片毛样缩进 0.2 cm 为宜，防止制作时将粘合衬粘在面料外，污染裁片。

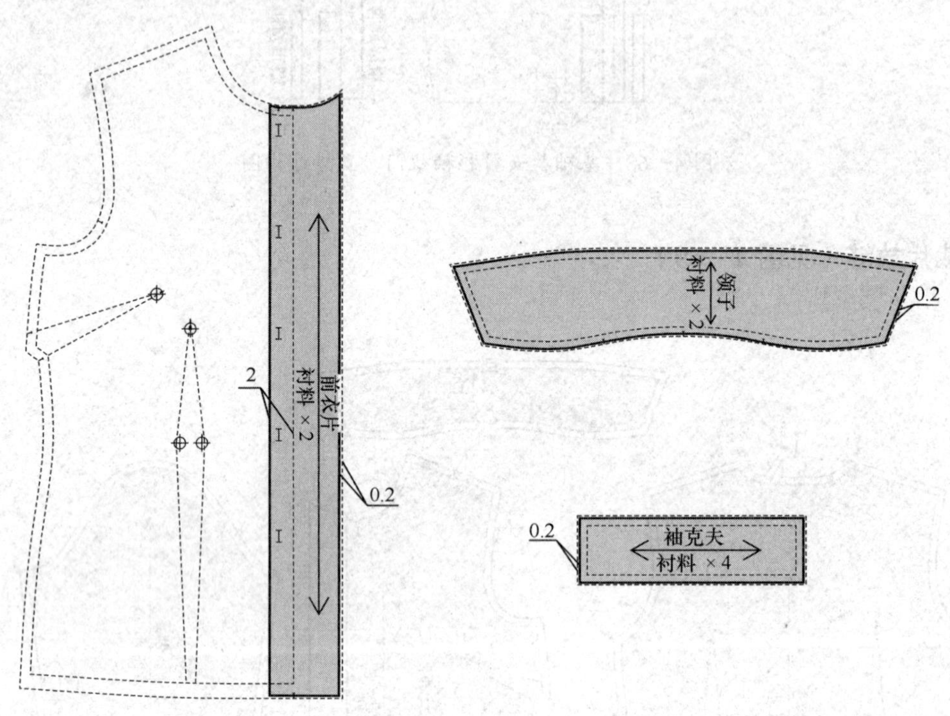

图 4—70 基础款女衬衫粘合衬配比图

7. 制图要点说明

（1）前后领宽是以 160/84A 的女性颈围为基础确定的，是女装制领圈的基础。

（2）前后衣片的颈肩点需要沿肩斜线，根据服装的穿着情况适当下移，再依据不同款式、不同季节来进行调节。

（3）胸高点的位置以 160/84A 的女性为基础进行设置，通常颈肩点（NP）至胸高点（BP）的距离为 24 ～ 25 cm，两端胸高点距（乳距）为 16 ～ 18 cm（BP 点距前中心线 8 ～ 9 cm），如图 4—71 所示。

（4）前后肩斜以比值确定，比值的大小根据人体的肩斜角度以及是否采用垫肩及垫肩的厚度来确定，可进行适当调整。

（5）后衣片在制作省道时，在胸围处会产生一定的空隙量，这部分空隙量可以在后侧缝处加出，也可以在前侧缝处加出，但一般加放在前侧缝处，以增加女装前片大小，保证

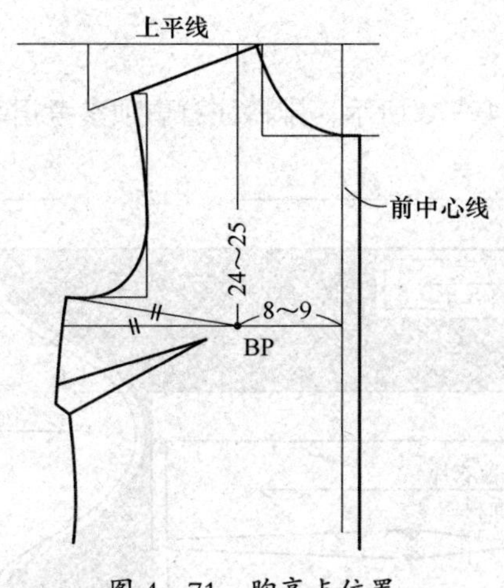

图 4—71　胸高点位置

穿着的舒适性。

（6）前衣片的搭门宽度要根据纽扣的直径来确定，衬衫一般搭门宽 1.5 ～ 2 cm。

（7）前后袖窿弧线绘制时应保证前后肩缝闭合后前后袖窿弧线平顺。通常情况下，前后袖窿弧线分别与前后肩斜线呈 90° 角，如图 4—72 所示。

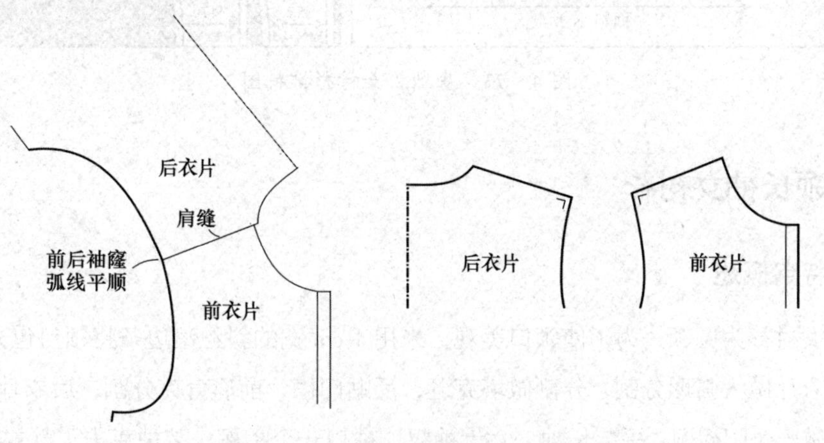

图 4—72　前后袖窿弧线绘制要点

（8）袖山高与袖肥大小呈反比关系。要注意袖肥的美观性，女装的袖肥不可以过大，可通过适当调节袖山高低来调整袖肥。

（9）袖子的袖山与衣片的袖窿属于装配关系，一般情况下，衬衫袖山要大于袖窿 1 cm（可根据面料的厚度确定数值），如果衣身袖窿压缝明线，则袖山要短于袖窿 0.5 cm。

（10）袖口缝的大小依据袖衩门里襟宽度及褶裥数量确定，一般公式为：袖口大 + 褶裥总量 −1.6 cm（袖衩门里襟总和的一半）。

8. 排料

基础款女衬衫排料如图 4—73 所示，排料注意事项参考裙装排料。

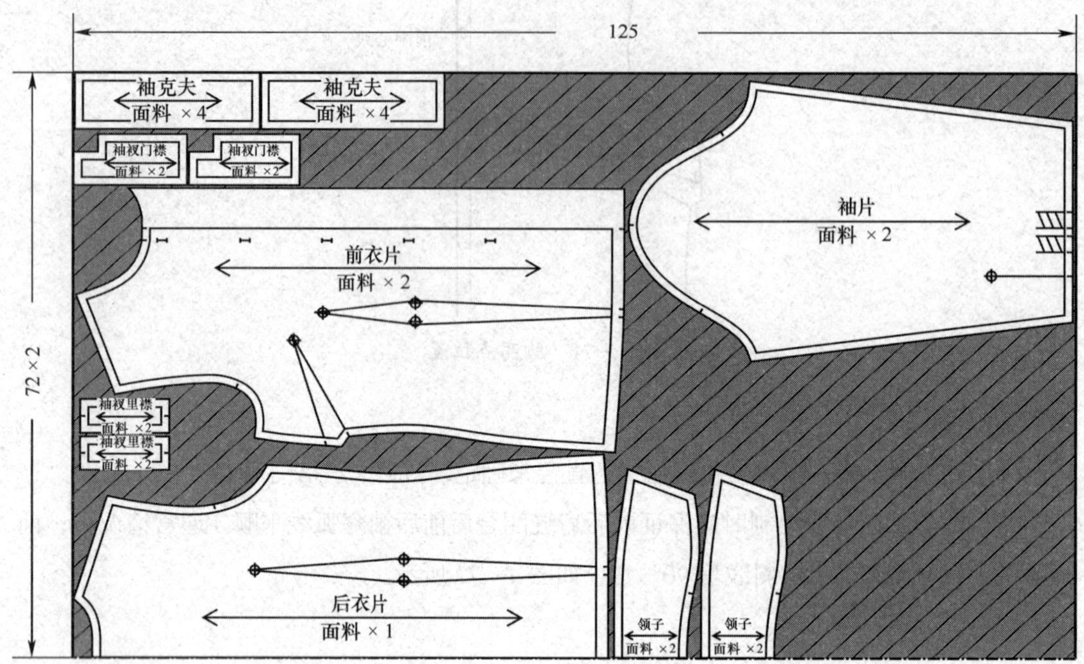

图 4—73　基础款女衬衫排料图

二、圆领长袖女衬衫

1. 款式特点概述

本款女衬衫为圆领，为了使领口美观，采用 1 cm 宽的斜丝滚边条将领口包光，门襟五粒扣，前衣片做大弧形分割，分割做塔克缝，反贴门襟，前肩育克分割，后衣片育克分割，并在后中做一个阳褶裥，平装长袖，女士袖衩，袖口一个褶裥，装袖克夫，款式如图 4—74 所示。圆领长袖女衬衫款式优美，适合采用轻薄面料制作，如真丝、乔其纱、泡泡纱等。

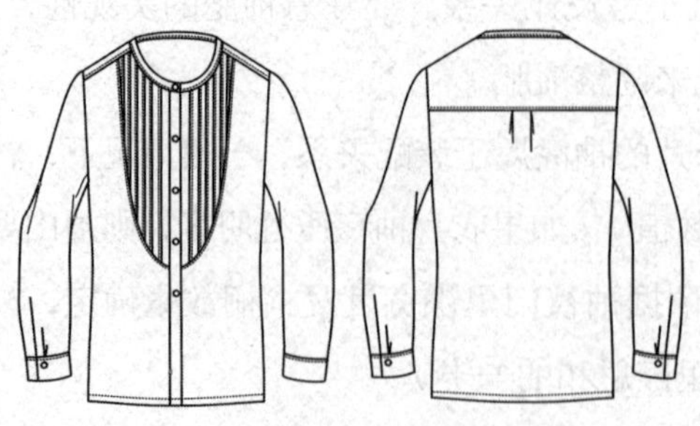

图 4—74　圆领长袖女衬衫

2. 制图规格尺寸（见表 4—8）

表 4—8　圆领长袖女衬衫制图规格尺寸表　　　　单位：cm

号型	后衣长	胸围	肩宽	背长	袖长	袖克夫（长/宽）
160/84A	64	100	38	38	58	21/3.5

3. 结构制图

（1）衣身结构（见图 4—75）

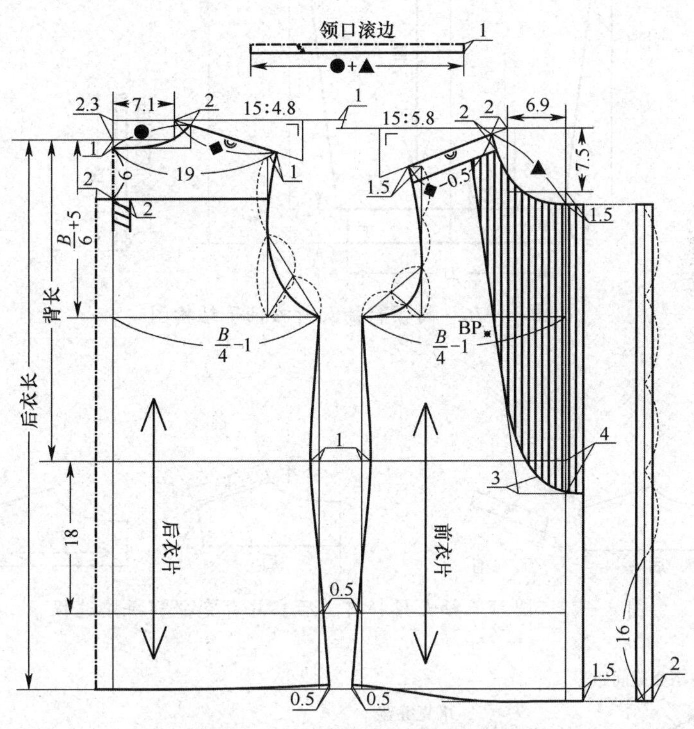

图 4—75　圆领长袖女衬衫衣身结构图

（2）袖子结构（见图 4—76）

（3）育克拼接过程

前衣片肩部按设计需求剪切，一般剪切宽度为 2 ～ 4 cm，之后将这部分育克的肩缝与后衣片育克肩缝拼合，形成一个新的裁片，如图 4—77 所示。

（4）前衣片塔克缝制图

塔克缝是指在薄软的织物上以一定的间隔从正面或反面捏缝出细褶的缝制工艺，又叫细褶缝。塔克缝是一种表现立体图案的技艺，其过程是将前衣片塔克缝面料按设计裁剪，并按需进行塔克缝设计，一般塔克缝宽 0.5 cm，塔克缝间距 1 ～ 1.5 cm 宽，如图 4—78 所示。为了便于工艺操作，可先将一块面料按塔克缝要求进行缝制，最后按款式部位所需将这块面料进行裁剪，得到所需要的裁片，如图 4—79 所示。

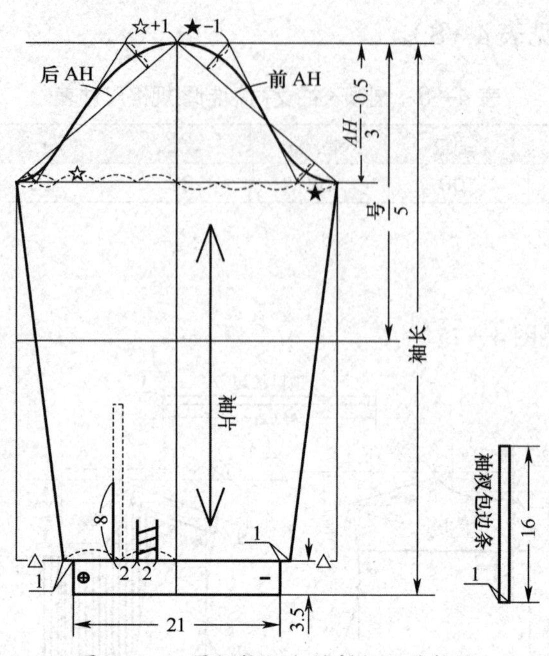

图 4—76　圆领长袖女衬衫袖子结构图

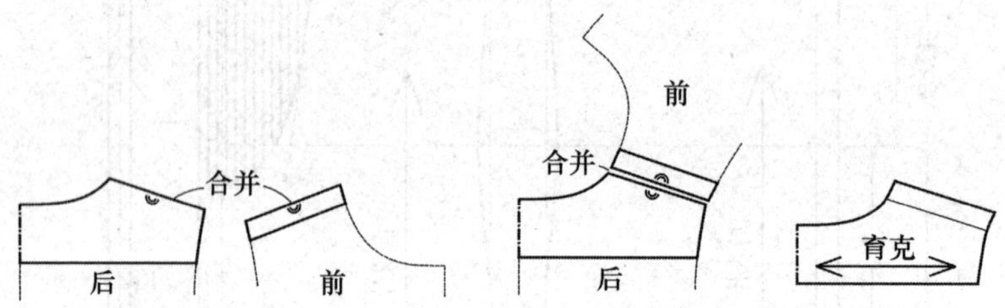

图 4—77　圆领长袖女衬衫前、后衣片育克分割拼接过程

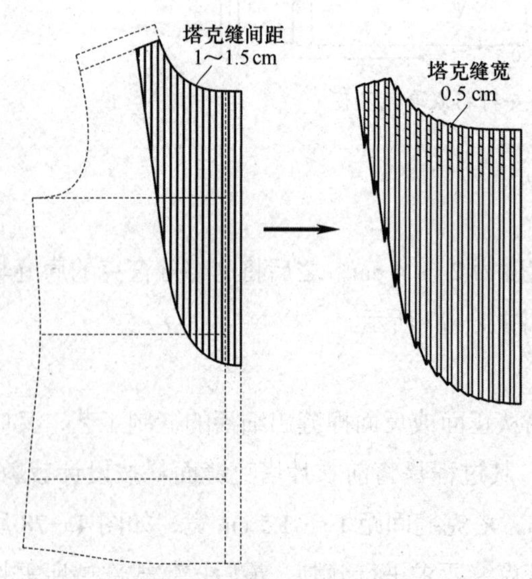

图 4—78　圆领长袖女衬衫前衣片

塔克缝展开制图过程

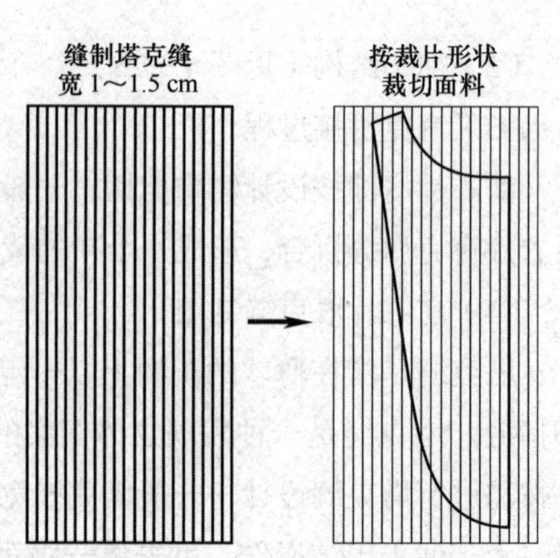

图 4—79　圆领长袖女衬衫

塔克缝面料裁剪操作

三、花边立领长袖女衬衫

1. 款式特点概述

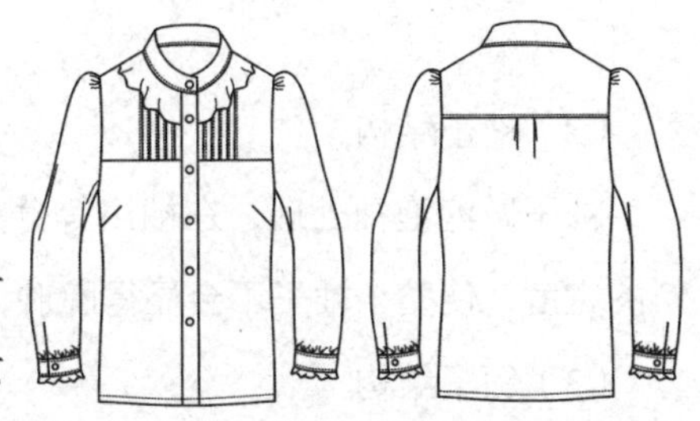

图 4—80 花边立领长袖女衬衫

该款女衬衫立领，衣身领口斜丝花边装饰，前衣片育克分割，门襟处做塔克缝，收腋下省，反贴门襟，六粒纽扣，后衣片育克分割，后中心做阳褶裥，泡泡长袖，女士袖衩，做袖克夫，袖克夫装花边装饰，如图4—80所示，款式整体新颖，装饰丰富。

2. 制图规格尺寸（见表 4—9）

表 4—9 花边立领长袖女衬衫制图规格尺寸表 单位：cm

号型	后衣长	胸围	肩宽	背长	袖长	袖克夫（长 / 宽）
160/84A	64	100	36	38	58	21/3.5

3. 结构制图

（1）衣身结构（见图 4—81）

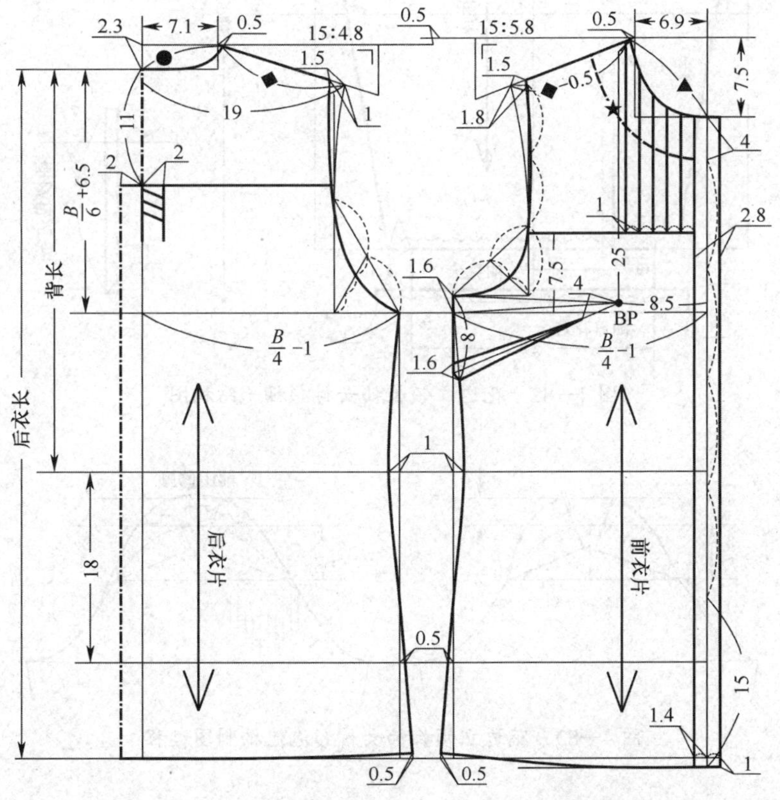

图 4—81 花边立领长袖女衬衫衣身结构图

（2）袖子结构

袖子做泡泡袖处理，在袖山等分点以上将袖山展开处理，这样处理不影响袖山高处面料的宽度，使整个袖子不会显得臃肿，袖子结构如图 4—82、图 4—83 所示。

（3）领子结构

该款女衬衫为立领结构，在领角中心线处起翘 1 cm，领子结构如图 4—84 所示。

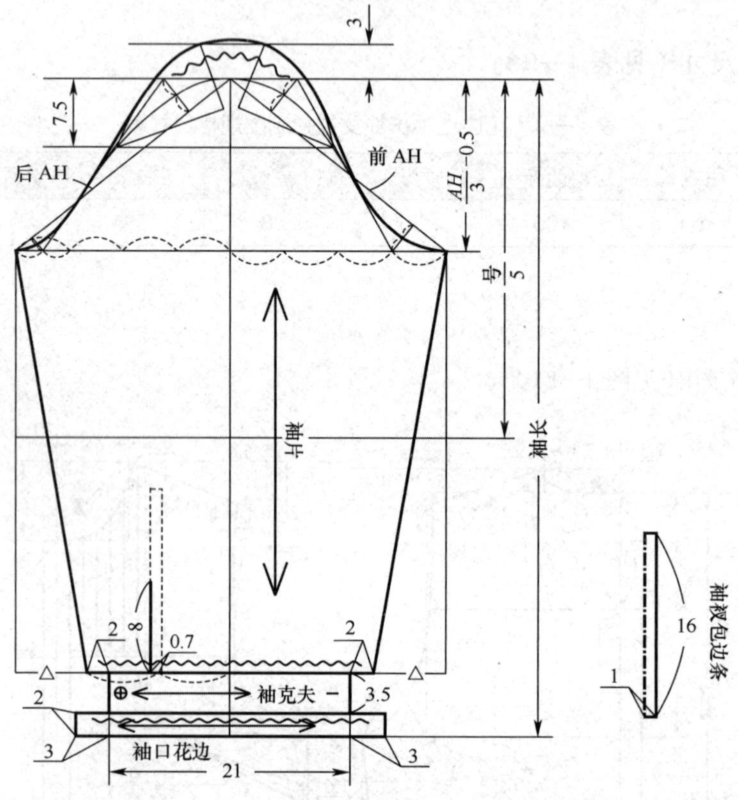

图 4—82　花边立领长袖女衬衫袖子结构图

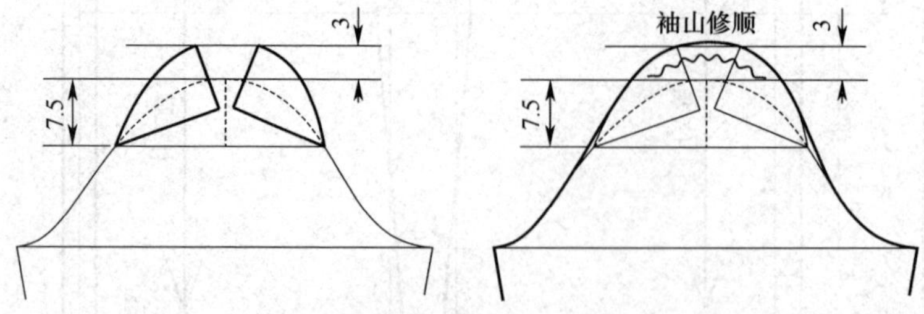

图 4—83　花边立领长袖女衬衫泡泡袖制图过程

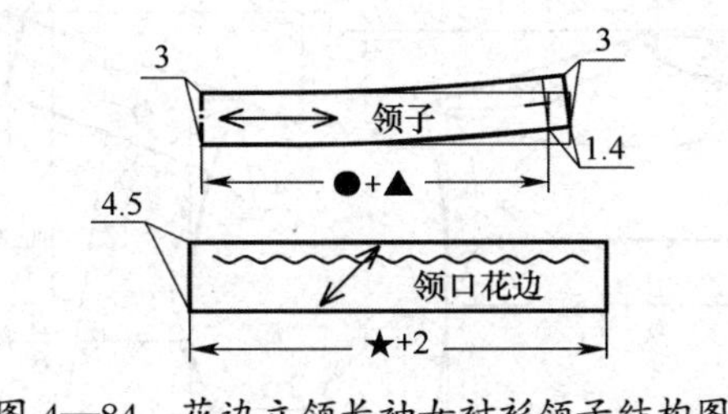

图 4—84　花边立领长袖女衬衫领子结构图

四、飘带领长袖女衬衫

1. 款式特点概述

该款女衬衫飘带领，前肩做育克分割，育克分割处做细褶裥，门襟五粒扣，平装长袖，袖口细褶裥，装袖克夫，开衩，如图 4—85 所示。

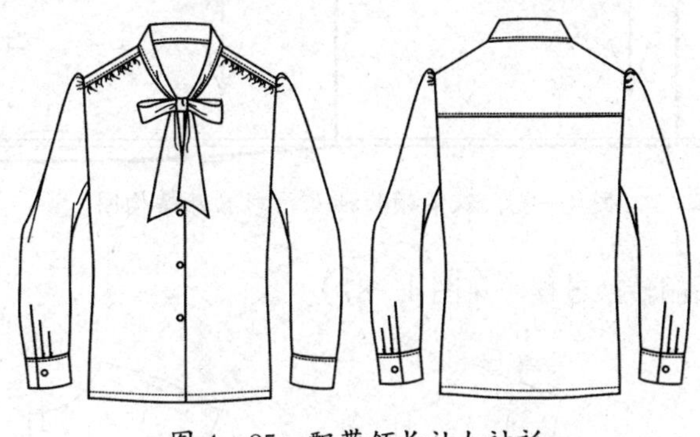

图 4—85　飘带领长袖女衬衫

2. 制图规格尺寸（见表 4—10）

表 4—10　飘带领长袖女衬衫制图规格尺寸表　　单位：cm

号型	后衣长	胸围	肩宽	背长	袖长	袖克夫（长 / 宽）
160/84A	56	94	38	38	58	20/4.5

3. 结构制图

（1）衣身结构制图

1）衣身结构（见图 4—86）。

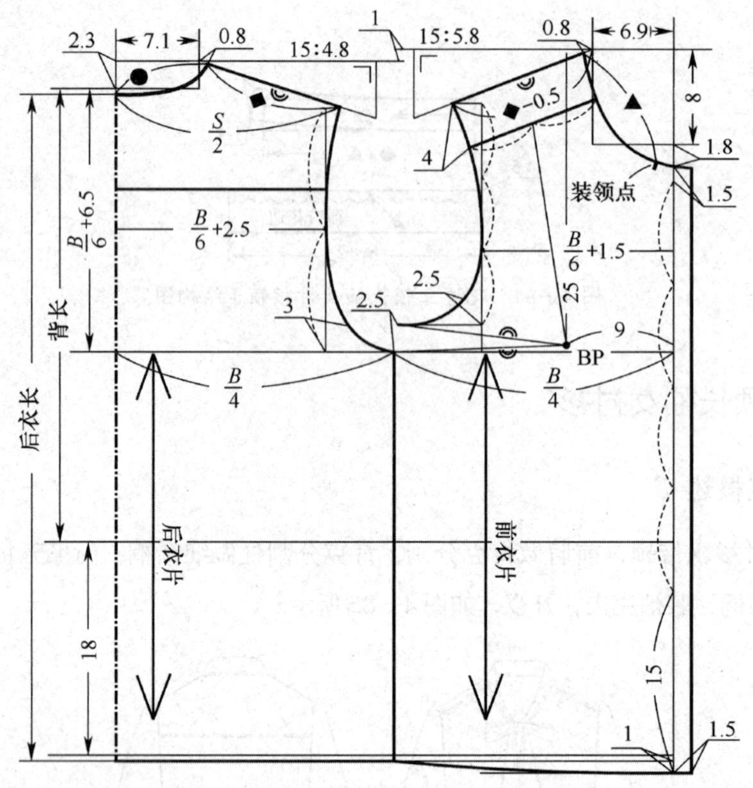

图 4—86 飘带领长袖女衬衫衣身结构图

2）前衣片肩部褶裥转换过程（见图 4—87）。

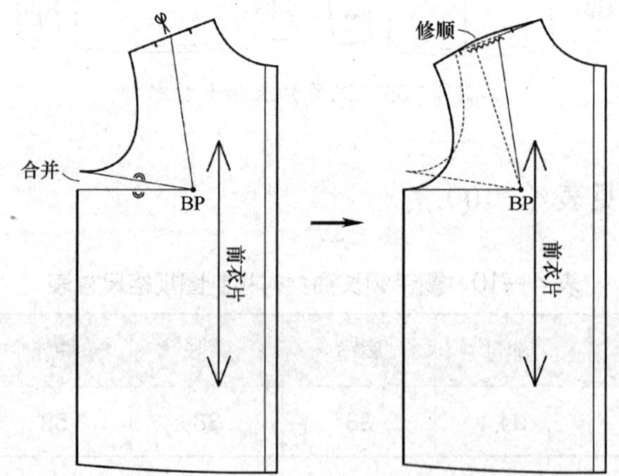

图 4—87 飘带领长袖女衬衫前衣片肩部褶裥转换过程

（2）袖子结构（见图 4—88）

（3）领子结构

飘带领由直立形立领和装饰飘带结构构成（见图 4—89）。

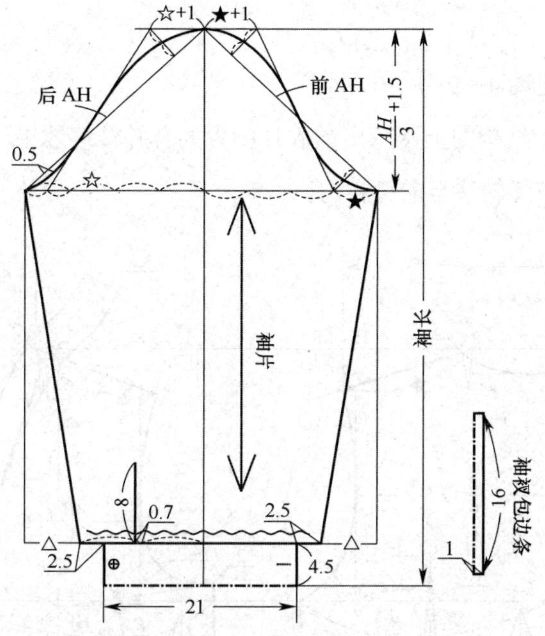

图 4—88　飘带领长袖女衬衫袖子结构图

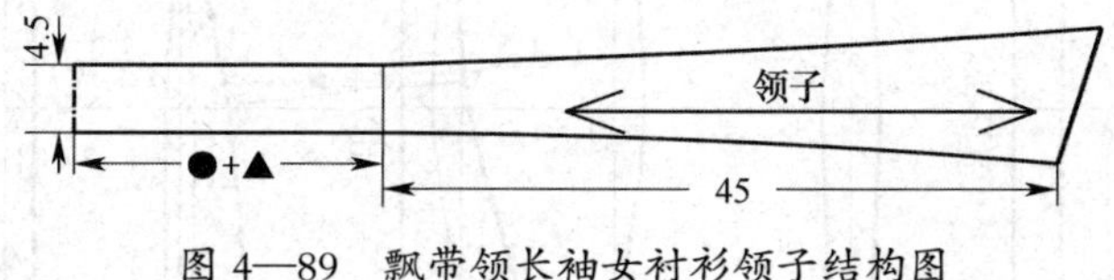

图 4—89　飘带领长袖女衬衫领子结构图

五、连领短袖女衬衫

1. 款式特点概述

该款女衬衫 V 形领口，贴门襟与领子相连，X 形腰身，前后衣片收通底省，门襟四粒纽扣，平装短袖，如图 4—90 所示。

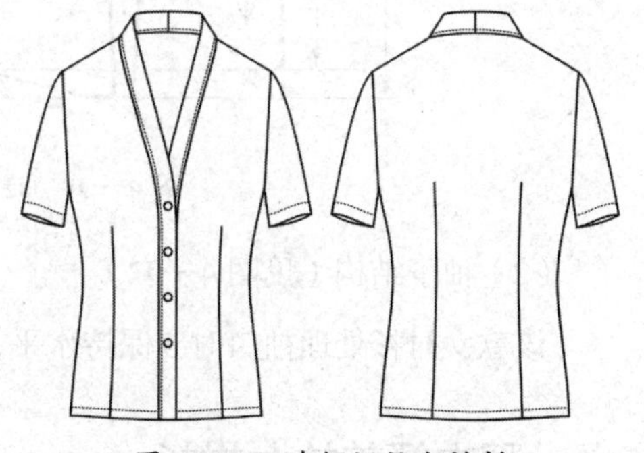

图 4—90　连领短袖女衬衫

2. 制图规格尺寸（见表 4—11）

表 4—11　连领短袖女衬衫制图规格尺寸表　　单位：cm

号型	后衣长	胸围	肩宽	背长	袖长	袖口
160/84A	58	92	38	38	20	27

3. 结构制图

（1）衣身结构（见图 4—91）

连领短袖女衬衫的结构图上展示出前衣片胸省的合并转移效果，一部分胸省量通过底边处理，另一部分胸省量转移至前腰省内。

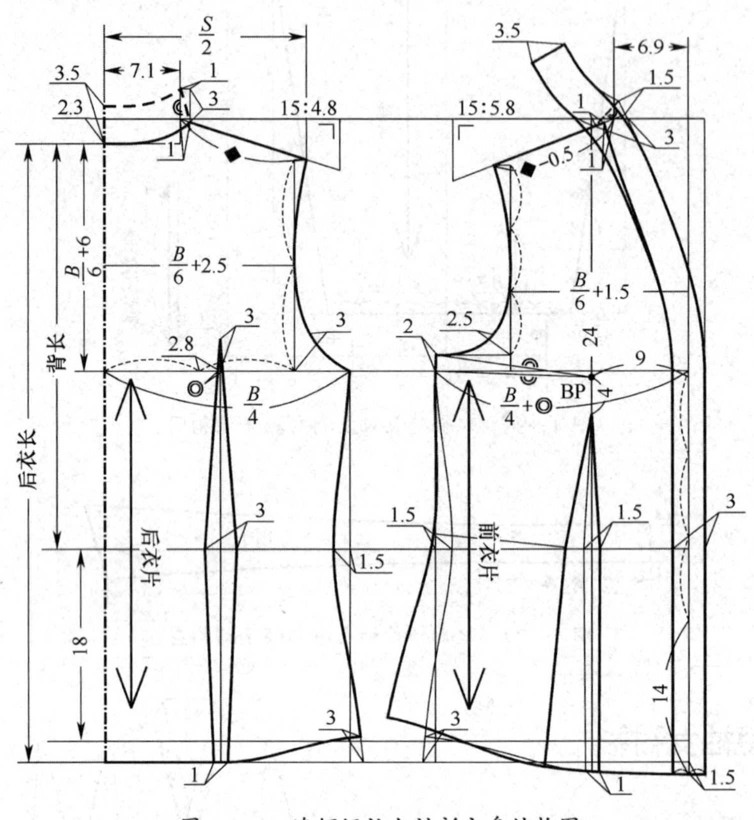

图 4—91　连领短袖女衬衫衣身结构图

（2）袖子结构（见图 4—92）

该款女衬衫处理袖口时应保持水平，以方便后期进行袖口的卷边缝制。

六、翻立领盖袖女衬衫

1. 款式特点概述

该款女衬衫 X 形腰身，翻立领结构，前衣片胸下做横向分割，做褶裥，胸部下端做纵向分割，后衣片做转折形公主缝分割，反贴门襟，六粒纽扣，装泡泡盖袖，袖口做贴边，如图 4—93 所示。

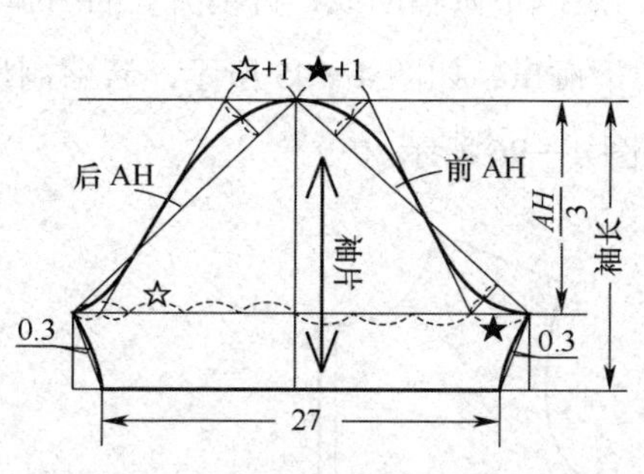

图 4—92　连领短袖女衬衫袖子结构图

图 4—93　翻立领盖袖女衬衫

2. 制图规格尺寸（见表 4—12）

表 4—12　翻立领盖袖女衬衫制图规格尺寸表　　单位：cm

号型	后衣长	胸围	肩宽	背长	袖长	袖口贴边（长 / 宽）
160/84A	52	92	36	38	10.5	21/2

3. 结构制图

（1）衣身结构制图

1）衣身结构（见图 4—94）。

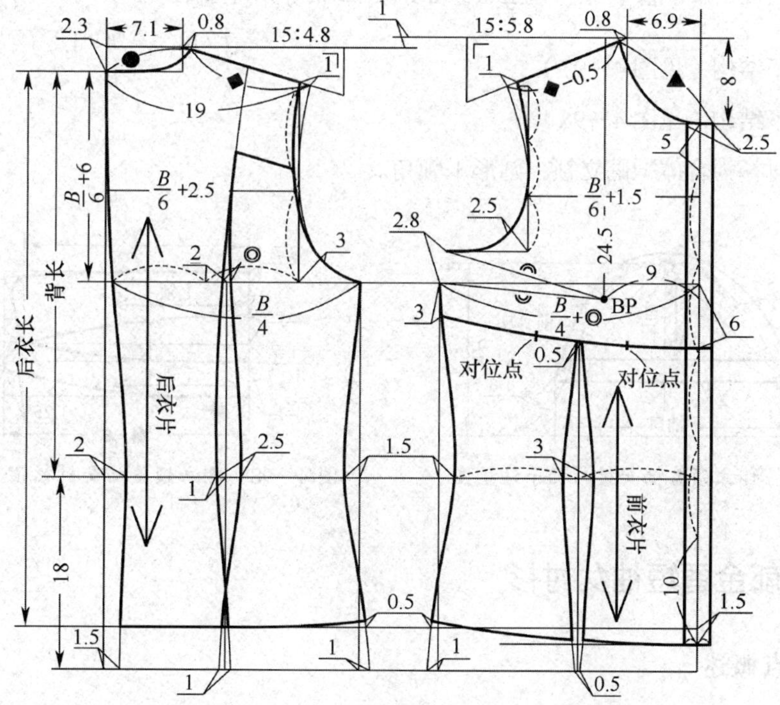

图 4—94　翻立领盖袖女衬衫衣身结构图

2）前衣片胸省转褶裥处理方法。在上衣片胸高点以下做辅助线，并剪开，合并胸省，修顺衣片下口弧线，胸高点以下弧长展开的量作为褶裥量，如图 4—95 所示，若褶裥量不够，可以在袖窿处再做辅助线，继续展开弧长，如图 4—96 所示。

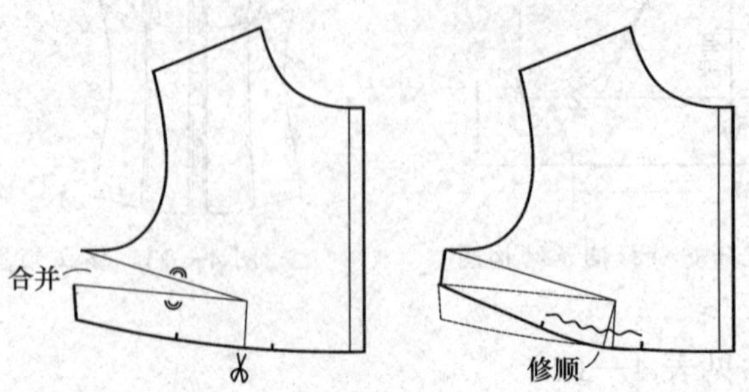

图 4—95 翻立领盖袖女衬衫前衣片胸省转褶裥过程

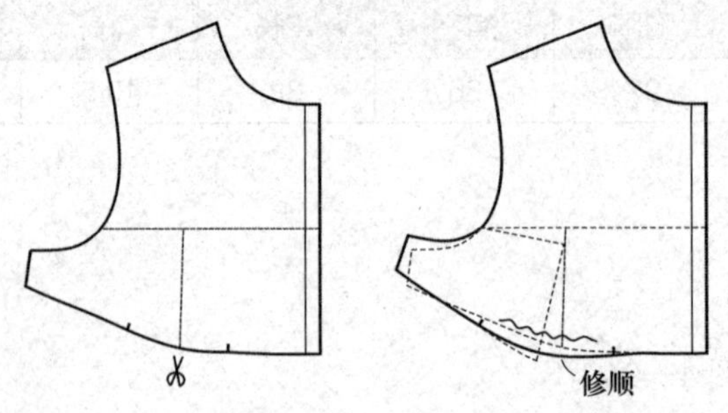

图 4—96 翻立领盖袖女衬衫二次剪开做褶裥过程

（2）袖子结构（见图 4—97）

（3）领子结构（见图 4—98）

该款女衬衫为合体型翻立领，圆形下领角。

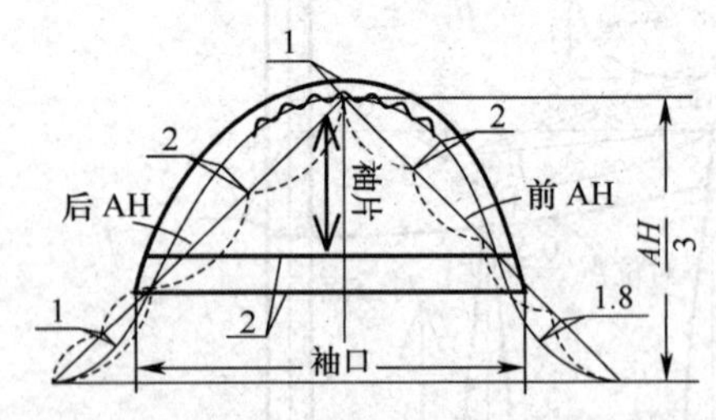

图 4—97 翻立领盖袖女衬衫袖子结构图

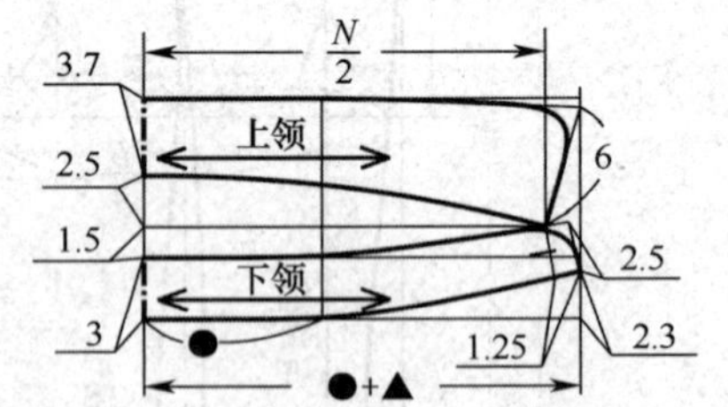

图 4—98 翻立领盖袖女衬衫领子结构图

七、立领郁金香短袖女衬衫

1. 款式特点概述

该款女衬衫 X 形腰身，前、后衣片弧线公主线分割，前衣片一条通底省，反贴门襟，门襟六粒纽扣，立领，泡泡郁金香短袖，如图 4—99 所示。

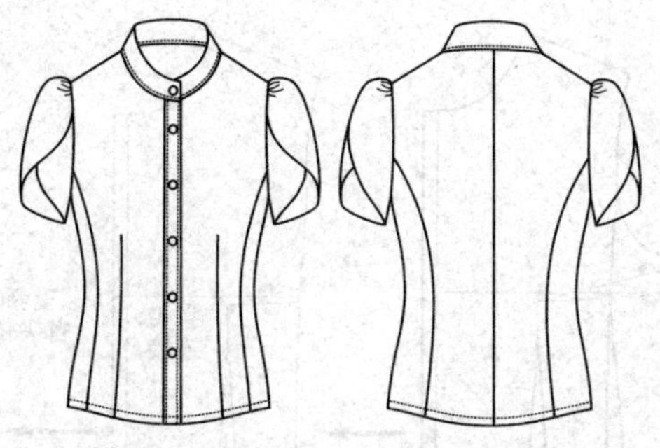

图 4—99　立领郁金香短袖女衬衫

2. 制图规格尺寸（见表 4—13）

表 4—13　立领郁金香短袖女衬衫制图规格尺寸表　　单位：cm

号型	后衣长	胸围	肩宽	背长	袖长	袖口
160/84A	52	92	36	38	20	28

3. 结构制图

（1）衣身结构制图

1）衣身结构（见图 4—100）。

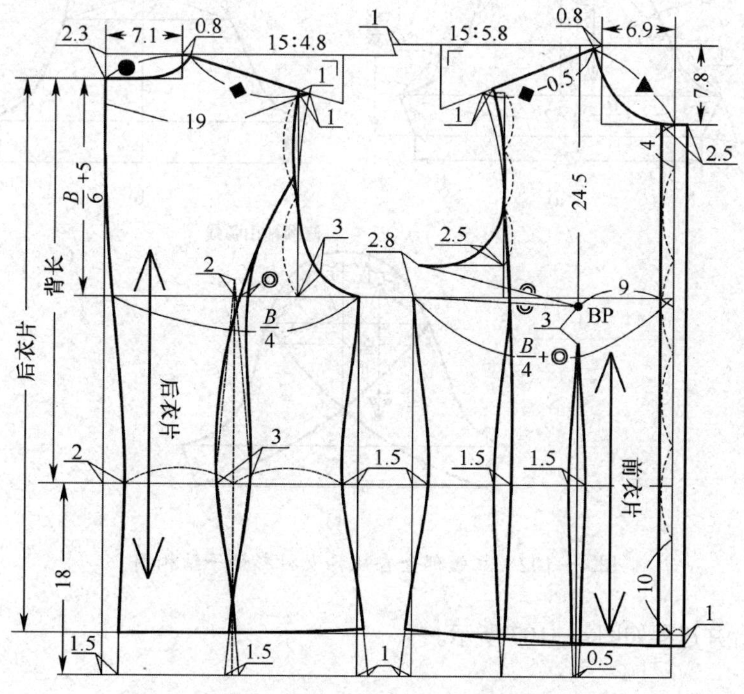

图 4—100　立领郁金香短袖女衬衫衣身结构图

2）前衣片省道合并过程（见图 4—101）。

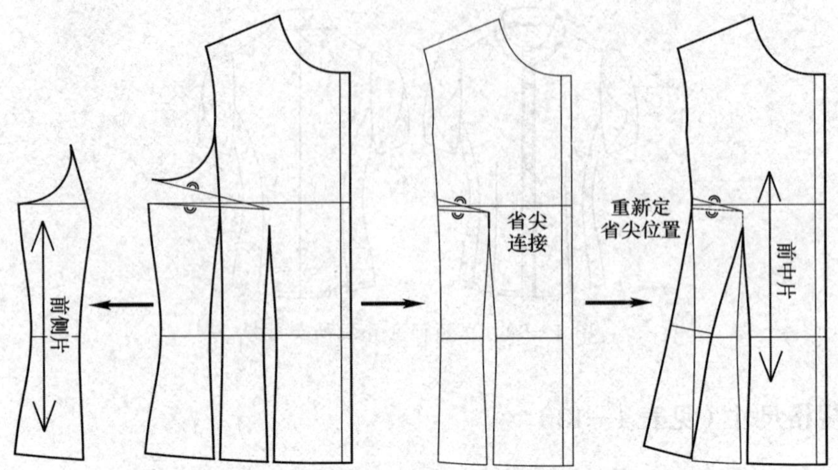

图 4—101 立领郁金香短袖女衬衫前衣片省道合并过程

（2）袖子结构制图

1）袖子结构如图 4—102 所示。袖山向下 6 cm 左右做分割并展开，将袖山弧长做出褶裥泡量。

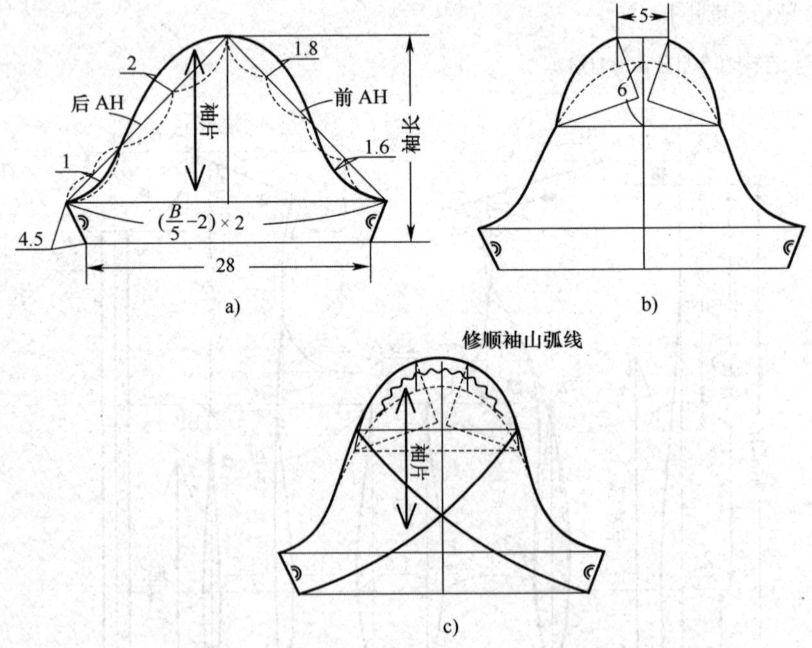

图 4—102 立领郁金香短袖女衬衫袖子结构图

2）袖子合并过程如图 4—103 所示。

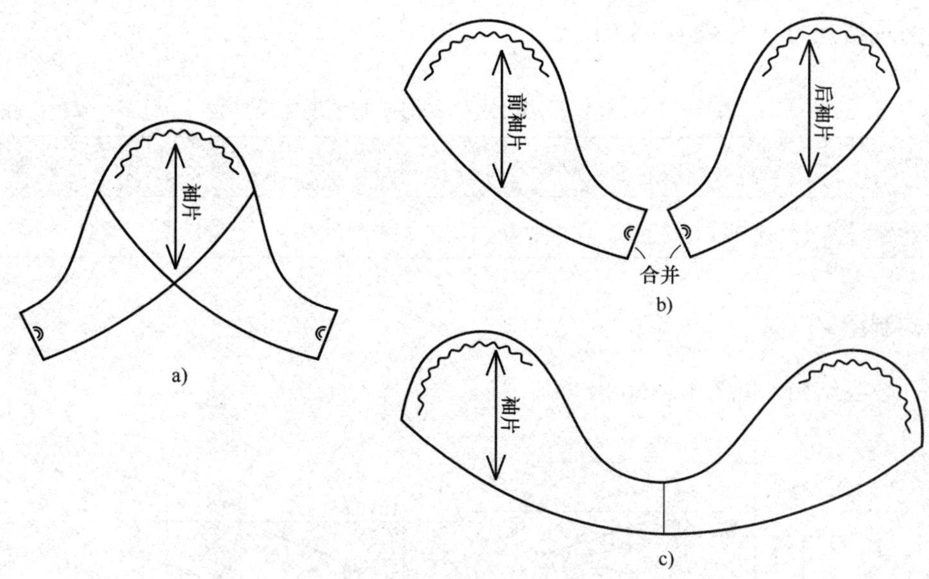

图 4—103　立领郁金香短袖女衬衫袖子合并过程

（3）领子结构（见图 4—104）

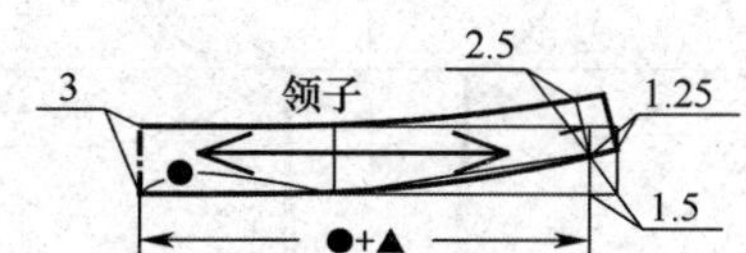

图 4—104　立领郁金香短袖女衬衫领子结构图

八、翻立领荷叶短袖女衬衫

1. 款式特点概述

该款女衬衫为宽松小 A 型女衬衫，前后衣身做横向育克分割，翻立领，荷叶袖，荷叶袖腋下无褶裥波浪，反贴门襟，门襟六粒纽扣，如图 4—105 所示。

图 4—105　翻立领荷叶短袖女衬衫

2. 制图规格尺寸（见表 4—14）

表 4—14 翻立领荷叶短袖女衬衫制图规格尺寸表 单位：cm

号型	后衣长	胸围	肩宽	背长	袖长
160/84A	58	90	36	38	12

3. 结构制图

（1）衣身结构（见图 4—106）

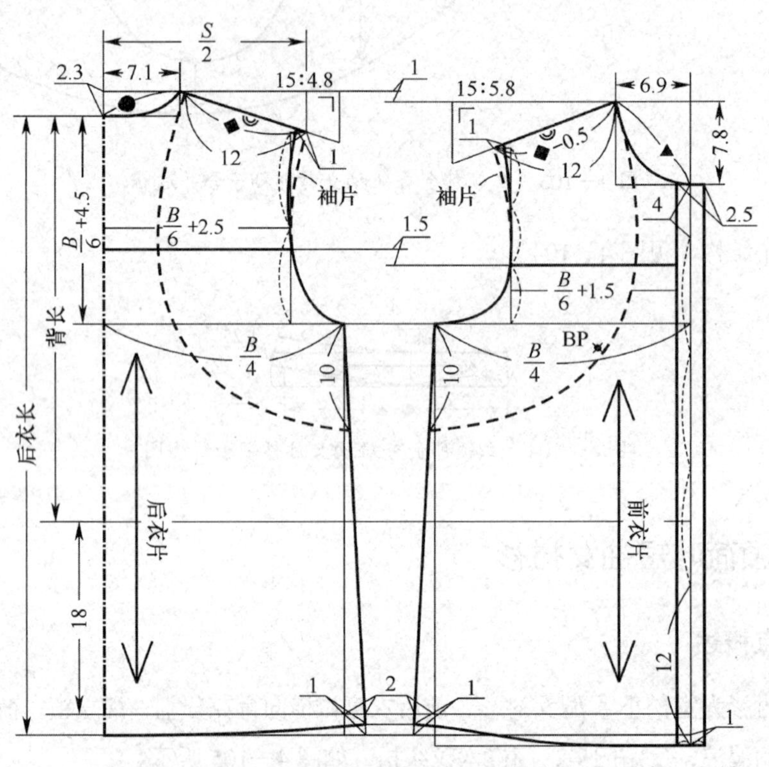

图 4—106 翻立领荷叶短袖女衬衫衣身结构图

（2）荷叶袖结构处理过程

将前、后袖片按袖长反画在衣身上，取袖窿长，复制出前、后袖片，并按需分别在前、后袖片做分割辅助线，按预设荷叶袖需要展开量进行剪切展开。注意袖底处有无波浪，若没有设置波浪，则在展开操作时不能改变袖山弧线底部形态；若有设置波浪，则需要在袖山弧线底部同样剪切展开褶裥量，同时，要保证前、后袖片在侧缝处保留 2 cm 工艺拼缝量，如图 4—107 所示。

（3）领子结构（见图 4—108）

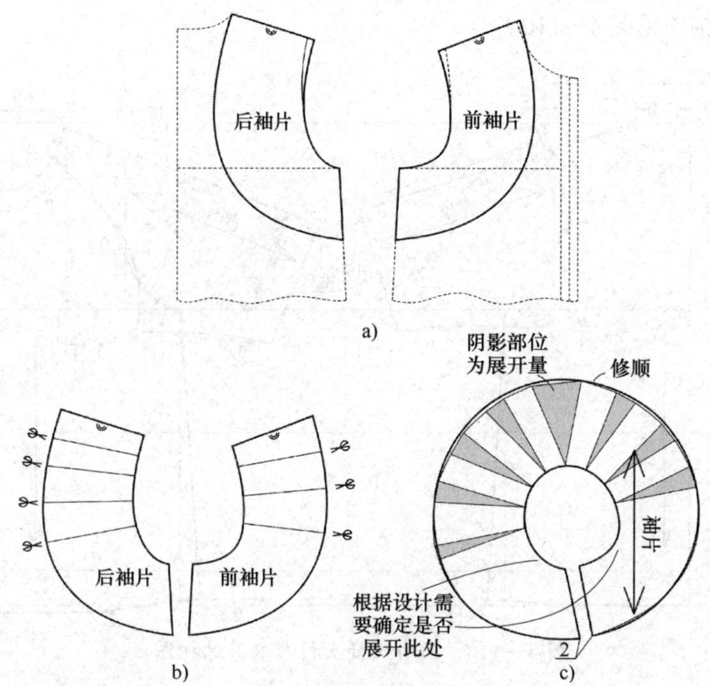

图 4—107　翻立领荷叶短袖女衬衫荷叶袖结构处理过程

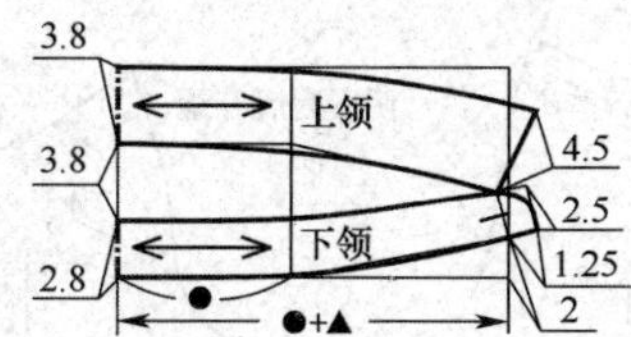

图 4—108　翻立领荷叶短袖女衬衫领子结构图

九、插肩短袖女衬衫

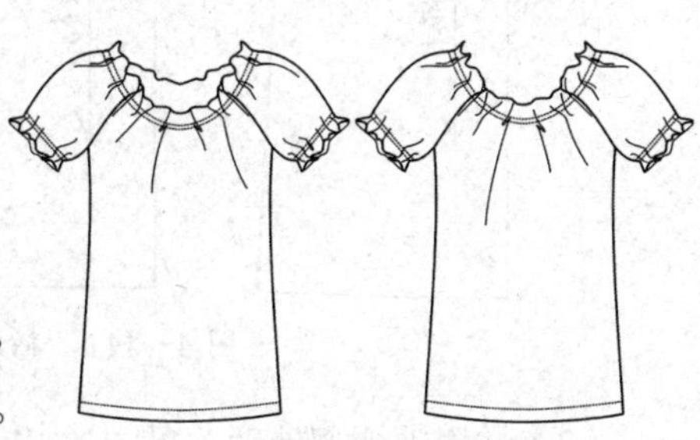

图 4—109　插肩短袖女衬衫

1. 款式特点概述

该款女衬衫为 A 型宽松女衬衫，领口与袖口做抽绳，形成美观的褶裥，一片式插肩袖结构，如图 4—109 所示。

2. 制图规格尺寸（见表 4—15）

表 4—15　插肩短袖女衬衫制图规格尺寸表　　单位：cm

号型	后衣长	胸围	肩宽	背长	袖长	袖口
160/84A	62	96	38	38	25	33

3. 结构制图

（1）衣片结构制图

1）衣身结构（见图 4—110）。

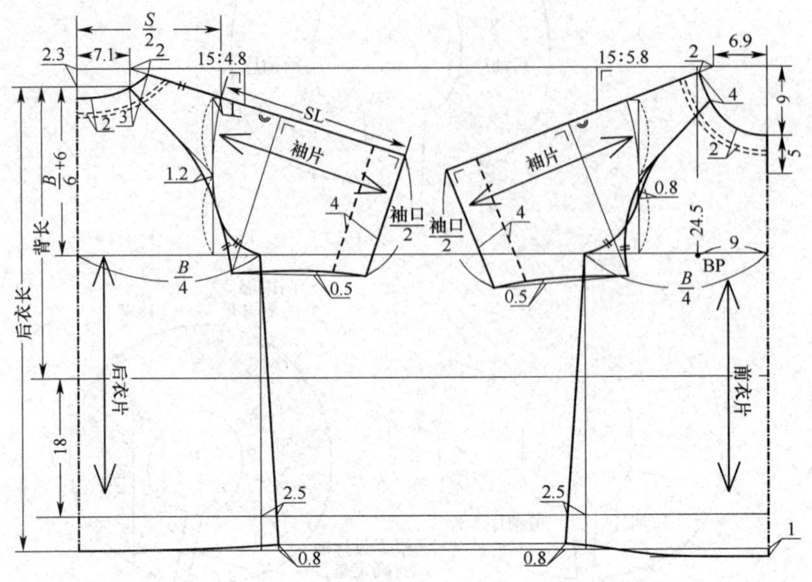

图 4—110　插肩短袖女衬衫衣身结构图

2）衣身褶裥处理（见图 4—111）。

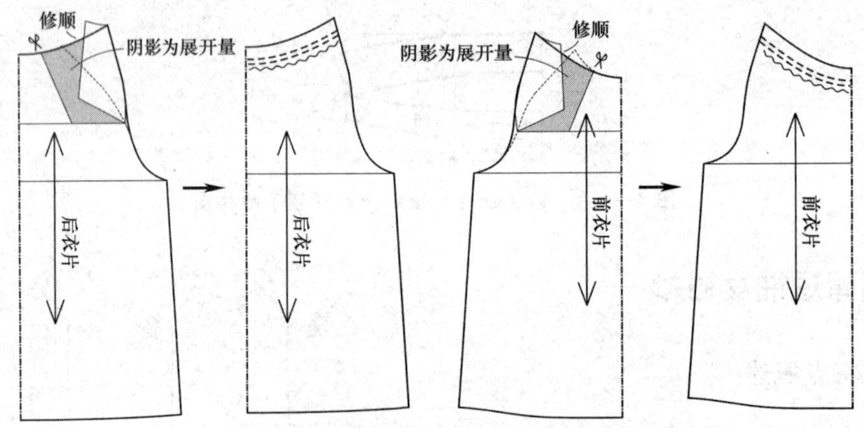

图 4—111　插肩短袖女衬衫衣身褶裥处理过程

（2）插肩袖褶裥处理（见图 4—112）

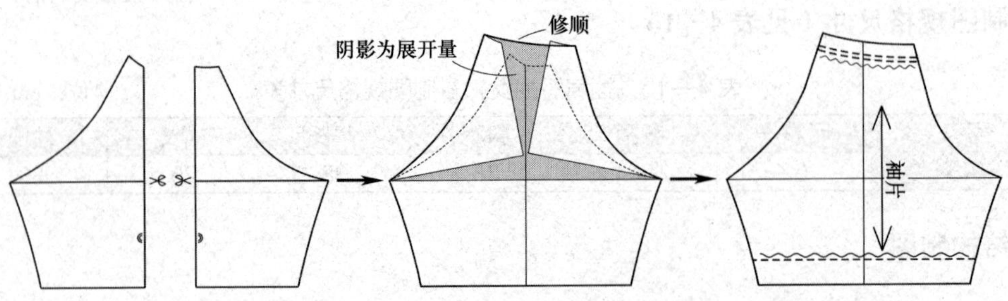

图 4—112　插肩短袖女衬衫插肩袖合并展开褶裥处理过程

知识拓展

上衣的门、里襟搭门宽一般根据纽扣的直径进行设置，常用公式为：门、里襟搭门宽＝纽扣直径＋（0 ～ 0.5）cm。门襟扣眼位有横、竖之分，一般衬衫类上衣锁竖扣眼，外套类上衣锁横扣眼。男、女装的门、里襟方向相反，以门襟为参照，常为男装门襟在左衣片，女装门襟在右衣片。女上衣门、里襟关系及横、竖扣眼如图 4—113 所示。

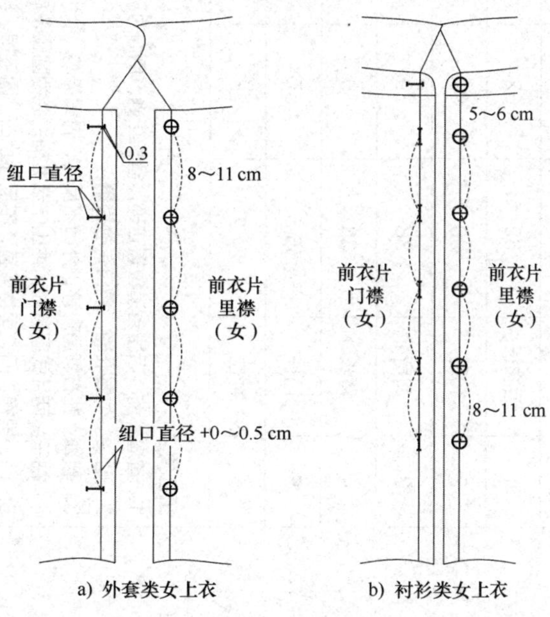

图 4—113　女上衣门、里襟关系及横、竖扣眼

第五节　女春秋上衣结构制图

春秋上衣是春秋季节穿着的上衣外套的统称，品类及色彩丰富，款式一般以舒适、自然为主。女春秋上衣的结构制图一般以女衬衫的基础款作为框架，在其基础上加以适当的调节。

一、合体女春秋上衣

合体女春秋上衣的生产通知单（样单）见表 4—16。

表 4—16　合体女春秋上衣生产通知单（样单）

品牌：××××	款号：××××	名称：合体女春秋上衣
纸样编号：××××	下单日期：××××	完成日期：××××

款式图：

系列规格表（5·4）　　单位：cm

部位＼规格		155/80A	160/84A	170/88A	档差	公差
		S	M	L		
1	后衣长	60	62	64	2	±1
2	胸围	90	94	98	4	±1
3	肩宽	38	39	40	1	±1
4	背长	38	39	40	1	±0.5
5	袖长	55.5	57	58.5	1.5	±0.5
6	袖口	24.2	25	25.8	0.8	±0.5

面料：派力司
成分：羊毛 70%，涤纶 30%
组织：斜纹组织
幅宽：144 cm

辅料：
无纺粘合衬、肩棉（垫肩）、配色线、商标、纽扣、洗水唛

工艺要求：
1. 省道：前、后腰省道位置正确，省长正确，倒向对称，省尖处平顺
2. 贴袋：位置准确，袋口有放松量
3. 翻领：左右领角对称，外口不反吐，有窝势
4. 袖子：两片式圆装袖，袖山吃量准确，装袖圆顺，肩部装肩棉
5. 门、里襟：门、里襟顺直，不反吐止口，圆下摆，门襟钉 5 粒纽扣
6. 里料：里料省位准确，拼缝倒烫，拼缝有 0.3 cm 坐势松量
7. 绱线：各部位 1 cm 机缝，缝线顺直，无跳针、断线现象，底边、袖口手工三角针
8. 整烫：各部位熨烫到位，采用分烫方法，要求平服，无亮光、水花、污迹，底边平直无起浪现象
9. 针迹：机缝线 14 针 /3 cm，手工 2 cm

工艺编制：　　工艺审核：　　审核日期：

1. 款式特点概述

该款女春秋上衣合体造型，收腰，凸显女性腰线，两用小方角领，小圆角贴袋，有夹里，合体一片袖，前后腰收腰省，门襟五粒扣。

2. 制图规格尺寸（见表 4—17）

表 4—17　合体女春秋上衣制图规格尺寸表　　　单位：cm

号型	后衣长	胸围	背长	肩宽	袖长	袖口	前 AH	后 AH
160/84A	62	94	39	39	57	25	22	23

3. 结构制图

（1）基础框架（参考基本款女衬衫）

（2）衣片结构（见图 4—114）

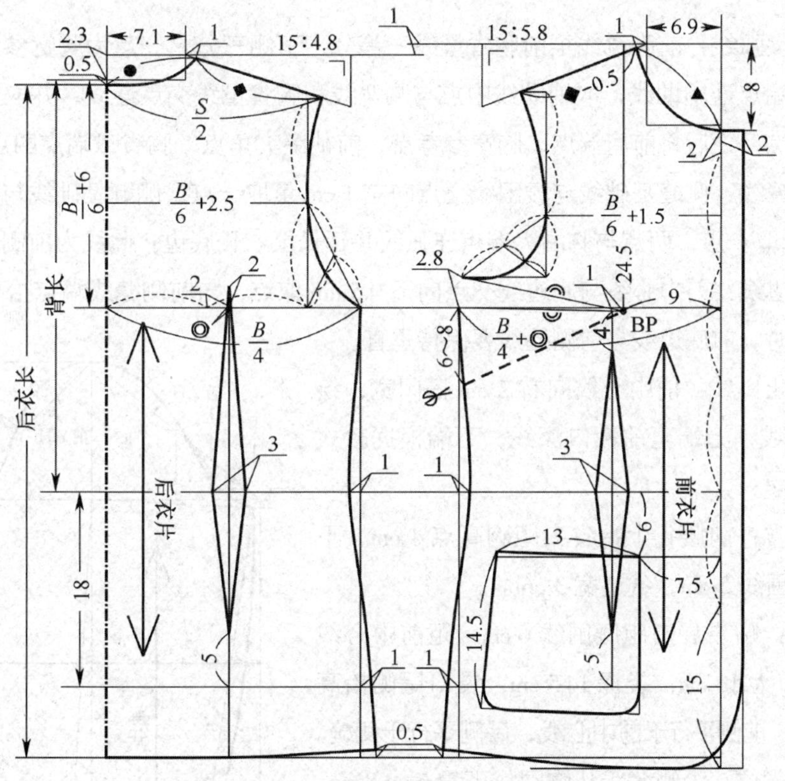

图 4—114　合体女春秋衣片结构图

1）后衣片结构

①后领圈弧线：后领深点向下低落 0.5 cm，颈肩点沿肩斜向下 1 cm，两点连接成后领圈弧线，绘制方法同基本款女衬衫后领圈弧线。

②后袖窿弧线：背宽线等分点与后胸围大端点连线，并将辅助线二等分，等分点再与背宽线和胸围线交点连线，之后连线三等分，取外侧三分之一点为后袖窿夹角点，将肩端点、背宽线等分点、后袖窿夹角点、胸围大端点四点连弧线。

③后侧缝线：侧缝基础线与腰围线交点向左 1 cm 量取一点，侧缝基础线与臀围线交点向右 1 cm 量取一点，两点与胸围大端点连弧线并延长至衣长底边，此线为后侧缝线。

④后底边线：后中心线和底边线交点与后侧缝线端点抬高 0.5 cm 点连弧线，同时，后底边线与后侧缝线要保持垂直。

⑤后腰省：后腰省宽 3 cm，上端省尖过胸围线 2 cm，下端省尖距臀围线 5 cm。

2）前衣片结构

①前领圈弧线：前领深取 8 cm，颈肩点沿肩斜线下 1 cm，之后两点连弧线，构成前领圈弧线，绘制方法参考基本款女衬衫前领圈弧线。

②前胸围大：将后胸围大做省时的损失量，在前胸围大处加放出，并重新定位前衣片侧缝基础线。

③前袖窿弧线：前胸宽线至前胸省量线三等分，下侧三分之一点为胸宽参考点，并与胸省量左侧端点连辅助线，取辅助线中点与胸宽线和胸省量线交点连线，并取连线中点为前袖窿夹角点，之后将前肩端点、胸宽参考点、前袖窿夹角点、胸省量端点四点连弧线。

④前侧缝线：侧缝基础线与腰围线交点向左 1 cm 量取一点，侧缝基础线与臀围线交点向右 1 cm 量取一点，两点与胸围大端点连弧线并延长至衣长底边，此线为前侧缝线。

⑤前底边线：前中心线与底边线交点向下 0.5 cm 取点，与前侧缝线端点抬高 0.5 cm 点连弧线，同时，前底边线与前侧缝线要保持垂直。

⑥门襟止口线：前中心线向右 2 cm 搭门宽，绘制门襟止口线，上端至前领口深线，下端根据款式绘制成圆下摆。

⑦前腰省：前腰省上端省尖距胸高点 4 cm，下端省尖距臀围线 5 cm，省道宽 3 cm。

⑧袋位：贴袋袋口距腰围线 6 cm，距前中心线 7.5 cm，袋口大 13 cm，袋深 14.5 cm，袋口尾侧抬高 0.5 ～ 0.7 cm，前侧平行于前中心线，后侧平行于侧缝。

⑨侧缝省位：沿侧缝线从胸围线下量 6 ～ 8 cm，连线至胸高点为侧缝省位，侧缝省尖距离胸高点 3 ～ 4 cm。

（3）袖子框架（可参考基本款女衬衫）

（4）袖子结构（见图 4—115）

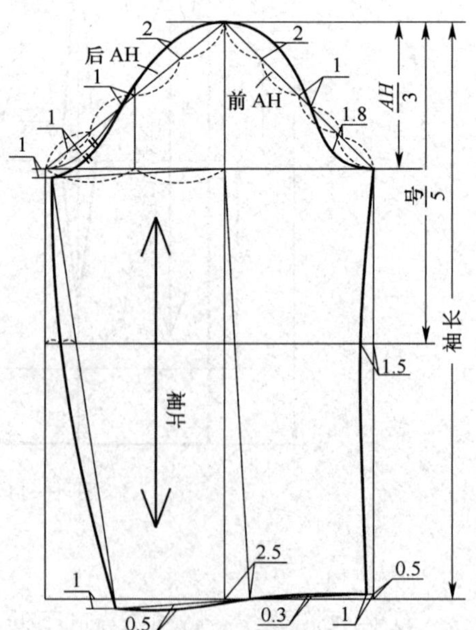

图 4—115　合体女春秋上衣袖片结构图

1）袖中线：袖山高与袖中线交点为起点，将袖中线袖口处向右侧偏移 2.5 cm。

2）前袖山弧线：前袖山斜线四等分，第二等分点下移 1 cm 为参考点，并将该点至袖山斜线底段二等分后向内凹进 1.8 cm，袖山斜线上端四分之一点向外凸 2 cm，之后将袖山顶点与前袖肥大端点经此三个参考点连弧线。

3）后袖山弧线：后袖山斜线四等分，第二等分点下移 1 cm 为参考点，袖山斜线下段四分之一段的中点向内凹进 1 cm，袖山斜线上段四分之一点向外凸出 2 cm，将袖山顶点与后袖肥大端点经此三个参考点连弧线，以袖中线与袖山高交点为圆心，将后袖山深线向下偏移 1 cm，之后将后袖肥大二等分，等分点画线至后袖山弧线形成交点，由交点将下端后袖山弧线与新的后袖肥大端点连线，保证该段弧线长短与原始弧线一致。

4）前袖底缝线：前袖缝基础线端点在袖口处抬高 0.5 cm、向左 1 cm 取点，与袖肘线处向左 1.5 cm 点、前袖肥大端点连接成弧线。

5）袖口线：袖中线的袖口端点与前袖底缝线的袖口端点连线，形成前袖口基础线，左侧低落 1 cm 后，由前袖底缝袖口端点向左侧低落 1 cm 处量取袖口大，之后该点与袖中线袖口端点连线，形成后袖口基础线，并将前、后袖口基础线的中点分别上移 0.3 cm、下移 0.5 cm，之后画成弧线袖口。

6）后袖底缝线：后袖口大端点与后袖肥大端点连线，连线与袖肘线的交点至后袖底缝基础线与袖肘线的交点之间二等分，之后将后袖肥大端点、等分点、后袖肥大端点三点连弧线。

（5）两用领结构

合体女春秋上衣两用领结构与基本款女衬衫领子相似，绘制时注意领角形状，如图 4—116 所示。

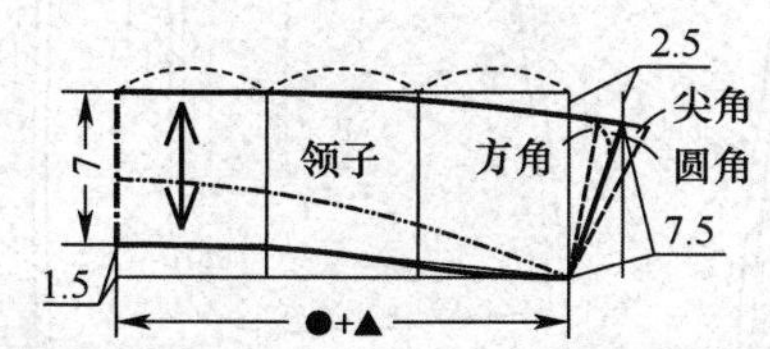

图 4—116　合体女春秋上衣两用领结构图

（6）挂面及前衣片里料的裁配方法

上衣配置里料时，女装前衣片需要将胸省进行合并或者转移，同时注意前衣片里料一般情况下尽量保证为一个裁片，不易做过多分割处理；之后在衣片结构图上绘制出挂面与里料的分割线，如图 4—117 所示。

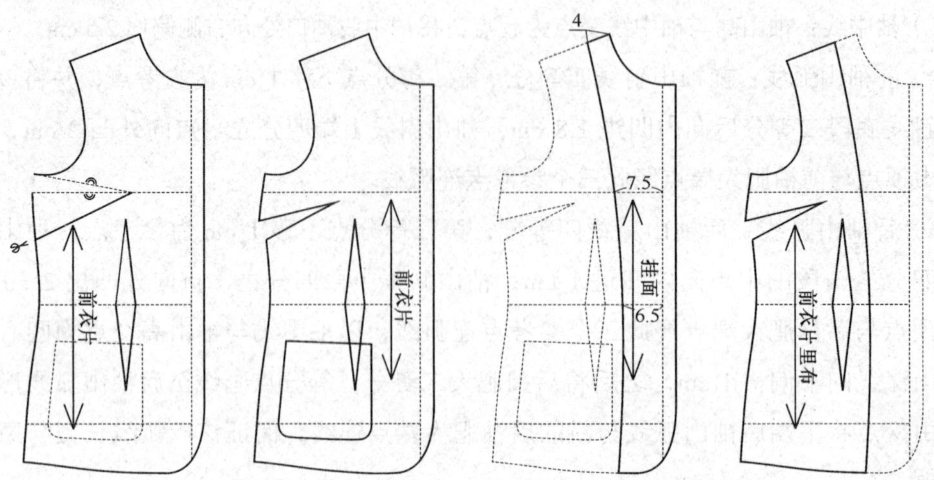

图 4—117 合体女春秋衫上衣挂面及前衣片里料的裁配方法

4. 裁片放缝

合体女春秋上衣面料裁片放缝如图 4—118 所示，里料裁片放缝如图 4—119 所示。

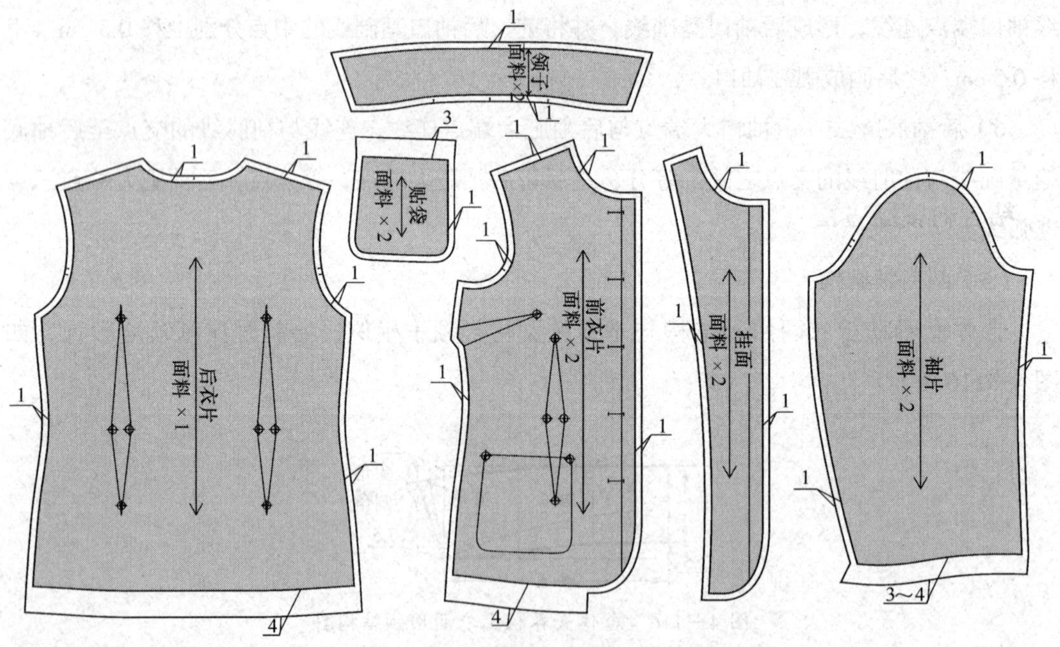

图 4—118 合体女春秋上衣面料裁片放缝图

（1）放缝要求

1）衣片底边放缝 4 cm，袖口放缝 3 ～ 4 cm，袋口放缝 3 cm，其余各边放缝 1 cm。

2）里料袖窿放缝 1.2 cm，袖口放缝 0 ～ 1 cm，袖山放缝 1.5 cm，袖底放缝 3 cm，其余各边放缝 1.3 cm。

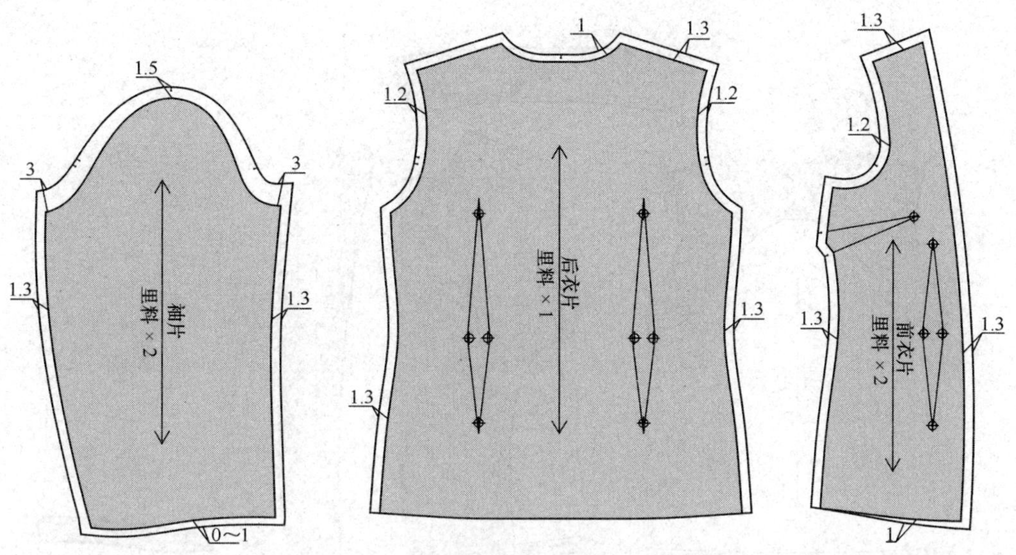

图 4—119　合体女春秋上衣里料裁片放缝图

（2）标记方法

1）领底与领圈做装领三眼刀对位标记。

2）袖窿与袖山做装袖刀眼对位标记。

3）衣片省道距省尖 1 cm、距省宽 0.3 cm、距袋口大 0.3 cm 做钻眼标记。

4）里料省道钻眼标记同面料。

5. 粘合衬裁配方法

制作上衣外套时，需要对各部位进行粘衬，这样做一方面可以增强面料的加工性能，另一方面可以使服装更显得挺阔。一般情况下，外套粘衬的部位相同，粘合衬按面料毛样缩小 0.2 cm。合体女春秋上衣粘合衬裁配方法如图 4—120 所示。

6. 制图要点说明

（1）合体女春秋上衣的制图框架同基础款女衬衫，但要注意由于合体女春秋上衣属于外套类服装，在制图时需要将颈肩点按穿着服装的款式沿肩斜线下移。

（2）合体女春秋上衣后腰省的省尖过胸围线不宜太高，同时下端省尖不能距离臀围线过近，要保持一段距离，在制作样衣时，根据合体程度进行高低的适当调节。

（3）合体女春秋上衣前胸省可根据款式进行位置的转移，但不可消失不画。

（4）合体女春秋上衣定贴袋位时，要注意前端至前中心线的距离，同时要保证服用功能，袋口不能小于手掌宽度。

（5）衣片面料底边放缝 4 cm，里料不放缝，制作的成品里料需要有 1 cm 坐势松量。

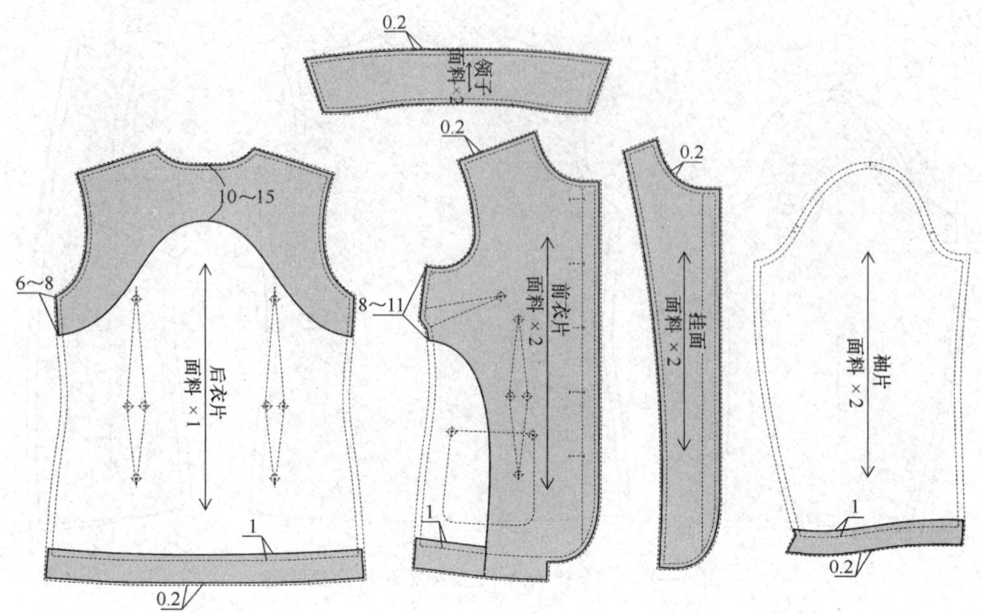

图 4—120　合体女春秋上衣粘合衬裁配方法

（6）里料放缝时需要在每个边多放 0.3 cm 的坐势松量。

（7）袖子里料在袖山处放缝要按面料抬高，以保证成品袖里料不起吊。

（8）为保证粘衬过程不污染面料，各部位粘合衬按面料毛样板各边缩进 0.2 cm。

7. 排料

合体女春秋上衣面料及里料排料方法如图 4—121、图 4—122 所示。

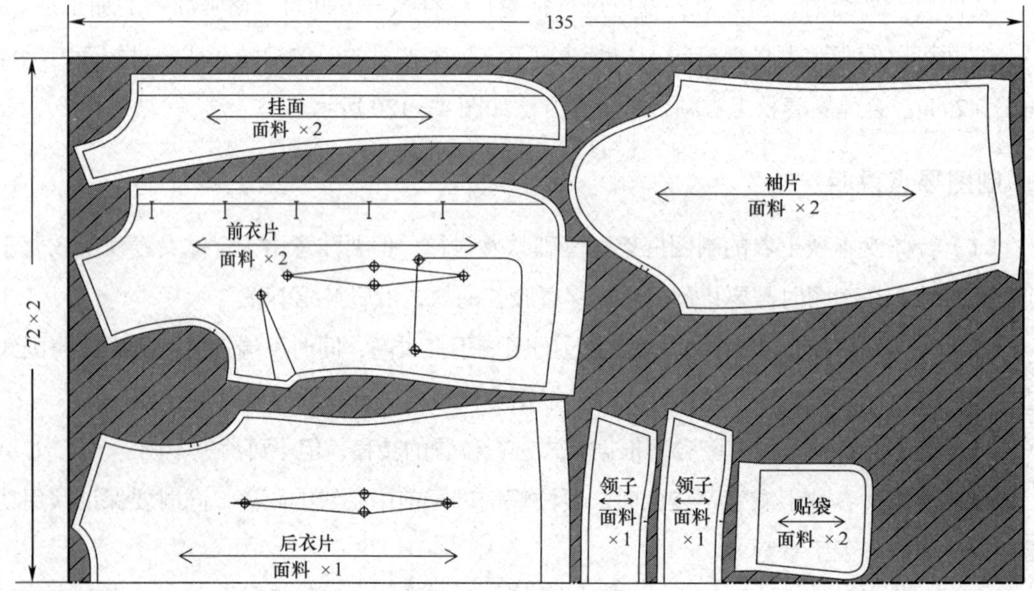

图 4—121　合体女春秋上衣面料排料图

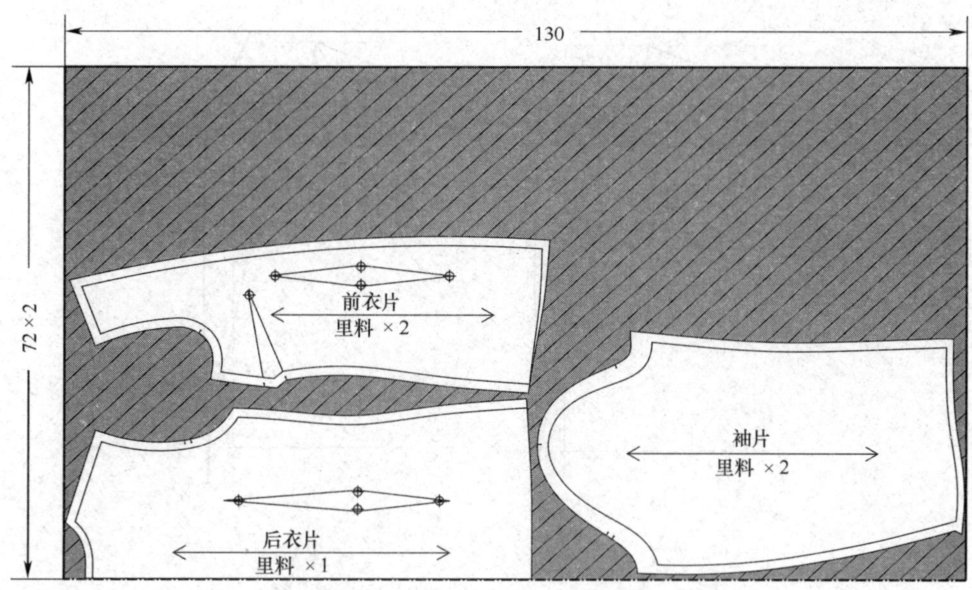

图 4—122　合体女春秋上衣里料排料图

二、平驳领弧线分割八片女上衣

平驳领属于翻驳领的一种领型。翻驳领是上衣重要的领型之一，常见的翻驳领有平驳领、青果领和戗驳领，三种领型在结构上基本一致，只有细部存在差别。因此，在掌握了翻驳领结构制图后，接着学习平驳领、青果领和戗驳领的结构制图。

1. 翻驳领结构制图

翻驳领被广泛应用于各种正装款式，具有很强的礼仪性。随着流行趋势的发展，这种领型也逐渐被运用在休闲类服装中。翻驳领配置方法很多，但不管用哪种方法，都需要运用翻领松度。接下来介绍的配领方法，采用了成品领子的领外口与领下口的弧度差来确定翻领松度，制图时依据成品领型作用于肩部的位置及翻领作用于衣身的位置（通常领子翻折后低落领圈弧线 1 cm）来确定后领外口尺寸，如图 4—123 所示。

1.5~2　h：后翻领宽 4 cm
h_0：后领座高 3 cm
1

图 4—123　领外口尺寸确定方式

（1）制图规格尺寸（见表 4—18）

表 4—18　翻驳领制图规格尺寸表　　单位：cm

胸围	后领圈弧长	后领外口长	后翻领宽（h）	后领座高（h_0）	领角大	驳角大	领驳角间距
92	8	10	4	3	3.2	3.5	3

（2）制图方法（见图 4—124）

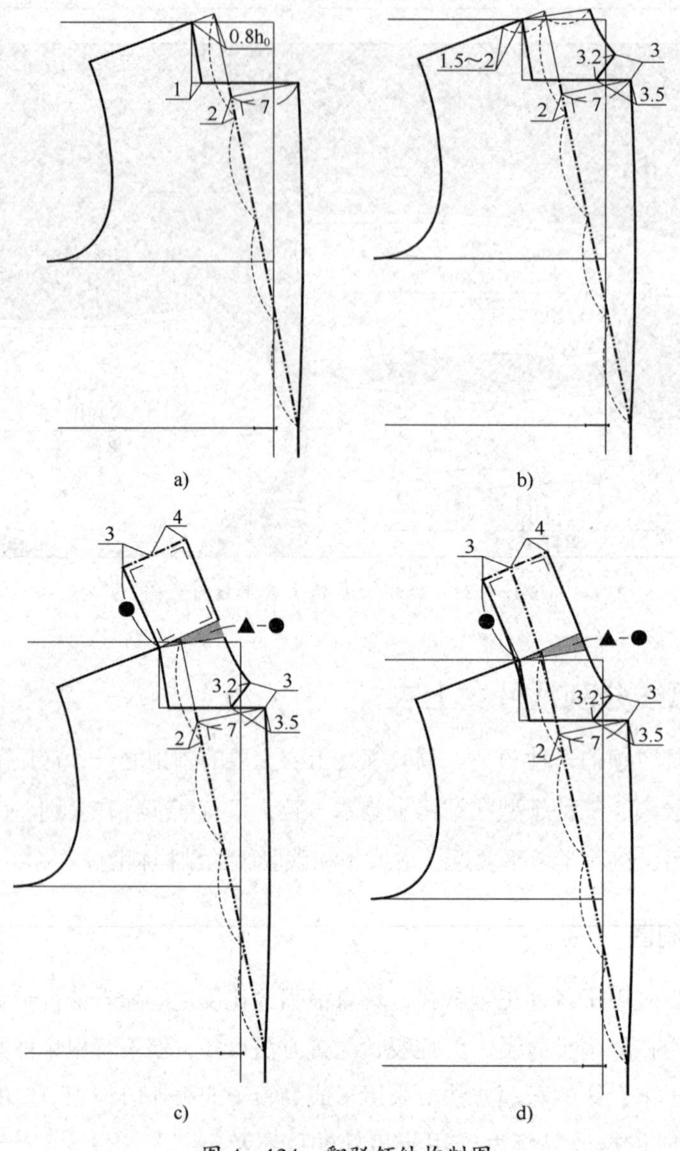

图 4—124　翻驳领结构制图

1）前领宽基础线：沿颈肩点做垂直线。

2）翻驳线：沿肩斜线向上 0.8×3（领座高）=2.4 cm 为基点，第一粒纽扣位对应到门襟止口线为翻驳点，两点连线。

3）驳头：将翻驳线四等分，过上端四分之一点向上 2 cm 做翻驳线垂直线，取 7 cm 为驳头宽，驳头宽端点与翻驳点连线，并依据造型调节成弧线。

4）串口线：驳头宽端点向前领宽基础线画斜线，构成串口线，并沿里侧偏移 1 ～ 1.3 cm 找取一点，该点为串口线里侧端点，将串口线里侧端点与颈肩点连线。

5）前领：过颈肩点沿肩斜线向下量取 1.5 ～ 2 cm 找取一点（该点为成衣翻领翻折后

落在肩斜线上的对应点，前后肩斜的对应点距离一致），之后将该点以翻驳线为对称轴对称至右侧，并将该点与颈肩点连线，形成翻领松度基础线，同时以该点为基础绘出前领形状，前领角大取 3.2 cm，驳角大取 3.5 cm，领驳角间距 3 cm。

6）翻领松度：以颈肩点为圆心将翻领松度基础线向上展开“▲ - ● +0.3”cm 的量。

7）后领：以颈肩点为基础，垂直于展开量的翻领松度线，做长为后领弧长、宽为后领总宽的长方形。

8）修正翻领：将领底弧线与领外口弧线修顺。

2. 平驳领弧线分割八片女上衣款式特点概述

该款女上衣呈 X 形腰身，翻驳领，合体衣身，八片弧线分割，前身腰部做有袋盖挖袋，一粒扣，两片袖，有夹里，如图 4—125 所示。整件衣服干净利落，款式大方，常作为职场女性工作装，是女春秋外套常见款式，适合采用各种中厚型面料制作。

图 4—125　平驳领弧线分割八片女上衣

3. 平驳领弧线分割八片女上衣制图规格尺寸（见表 4—19）

表 4—19　平驳领弧线分割八片女上衣制图规格尺寸表　　单位：cm

号型	后衣长	胸围	背长	肩宽	袖长	袖口	前 AH	后 AH
160/84A	52	92	38	38	58	25	22	23

4. 平驳领弧线分割八片女上衣结构制图

（1）衣身结构（见图 4—126）

（2）袖子结构（见图 4—127）

袖子在制图时，前后袖山弧线底端的凹进量取前后衣片袖窿弧线腋窝处的凹进量。

（3）一片袖转换两片袖过程（见图 4—128）

1）将一片袖的前袖肥四等分，取右侧四分之一点剪切分割，将袖片分成①、②两块。

2）将右侧②与①的左端合并。

3）将裁片①的右侧前袖缝画成弧线，后袖肥二等分，过等分点做后袖缝。

5. 平驳领弧线分割八片女上衣裁片放缝

平驳领弧线分割八片女上衣面料与里料放缝如图 4—129、图 4—130 所示。

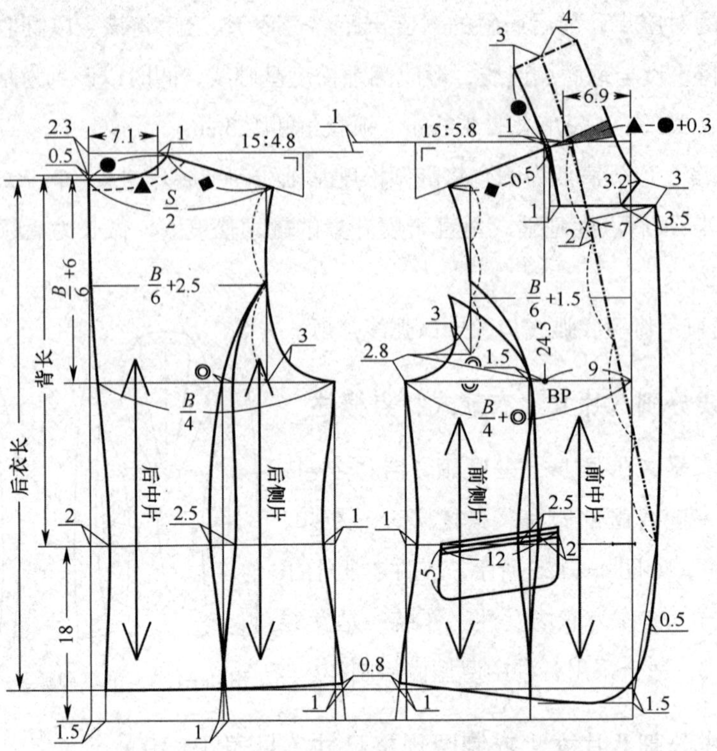

图 4—126 平驳领弧线分割八片女上衣衣身结构图

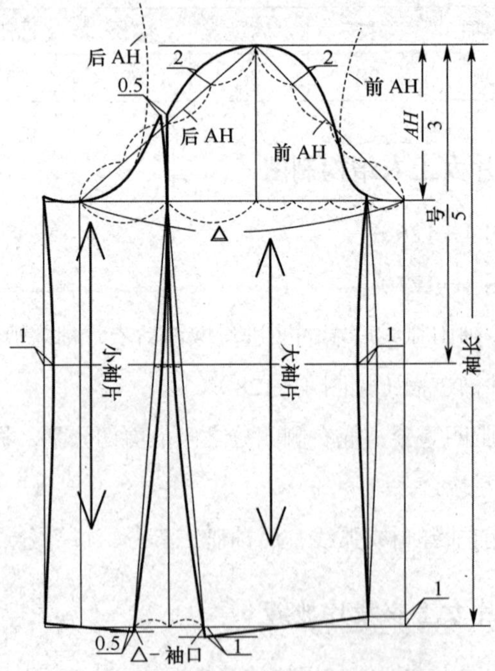

图 4—127 平驳领弧线分割八片女上衣袖子结构图

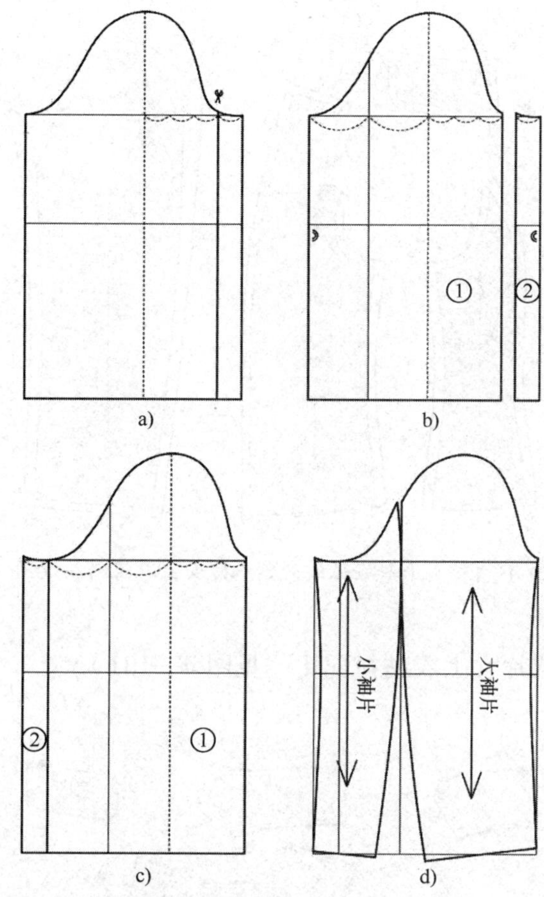

图 4—128　平驳领弧线分割八片女上衣一片袖转换两片袖过程

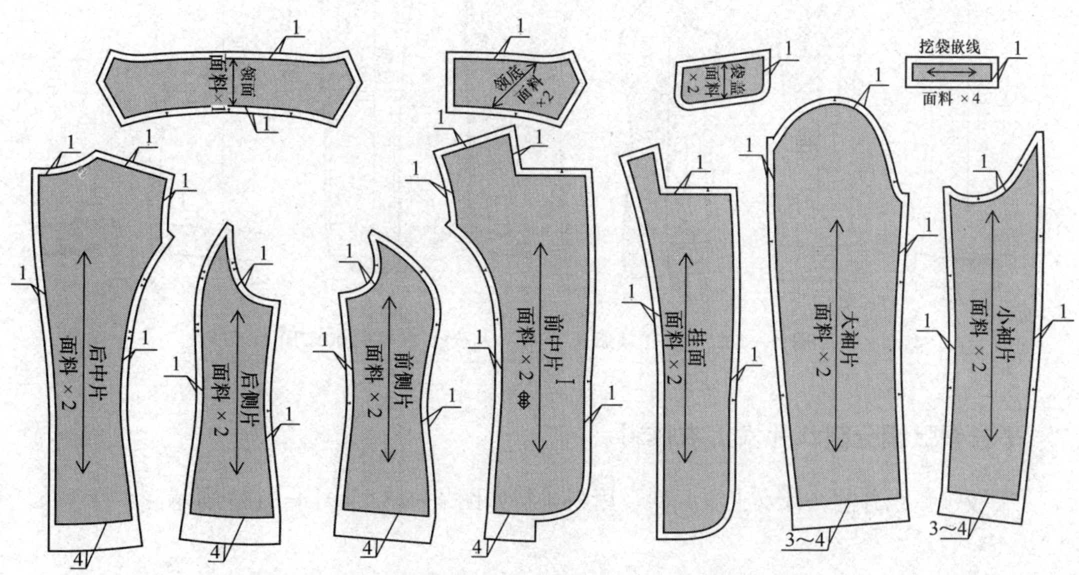

图 4—129　平驳领弧线分割八片女上衣面料放缝图

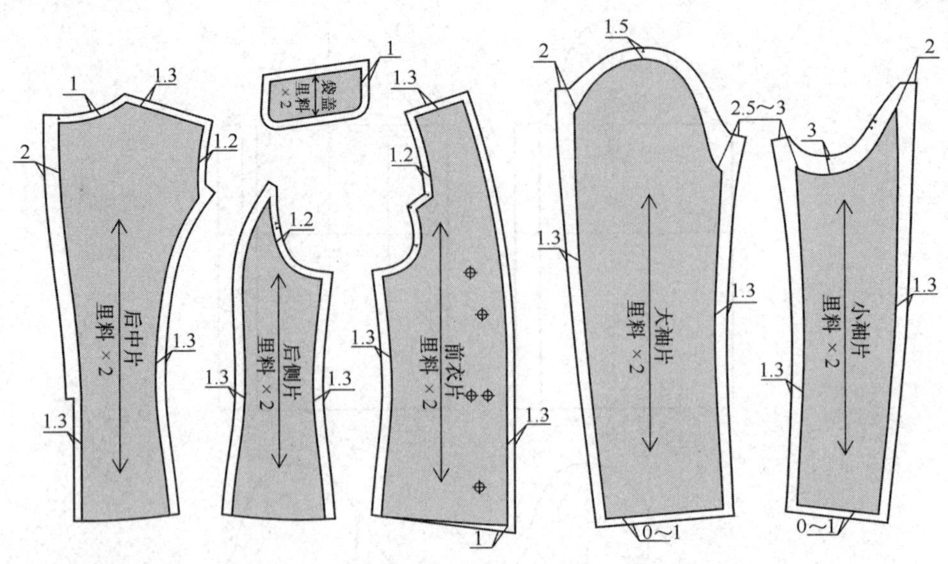

图 4—130 平驳领弧线分割八片女上衣里料放缝图

6. 平驳领弧线分割八片女上衣粘衬配比（见图 4—131）

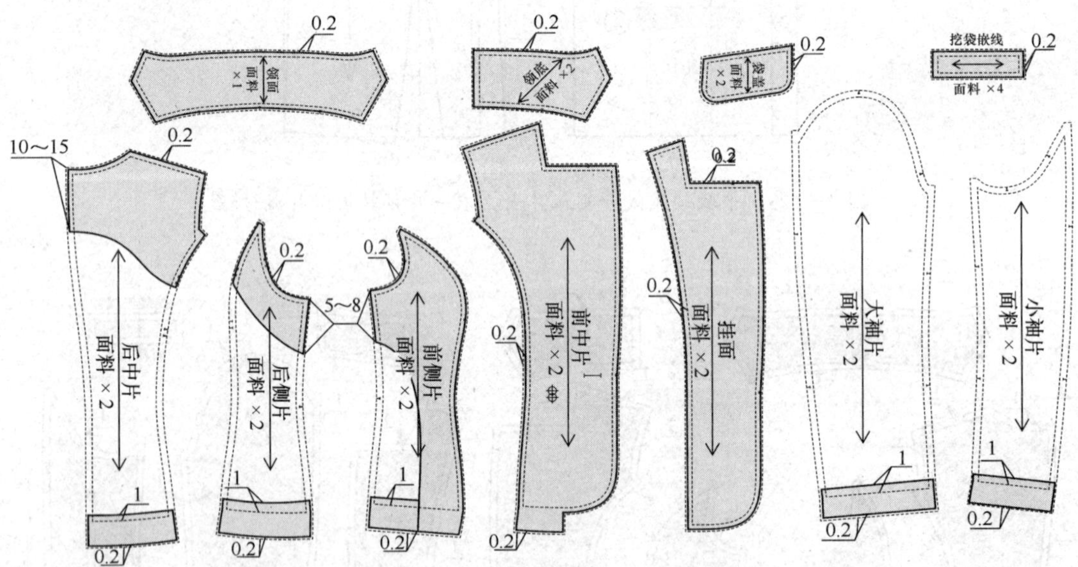

图 4—131 平驳领弧线分割八片女上衣粘衬配比图

7. 平驳领弧线分割八片女上衣排料

平驳领弧线分割八片女上衣面料及里料排料如图 4—132、图 4—133 所示。

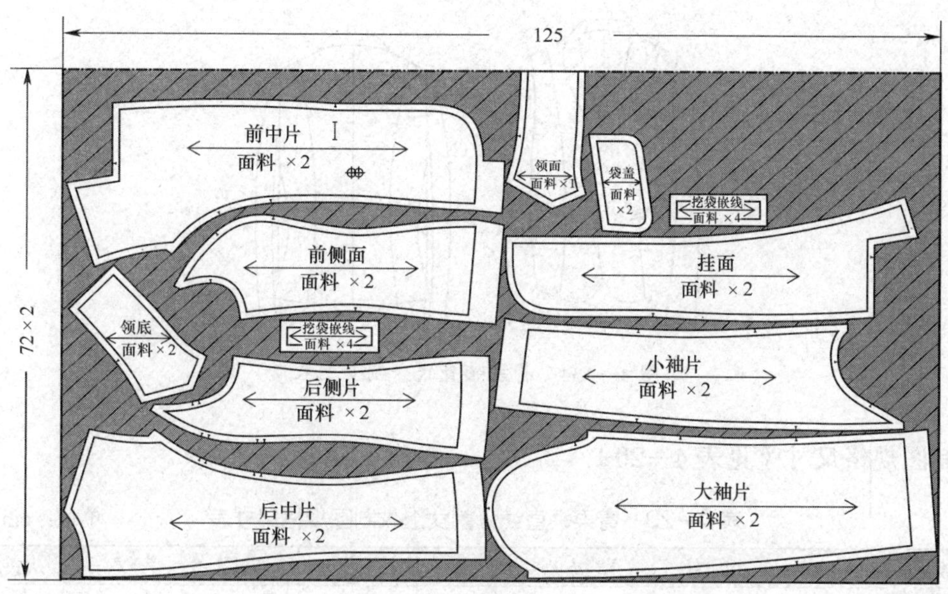

图 4—132　平驳领弧线分割八片女上衣面料排料图

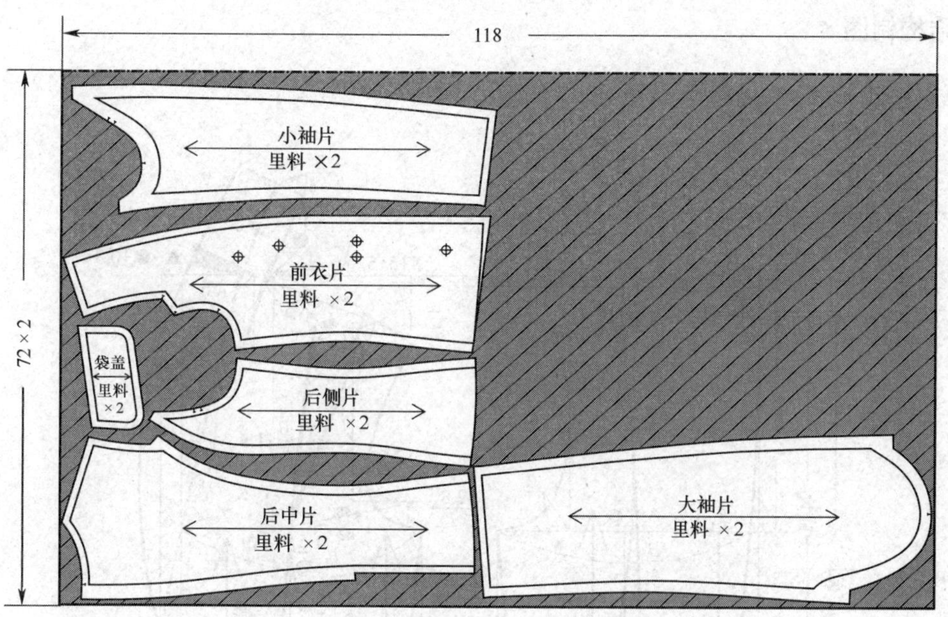

图 4—133　平驳领弧线分割八片女上衣里料排料图

三、青果领直线分割女上衣

1. 款式特点概述

该款女上衣呈X形腰身，青果领，一粒扣，上衣直线型分割，前衣身腰部双嵌线挖袋，做背衩，两片袖，整件衣服有夹里，上衣配青果领显年轻，如图 4—134 所示。

图 4—134 青果领直线分割女上衣

2. 制图规格尺寸（见表 4—20）

表 4—20 青果领直线分割女上衣制图规格尺寸表 单位：cm

号型	后衣长	胸围	背长	肩宽	袖长	袖口	前 AH	后 AH
160/84A	52	94	39	38	56	25	22	23

3. 结构制图

（1）衣身结构（见图 4—135）

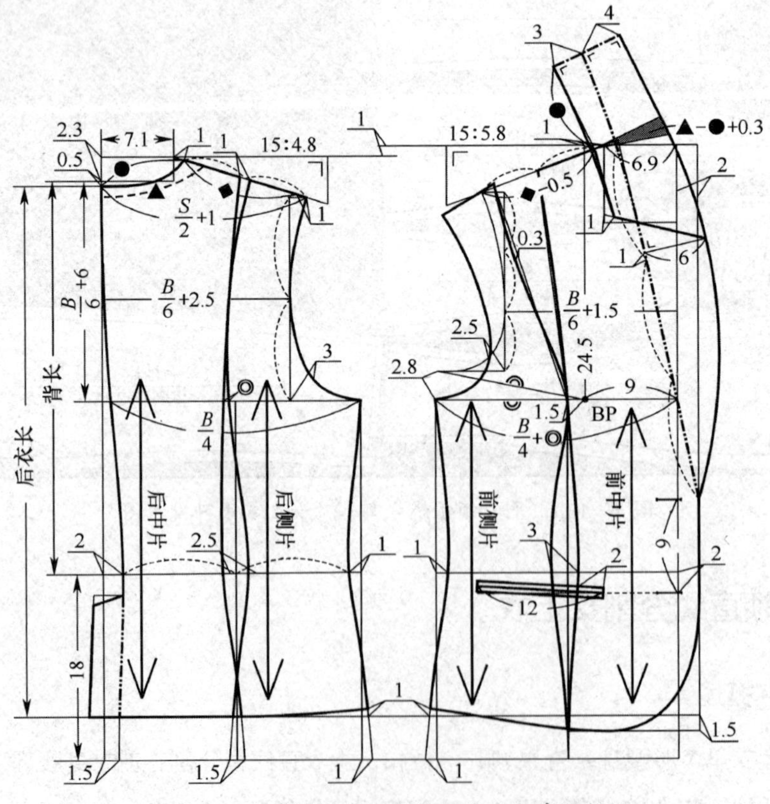

图 4—135 青果领直线分割女上衣衣身结构图

（2）袖子结构

1）两片袖框架（见图 4—136）

①上平线：水平线一条。

②下平线（袖长）：距上平线下量袖长绘制水平线一条。

③袖山深线：上平线下量 $\frac{AH}{3}$ =15 cm 绘制水平线一条。

④袖肘线：上平线下量 $\frac{号}{5}$ =32 cm 绘制水平线一条。

⑤后袖缝基础线：上平线垂直线一条。

⑥袖山斜线：以上平线与后袖缝基础线的交点向右侧袖山深线量取 $\frac{AH}{2}$ =22.5 cm 绘制斜线，在袖山深线上构成袖肥。

⑦前袖缝基础线：前袖肥大端点处绘制上平线、袖山深线的垂直线至下平线，并将前袖缝基础线分别向左、向右偏移，构成大、小袖片的前袖缝基础线。

⑧袖中线：袖肥四等分，取上平线中点为袖山顶点向下绘制竖线至袖山深线。

⑨前袖山弧线辅助线 1：将前袖缝基础线袖山高部分四等分，下端四分之一点与袖山顶点连线。

⑩ 前袖山弧线辅助线 2：将上平线四分之一点与前袖肥四分之一点连线。

⑪ 前袖山弧线参考点：过前袖肥四分之一点做前袖山弧线基础线 1 的垂直线，并将该线二等分，取中点为参考点。

⑫ 后袖山弧线基础线：将后袖缝基础线袖山高部分三等分，将上端三分之一点与袖山顶点连线。

⑬ 后袖山弧线参考点：过后袖肥四分之一点做后袖山弧线基础线的垂直线，并将该线二等分，取中点为参考点。

⑭ 袖底弧线基础线：后袖山高上端三分之一点下端 2～3 cm 处向右偏移 1～4 cm 取点，与袖中线和袖山深线的交点连线。

⑮ 袖口基础线：前袖缝基础线抬高 1 cm 向后袖缝基础线低落 1 cm 量取袖口大。

⑯ 后袖缝辅助线：袖口大端点与后袖肥大端点连线。

2）两片袖轮廓（见图 4—137）

①前袖山弧线：袖山顶点、前袖山弧线参考点、前袖山高四分之三点、前袖肥大端点连弧线。

②后袖山弧线：袖山顶点、后袖山弧线参考点、后袖山高三分之一点连弧线。

③大袖片前袖缝弧线：将大袖片前袖缝基础线在袖肘线处向左偏移 1 cm 后画成弧线。

④大袖片后袖缝弧线：先绘制出后袖缝线，将后袖缝基础线与后袖缝辅助线在袖肘线处的量取中点，之后分别与后袖肥大端点、袖口大端点连弧线，最后将该线向左平行移动 2 cm，同时，将袖口线与后袖山弧线延长，分别与后袖缝弧线相交。

⑤小袖片前袖缝弧线：将小袖片前袖缝基础线在袖肘线处向左偏移 1 cm 后画成弧线。

⑥小袖片后袖缝弧线：将后袖缝线向右平移 2 cm 绘制小袖片后袖缝弧线，并将顶端向右偏移共 4 cm，该点与大袖片后袖缝顶端高低一致。

⑦袖底弧线：将小袖片后袖缝弧线顶端与小袖片前袖缝弧线顶端连成弧线，弧线过袖中线与袖山深线交点向右 0.6 cm 点。

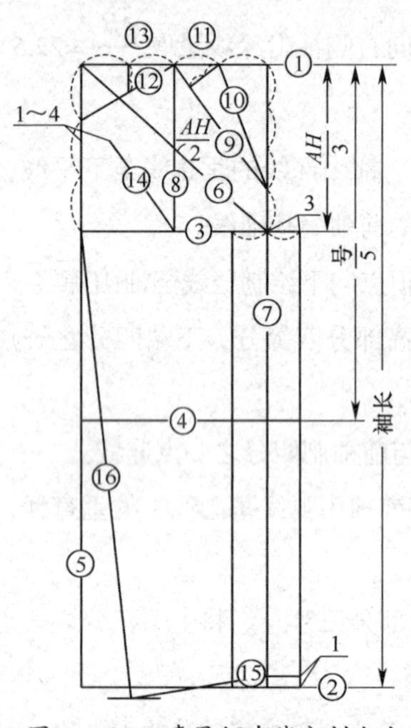

图 4—136 青果领直线分割女上衣两片袖框架图

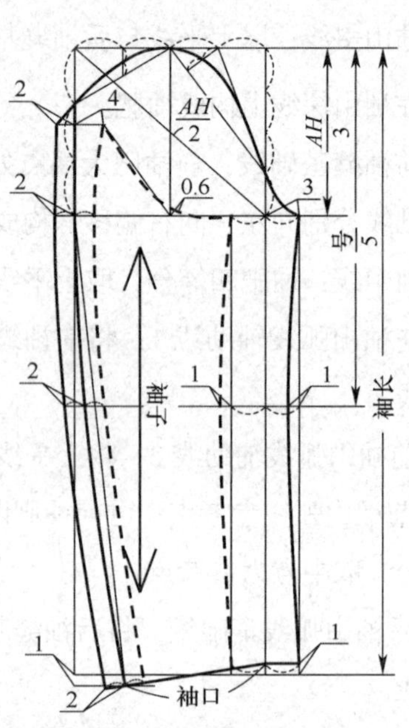

图 4—137 青果领直线分割女上衣两片袖轮廓图

四、戗驳领弧线分割女上衣

1. 款式特点概述

该款女上衣呈 X 形合体腰身，衣身弧线分割，前衣片腰部有袋盖挖袋，戗驳领，一粒扣，后片做育克分割型开衩，开衩位两粒扣，两片袖，如图 4—138 所示，款式年轻化，适合较为平挺的面料。

图 4—138 戗驳领弧线分割女上衣

2. 制图规格尺寸（见表 4—21）

表 4—21 戗驳领弧线分割女上衣制图规格尺寸表 单位：cm

号型	后衣长	胸围	背长	肩宽	袖长	袖口	前 AH	后 AH
160/84A	58	94	39	39	56	25	22	23

3. 结构制图

（1）衣身结构（见图 4—139）

戗驳领弧线分割女上衣后衣片下段做分割片开衩设计。在制图过程中，需要将后衣片下段复制后再将省道合并成完整裁片，如图 4—140 所示。

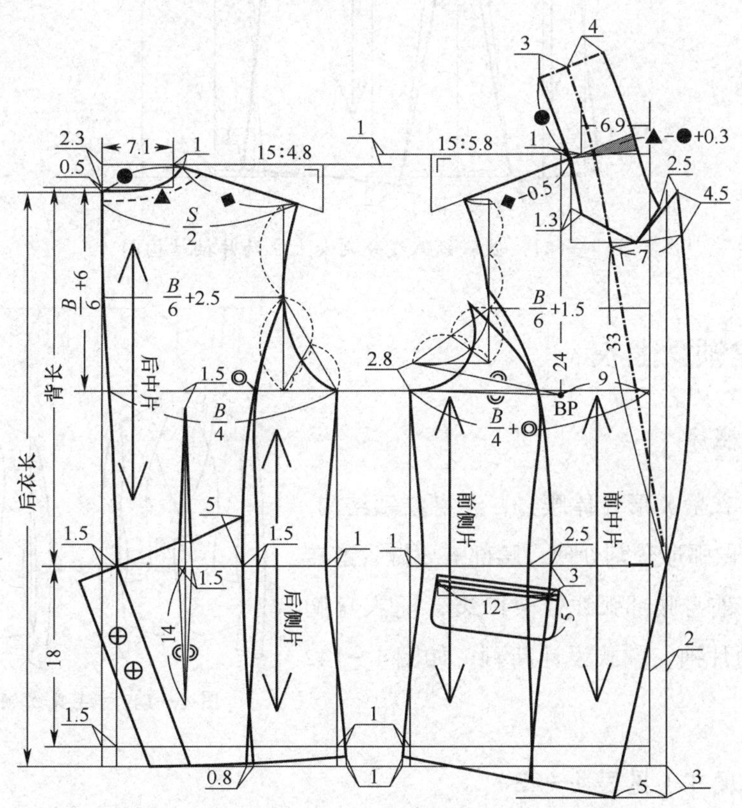

图 4—139 戗驳领弧线分割女上衣衣身结构图

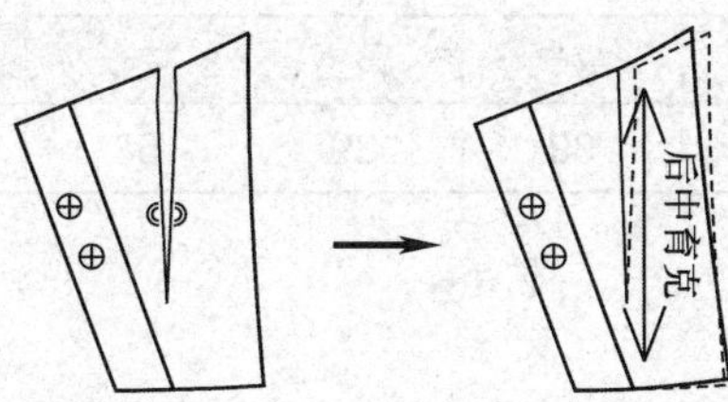

图 4—140 戗驳领弧线分割女上衣衣片开衩部位裁片省道合并

（2）袖子结构（见图 4—141）

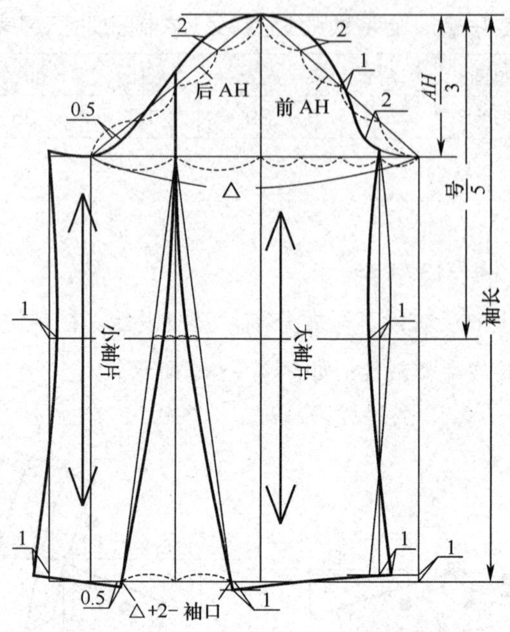

图 4—141 戗驳领弧线分割女上衣两片袖结构图

五、连身立领女上衣

1. 款式特点概述

该款女上衣呈 X 形合体腰身，连身立领结构，两粒扣，衣身做弧形分割处理，腰部需要做省道转移处理，并在前身腰部弧线处做口袋，前衣身胸部做双层，两片袖，款式设计新颖，如图 4—142 所示。

图 4—142 连身立领女上衣

2. 制图规格尺寸（见表 4—22）

表 4—22 连身立领女上衣制图规格尺寸表 单位：cm

号型	后衣长	胸围	背长	肩宽	袖长	袖口	前 AH	后 AH
160/84A	54	94	39	39	58	25	22	23

3. 结构制图

（1）衣身结构（见图 4—143）

腰下弧度拼接需在制图时，先绘制出侧片弧度，再合并省道。

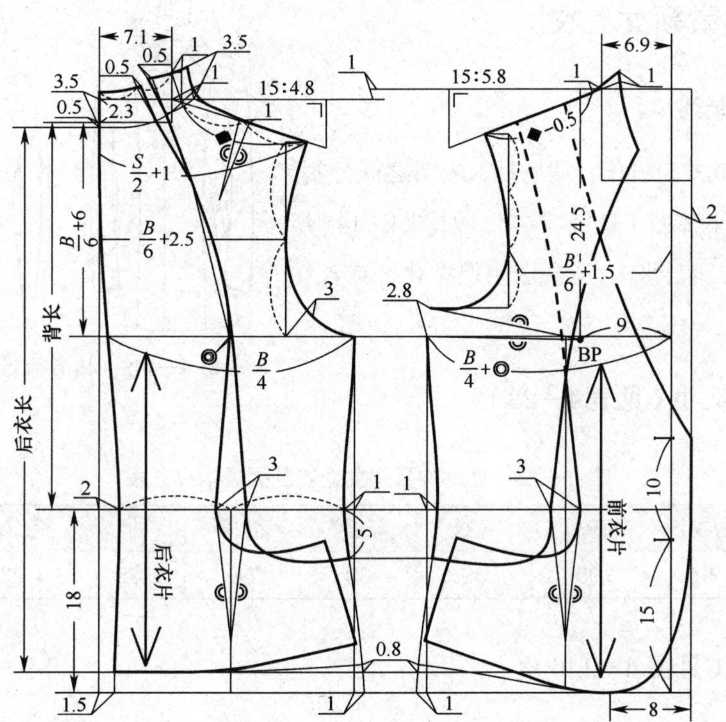

图 4—143　连身立领女上衣衣身结构图

（2）袖子结构（见图 4—144）

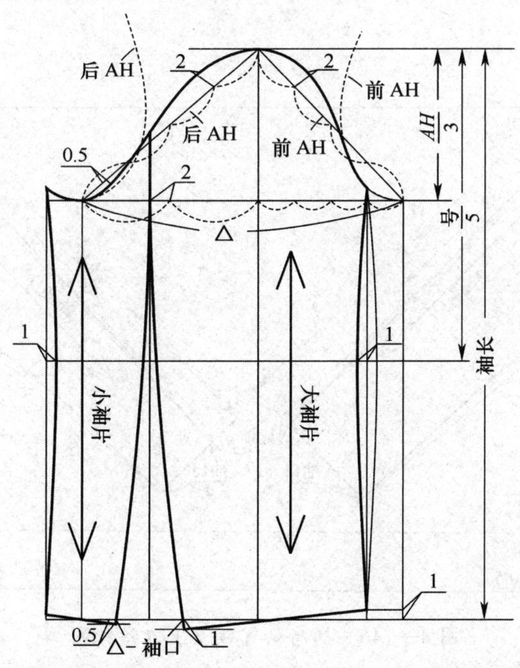

图 4—144　连身立领女上衣袖子结构图

六、插肩袖冒领女上衣

1. 款式特点概述

图 4—145 插肩袖冒领女上衣

该女上衣款式为冒领，插肩袖，衣身之间分割，前衣片单嵌线挖袋，门襟六粒扣，如图 4—145 所示，款式休闲，较合体，适合选用厚型化纤或混纺面料制作。

2. 制图规格尺寸（见表 4—23）

表 4—23 插肩袖冒领女上衣制图规格尺寸表 单位：cm

号型	后衣长	胸围	背长	肩宽	袖长	袖口	前 AH	后 AH
160/84A	64	96	39	39	56	25	22	23

3. 衣身结构（见图 4—146）

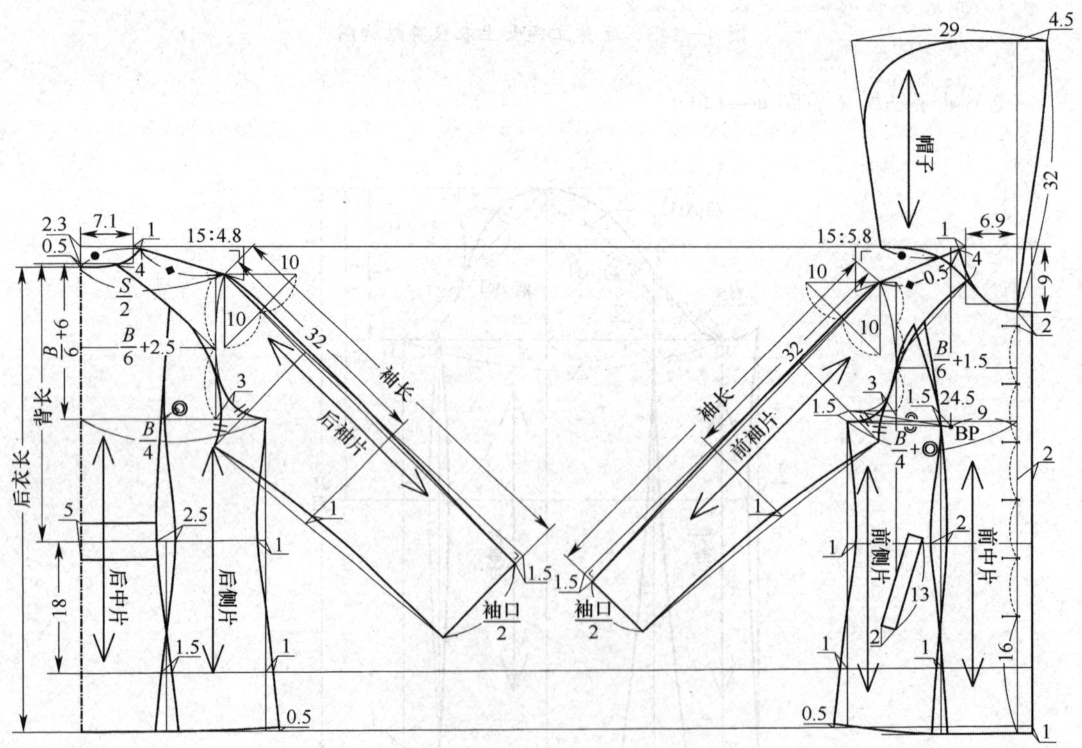

图 4—146 插肩袖冒领女上衣结构图

知识拓展

织物正、反面的识别

识别织物正反面的方法大致有以下几种：

（1）根据织物的组织结构识别

常见织物的组织结构有平纹、斜纹和缎纹三种。平纹织物的正反面在外观上无大的差异，因此往往没有正反之分。斜纹织物可分为纱织物（如斜纹布、纱卡等）和线织物（如单面线卡、双面线卡）。纱织物斜纹的正反面纹路明显清晰，织物的表面纹向可分为撇纹（/）和捺纹（\）两种。缎纹织物分为经面缎纹织物和纬面缎纹织物两种，经面缎纹织物的正面经纱浮出较多，纬面缎纹织物的正面纬纱浮出较多。缎纹织物的正面比较平整并富有光泽；反面织纹不明显，光泽比较晦暗。

（2）根据织物的花纹、色泽识别

各种织物的花纹正面清晰、洁净，花纹线条明显，层次分明，色泽鲜艳；反面花纹模糊，色泽浅淡。

（3）根据织物的提花、提条花纹识别

提花织物的正面花纹或条纹都比较明显，线条轮廓清晰，光泽匀净美观。

（4）根据织物的布边识别

一般织物的布边正面比反面平整清晰，反面的布边边缘向里卷曲。有些织物（如毛、丝织物）的布边上印有文字，正面的文字正写并清晰光洁，反面的文字模糊。

（5）按出厂印章识别

有些织物（整匹织物）两端布脚 5 cm 之内加盖圆形印章，一般印章在织物正面。

除上述识别方法以外，还要靠平时多观察、多比较、多分析，才能逐渐熟练识别各种织物的正反面。

第六节　三开身女西服结构制图

三开身女西服采用三开身结构，结构上更加庄重，通常是女性在正式社交场合穿着的职业套装品种，其制式与男西服基本相同，但更收腰，以凸显女性修长的腰线和宽胯。更值得注意的是，女西服需要对胸省进行合理的处理，不能简单地按照男西服结构将女装胸省省略。随着时代的发展，女西服款式越来越合体。一般情况下，女西服驳头宽窄、纽扣数量、驳角与领角的比例关系要掌握得体，才能显示出良好的正面效果。

女西服所适用的面料品种较多，化纤面料（如涤纶花呢、涤粘花呢等）、全毛面料（如华达呢、哔叽、花呢、啥味呢、凡立丁、派立司、女衣呢等）、混纺面料都可以用来制作女西服，但一般需要采用精纺面料，以提高女西服的着装档次。

一、三开身女西服款式特点概述

该款式女西服为三开身结构，X 型腰身凸显女性身材，平驳领造型略显休闲，有袋盖挖袋，单排三粒纽扣，两片式圆装袖，活袖衩，袖衩四粒装饰扣，如图 4—147 所示。

图 4—147　三开身女西服

二、三开身女西服制图规格尺寸（见表 4—24）

表 4—24　三开身女西服制图规格尺寸表　　单位：cm

号型	后衣长	胸围	肩宽	背长	袖长	袖口	前 AH	后 AH
160/84A	63	94	39	39	56	25	22	23

三、三开身女西服结构制图

1. 基础框架（见图 4—148）

（1）后衣片上平线：绘制水平线一条。

（2）后中心基础线：绘制上平线的垂直线。

（3）后领深线（后直开领）：距上平线沿后中心基础线向下 2.3 cm 量取一点（后颈深点），水平绘制后领深线。

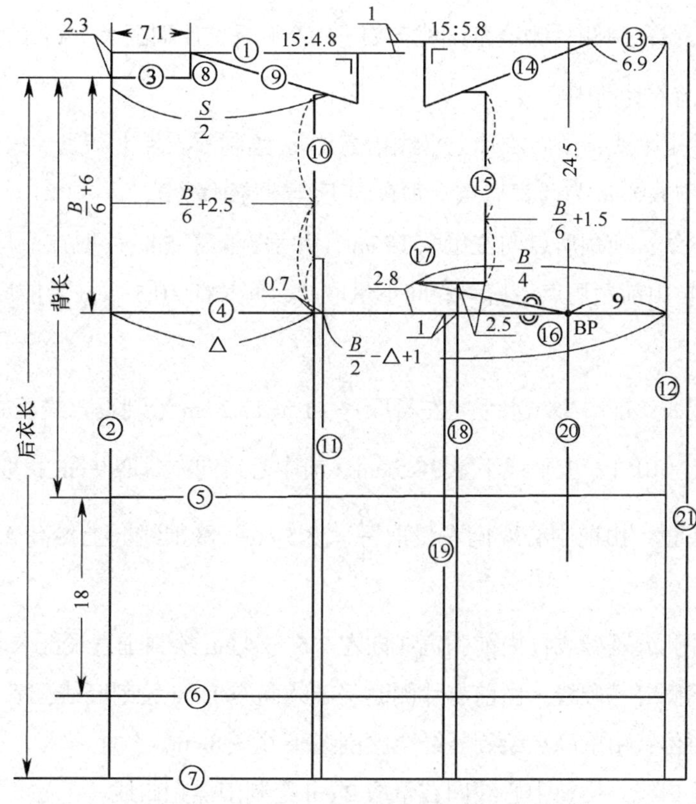

图 4—148　三开身女西服基础框架图

（4）袖窿深线（胸围线）：后领深线向下 $\frac{B}{6}$ +6=21.7 cm 绘制一条水平线为袖窿深线（胸围线）。

（5）腰围线：后领深线向下量取背长 39 cm 绘制水平线为腰围线。

（6）臀围线：由腰围线向下 18 cm 绘制水平线为臀围线。

（7）后衣长线：由后领深线向下量取后衣长 62 cm 绘制水平线。

（8）后领宽线（后横开领）：后衣片上平线与后中心线基础交点右量 7.1 cm 为后颈肩点，垂直向下绘制后领宽线。

（9）后肩斜线：后颈肩点向右量 15 cm，之后垂直向下 4.8 cm 取点，与后横开领端点连斜线为后肩斜线，并由后中心基础线水平向后肩斜线量取 $\frac{S}{2}$ =19.5 cm 为后肩端点。

（10）背宽线：后中心基础线水平向右量取 $\frac{B}{6}$ +2.5=18.2 cm 绘制垂直线为背宽线至衣长底边线。

（11）侧片后侧缝基础线：将胸围线以上背宽线四等分，靠近胸围线四分之一点向右偏移 0.7～1 cm 绘制垂直线至衣长底边线。

（12）前中心线：由侧片侧缝基础线向右 $\frac{B}{2}$ –△（后衣片胸围大）+1（肋省）=30.5 cm 绘制竖线一条为前衣片前中心线。

（13）前衣片上平线：由后衣片上平线抬高 1 cm 绘制前衣片上平线，与前中心线相交，并由交点向左量取 6.9 cm 为前颈肩点，垂直向下绘制前领宽线。

（14）前肩斜线：前颈肩点向左量取 15 cm，并垂直向下 5.8 cm 取点，与前颈肩点连斜线为前肩斜线，再由前颈肩点沿肩斜线向下量取“后肩长江 –0.5” cm 为前肩长，端点为前肩端点。

（15）前胸宽线：前中心线水平向左量取 $\frac{B}{6}$ +1.5=17.2 cm 绘制垂直线至衣长底边线。

（16）胸高点（BP）：上平线下量 24.5 cm，前中心线向左量取 9 cm 找取胸高点。

（17）前胸省量：由前中心线向左量取 $\frac{B}{4}$ =23.5 cm，胸围线向上抬高 2.8 cm 取点，与胸高点连线。

（18）前衣片侧缝基础线：由前胸宽线向左 2.5 ～ 4 cm 绘制垂直线至衣长底边线。

（19）侧片前侧缝基础线：由前衣片侧缝基础线向左 1 cm 绘制竖线至衣长底边线。

（20）前腰省位：由胸高点绘制竖线至腰围线下 6 ～ 8 cm。

（21）门襟止口线：由前中心线向右量取 2 cm 绘制门襟止口线。

2. 衣身结构（见图 4—149）

（1）后衣片结构

1）后领圈弧线：后领深点向下低落 0.5 cm，颈肩点沿肩斜向下 1 cm，两点连接成后领圈弧线，领圈绘制方法同女春秋上衣后领圈。

2）后中心线：腰围线向右收腰 2 cm，臀围线向右 1.5 cm，与后领深点三点连成弧线并向下交于衣长底边线。

3）后袖窿弧线：后肩端点与背宽线等分点、侧片后侧缝基础线顶点连弧线为后袖窿弧线。

4）后侧缝线：侧片后侧缝基础线顶点，背宽线与腰围线交点向左 2 cm 一点，背宽线向右 0.5 cm 一点，三点连接成弧线并交于衣长底边线。

（2）前衣片结构

1）前领宽基础线：颈肩点沿肩斜线向下 1 cm 绘制竖线为前领宽基础线。

2）翻驳点：三粒扣眼位依据图示定位，首粒扣眼位对应在门襟止口线上的点为翻驳点。

3）基点：由前肩斜线向上 0.8×3（领座高）=2.4 cm 量取的一点。

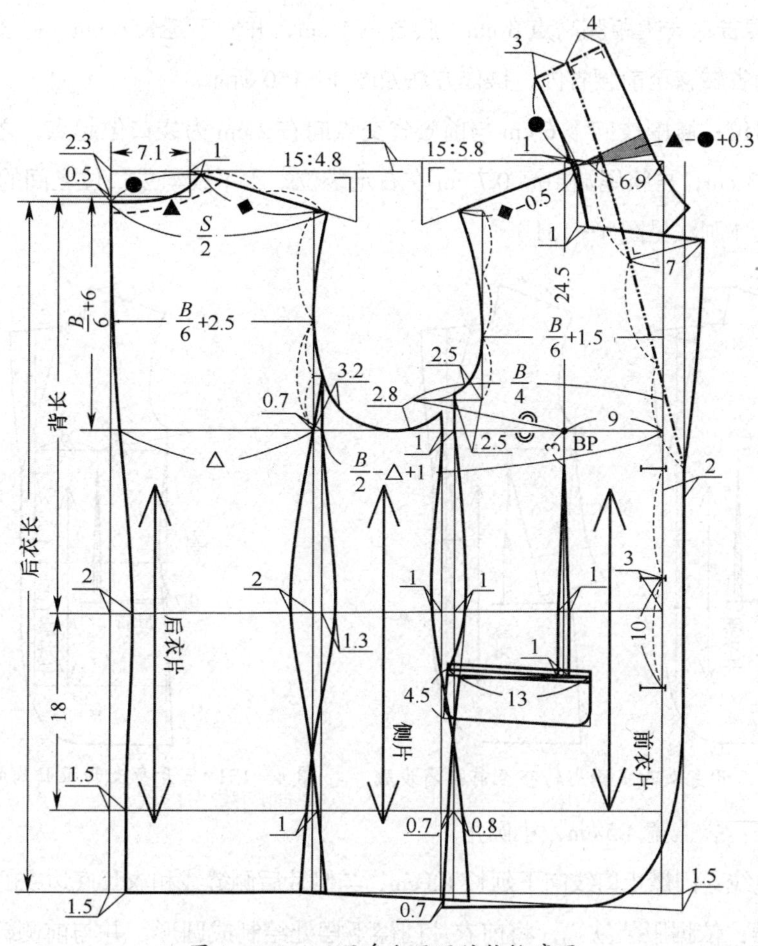

图 4—149　三开身女西服结构轮廓图

4）翻驳线：翻驳点与基点连线。

5）驳头：翻驳线三等分，由上端第一等分点垂直翻驳线量取 7 cm 驳头宽，驳头宽端点与翻驳点连基础线，之后连线中点向右 0.5 cm 调节成弧线。

6）串口线：驳头宽端点向前领宽基础线绘制斜线（斜线倾斜度不固定，可调节），并由两线交点沿串口线 1 ～ 1.3 cm 绘制一点。

7）前领宽线：由衣身颈肩点与串口线偏移 1 ～ 1.3 cm 点连线。

8）袖窿弧线：前袖窿夹角取 2.5 cm、肩端点与胸宽线下端三分之一点、胸省量端点连弧线，后袖窿夹角取3.2 cm、侧缝基础线端点与后袖窿夹角连弧线至前胸围线 $\frac{B}{4}$=23.5 cm处。

9）前侧缝线：前胸宽线端点向左 2.5 cm 点，前侧缝基础线与腰围线交点向右 1 cm 点、前衣片侧缝基础线与臀围线交点向左 0.7 cm 点，三点连弧线并延长交于衣长底边线，待袋口位确定好后，需将前侧缝肚省位至腰围线处重新画顺。

10）前腰省：省尖距胸高点 3 cm，腰省宽 1 cm，并向下延长 6 cm，待袋口位及肚省确定后，将胸省转移至前腰省内，操作方法如图 4—150 所示。

11）袋口位：腰围线向下 6 cm 与前腰省交点向右 2 cm 为袋口位起点，之后向左水平量取袋口大 13 cm，再将尾端抬高 0.7 cm 左右定袋位，水平线与袋口位之间的 0.7 cm 为肚省量（肚省具体画法见图 4—151）。

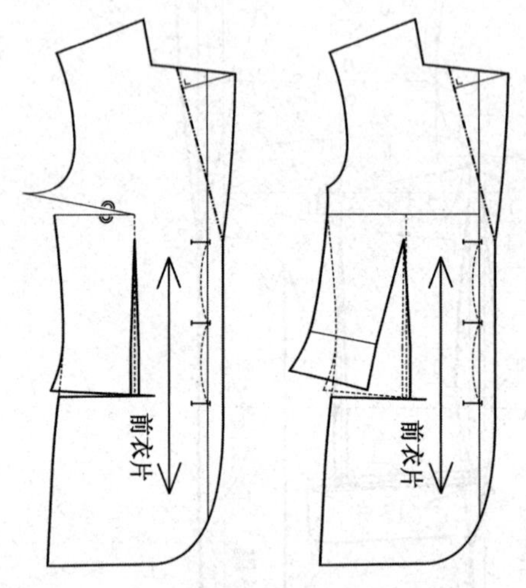

图 4—150 三开身女西服胸省转移至前腰省步骤

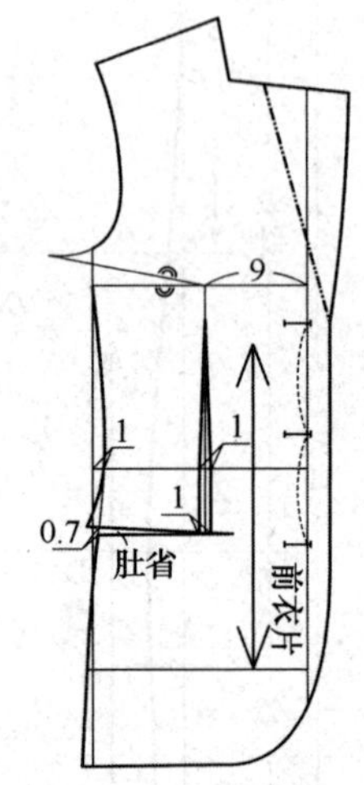

图 4—151 三开身女西服肚省的制图方法

12）袋盖：袋盖宽 4.5 cm，小圆角。

13）底边线：门襟止口线向下延长 1.5 cm，与侧片后侧缝线和衣长底边线的交点连线。

14）下摆：依据服装款式，将前衣片门襟下摆处绘制成圆形，并与前侧缝线端点向下 0.7 cm 一点连线。

（3）侧片结构

1）侧片后侧缝线：侧片后侧缝基础线端点、侧片后侧缝基础线与腰围线交点向右 1.3 cm 点、背宽线与臀围线交点向左 0.5 cm 点，三点连接成弧线，并向下延长交于衣长底边线。

2）侧片前侧缝线：侧片前侧缝基础线上端点、侧片前侧缝基础线与腰围线交点向左 1 cm 点、前衣片侧缝基础线与臀围线交点向右 0.8 cm 点，三点连弧线并延长至衣长底边线。

3）侧片袖窿弧线：将前衣片 2.5 cm 侧缝基础线至袖窿弧线的交点左段弧线，转移至前片袖窿弧线，并连顺。

3. 翻驳领结构

女西服翻驳领结构制图参考“平驳领弧线分割八片女上衣”。

4. 两片袖结构

如果女西服需要隐藏后袖缝，同时需要制作袖衩，则其两片袖结构如图 4—152 所示；如果女西服不需要隐藏后袖缝，则其两片袖结构如图 4—153 所示。

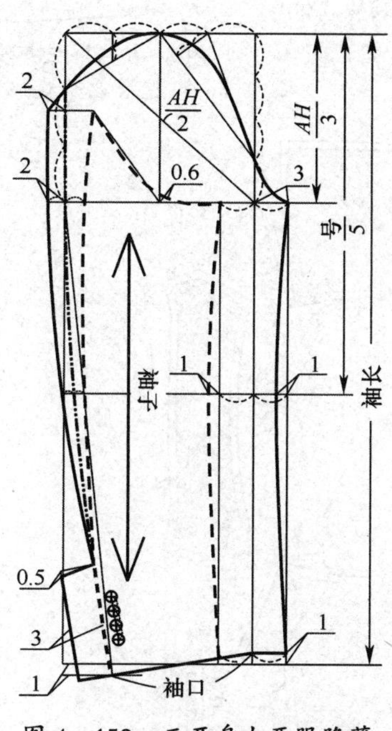

图 4—152　三开身女西服隐藏后袖缝两片袖结构图

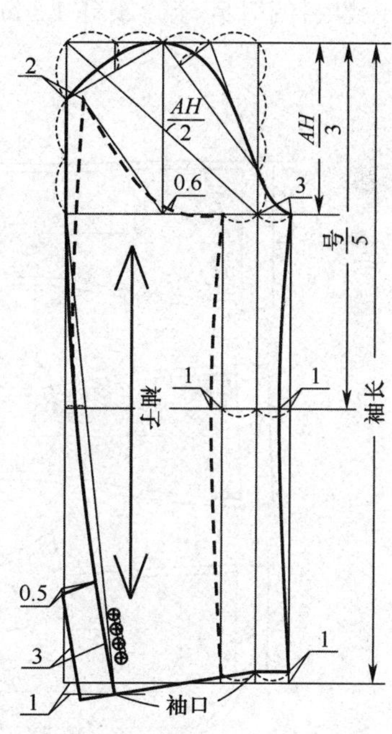

图 4—153　三开身女西服不隐藏后袖缝两片袖结构图

5. 部分部位及部件裁配方法

（1）挂面及前衣片里料裁配方法（见图 4—154）

1）挂面：挂面按女春秋上衣裁配。

2）前衣片里料：前衣片的胸省转移至腋下，以保证里料与面料的平服度，之后以挂面分割线分割成前衣片里料。

（2）挖袋袋布裁配方法（见图 4—155）

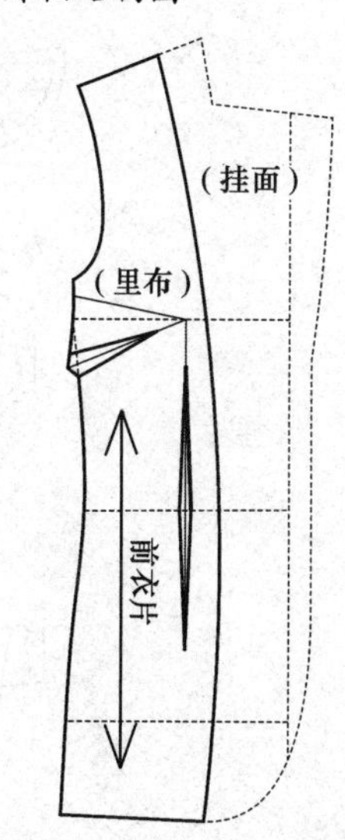

图 4—154　三开身女西服挂面及前衣片里料裁配方法

6. 裁片放缝

三开身女西服需要制作夹里，夹里的结构图与面料相同，只需要将放缝加大即可，具体放缝图如图 4—156、图 4—157 所示。

（1）放缝要求

1）衣片底边放缝 4 cm，其余各边放缝 1 cm。

2）袖片袖口放缝 3 ～ 4 cm，其余各边放缝 1 cm。

3）后衣片里料的后背缝以腰围线为分界，上段放缝 2 ～ 2.5 cm，下段放缝 1.3 cm。

4）其余里料的纵向分缝放缝 1.3 cm，袖窿放缝 1.2 cm，底边不放缝。

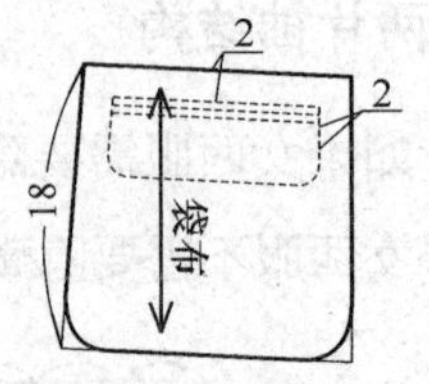

图 4—155　三开身女西装挖袋袋布裁配方法

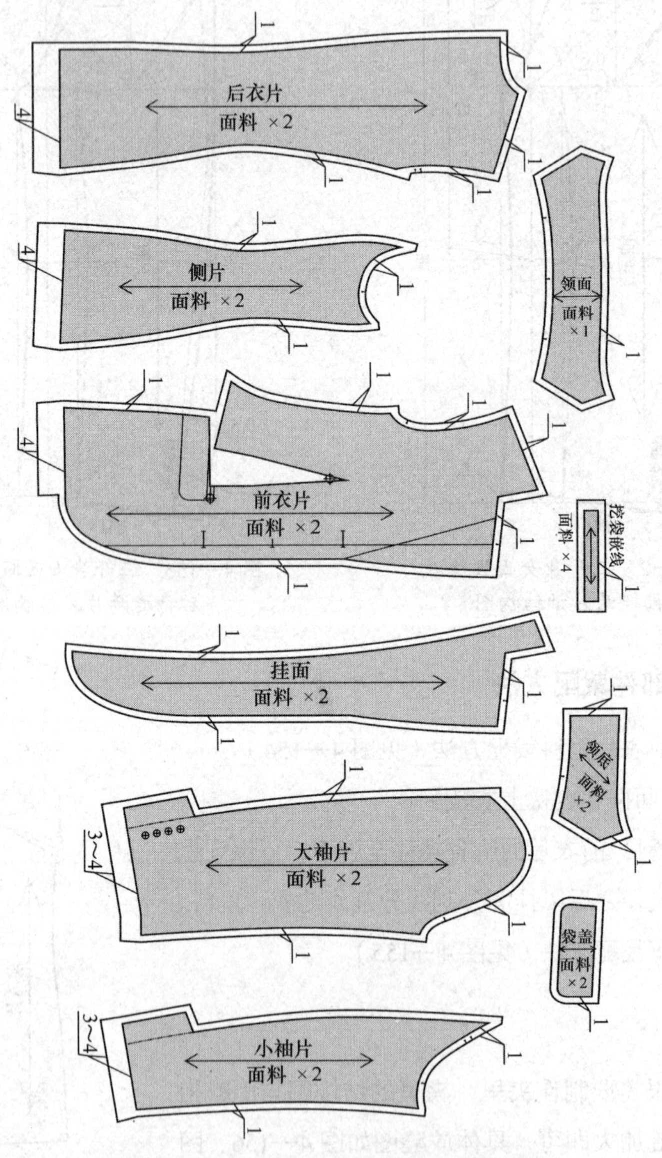

图 4—156　三开身女西服面料裁片放缝图

5）袖片的袖口放缝 0 ～ 1 cm，袖山放缝 1.5 cm，袖底放缝 2.5 ～ 3 cm，其余袖山以袖底至袖山划顺放缝。

（2）标记方法

1）领底弧线做装领三眼刀对位标记。

2）袖窿与袖山做装袖刀眼对位标记。

3）前衣片串口线做装领刀眼对位标记。

4）面料与里料的腰节省、口袋位做钻眼标记。

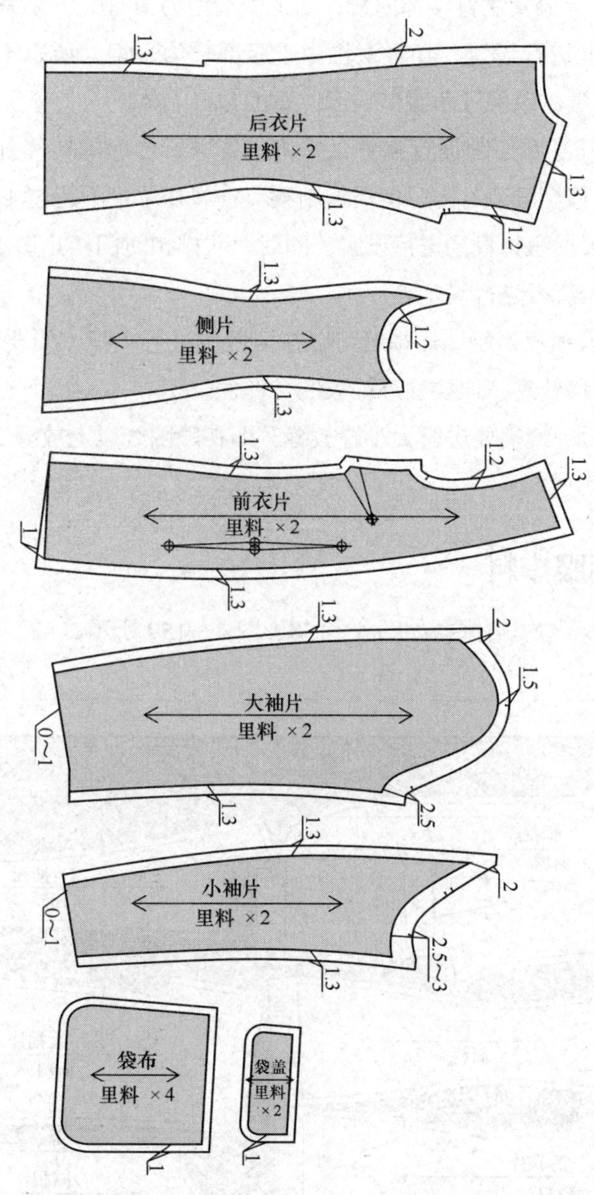

图 4—157　三开身女西服里料裁片放缝图

注：两片袖里料的袖山高放缝 1.5 cm，袖底放缝 2.5 ～ 3 cm。

四、三开身女西服制图要点说明

1. 后领深与后领宽需要根据实际款式及穿着需求调节。

2. 后腰可以根据个体的腰部形态进行收腰调节，由于女性臀翘，所以在臀围线处收进量要小于腰围线处收腰量。

3. 后片侧缝收腰量可以与侧片收腰量进行总体调节。当上衣造型为 X 型时，收腰总量为 4 ～ 6 cm，这样更显女性背腰部曲线；当上衣造型为 H 型时，收腰总量为 3 cm 左右。

4. 肚省依据体型进行设置，年轻女性由于腹部较为平坦，所以不需要设置肚省，但中年女性必须设置肚省，以保证西服口袋部位更加贴合人体。

5. 现流行为三开身女西服设置胸省，并将胸省进行合理的转移分配，可转移至领口做成领口省，也可转移至腰节省内，但需控制腰节省展开总量不超过 4.5 cm。

6. 搭门宽需要根据纽扣直径进行设置，同时，双排扣时门襟止口不宜超过前腰省。

7. 下摆造型根据流行进行设定。

8. 两片袖由于做袖衩，所以后袖缝可以按男西服进行裁配，如要成衣的后袖缝隐藏，则可将后袖缝进行偏移处理，但要注意袖衩的合理性。

9. 后衣片里布后中缝需要进行大小缝放缝，即在腰围线以上放缝 2 ～ 2.5 cm，腰围线以下放缝 1.3 cm。

五、三开身女西服排料

三开身女西服面料与里料排料如图 4—158、图 4—159 所示。

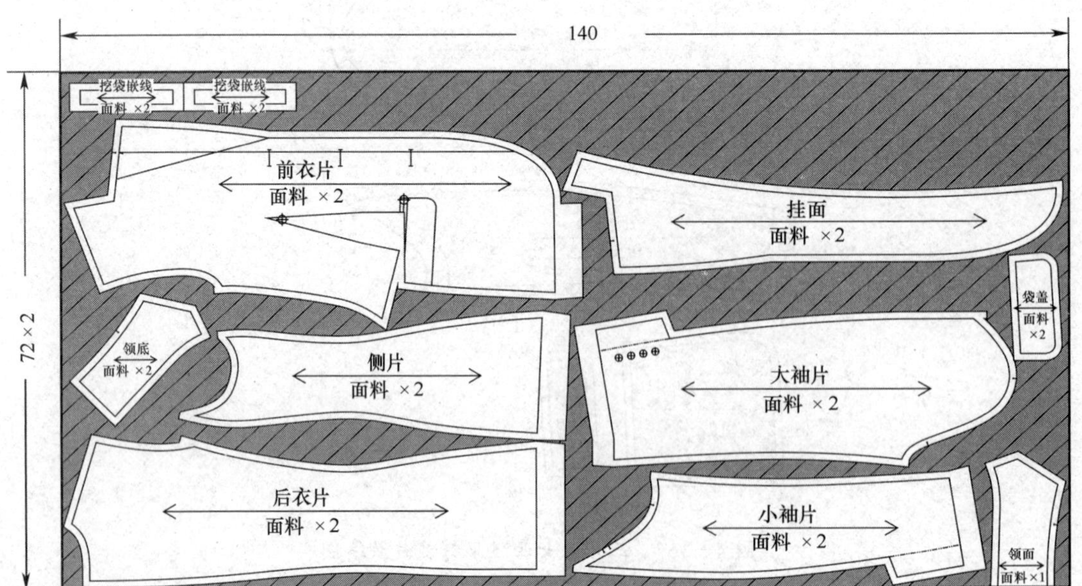

图 4—158　三开身女西服面料排料图

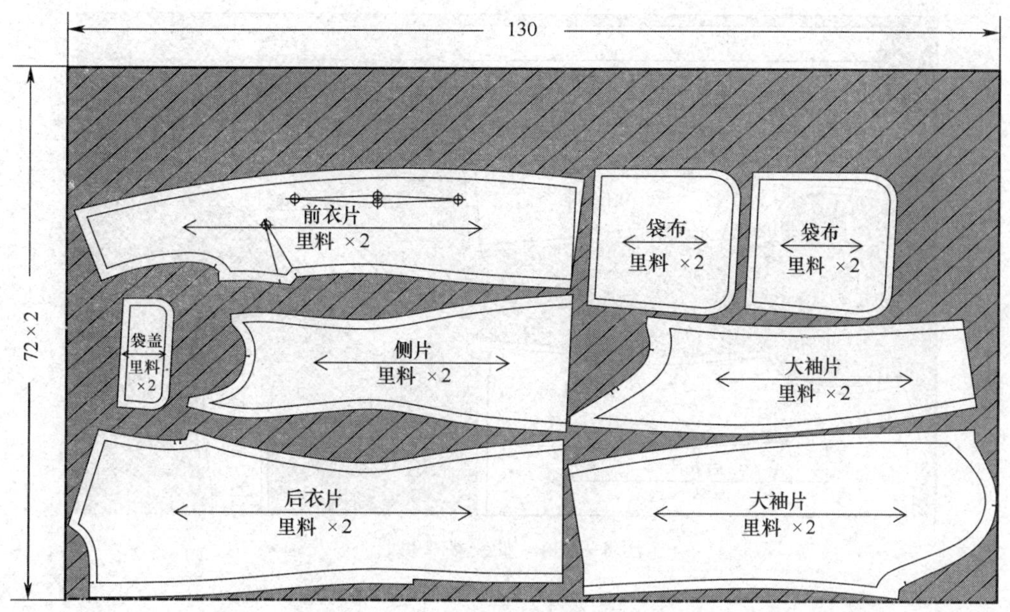

图 4—159　三开身女西服里料排料图

知识拓展

织物经、纬、斜向与服装裁剪的关系

服装面料大都由经、纬纱线交织而成。在整匹面料中，长度方向称为经向（直丝绺），宽度方向称为纬向（横丝绺），在经向与纬向之间的称为斜向（斜丝绺），在行业中分别俗称为直料、横料、斜料。各种丝绺具有各自独特的性能。

在配制不同丝绺面料的裁片和零部件时，要注意不同丝绺性能的反作用，不宜将不同丝绺的裁片和零部件做上、下层组合。如袋盖的面用横丝绺，袋盖的里也应选用横丝绺，以免由于横丝绺和直丝绺伸缩率不同而引起服装皱缩不平。

服装裁剪时常说的裁片取料（直料、横料、斜料），是指裁片沿经向排好料后按其长度所在面料的经、纬向进行命名。如上衣的衣长部分为最长且排料时按经向排料，所以说衣片取直料；领子的长度方向大于宽度方向，当其按照经向排料时，裁片的长度刚好处在面料的纬向方向，所以说领子取横料，如图 4—160 所示。

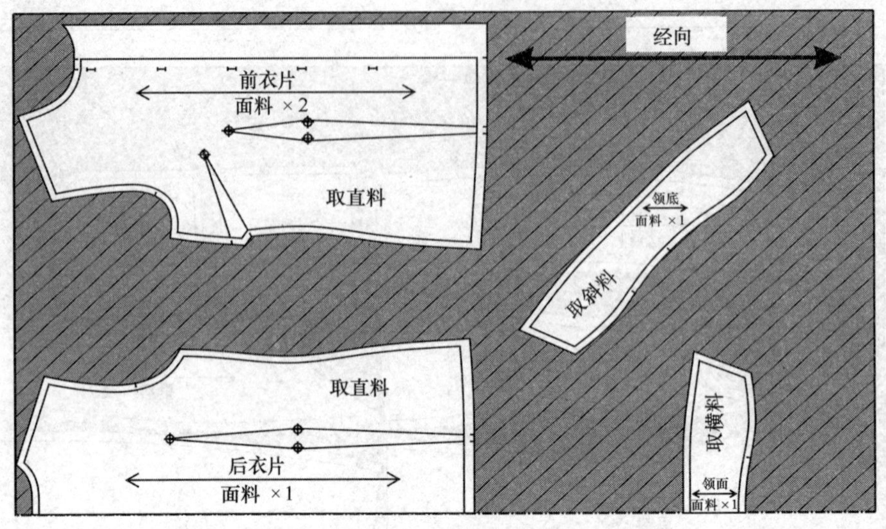

图 4—160　服装裁剪用料

思考与练习

1. 总结人体上身测量数据。

2. 按照基础款女衬衫图例，绘制 1∶1 基础款女衬衫结构图，并制作成裁剪样板。

3. 挑选一款衬衫款式，进行裁剪样板制作。

4. 参照变化款女衬衫结构图，制作一件女衬衫。

5. 按 1∶1 比例绘制基础款女春秋上衣结构图。

6. 结合自身尺寸，设计并制作女春秋上衣样板一份。

7. 结合样图，按 1∶1 比例绘制插肩袖外套。

8. 女春秋上衣前片的制图的主要公式有：

（1）____________________；（2）____________________；

（3）____________________；（4）____________________；

（5）____________________；（6）____________________；

（7）____________________；（8）____________________。

9. 两片袖结构制图的顺序是什么？

____

10. 利用一片袖转两片袖方法，结合样图款式，为自己制作一件春秋女外套。

11. 以胸围 94 cm，肩宽 39 cm，后中长 55 cm，袖长 58 cm，绘制 1∶1 女士八片西服结构图，并制作全套裁剪样板。

12. 设计一款女士衬衫，结合自身体型进行样板设计，同时完成工业样板制作。

13. 设计并绘制一款连身立领女外套的结构样板，并按 1∶5 比例绘制图纸。

14. 以前 AH 23 cm，后 AH 24.5 cm，袖长 58 cm，绘制两片袖，比例为 1∶5。

15. 设计并绘制翻驳领四开身女西服样式结构图，比例为 1∶1，规格自行设定。

16. 按本章三开身女西服规格尺寸绘制女式西服，比例为 1∶5。

本章小结

一、知识结构

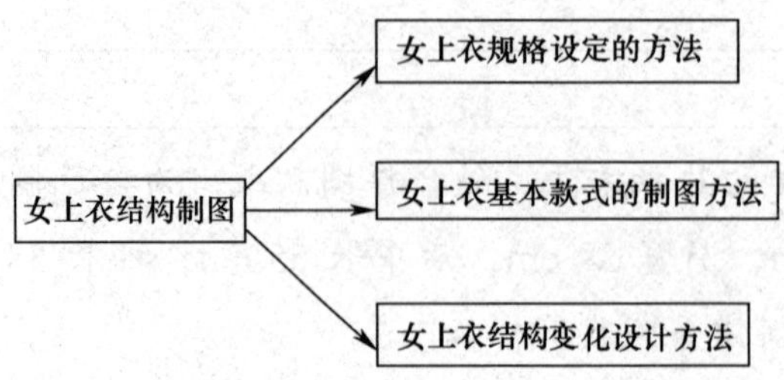

二、技能要求

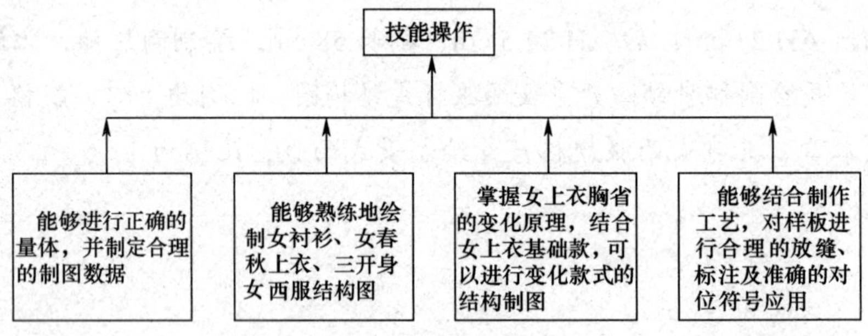

第五章
男上衣结构制图

现代男上衣的构造形式与女上衣基本相同，它们的区别在于外形，这主要是由于两者体型上的差异导致的。女上衣强调符合女性形体特征，注重胸、腰、臀以及各部位曲线美的造型风格；而男上衣在强调符合男性体型特征的同时，更注重庄重、大方和礼仪功能上的内涵。这就决定了男上衣与女上衣在造型结构设计上有所不同。

学习目标：

1. 掌握男上衣基础款式的结构制图。
2. 掌握男上衣各类服装款式的结构特点。
3. 学会运用结构特点进行男上衣款式变化和结构设计。

第一节　男上衣结构与人体的关系

从体型特征来看，男性颈粗而略短，肩阔，臂膀粗壮，胸圆背厚，腰宽位低，腹平臀缓，髋狭而平，颈肌、肩肌、胸肌、背肌及三角肌强健发达，曲线轮廓较缓，刚劲有力。在进行男上衣服装结构设计时，除了要考虑男性的静态特征外，还必须考虑男性活动量较大的动态因素。所以男上衣的衣身、胸围、袖子的围度相对肥大，尤其是颈、肩、腰、腋、肘等部位的放松量要较多，这也是男上衣外形轮廓曲线较为平缓的主要原因。

一、男性体型特征与男装造型

服装造型是服装表现形式的一个重要方面，服装造型的任何变化都不能离开“体型实态”这个最基本的依据。从男女体型的长度对比，通常男体比女体高，四肢比女体长，腰身比女体长；从背部由肩端至臀部股沟的腰位对比，女体腰节处在中部，而男体腰节明显低下。

从肩宽和厚度来看，男体因颈肌、肩肌、胸肌、背肌都比较发达，所以比女体宽厚粗壮且肩较平（一般平均角度为 19°，分配到衣片上为前衣片 20°，后衣片 18°，如图 5—1 所示）。从总体比例来讲，男体背部浑厚，胸部、腹部、臀部起伏较女性平缓，轮廓呈现上宽下窄、上厚下薄、曲线平缓的“V”形特征。

总的来说，男性与女性相比体表起伏较小、各部位线条平缓，所以男装在结构上的变化和处理的量相对稳定，结构线条刚毅有力，且制作时运用独特的技术手段（推、归、拔），使衣身结构达到合体的效果，强调男装的工艺美。

二、男上衣的标准化

男上衣在结构的基本形式上与结构变化上有别于女上衣，它要受礼仪功能的制约，具有较为传统、规范的结构风格。男装在结构的收、放量以及长度上受到一定的尺度局限，例如，男西服的收腰不可以像女西服的腰身那样贴体，男上衣下摆再大也不能像女上衣那样呈现波浪状的结构。

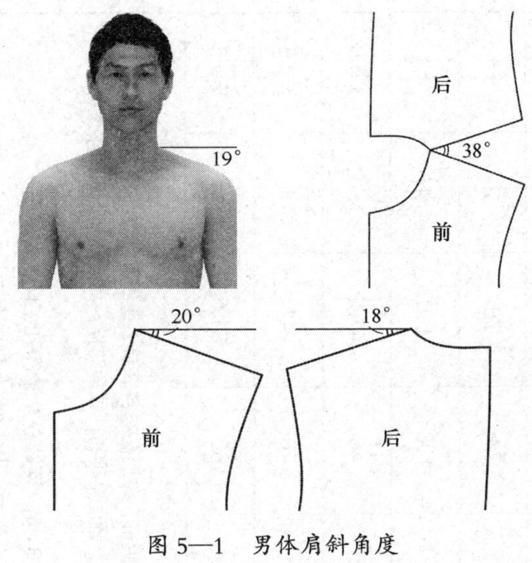

图 5—1　男体肩斜角度

第二节　男衬衫结构制图

男衬衫流行的风格较多，有英式风格、法式风格、意式风格和美式风格之分，且随着流行趋势，男衬衫由经典基础款衍生出众多款式。同时，男衬衫与其他服装的搭配空间较大，是男装品类的重要构成之一。男衬衫由于结构简单，所以常作为男装结构制图的入门学习款式。

男衬衫的生产通知单（样单）见表 5—1。

一、男衬衫款式特点概述

该男衬衫款式为翻立领，长袖，左衣片前胸贴袋一只，直腰身，反贴门襟，六粒扣，平下摆，袖口做宝剑头袖衩，两只褶裥，装圆角袖克夫。

男衬衫一般选用薄型面料制作，面料应吸湿透气性良好，如真丝绸、全棉府绸、涤棉布、青年布等。高档衬衫一般选用真丝绸类和抗皱性良好的棉质府绸面料制作，中档衬衫一般选用全棉府绸面料制作，低档衬衫一般选用化纤成分含量高的面料制作。

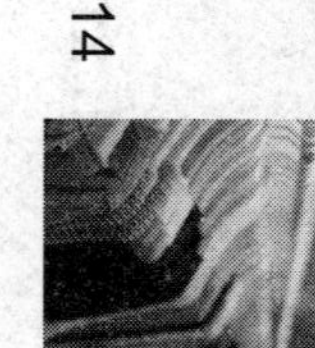

表 5—1　男衬衫生产通知单（样单）

品牌：××××	款号：××××	名称：男衬衫
纸样编号：××××	下单日期：××××	完成日期：××××

款式图：

系列规格表（5·4）　单位：cm

部位		165/84A	170/88A	175/92A	档差	公差
部位 \ 规格		S	M	L		
1	后衣长	72	74	76	2	±1
2	胸围	102	106	110	4	±1
3	肩宽	44.8	46	47.2	1．2	±0.5
4	领围	39	40	41	1	±0.3
5	袖长	58.5	60	61.5	0.5	±0.5

面料：府绸
成分：棉 100%
组织：平纹组织
幅宽：144 cm

辅料：
无纺粘合衬、纽扣、配色线、商标、洗水唛

工艺要求：
1. 贴袋：位置准确，袋底尖形，袋口左右各 3 针，缝线牢固
2. 领子：硬翻立领，领底、领面粘硬衬，领角对称，窝势准确，止口不反吐，缝线无断线
3. 门襟：反贴门襟，宽度 3 cm，两端 0.1 cm 清止口
4. 肩部育克：育克过肩 2～3 cm，0.1 cm 与前后衣片固定
5. 袖子：平装袖，埋夹工艺，装袖克夫，做宝剑头袖衩
6. 脚口：手工缲三角针，针距 1 cm
7. 缉线：各部位 1 cm 拼缝，缝线顺直，无跳针、断线现象
8. 整烫：各部位熨烫到位，平服，无亮光、水花、污迹，底边平直无起浪现象
9. 针迹：缝线 14 针 /3 cm

工艺编制：　　　　工艺审核：　　　　审核日期：

二、男衬衫制图规格尺寸（见表 5—2）

表 5—2　男衬衫制图规格尺寸表　　单位：cm

号型	后衣长	胸围	肩宽	领围	袖长
170/88A	74	106	46	40	60

三、男衬衫结构制图（见图 5—2）

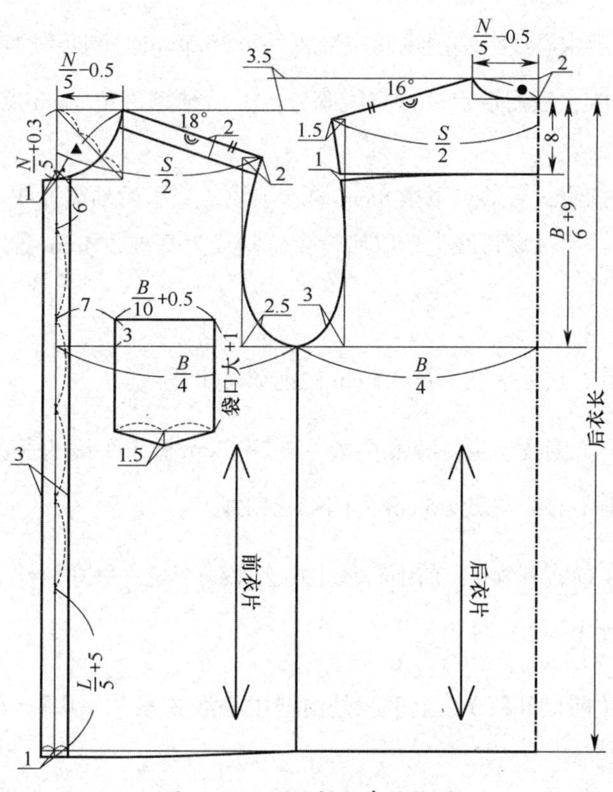

图 5—2　男衬衫衣身结构图

1. 后衣片结构

（1）上平线：绘制水平线一条。

（2）后中心线（背中线）：绘制上平线的垂直线。

（3）后领深线（后直开领）：上平线沿后中心线下量 2 cm，取后颈点，过点做水平线为后领深线。

（4）下平线：由后领深线下量后衣长 74 cm 绘制水平线为下平线。

（5）袖窿深线（胸围线）：后领深线下量$\frac{B}{6}+9=26.7$ cm绘制水平线一条。

（6）后领宽线（后横开领）：上平线处由后中心线向左量取$\frac{N}{5}-0.5=7.5$ cm为后颈肩点，过点绘制竖线与后领深线相交。

（7）后肩斜线：以后颈肩点为圆心，量取16° 角定肩斜线。

（8）后肩宽：后中心线向后肩斜线水平量取$\frac{S}{2}=23$ cm点为后肩端点。

（9）后背宽线：后肩端点向右量取1.5 cm冲肩量，并绘制竖线。

（10）侧缝线：后中心线沿胸围线向左量取$\frac{B}{4}=26.5$ cm绘制竖线为侧缝线。

（11）后袖窿弧线：后肩端点、背宽线等分点、后袖窿夹角3 cm点、后胸围大端点弧线连接。

（12）后育克分割线：后颈点下量8 cm做水平线，交于后袖窿弧线。

（13）后袖窿省：后袖窿弧线上，以后育克分割线为基准收1 cm省道。

2. 前衣片结构

（1）上平线：后衣片上平线下量3.5 cm做前衣片上平线。

（2）前中心线：胸围线上由侧缝线左量$\frac{B}{4}=26.5$ cm做上平线的垂直线为前中心线。

（3）搭门宽：前中心线左量1.5 cm为门襟止口线。

（4）前领深线（前直开领）：前中心线上由上平线下量$\frac{N}{5}+0.3=8.3$ cm为前颈点，过点做水平线为前领深线。

（5）前领宽线（前横开领）：上平线处由前中心线右量$\frac{N}{5}-0.5=7.5$ cm为前颈肩点，过点做竖线。

（6）前肩斜线：以前颈肩点为圆心，量取18° 角定肩斜线。

（7）前肩宽：在前肩斜线上以后衣片肩斜长度为准量取前肩斜线长度。

（8）前胸宽：前肩端点向左量取2 cm冲肩量，绘制竖线为前胸宽线。

（9）前袖窿弧线：前肩端点、胸宽线等分点、袖窿夹角2.5 cm一点、胸围大端点连弧线。

（10）底边线：门襟止口线与衣片底边线下量1 cm，并与侧缝连顺。

（11）前育克分割线：沿前肩斜线向下2 cm做平行线。

（12）前胸袋：距前中心线7 cm、胸围线向上3 cm定前胸袋，胸袋口大为$\frac{B}{10}+0.5=11.1$ cm，口袋深为袋口大+1=12.1 cm，袋底向下1.5 cm做尖形。

3. **袖子结构（见图 5—3）**

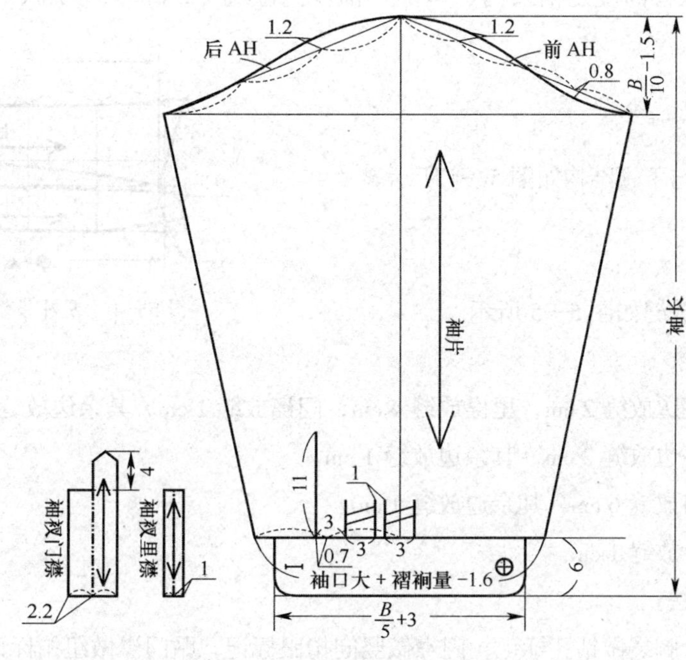

图 5—3 男衬衫袖子结构图

（1）上平线：绘制水平线一条。

（2）下平线：上平线下量袖长为下平线（袖口线）。

（3）袖山深线：上平线下量 $\frac{B}{10}-1.5=9.1$ cm 定袖山深线。

（4）袖口缝线：下平线向上 6 cm 水平绘制袖口缝线。

（5）袖中线：绘制上平线垂直线，交点为袖山顶点。

（6）前、后袖山斜线：由袖山顶点向袖山深线分别向左向右以前、后袖窿弧线长度绘制斜线。

（7）前后山弧线：前袖山斜线四等分，分别在上、下等分点处外凸 1.2 cm、内凹 0.8 cm，并将袖山顶点与两点连弧线至袖肥端点。

（8）后袖山弧线：后袖山斜线三等分，上侧等分点处外凸 1.2 cm，并将袖山顶点与该点连弧线至袖肥端点。

（9）袖克夫：下平线处取长 $\frac{B}{5}+3=24.2$ cm、宽 6 cm 为袖克夫，并绘制出圆角。

（10）袖口缝线大：以“袖口大 + 褶裥量 -1.6” cm 为袖口缝线大，并在袖克夫左右均等分配余量。

（11）袖衩与褶裥：以后袖片等分点偏左 0.7 cm 垂直向上 11 cm 定袖衩，并距袖衩

3 cm 向右定两个 3 cm 宽褶裥，褶裥间距 1 cm。

（12）依据袖衩高度定袖衩门、里襟，袖衩门襟宽 2.2 cm、高 15 cm，袖衩里襟宽 1 cm、高 11 cm。

4. 领子结构

男衬衫上领与下领结构如图 5—4 所示。

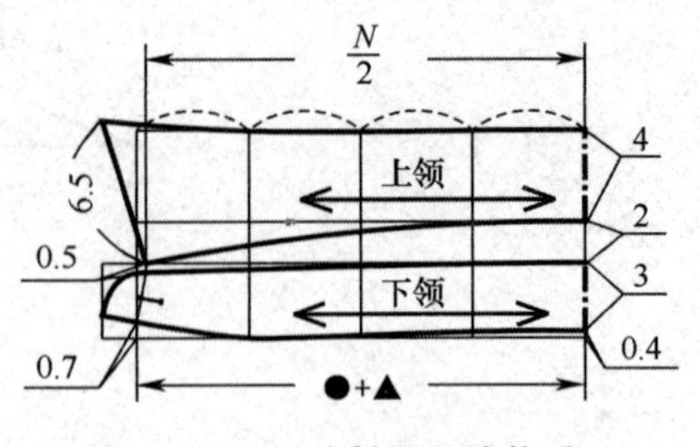

图 5—4 男衬衫领子结构图

5. 裁片放缝

男衬衫裁片放缝如图 5—5 所示。

（1）放缝要求

1）前衣片底边放缝 2 cm，里襟放缝 4 cm，门襟放缝 1 cm，其余边放缝 1 cm。

2）后衣片底边放缝 2 cm，其余边放缝 1 cm。

3）贴袋袋口放缝 6 cm，其余边放缝 1 cm。

4）其余裁片放缝 1 cm。

（2）标记方法

1）左前衣片胸袋做钻孔标记，门襟做竖向扣眼标记，贴门襟做纽扣标记。

2）下领两端做纽扣与扣眼标记，下口做装领三眼刀标记，上口做装上领标记刀眼符号。

3）袖片开衩位做钻眼符号与褶裥刀眼符号。

4）袖克夫做纽扣与扣眼标记。

5）袖山与袖窿做装袖对位刀眼标记。

四、男衬衫制图要点说明

1. 一般男衬衫胸围放松量为 20 cm 左右。

2. 前后衣片的肩斜采用角度定位方法，后衣片用 16° 角、前衣片用 18° 角定肩斜，总角度和为 34° 。而男性肩斜总角度为 38° ，因此要给肩部留一定的放松量。

3. 后衣片的后领深一般 2 cm 左右，不易过深，要考虑到男衬衫成品包装要求领子直立的特点，过深不易包装。

4. 后衣片育克分割后需要在袖窿处做 1 cm 左右省道。

5. 前衣片反贴门襟，在肩部裁剪一部分与后衣片育克合并，分割大小需要由款式而定。

6. 短袖与长袖的结构制图方法相同，只是长度较短。

7. 男衬衫袖克夫的形状由款式而定，法式男衬衫与意式男衬衫为反袖克夫（即双倍袖克夫宽翻折）。

8. 袖克夫开衩与褶裥的大小以及袖衩门襟的形状因款式而定，不拘一格。

9. 领圈与下领底放缝 1 cm，在制作过程中利用修剪样板将裁片放缝修剪成 0.6 cm。

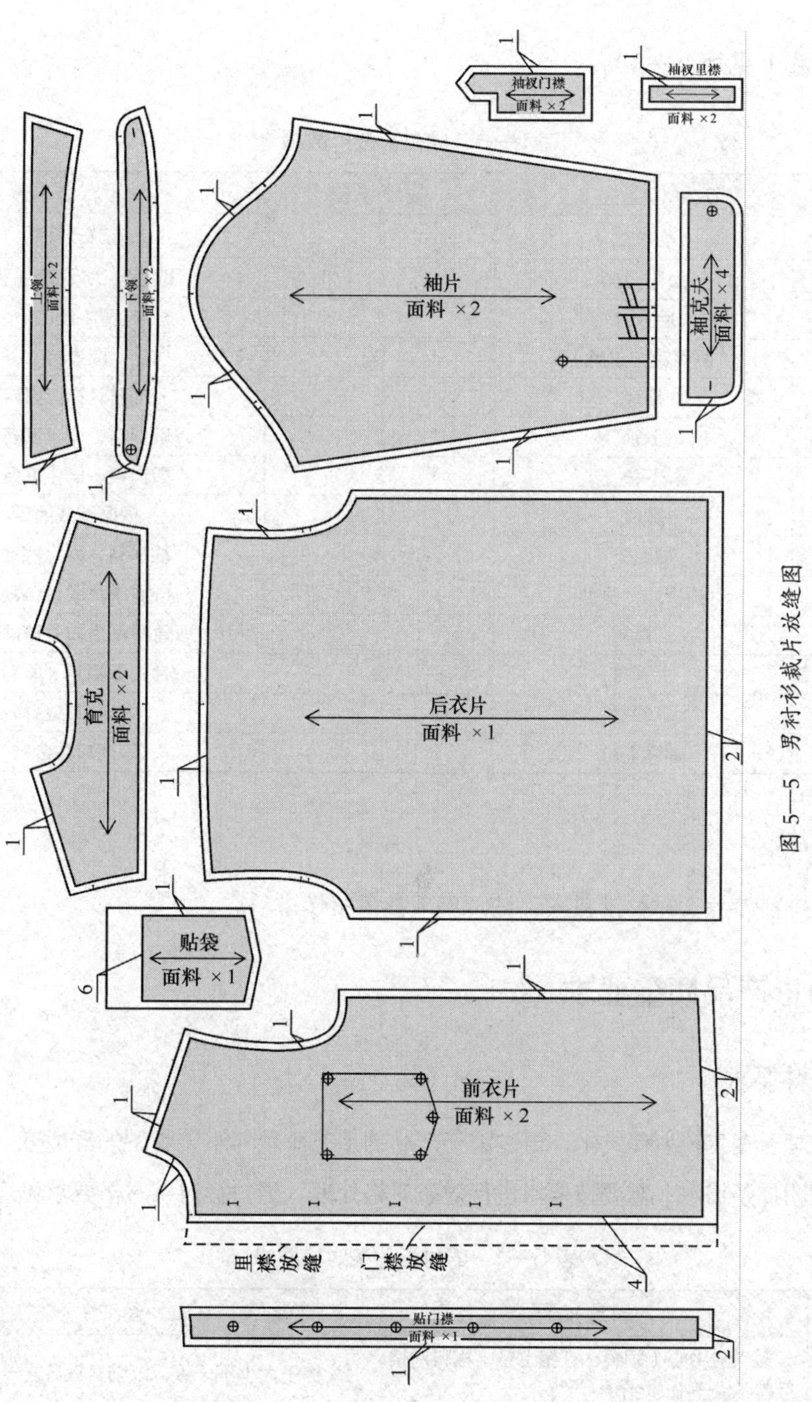

图 5—5 男衬衫裁片放缝图

五、男衬衫排料

1. 裁片数量（见表5—3）

表5—3　男衬衫裁片数量

编号	部位名称	裁片数量	用料要求
1	前衣片	2	左右对称
2	反贴门襟	1	取直料，门襟贴门襟
3	后衣片	1	背中连口
4	后育克（过肩）	2	取直料
5	袖片	2	左右对称，直料
6	上领	2	取直料，面、底各1
7	下领	2	取直料，面、底各1
8	胸袋	1	根据款式而定
9	袖克夫	4	取直料，面、底各2
10	袖衩门、里襟	各2	按要求裁取直料裁剪
11	门襟衬	1	取直料粘合衬，按面料定
12	上领衬	2	粘合衬取直料、斜料各1
13	下领衬	1	取直料粘合衬
14	袖克夫衬	2	取直料粘合衬

2. 排料方法

男衬衫排料参考女衬衫排料图，注意事项参考裙装排料。

六、男衬衫产品质量要求

1. 条格面料要求

男装相对于女装较为程式化，更注重于产品的工艺质量与服装版型的舒适度。当面料有1 cm以上的明显条格时，需要按要求进行对条对格处理。男衬衫对条对格要求见表5—4。

表5—4　男衬衫对条对格要求

部位名称	对条对格要求	备注
左右前身	条料对中心（领眼、钉扣）条、格料对格，互差不大于0.3 cm	格子大小不一致，以前身三分之一上部为准
袋与前身	条料对条、格料对格，互差不大于0.2 cm	格子大小不一致，以袋前部的中心为准
斜料双袋	左右对称，互差不大于0.3 cm	以明显条为主（阴阳条除外）

续表

部位名称	对条对格要求	备注
左右领尖	条格对称，互差不大于 0.2 cm	阴阳条格以明显条格为主
袖克夫	左右袖克夫条格顺直，以直条对称，互差不大于 0.2 cm	以明显条为主
后育克	条格顺直，两肩头对比互差不大于 0.4 cm	—
长袖	条格顺直，以袖山为准，两袖对称，互差不大于 1 cm	3 cm 以下格料不对横，1.5 cm 以下条料不对条
短袖	条格顺直，以袖口为准，两袖对称，互差不大于 0.5 cm	2 cm 以下格料不对横，1.5 cm 以下条料不对条

2. 外观疵点要求

男衬衫的外观部位示意如图 5—6 所示，各部位的外观疵点要求见表 5—5。

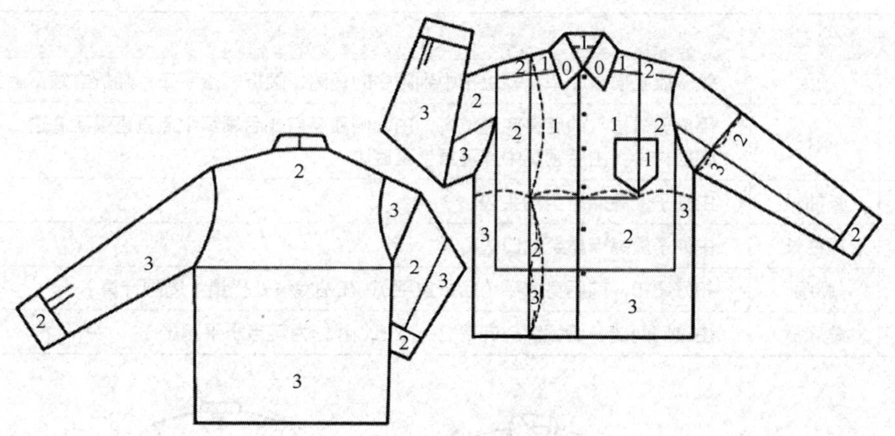

图 5—6 男衬衫外观部位示意图

表 5—5 男衬衫外观疵点要求

疵点名称	各部位允许存在疵点程度			
	0 号部位	1 号部位	2 号部位	3 号部位
粗于一倍粗纱 2 根	不允许	长 3 cm 以内	不影响外观	长不限
粗于二倍粗纱 3 根	不允许	长 1.5 cm 以内	长 4 cm 以内	长 6 cm 以内
粗于三倍粗纱 4 根	不允许	不允许	长 2.5 cm 以内	长 4 cm 以内
双经双纬	不允许	不允许	不影响外观	长不限
小跳花	不允许	2 个	6 个	不影响外观
经缩	不允许	不允许	长 4 cm、宽 1 cm 以内	不明显
纬密不匀	不允许	不允许	不明显	不影响外观
颗粒状粗纱	不允许	不允许	不允许	不允许
经缩波纹	不允许	不允许	不允许	不允许

续表

疵点名称	各部位允许存在疵点程度			
	0 号部位	1 号部位	2 号部位	3 号部位
断经断纬 1 根	不允许	不允许	不允许	不允许
擦损	不允许	不允许	不允许	轻微
浅油纱	不允许	长 1.5 cm 以下	长 2.5 cm 以内	长 4 cm 以内
色档	不允许	不允许	轻微	不影响外观
轻微色斑（污渍）	不允许	不允许	（0.2×0.2）cm^2 以内	不影响外观

3. 成品测量要求

男衬衫成品测量方法见表 5—6 和图 5—7。

表 5—6 男衬衫主要部位的测量方法

序号	部位名称	测量方法
1	领大	领子摊平横量，单立领量扣中到眼中的距离，翻折领量下口，翻折立领量上领下口
2	衣长	平摆男衬衫：前后身底边拉齐，由领侧最高点或后领窝中点垂直量至底边 圆摆衬衫：由后领窝中点垂直量至底边
3	长袖长	由袖子最高点量至袖头边
4	短袖长	由袖子最高点量至袖口边
5	胸围	扣好纽扣，前后身放平（后折拉平），在袖底缝处横量（周围计算）
6	总肩宽	由过肩两端、后领窝点向下 2 ~ 2.5 cm 处为定点水平测量

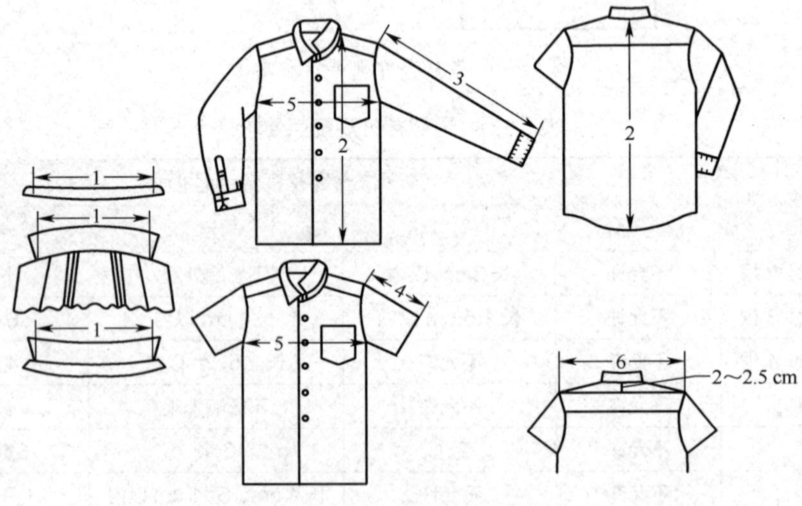

图 5—7 男衬衫成品测量示意图

七、男衬衫款式变化应用

1. 修身长袖圆下摆男衬衫

（1）款式特点概述

该款男衬衫后身育克分割，并在后腰处收腰省，前衣片翻折门里襟，圆下角贴袋，衣身圆下摆，收腰，长袖，门襟六粒扣，如图 5—8 所示。

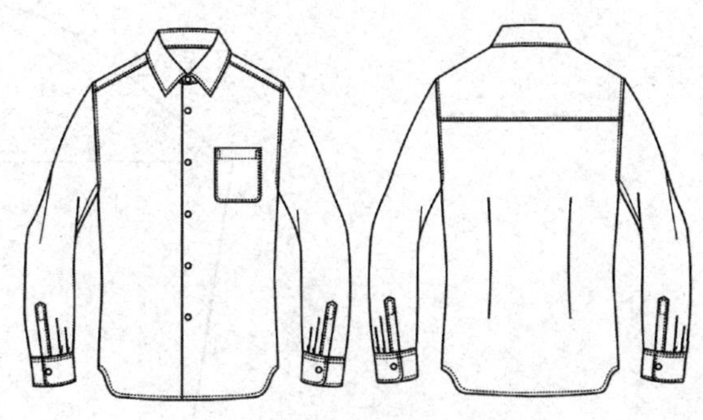

图 5—8　修身长袖圆下摆男衬衫

（2）制图规格尺寸（见表 5—7）

表 5—7　修身长袖圆下摆男衬衫制图规格尺寸表　单位：cm

号型	后衣长	胸围	肩宽	领围	袖长
170/88A	72	106	46	40	60

（3）结构制图

1）衣身结构（见图 5—9）。

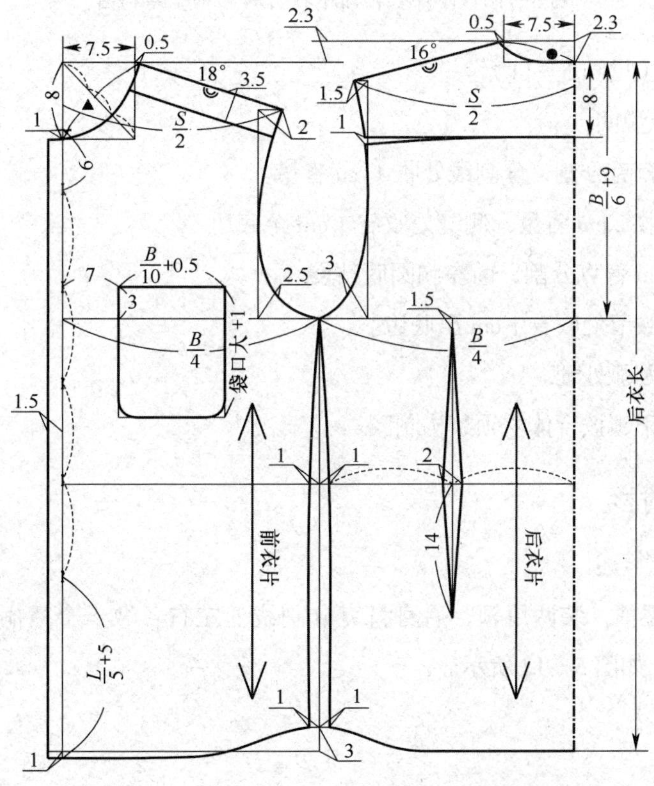

图 5—9　修身长袖圆下摆男衬衫衣身结构图

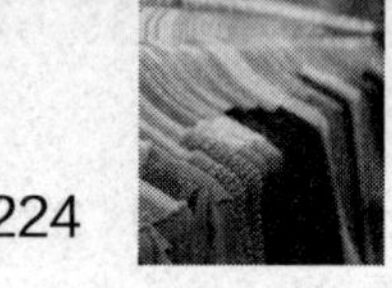

2）袖子结构（见图 5—10）。

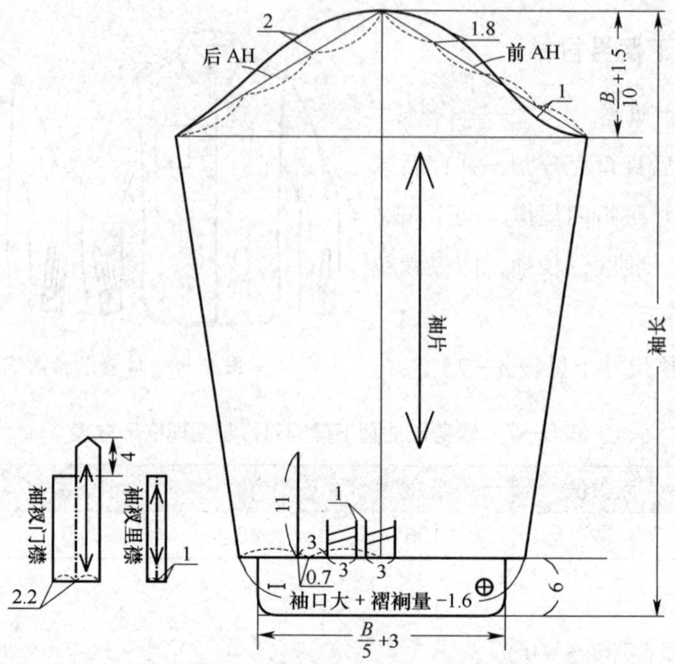

图 5—10 修身长袖圆下摆男衬衫袖子结构图

3）领子结构（见图 5—11）。

（4）制图要点说明

1）后衣片做育克分割，分割线处收 1 cm 省量。

2）后腰节处收 2 cm 省量，侧缝处收省 1 cm 至底边。

3）前肩 3.5 cm 育克分割，前左胸圆底贴袋。

4）前片侧缝腰节处收省 1 cm 至底边。

5）侧缝底边圆弧处理。

6）衬衫领的下领按合体立领结构制图。

2. 夏威夷领男衬衫

（1）款式特点概述

该款男衬衫短袖，装两用领，后身育克分割线处左右各做一个褶裥，前胸圆下角贴袋，门襟五粒扣，如图 5—12 所示。

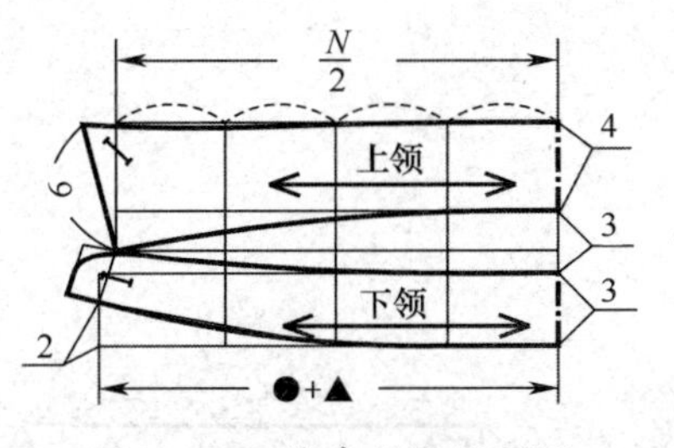

图 5—11　修身长袖圆下摆男衬衫领子结构图

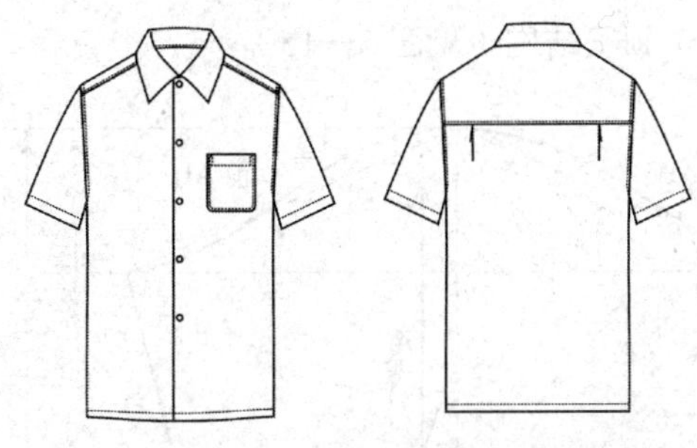

图 5—12　夏威夷领男衬衫

（2）制图规格尺寸（见表 5—8）

表 5—8　夏威夷领男衬衫制图规格尺寸表　单位：cm

号型	后衣长	胸围	肩宽	袖长	袖口大
170/88A	72	110	46	25	38

（3）结构制图

1）衣身结构（见图 5—13）。

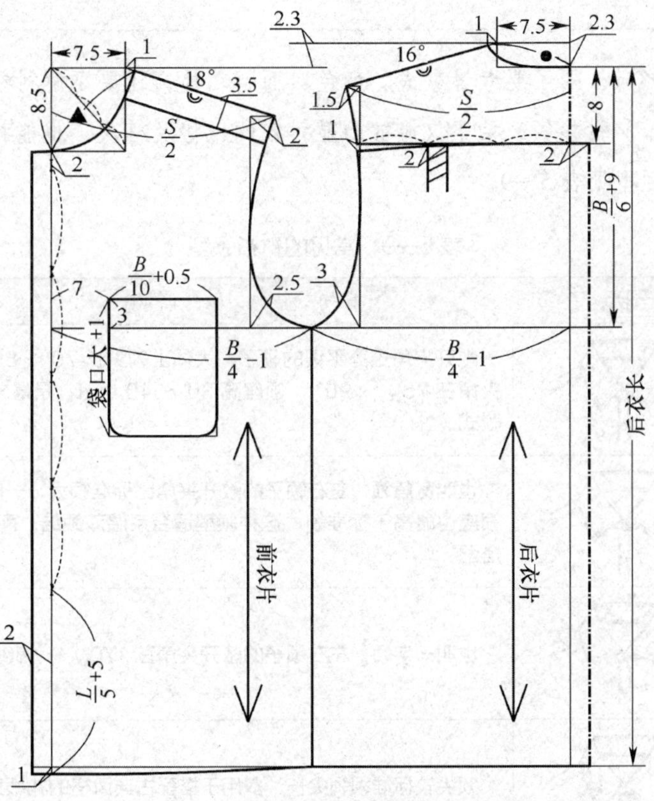

图 5—13　夏威夷领男衬衫衣身结构图

2）袖子结构（见图 5—14）。

3）领子结构（见图 5—15）。

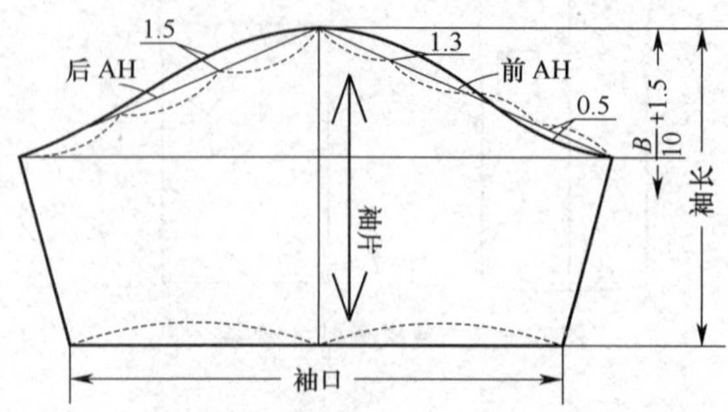

图 5—14　夏威夷领男衬衫袖子结构图

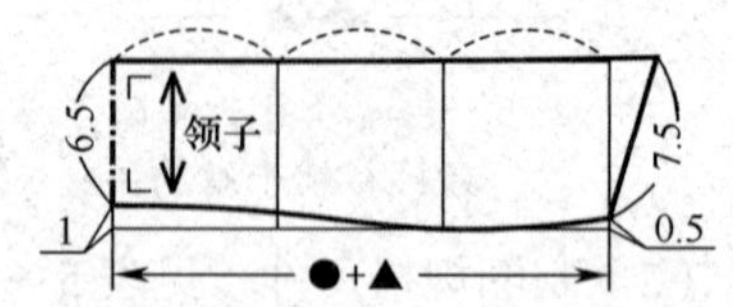

图 5—15　夏威夷领男衬衫领子结构图

（4）制图要点说明

1）后片做育克分割，分割处做 1 cm 收省。

2）前、后衣片的胸围按“$\frac{B}{4}-1$”cm 计，2 cm 作为后育克三等分处省量。

知识拓展

男士挑选衬衫时，除了要考量款式、颜色、面料之外，还要了解衬衫领、袖这两个重点部位的设计细节。衬衫领、袖不仅能够凸显衬衫的风格及档次，也能衬托出着装者的品位。常见的衬衫领型见表 5—9。

表 5—9　常见的衬衫领型

领型	图示	说明
标准领		敞开夹角走势平缓的领子，大体上领尖长 70 ～ 85 mm，左右领尖的夹角在 75° ～ 90°，领座高 30 ～ 40 mm，是最常见、最普通的衬衫款式
敞角领		也叫宽角领，左右领子的敞开夹角比标准领大，一般在 120° ～ 160°，领座也略高于标准领，这种领型适合系温莎领结，而且一般与英式西服搭配
温莎领		也叫一字领，左右领子的敞开夹角在 170° ～ 180°
长尖领		领尖较标准领领尖长，多用于搭配古典风格的礼服穿着

续表

领型	图示	说明
纽扣领		美式休闲衬衫，左右领角各有一颗纽扣
针孔领		也叫帝国领，在左右领角处各开一个孔眼，用来装领针使用
立领		没有翻领、只有下领的衬衫领，又叫中式领
礼服领		又叫翼型领，两个领角左右各有一个向外翻折的小尖领，像燕子的翅膀
伊顿领		也叫圆角领、俱乐部领，衬衫的领角为圆角型设计
异色领		领子为白色，衣身为素色或条纹面料的衬衫，一般称为牧师衬衫

第三节　男夹克衫结构制图

夹克衫是指衣长较短、胸围宽松、紧袖克夫、紧下摆式样的上衣，男女都能穿着。现代夹克衫造型多变，样式轻便、活泼、富有朝气，可作为工作服、便装甚至礼服穿着。

男夹克衫的生产通知单（样单）见表 5—10。

一、男夹克衫款式特点概述

该款夹克衫门襟装拉链，收紧下摆，装登闩，领型为两用领，前衣片门襟做纵向装饰性分割，两片袖，做袖衩，装袖克夫。

表 5—10　男夹克衫生产通知单（样单）

品牌：××××	款号：××××	名称：男夹克衫
纸样编号：××××	下单日期：××××	完成日期：××××

款式图：

系列规格表（5·4）　　单位：cm

部位	规格	165/84A	170/88A	175/92A	档差	公差
		S	M	L		
1	后衣长	63	65	67	2	±1
2	胸围	104	108	112	4	±1
3	肩宽	44.8	46	47.2	1.2	±0.5
4	背长	42	43	44	1	±0.5
5	袖长	58.5	60	61.5	1.5	±0.5
6	袖口	26	27	28	1	±0.5

面料：纱卡
成分：棉 100%
组织：斜纹组织
幅宽：144 cm

辅料：
无纺粘合衬、明拉链、肩棉（垫肩）、配色线、商标、纽扣、洗水唛

工艺要求：
1. 领子：两用翻领，领外口缉明线，领角窝势准确、左右对称、长度一致，挖领脚
2. 袖子：两片袖，圆装，衣片袖山明线装饰固定，袖口装袖克夫，开袖衩
3. 斜插袋：袋口大 14 cm，宽 2 cm，四周缉 0.1 cm 明线
4. 登门：底边登门侧缝处断开，收紧下摆
5. 门襟：纵向分割，拉链不露齿
6. 里料：1 cm 拼缝里料，倒烫 1.3 cm，烫出 0.3 cm 坐势
7. 缉线：各部位 1 cm 拼缝，缝线顺直，无跳针、断线现象
8. 整烫：各部位熨烫到位，平服，无亮光、水花、污迹，底边平直无起浪现象
9. 针迹：缝线 14 针 /3 cm

工艺编制：　　　　工艺审核：　　　　审核日期：

二、男夹克衫制图规格尺寸（见表 5—11）

表 5—11　男夹克衫制图规格尺寸表　　单位：cm

号型	后衣长	胸围	肩宽	背长	袖长	袖口
170/88A	65	108	46	43	60	27

三、男夹克衫结构制图

1. 衣身结构（见图 5—16）

男夹克衫衣身结构制图方法参考男衬衫结构制图。

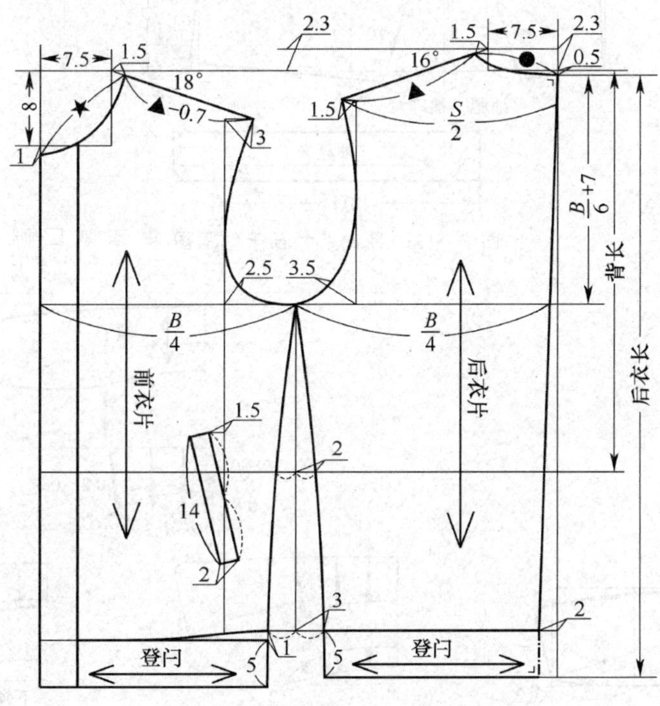

图 5—16　男夹克衫衣身结构图

2. 袖子结构（见图 5—17）

3. 领子结构

（1）领子结构图（见图 5—18）

（2）领子做下领座（领脚）方法（见图 5—19）

1）距翻折线 0.8 cm 在领座处做领脚分割线至颈肩点前 5 cm 左右。

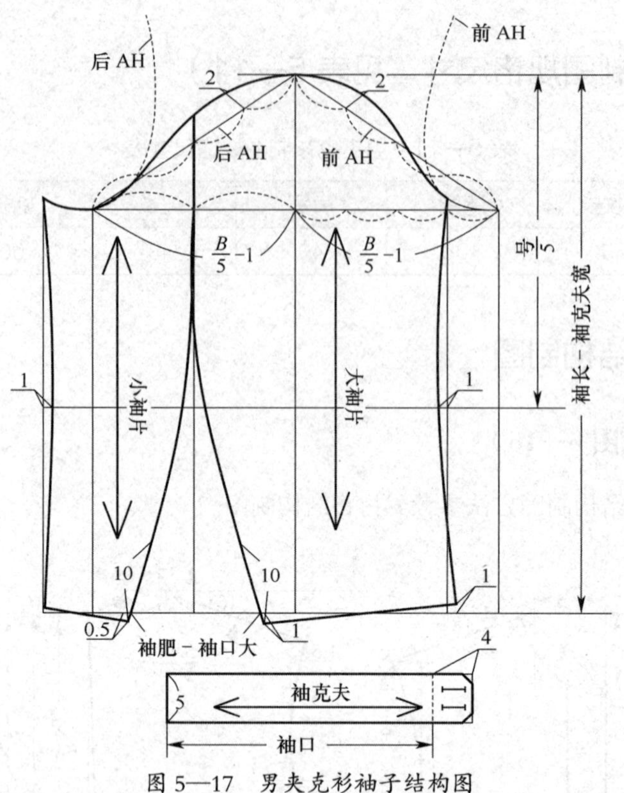

图 5—17 男夹克衫袖子结构图

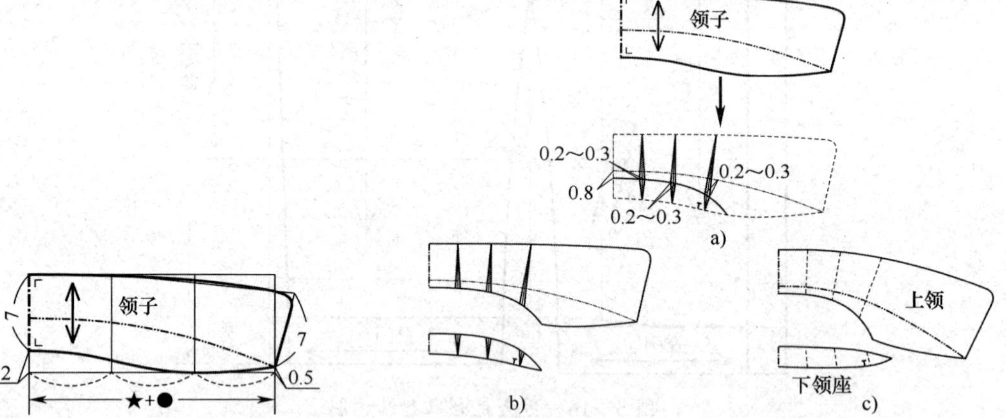

图 5—18 男夹克衫领子结构图

图 5—19 男夹克衫领子做下领座方法

2）做 3 条纵向分割线，并在分割线上做 0.2 ～ 0.3 cm 的省道量。

3）分别将上领与领脚的省道合并。

4）修顺上领的上、下领口弧线与领脚的上、下口弧线。

4. 裁片放缝

男夹克衫裁片放缝及对位标记如图 5—20 所示。

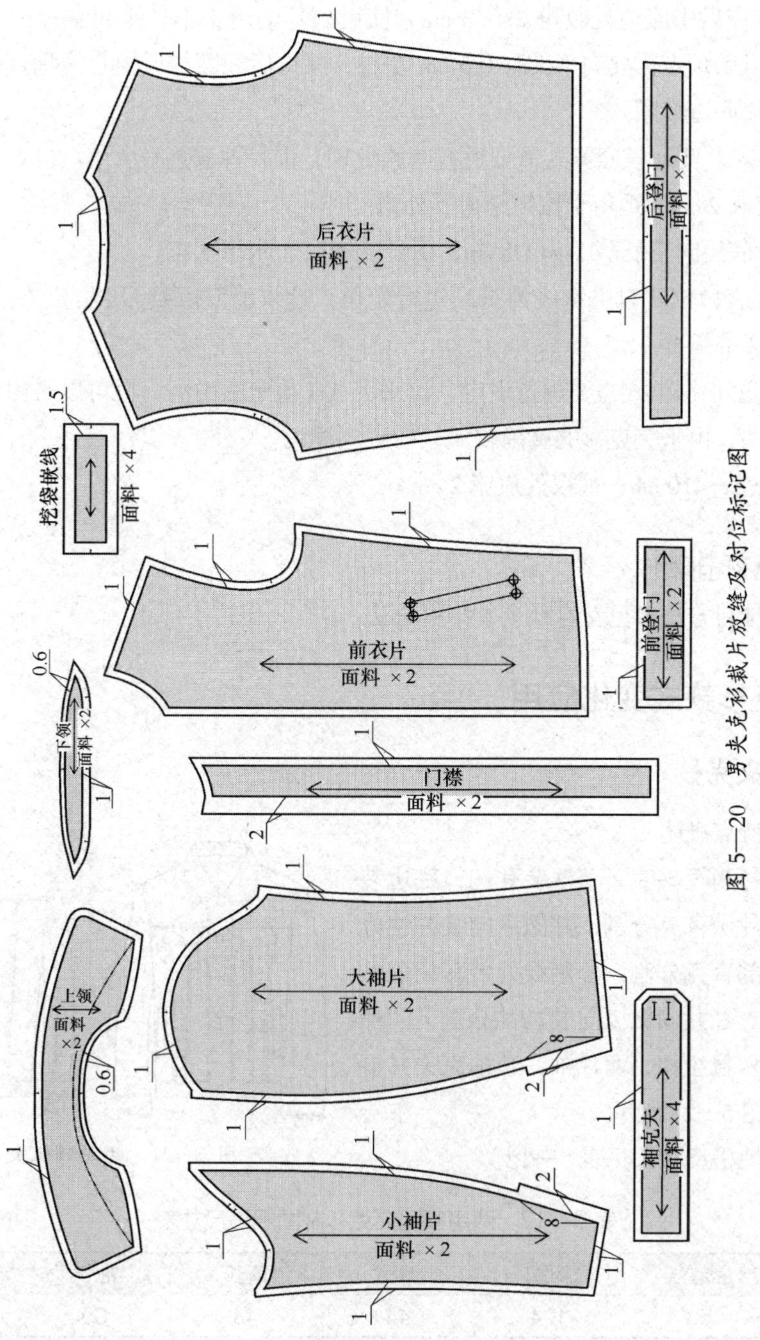

图 5—20　男夹克衫裁片放缝及对位标记图

四、男夹克衫制图要点说明

1. 后衣片在后中底边处收进 2 ～ 3 cm，使后衣片的后中不外张起空；由于后中为直线连折口，所以后颈点需要向下偏移 0.5 cm 左右，保持后领圈与后中心线垂直关系；后衣片展开口将衣片底边修顺。

2. 前、后衣片侧缝按照款式需要进行收腰处理，前片冲肩量较大。

3. 门襟放缝 2 cm，适用于拉链牙齿不外露。

4. 前衣片底边向下低落 1 ～ 1.5 cm，保证成衣底边水平状态。

5. 前衣片袋口位置以胸宽线为基准进行定位，这样既照顾到服装的比例关系，又满足了手部插口袋的需要。

6. 袖山高度根据款式需要进行设定，可采用 AH 值定袖山高，也可以采用胸围比例关系定袖肥的方法，由于夹克衫的胸围较大，袖肥也很大。

7. 袖衩长 8 ～ 10 cm，袖衩处放缝 2 cm。

五、男夹克衫排料

男夹克衫排料方法参见女春秋上衣排料方法。

六、男夹克衫款式变化应用

1. 两用领短夹克衫

（1）款式特点概述

该款夹克衫为短夹克，下摆装登闩，底边装收紧袢，后衣片做育克分割，并做纵向装饰性分割，前衣片肩部育克分割，分割线处装有袋盖贴袋，贴袋与前衣片共同做纵向装饰性分割，门襟做纵向分割，六粒纽扣，两片袖，装袖克夫并钉一粒纽扣，如图 5—21 所示。

图 5—21　两用领短夹克衫

（2）制图规格尺寸（见表 5—12）

表 5—12　两用领短夹克衫制图规格尺寸表　　单位：cm

号型	后衣长	胸围	肩宽	背长	袖长	袖口
170/88A	58	104	44	43	60	24

（3）结构制图

1）衣身结构（见图 5—22）。

2）袖子结构（见图 5—23）。

3）领子结构（见图 5—24）。

（4）制图要点说明

1）前、后衣片颈肩点沿肩斜线由人体颈肩点下移 1 cm。

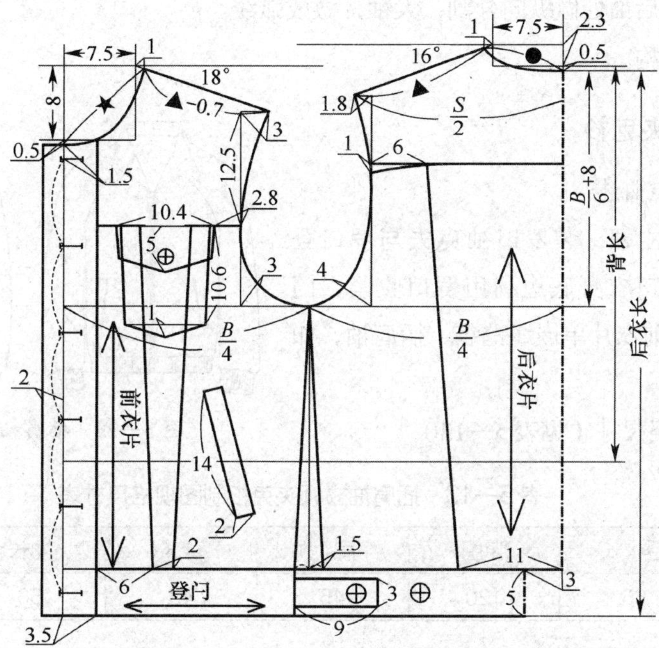

图 5—22 两用领短夹克衫衣身结构图

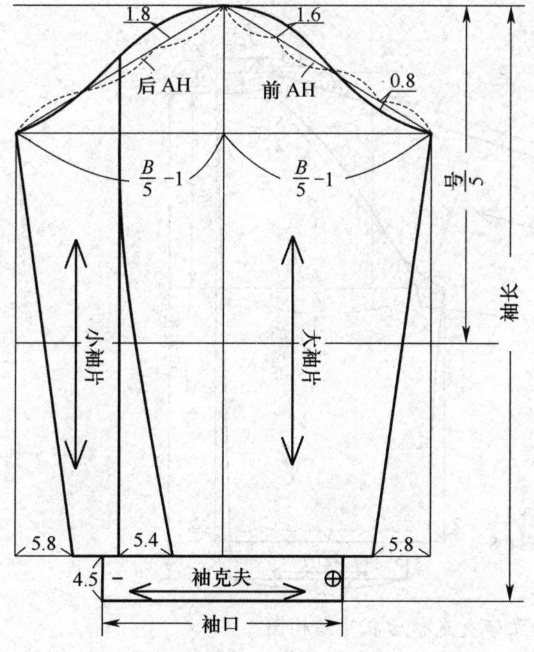

图 5—23 两用领短夹克衫袖子结构图

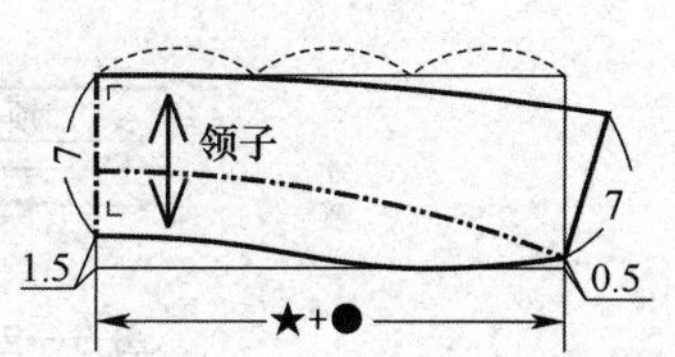

图 5—24 两用领短夹克衫领子结构图

2）后颈点下移 0.5 cm，后片做育克分割。

3）后袖窿弧线收 1 cm 省。

4）侧缝下摆前、后各收 1.5 cm，底边做登闩分割。

5）一片袖在后袖处做纵向分割，大袖片做成弧线。

6）两用领结构。

2. 插肩袖立领夹克衫

（1）款式特点概述

该款夹克衫立领，装罗口袖克夫与罗口登闩底边，并将袖口衣身底边利用罗口收紧，门襟装漏齿拉链，前衣片单嵌线挖袋，插肩袖，如图 5—25 所示。

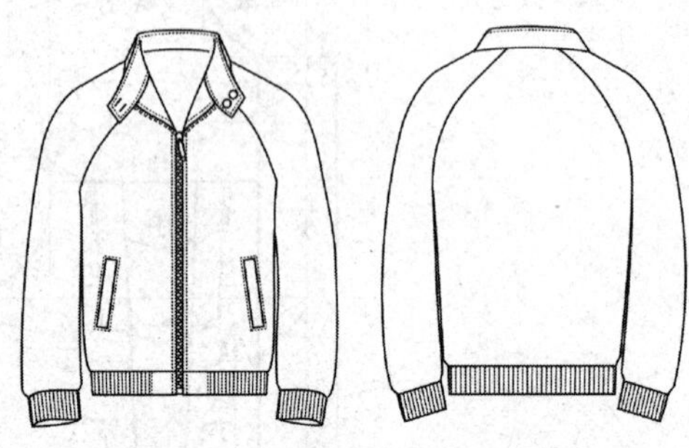

图 5—25 插肩袖立领夹克衫

（2）制图规格尺寸（见表 5—13）

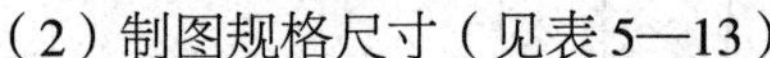

表 5—13 插肩袖立领夹克衫制图规格尺寸表 单位：cm

号型	后衣长	胸围	肩宽	背长	袖长	袖口
170/88A	66	120	45	43	60	20

（3）结构制图

1）后衣片结构（见图 5—26）。

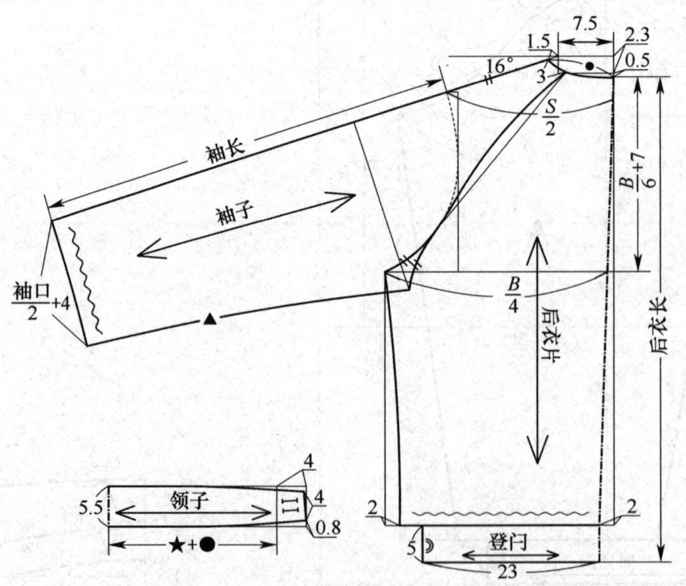

图 5—26 插肩袖立领夹克衫后衣片结构图

2）前衣片结构（见图 5—27）。

（4）制图要点说明

1）后衣片底边偏进 2 cm，领圈降低 0.5 cm，保证垂直关系。

2）袖中线按肩斜线延长，前后肩袖长相等。

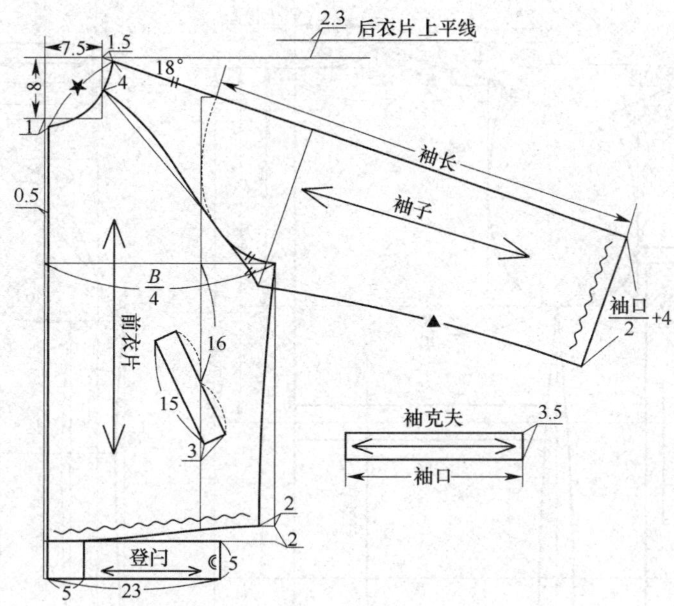

图 5—27　插肩袖立领夹克衫前衣片结构图

3）袖克夫与底边登门用罗口，相应袖口缝与底边缝在罗口尺寸上加放一定松量。

4）前片插袋以前胸宽定位置。

5）门襟装露齿拉链，需在前中心线净样偏进 0.5 cm。

6）前衣片上平线比后衣片上平线降低 2 ～ 2.5 cm。

3. 两片圆装袖休闲夹克衫

（1）款式特点概述

该款夹克衫立领，装拉链，做贴门襟，前衣片做装饰性育克分割，腰部做直插袋，后衣片腰部做横向装饰性分割，两片圆装袖，如图 5—28 所示。

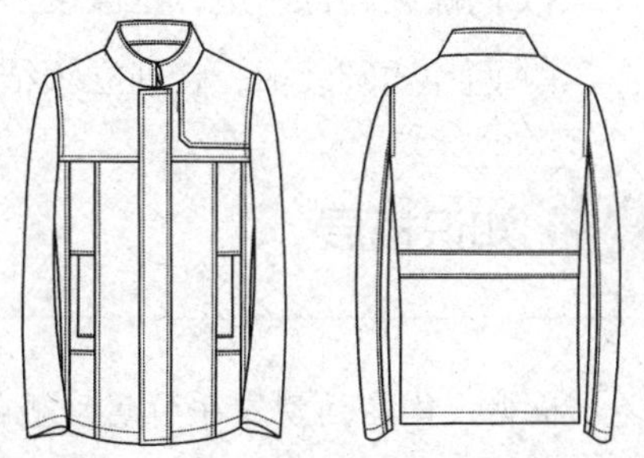

图 5—28　两片圆装袖休闲夹克衫

（2）制图规格尺寸（见表 5—14）

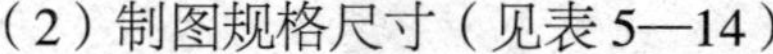

表 5—14　两片圆装袖休闲夹克衫制图规格尺寸表　　单位：cm

号型	后衣长	胸围	肩宽	背长	袖长	袖口
170/88A	71	116	46	43	60	28

（3）结构制图

两片圆装袖休闲夹克衫衣身、袖子、领子结构如图 5—29 所示。

（4）制图要点说明

1）侧缝底边收紧 2 cm，需要注意臀围处尺寸，不能过紧。

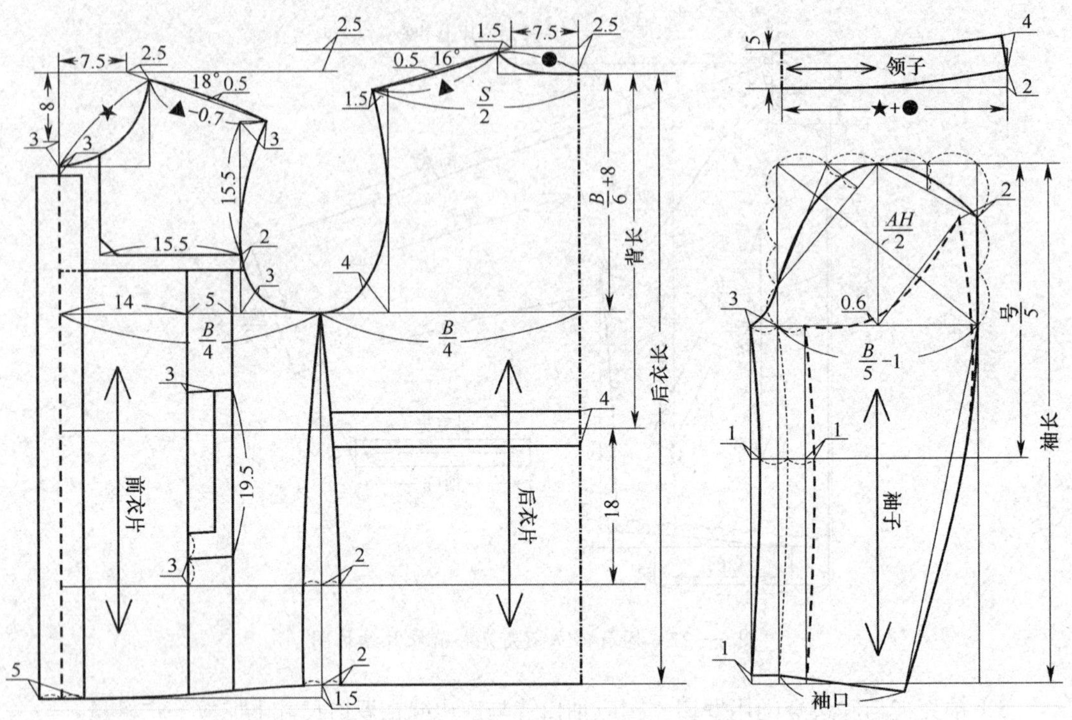

图 5—29 两片圆装袖休闲夹克衫结构图

2）后片腰节处做分割处理。

3）门襟装门襟贴边，里襟装里襟贴边，里襟贴边宽度较门襟贴边窄 2 ～ 3 cm。

4）两片式圆装袖，合理立领结构。

知识拓展

根据人体在运动中手臂运动机能需求的不同，服装插肩袖的造型也存在着差异。插肩袖袖中线的角度大小，决定着插肩袖的造型及活动量。

根据袖中线角度，可以将插肩袖分为合体型角度插肩袖、普通型角度插肩袖和宽松型角度插肩袖。各类插肩袖角度分别为：合体型 30° ～ 40°，普通型 40° ～ 60°，宽松型 60° ～ 90°，如图 5—30 所示。

在绘制插肩袖时，需要注意的是，要在前后肩端点处抬高 1 cm 且向肩外移 0.5 ～ 1 cm，用作肩棉量及弥补肩部曲线画顺时对肩宽的损失量，如图 5—31 所示。

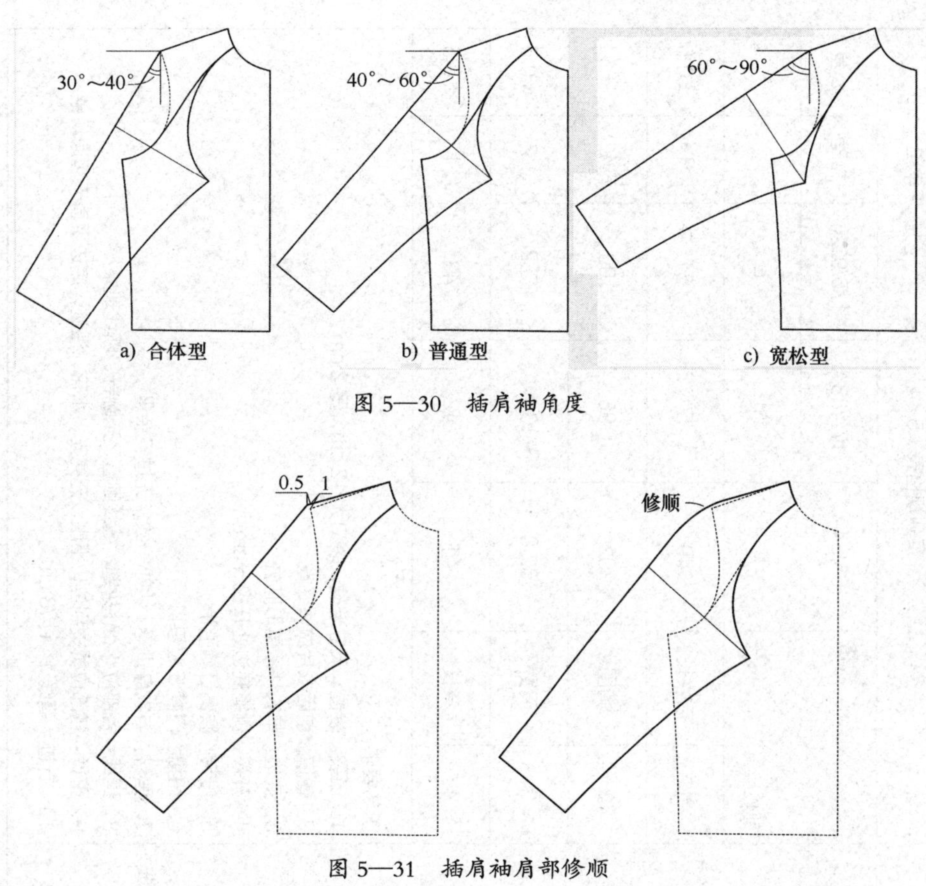

图 5—30　插肩袖角度

图 5—31　插肩袖肩部修顺

第四节　马甲结构制图

马甲是一种没有衣袖的短上衣，其主要功能是为前胸和后背区域保温，同时便于双臂活动。马甲的长度通常在腰以下臀以上，但女式马甲中有少数长度不到腰部的紧身小马甲。马甲可以穿在外衣之内，也可以作为外衣穿在内衣之外。马甲的款式按穿法有套头式和开襟式（包括前开襟、侧开襟或半襟等）；按衣身外形有收腰式、直腰式等；按领型有无领、立领、驳领等。马甲主要有西服马甲、棉马甲、羽绒马甲及毛线马甲等。

马甲的生产通知单（样单）见表 5—15。

表 5—15　马甲生产通知单（样单）

品牌：××××	款号：××××	名称：马甲
纸样编号：××××	下单日期：××××	完成日期：××××

款式图：

面料：华达呢
成分：棉 100%
组织：斜纹组织
幅宽：144 cm

辅料：
有纺粘合衬、配色线、商标、纽扣、洗水唛

系列规格表（5·4）　单位：cm

部位 \ 规格		165/84A	170/88A	175/92A	档差	公差
		S	M	L		
1	后衣长	49	50	51	1	±0.5
2	胸围	92	96	100	4	±1
3	肩宽	32.8	34	35.2	1.2	±0.5
4	背长	41	42	43	1	±0.5

工艺要求：
1. 口袋：袋位、尺寸准确，袋口大 12 cm，宽 2 cm
2. 省道：前后衣片做通底省
3. 底边：前衣片燕尾形底边
4. 开衩：侧缝底边处开衩 5 cm
5. 腰带：腰侧钉缝腰带
6. 纽扣：门襟 5 粒纽扣
7. 里料：与衣身拼缝，大小一致，无过多余量
8. 缉线：各部位 1 cm 拼缝，缝线顺直，无跳针、断线现象
9. 整烫：各部位熨烫到位，平服，无亮光、水花、污迹，底边平直无起浪现象
10. 针迹：缝线 14 针 /3 cm

工艺编制：　　　　工艺审核：　　　　审核日期：

一、马甲款式特点概述

该马甲款式为合体型，窄肩线，后衣片腰部收省，并做后腰袢，前衣片无领结构，前腰收省，做单嵌线挖袋，门襟五粒纽扣，侧缝底边处开短衩。

二、马甲制图规格尺寸（见表 5—16）

表 5—16　马甲制图规格尺寸表　　单位：cm

号型	后衣长	胸围	肩宽	背长
170/88A	50	96	34	42

三、马甲结构制图

1. 衣身结构（见图 5—32）

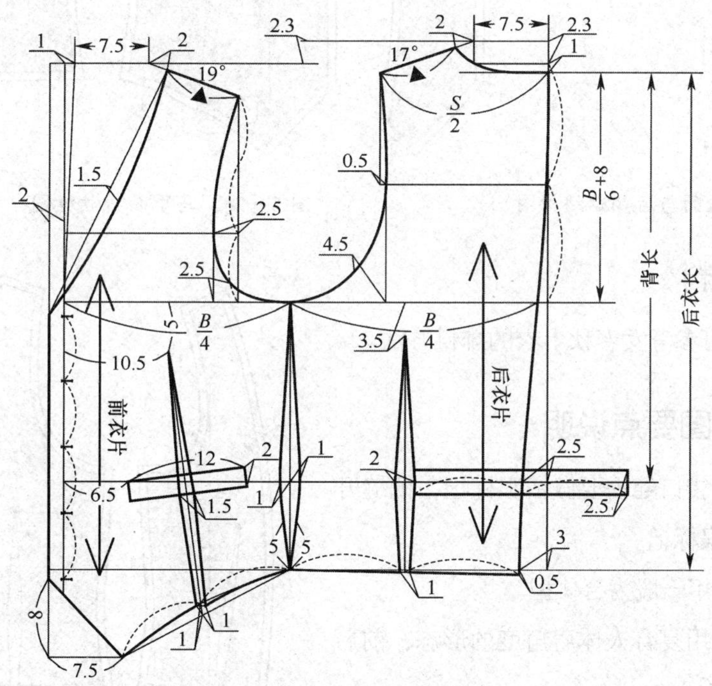

图 5—32　马甲衣身结构图

2. 零部件结构

由于马甲肩线较短，挂面在肩部的宽度不宜过宽，取 3 cm，胸围处取 8 cm 左右，后

领贴按款式需要可不设置，如图 5—33 所示。

3. 马甲裁片放缝

马甲面、里料放缝如图 5—34、图 5—35 所示。

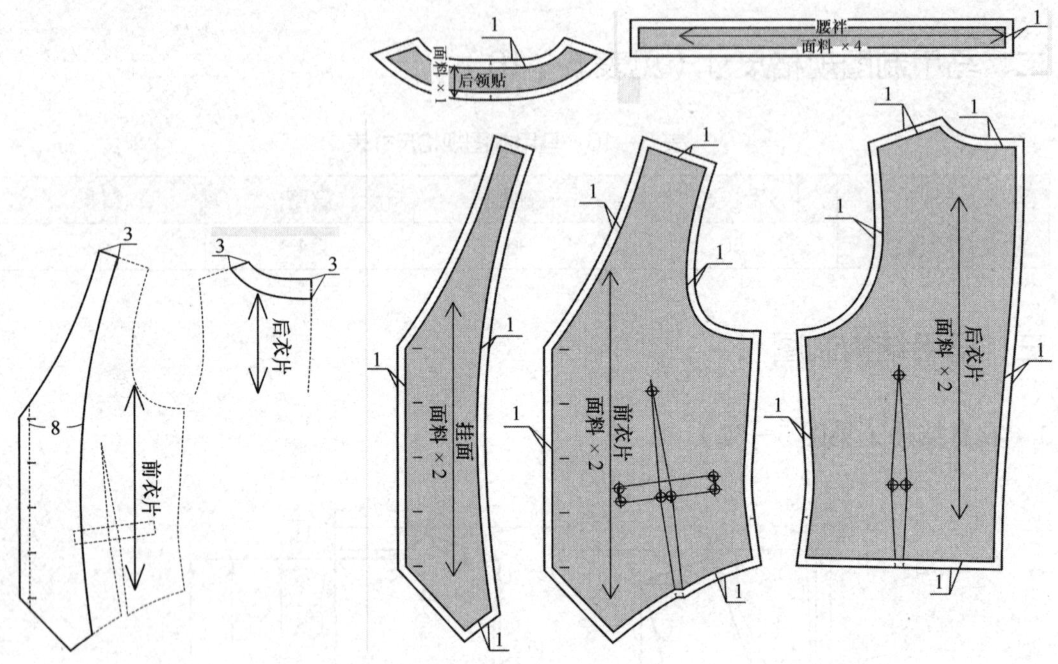

图 5—33 马甲挂面与后领贴结构图 图 5—34 马甲面料放缝图

四、马甲排料

马甲排料可参考女春秋上衣的排料方法。

五、马甲制图要点说明

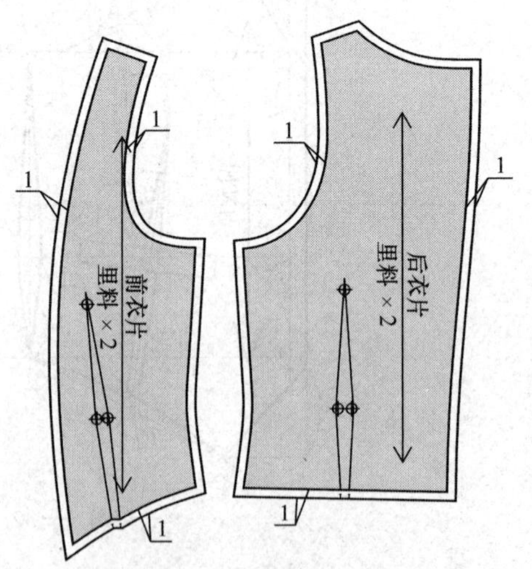

图 5—35 马甲里料放缝图

1. 省道、袋口处需要做钻眼标记，侧缝开衩处做对位刀眼标记。

2. 西服马甲一般为合体型。

3. 肩部采用复合人体肩角度的形态，前后总肩角度和为 36°。

4. 制作时前衣片与挂面粘全身衬，将前衣身做平挺。

5. 衣片面料与里料放缝同为 1 cm，成衣不需要里料在底边做过多的坐缝。

6. 袋布根据袋口形状进行裁配即可。

六、马甲款式变化应用

1. 驳领西服马甲

（1）款式特点概述

该马甲为合体西服马甲，驳领结构，前、后腰部收省，装后腰袢，前衣片做手巾袋，腰部单嵌线挖袋，门襟五粒纽扣，前片底边做燕尾形，侧缝开小衩，款式如图 5—36 所示。

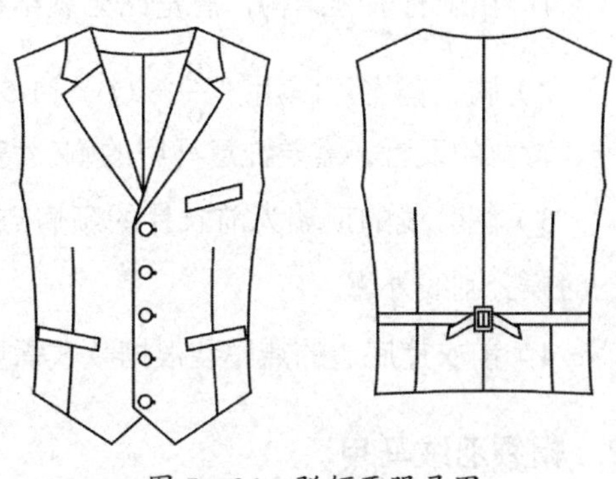

图 5—36　驳领西服马甲

（2）制图规格尺寸（见表 5—17）

表 5—17　驳领西服马甲制图规格尺寸表　　单位：cm

号型	后衣长	胸围	肩宽
170/88A	63	106	43

（3）结构制图

驳领西服马甲前、后衣片结构如图 5—37 所示。

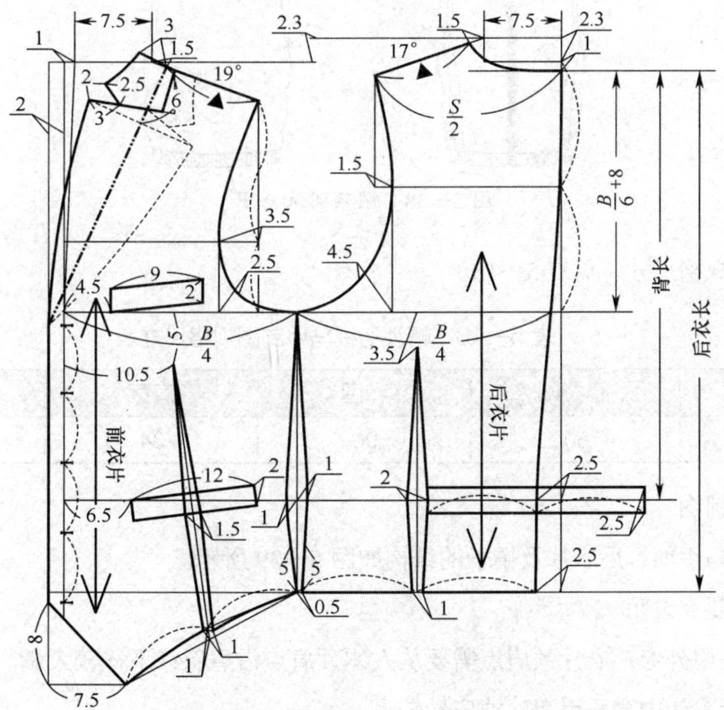

图 5—37　驳领西服马甲结构图

（4）制图要点说明

1）由于有驳领结构，肩宽比无领结构的马甲要宽。

2）胸、背宽可以用“$\frac{B}{6}$-（0～1.5）”cm 计算，也可以根据款式，利用冲肩值进行胸、背宽的设置，需要注意马甲的胸、背宽要符合人体净胸、背宽尺寸。

3）翻驳线的顶端为前衣片的颈肩点，翻领面较小，领底需要偏进翻驳线，防止翻领的时候分割线外露。

4）前衣片底边的燕尾装根据款式需要进行设计。

2. 帽领羽绒马甲

（1）款式特点概述

该款帽领羽绒马甲为宽松型衣身结构，底边装罗口登闩，略收紧下摆，门襟装露齿拉链，帽领结构，帽子做帽中，前衣片做两只直插袋，根据设计做面料切格绗缝，款式如图 5—38 所示。

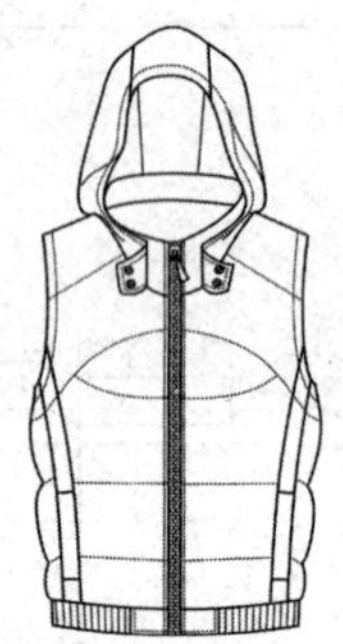
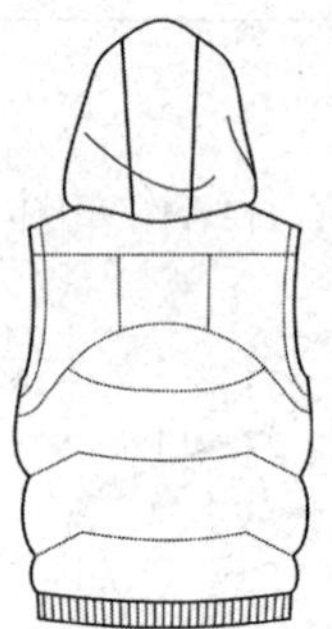

图 5—38 帽领羽绒马甲

（2）制图规格尺寸（见表 5—18）

表 5—18 帽领羽绒马甲制图规格尺寸表 单位：cm

号型	后衣长	胸围	肩宽	背长
170/88A	50	96	34	42

（3）结构制图

帽领羽绒马甲前、后衣片及帽子的结构如图 5—39 所示。

（4）制图要点说明

1）本款马甲外穿，衣片颈肩点需要从人体颈肩点沿肩斜线下移较大量。

2）胸、背宽较内穿马甲宽，冲肩量较小。

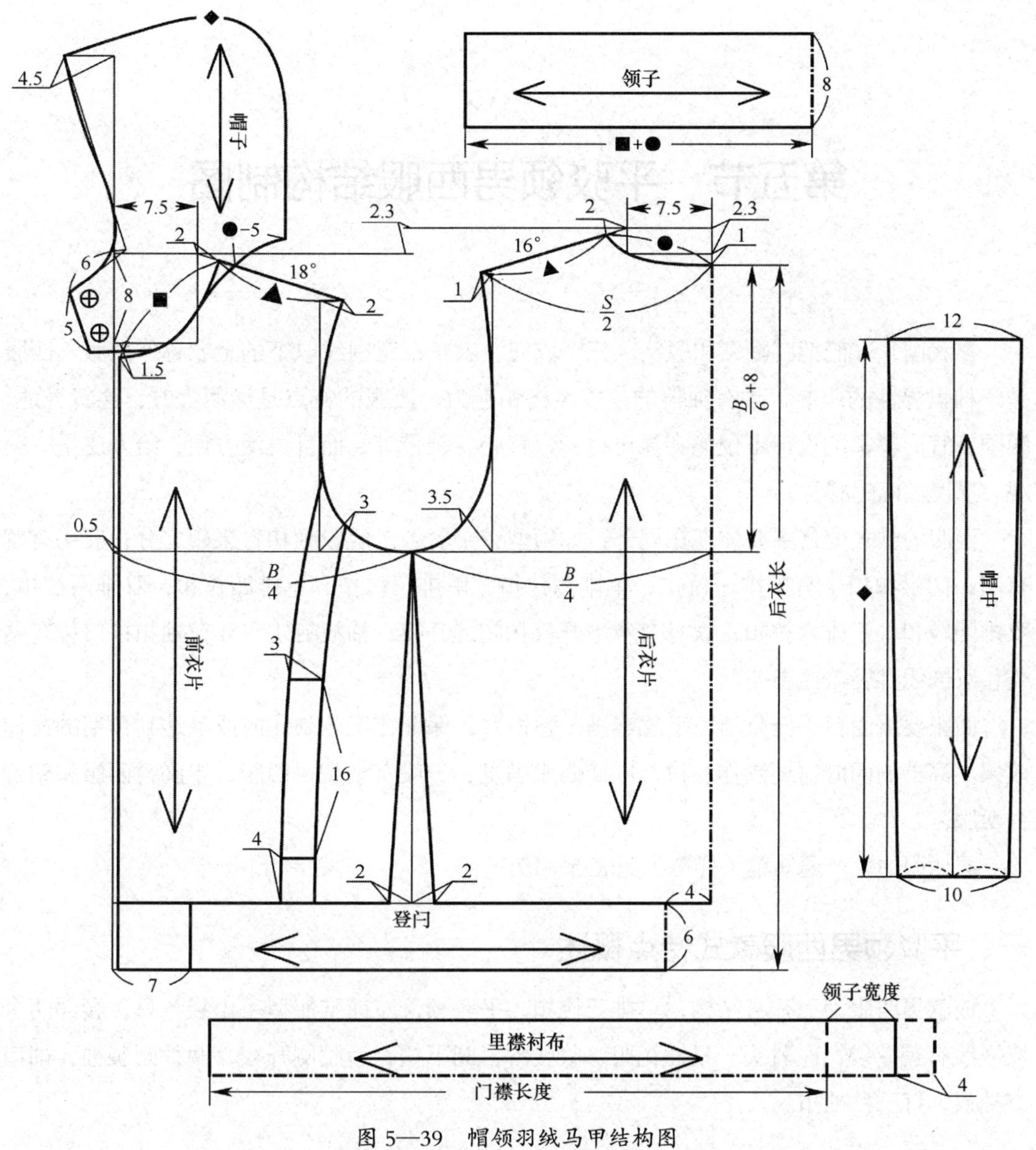

图 5—39　帽领羽绒马甲结构图

3）领子采用直立型立领结构，长度按前、后领圈弧长进行配比，领宽较大，应在 5 ～ 10 cm。

4）帽领前端钉扣，沿前领圈且由前颈点偏进 5 ～ 8 cm 设装领点，进行帽领领底绘制，同时将领底减去 5 cm 作为帽中的底端量。

5）帽中的长度按帽领的外沿进行配置。

6）衣片装露齿拉链，需在里侧钉缝里襟衬布。衬布宽 4 ～ 5 cm，长度可按门长度裁配，或长出门襟 3 cm 左右，长出部分在拉链顶端翻折至拉链正面。

7）登闩采用罗口进行制作，制作时，前门襟处有 5 ～ 7 cm 的本色面料。

第五节　平驳领男西服结构制图

在我国，人们把有翻领和驳头、三个衣兜、衣长在臀围线以下的上衣称作西服。西服是一种世界性的服装，具有独特的款式风格和魅力。西服的特点是潇洒大方，穿着舒适，四季皆宜。驳领的设计不仅能突显出衬衫、背心、领带等，而且灵活方便，给人庄重、美观、风度翩翩的感觉。

西服的款式变化主要体现在局部，如领型有平驳领、戗驳领和青果领之分；驳头有宽有窄；门襟和扣子有单排一粒扣、单排两粒扣、单排三粒扣、单排四粒扣，双排两粒扣、双排四粒扣、双排六粒扣；衣身有背中开衩和侧缝开衩；袖衩钉 1 ～ 4 粒袖扣；口袋有贴袋和双嵌线有袋盖挖袋等。

西服要求面料平挺整洁，手感丰满，弹性好，保证在工艺制作时成品达到预期的设计效果。高档的西服需要制作胸衬，以使西服满挺，一般有全胸衬西服、半胸衬西服和粘合衬西服。

男西服的生产通知单（样单）见表 5—19。

一、平驳领男西服款式特点概述

该款男西服为三开身结构，单排三粒扣，平驳领，左前胸船型手巾袋一只，腰部两个双嵌线有盖挖袋，左驳头一只插花眼，收腰省，圆下摆，后腰侧开衩，两片圆装袖，袖口有袖衩，钉三粒袖扣。

表 5—19　平驳领男西服生产通知单（样单）

品牌：××××	款号：××××	名称：平驳领男西服
纸样编号：××××	下单日期：××××	完成日期：××××

系列规格表（5·4）　单位：cm

部位 \ 规格		165/84A S	170/88A M	175/92A L	档差	公差
1	后衣长	70	72	74	2	±1
2	胸围	100	104	108	4	±1
3	肩宽	43.8	45	46.2	1.2	±0.5
4	背长	41	42	43	1	±0.5
5	袖长	58.5	60	61.5	1.5	±0.5
6	袖口	27	28	29	1	±0.5

款式图：

面料：啥味呢
成分：羊毛 100%
组织：斜纹组织
幅宽：144 cm

辅料：
有纺粘合衬、麻布衬、绒布衬、配色线、商标、纽扣、洗水唛

工艺要求：
1. 手巾袋：弯弧形船袋，袋爿粘硬衬
2. 大袋：大袋位置准确，装袋盖，袋盖有窝势，不反吐止口
3. 门襟：门襟顺直，不反吐，圆下摆
4. 开衩：后侧缝开双衩，开衩平服不反翘
5. 领子：翻驳领，领底做领底呢，止口不反吐
6. 袖子：两片圆装袖，袖口开衩，钉 3 粒袖扣，袖山吃势均匀，装袖山棉
7. 里料：1 cm 拼缝，倒烫 1.3 cm 做出 0.3 cm 坐势
8. 缉线：各部位 1 cm 拼缝，缝线顺直，无跳针、断线现象
9. 整烫：各部位熨烫到位，平服，无亮光、水花、污迹，底边平直无起浪现象
10. 针迹：缝线 14 针 /3 cm

工艺编制：　　　　工艺审核：　　　　审核日期：

二、平驳领男西服制图规格尺寸（见表 5—20）

表 5—20 平驳领男西服制图规格尺寸表 单位：cm

号型	后衣长	胸围	肩宽	背长	袖长	袖口
170/88A	72	104	45	42	60	28

三、平驳领男西服结构制图

1. 衣身结构（见图 5—40）

平驳领男西服衣身结构制图方法参考男衬衫与三开身女西服制图方法。

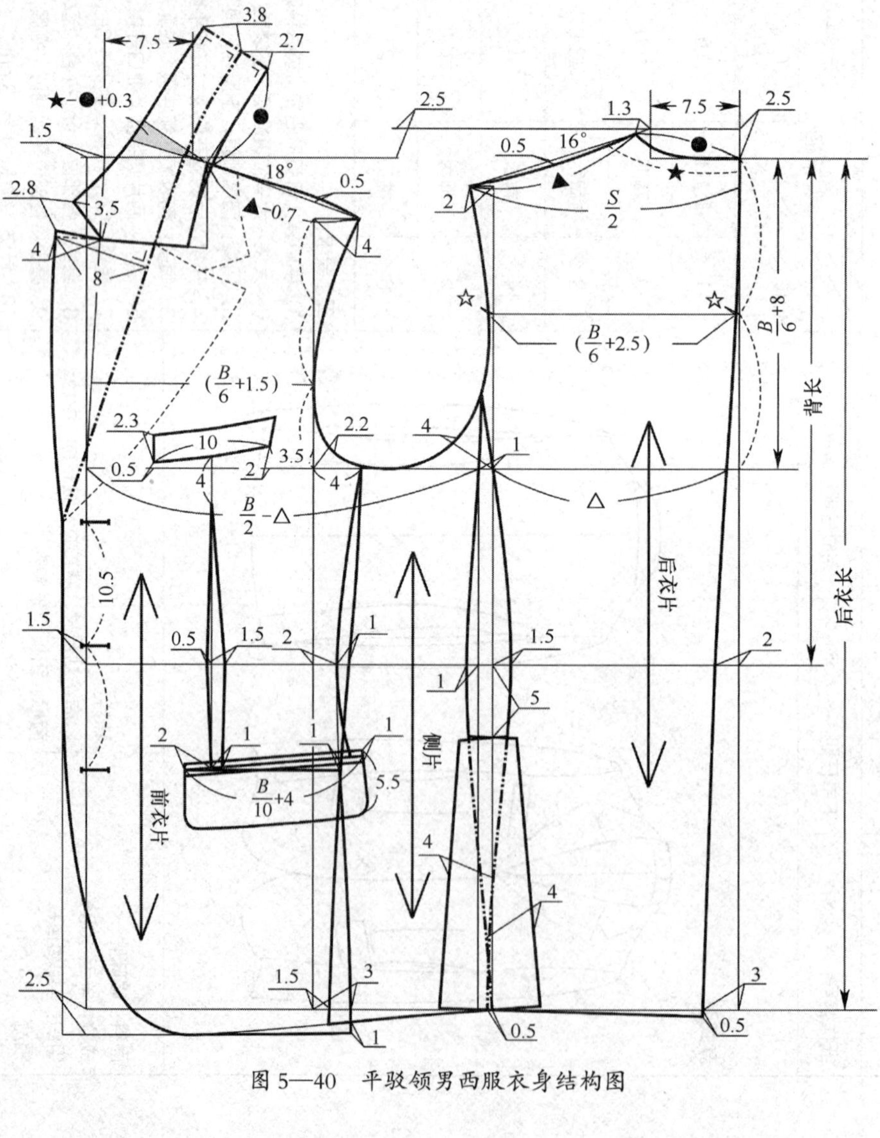

图 5—40 平驳领男西服衣身结构图

2. 袖子结构（见图 5—41）

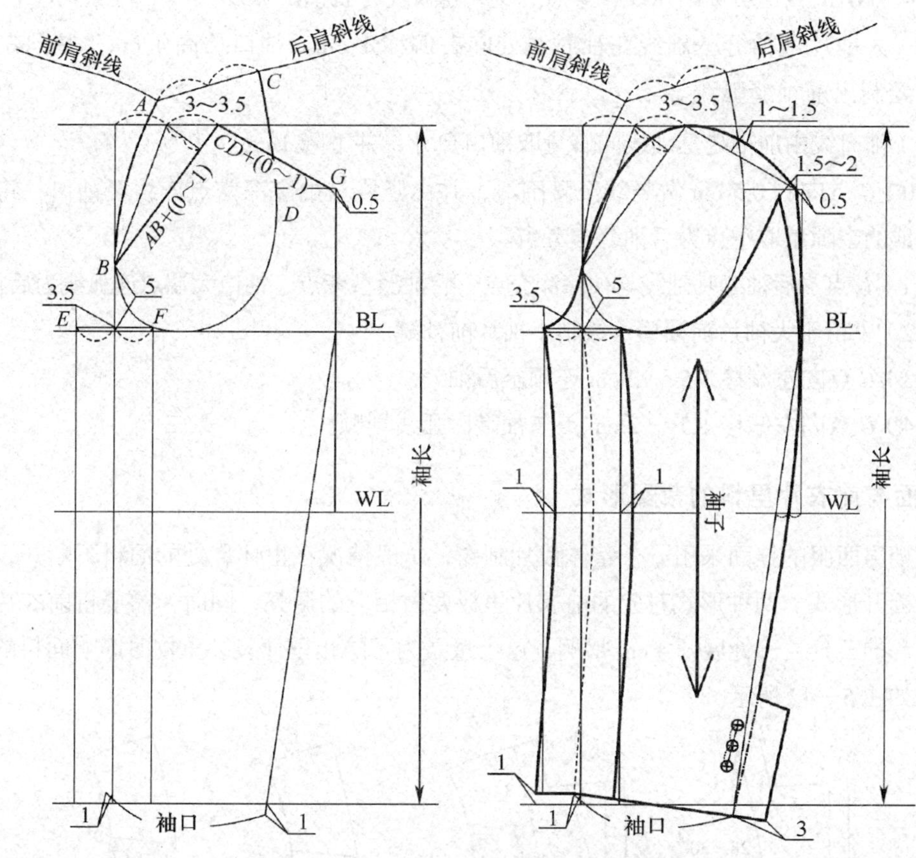

图 5—41　平驳领男西服两片圆装袖结构图

注：袖山吃量通过 AB 与 CD 的加量控制，要依据面料的厚度进行调配，加量越大，袖山吃量越大。

（1）前、后衣片肩端点 A、C 两点连线，取中点，并由该点竖直向下 3 ～ 3.5 cm 做水平线为袖子上平线，由上平线竖直向下量取袖长做下平线。

（2）袖窿深线向上 5 cm 左右在袖窿弧线找取 B 点（袖标点），并由 B 点做竖线（前袖缝基础线）交于上平线与下平线。

（3）由前袖缝基础线分别向左、向右 3 ～ 3.5 cm 做前袖缝偏袖线基础线。过偏袖线与袖窿弧线的交点做水平线，得到 E 点与 F 点。

（4）量取袖窿弧线 AB 的长度，由 B 点按弧 AB+（0 ～ 1）cm 向上平线量取前袖山弧线辅助线，交点为袖山顶点，并由前袖缝基础线端点到袖山顶点的中点做前袖山弧线辅助线的垂直线，取垂直线的中点为前袖山弧线参考点。

（5）量取背宽线与后袖窿弧线交点 D 至肩端点 C 的长度，并由袖山顶点向背宽线量取 CD+（0 ～ 1）cm 的量，交点为 G 点，做后袖山弧线辅助线，并将中点抬高 1 ～ 1.5 cm 量取一点为后袖山弧线参考点。

（6）袖山顶点与前袖山弧线参考点、B 点、E 点连弧线为前袖山弧线。

（7）袖山顶点与后袖山弧线参考点、G 点连弧线为后袖山弧线。

（8）大袖片前袖缝基础线在袖肘线处向右偏移 1 cm，袖口抬高 1 cm，并向左偏出 1 cm，绘制出前袖缝弧线。

（9）袖口线由前袖缝基础线向右量取袖口尺寸，并下降 1 cm。

（10）G 点向右 0.5 cm 做竖线至腰围线，并由竖线与袖窿深交点连线至袖口，将腰围线处形成的空隙量取中点为后袖缝参考点。

（11）G 点、后袖缝基础线与袖窿深交点、后袖缝参考点、袖口大端点连弧线为后袖缝。

（12）平行于大袖片前袖缝，绘制小袖片前袖缝。

（13）G 点向左偏移 1.5 ～ 2 cm 连顺至后袖缝。

（14）G 点向左偏移 1.5 ～ 2 cm 点与袖窿底弧线划顺。

3. 挂面与前衣片里料的裁配形式

高档男西服的挂面采用一个整体裁片制作，一般情况在里怀袋处的面料不断开，图中虚线为断开形式。两种形式对应的前衣片里料要做相应的调整，同时，需要将前衣片里料在袖窿深的三分之一处展开 4 cm 褶裥，这个量是为了防止里怀袋装重物时影响面料的平挺效果，如图 5—42 所示。

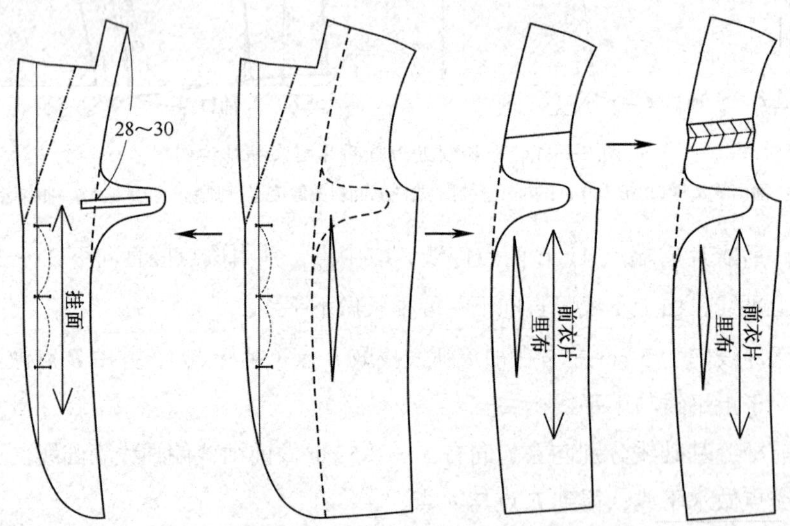

图 5—42　平驳领男西服挂面与前衣片里料的裁配

4. 领子做上、下分领过程（见图 5—43）

5. 裁片放缝

平驳领男西服面料与里料裁片放缝如图 5—44、图 5—45 所示。

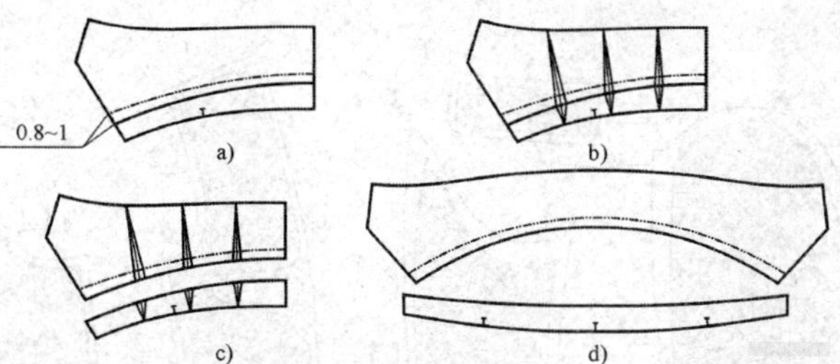

图 5—43　平驳领男西服领子做上、下分领过程

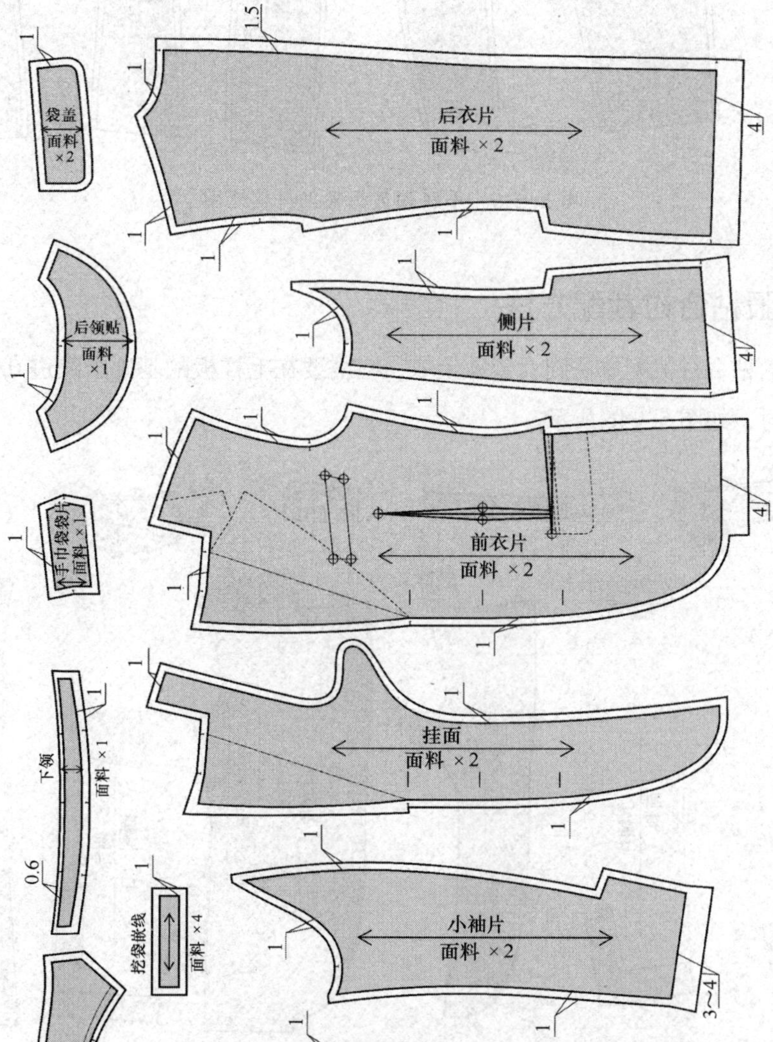

袋盖
面料 ×2
后衣片
面料 ×2
后领贴
面料 ×1
侧片
面料 ×2
手巾袋袋片
面料 ×1
前衣片
面料 ×2
下领
面料 ×1
挂面
面料 ×2
挖袋嵌线
面料 ×4
小袖片
面料 ×2
上领
面料 ×1
大袖片
面料 ×2
1.5
4
0.6
3~4
1

图 5—44　平驳领男西服面料放缝图

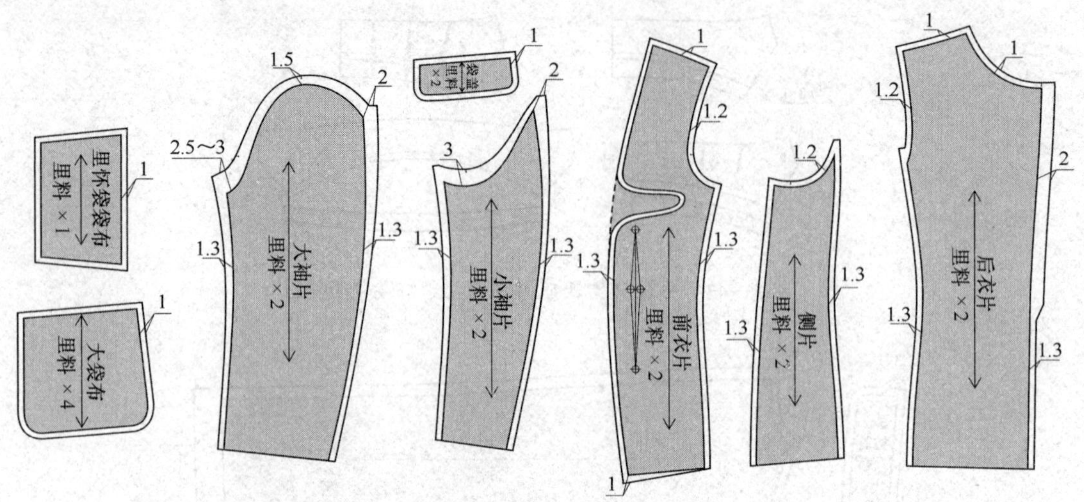

图 5—45 平驳领男西服里料放缝图

四、男西服粘合衬裁配方法

男西服的粘合衬裁配方法同女春秋上衣，它需要在毛样板的基础上缩进 0.2 cm 按各部位裁配粘合衬，如图 5—46 所示。

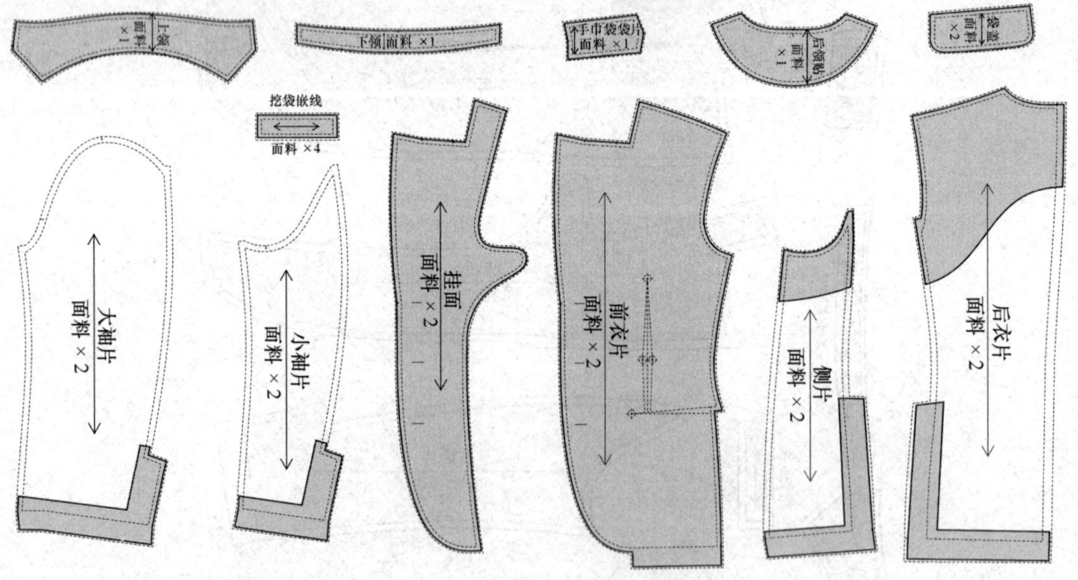

图 5—46 男西服粘合衬裁配方法

五、平驳领男西服排料

平驳领男西服排料方法与女春秋上衣相同。

六、男西服袖棉裁配方法（见图 5—47）

1. 将大袖片沿袖中线分成左右两片。
2. 分别将两个袖片沿袖中线展开 15°。
3. 将袖山修顺，并以袖山弧线为基础按图 5—48a 所示绘制出袖棉形状。
4. 在基础袖棉上，配出前后袖棉毛衬，具体裁片如图 5—48 所示。

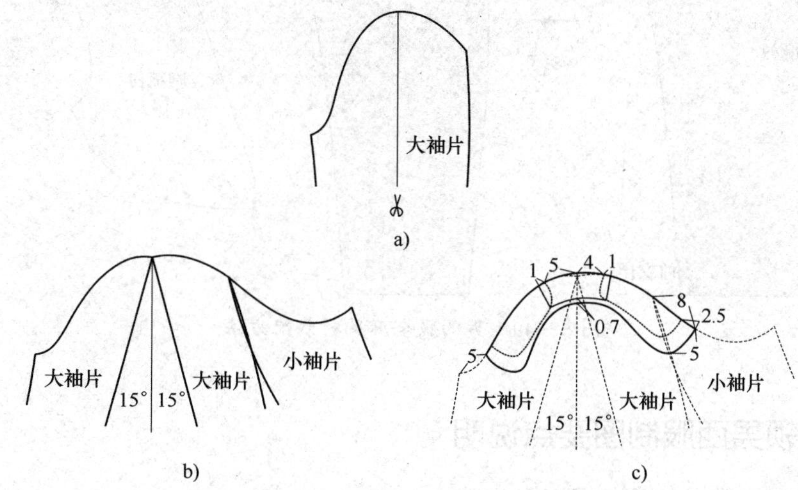

图 5—47　男西服袖棉裁配过程

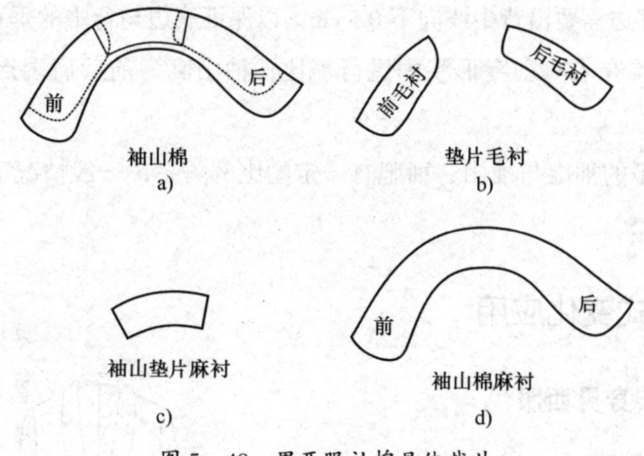

图 5—48　男西服袖棉具体裁片

七、男西服胸衬裁配方法

男西服全麻胸衬裁配方法如图 5—49 所示。

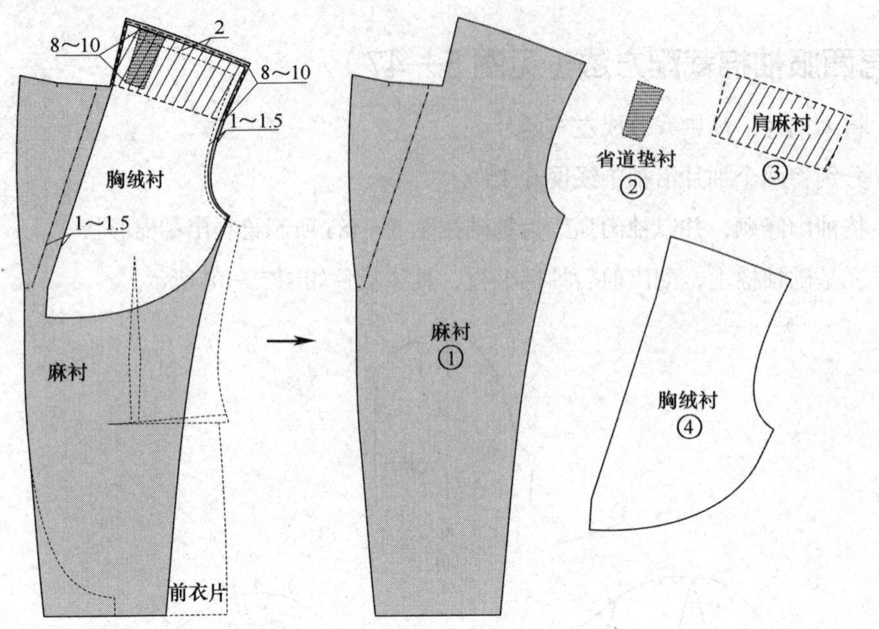

图 5—49 男西服全麻胸衬裁配方法

八、平驳领男西服制图要点说明

1. 末粒扣一般与大袋位相对应。

2. 收肚省，肚省在工艺制作过程中隐藏在口袋中。

3. 后中缝在底边需要沿背中线向下 0.5 cm，以保证底边与背中的垂直关系。

4. 两片袖结构在衣身袖窿形状内进行配比，袖山高为前后肩端点连线的中点向下 3 ～ 3.5 cm。

5. 常规男西服的袖窿与袖山、袖肥有一定的比例关系，一般情况下，袖窿宽与袖肥比例为 1 : 0.7 ～ 0.8。

九、男西服款式变化应用

1. 青果领 X 型腰身男西服

（1）款式特点概述

该款男西服为三开身结构，单排一粒扣，青果领，左前胸船型手巾袋一只，腰部两个双嵌线有盖挖袋，收腰省，圆下摆，后背中开衩，两片原装袖，袖口有袖衩，钉四粒袖扣，如图 5—50 所示。

图 5—50 青果领 X 型腰身男西服

（2）制图规格尺寸（见表 5—21）

表 5—21　青果领 X 型腰身男西服制图规格尺寸表　　单位：cm

号型	后衣长	胸围	肩宽	背长	袖长	袖口
170/88A	72	104	45	42	60	28

（3）结构制图

1）衣身结构（见图 5—51）。

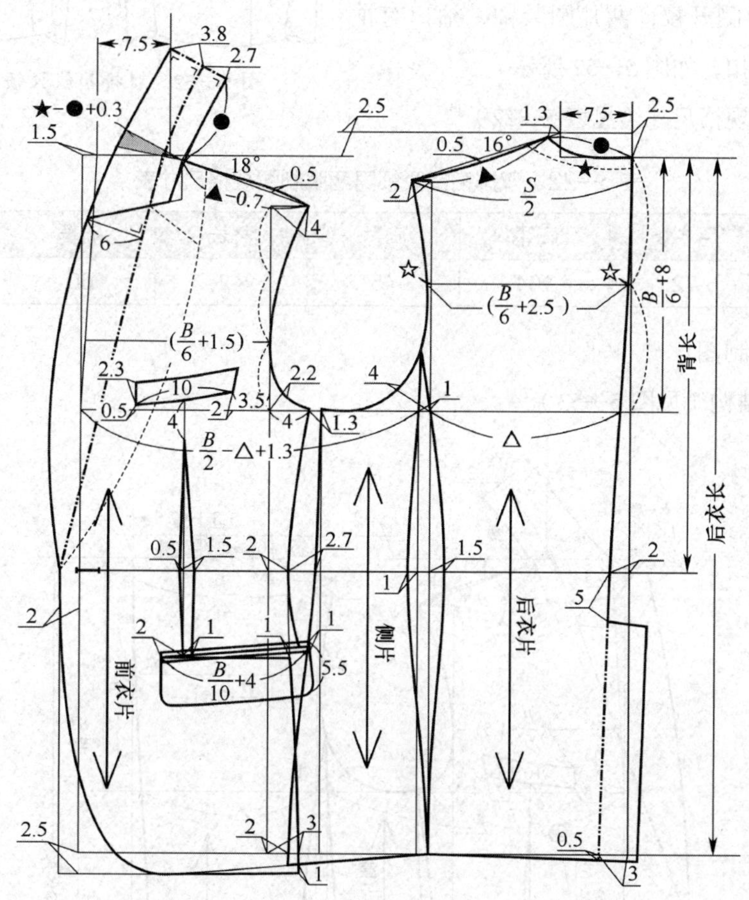

图 5—51　青果领 X 型腰身男西服衣身结构图

2）袖子结构，与平驳领男西服袖子结构相同。

（4）制图要点说明

1）背中开衩，衩位高低根据实际需要进行设计。

2）侧片与前衣片中间收 1.3 cm 肋省，并收 1 cm 肚省。

3）青果领将领面与驳头连接，构成一整条裁片结构。

4）青果领男西服一般搭配一粒纽扣，并作为礼服穿着。

5）后中缝在底边需要沿背中线向下 0.5 cm，以保证底边与背中的垂直关系。

2. 双排扣戗驳领男西服

（1）款式特点概述

图 5—52 双排扣戗驳领男西服

该款男西服为三开身结构，双排六粒扣，戗驳领，左前胸船型手巾袋一只，腰部两个双嵌线有盖挖袋，左驳头一只插花眼，收腰省，直下摆，后腰侧开衩，两片圆装袖，袖口有袖衩，钉四粒袖扣，如图 5—52 所示。

（2）制图规格尺寸（见表 5—22）

表 5—22 双排扣戗驳领男西服制图规格尺寸表 单位：cm

号型	后衣长	胸围	肩宽	背长	袖长	袖口
170/88A	72	104	45	42	60	28

（3）结构制图

1）衣身结构（见图 5—53）。

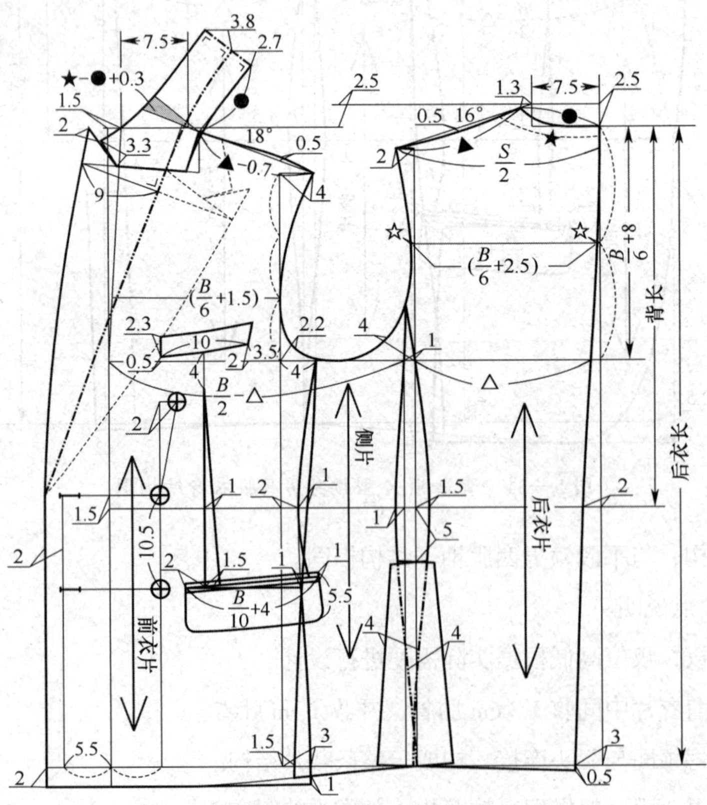

图 5—53 双排扣戗驳领男西服衣身结构图

2）袖子结构，与平驳领男西服袖子结构相同。

（4）制图要点说明

1）门襟为双排扣，扣好扣子后，门襟止口要与口袋留有 2 cm 以上的距离。

2）戗驳头的大小根据设计需要进行配置，双排扣西服的戗驳领不能过窄。

3）侧开衩或后中开衩的衩位高低根据实际需要进行配置。

4）腰部破缝处收省量的大小与衣片底边的交叉量控制着衣身的廓形。

5）后中缝在底边需要沿背中线向下 0.5 cm，以保证底边与背中的垂直关系。

3. 平驳领 T 型腰身男西服

（1）款式特点概述

该款男西服为三开身结构，宽肩，窄下摆，单排两粒扣，平驳领，左前胸贴袋一只，腰部两个大贴袋，左驳头一只插花眼，收腰省，圆下摆，两片原装袖，袖口有袖衩，钉三粒袖扣，如图 5—54 所示。

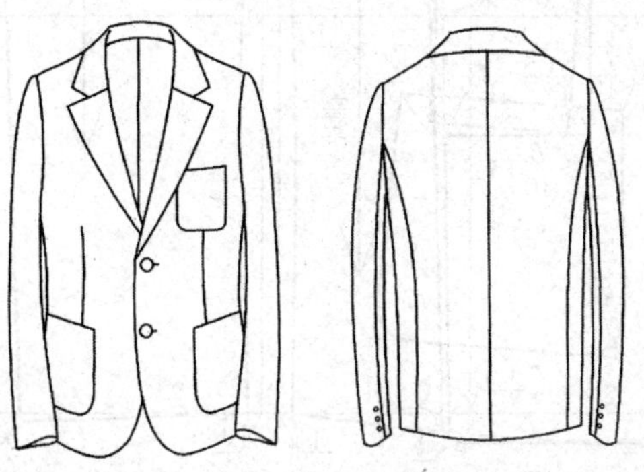

图 5—54　平驳领 T 型腰身男西服

（2）制图规格尺寸（见表 5—23）

表 5—23　平驳领 T 型腰身男西服制图规格尺寸表　　单位：cm

号型	后衣长	胸围	肩宽	背长	袖长	袖口
170/88A	72	104	46	42	60	28

（3）结构制图

1）衣身结构（见图 5—55）。

2）袖子结构，与平驳领男西服袖子结构相同。

（4）制图要点说明

1）T 型腰身强调肩宽，冲肩量较大。

2）收腰省，收肚省，肚省隐藏在贴袋内。

3）底边每个裁片之间不交叉。

4）后中缝在底边需要沿背中线向下 0.5 cm，以保证底边与背中的垂直关系。

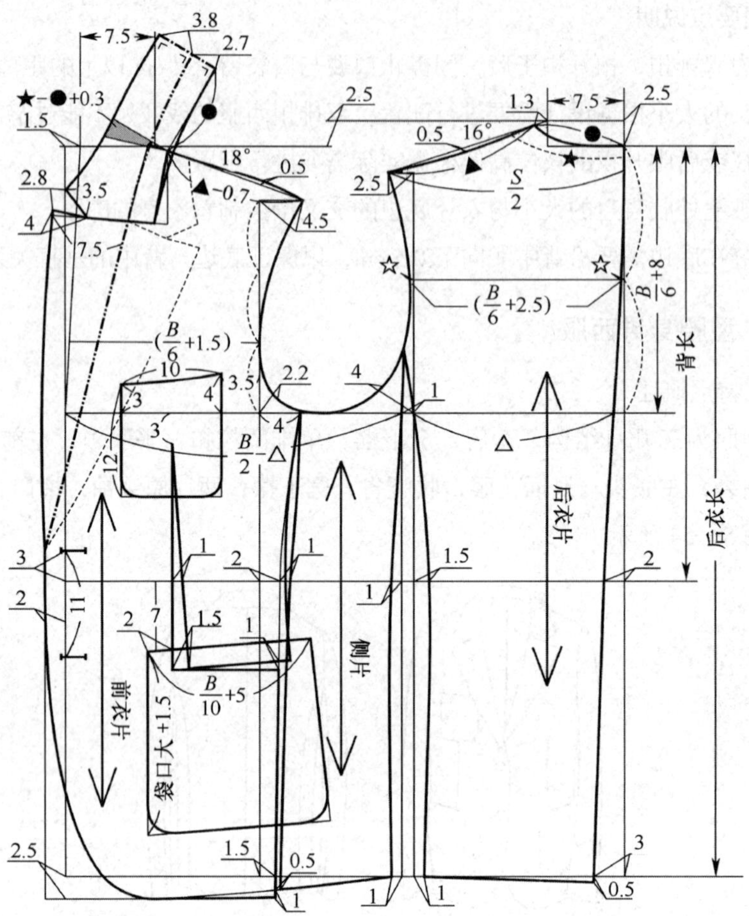

图 5—55 平驳领 T 型腰身男西服衣身结构图

知识拓展

西服不同部位的细节有着不同的礼仪等级含义。

1. 领型

通过设计西服的领型，能改变西服的礼仪等级。西服领型按礼仪等级的高低依次为戗驳领、青果领、平驳领、其他异形领，如图 5—56 所示。戗驳领偏向礼服性质，显得既传统又考究。

2. 门襟

西服的门襟分为单排扣门襟和双排扣门襟。双排扣门襟的礼仪性强于单排扣门襟，如图 5—57 所示；而纽扣数量的多少依据着装者的喜好来定。

3. 袖衩与袖扣

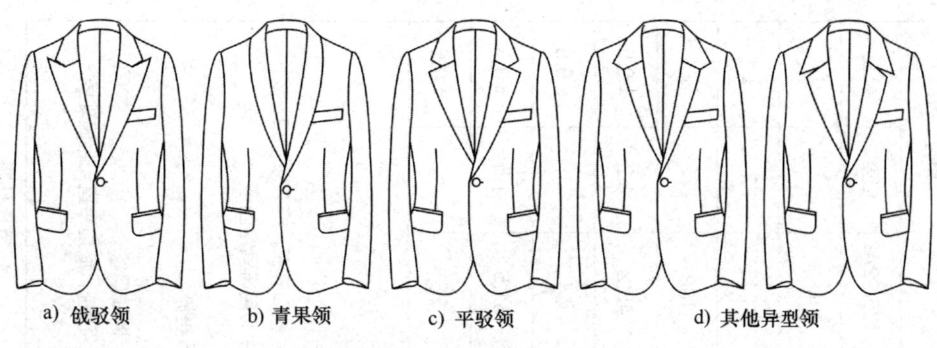

图 5—56　西服领型

袖衩分为活袖衩和死袖衩两种，两者相比，活袖衩更具活力与美感，袖扣钉于袖衩上，一般情况下为 2 ～ 5 颗，数量越多礼仪性越高，如图 5—58 所示。

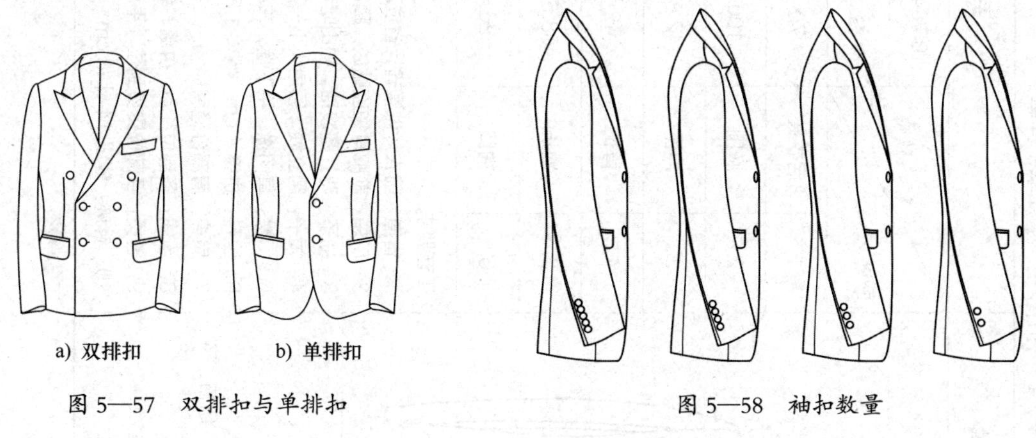

图 5—57　双排扣与单排扣

图 5—58　袖扣数量

第六节　中山装结构制图

中山装有着固定的制式：前衣身有四个口袋，衣袋上面有中间突出的弧形袋盖，前襟五粒纽扣，衣领为翻领封闭式企领，背部不破缝，三粒袖扣。

中山装的面料可以选用高档毛料，也可以选用一般面料。它既可作为礼服，又可作为日常便服。如今的中山装不再以蓝灰色为主，颜色上更加开放，裁剪上吸收了西式裁剪的方法，结构更加合理。但无论如何变化，中山装的制式不能改变。

中山装的生产通知单（样单）见表 5—24。

表 5—24　中山装生产通知单（样单）

品牌：××××　款号：××××　名称：中山装

纸样编号：××××　下单日期：××××　完成日期：××××

款式图：

面料：直贡呢
成分：羊毛 80%，涤纶 20%
组织：缎纹组织
幅宽：144 cm

辅料：
无纺粘合衬、配色线、商标、纽扣、风紧钩、肩棉（垫肩）、洗水唛

系列规格表（5·4）　单位：cm

部位 \ 规格		165/84A	170/88A	175/92A	档差	公差
		S	M	L		
1	后衣长	70	72	74	2	±1
2	胸围	100	104	108	4	±1
3	肩宽	42.8	44	45.2	1.2	±0.5
4	背长	42	43	44	1	±0.5
5	袖长	58.5	60	61.5	1.5	±0.5
6	袖口	26	27	28	1	±0.5

工艺要求：
1. 省道：前衣片做腰省，省位准确
2. 口袋：前胸有袋盖贴袋，腰侧老虎贴袋
3. 袖子：两片圆装袖，袖山吃势均匀，装袖山棉，袖口开衩，钉 3 粒袖扣
4. 领子：翻立领，领角大小一致，有窝势，下领中心用风紧钩固定
5. 门襟：直门襟，平下摆，车缝顺直，无反吐
6. 里料：拼缝 1 cm，倒烫 1.3 cm，做出 0.3 cm 坐势
7. 肩棉：肩部钉缝肩棉
8. 缉线：各部位 1 cm 拼缝，缝线顺直，无跳针、断线现象
9. 整烫：各部位熨烫到位，平服，无亮光、水花、污迹，底边平直无起浪现象
10. 针迹：缝线 14 针 /3 cm

工艺编制：　工艺审核：　审核日期：

一、中山装款式特点概述

中山装为企领结构，装风紧扣，前身四个有袋盖贴袋，胸前贴袋的袋盖为倒山形，大袋为“老虎袋”（边缘悬出 1.5 ～ 2 cm），门襟五粒纽扣，收腰省与肋省，后衣片背中不破缝，袖子为两片圆装袖，袖口三粒袖扣，开袖衩。

二、中山装制图规格尺寸（见表 5—25）

表 5—25　中山装制图规格尺寸表　　单位：cm

号型	后衣长	胸围	肩宽	背长	袖长	袖口
170/88A	72	104	44	43	60	27

三、中山装结构制图

中山装衣身、袖子、领子结构如图 5—59 所示。

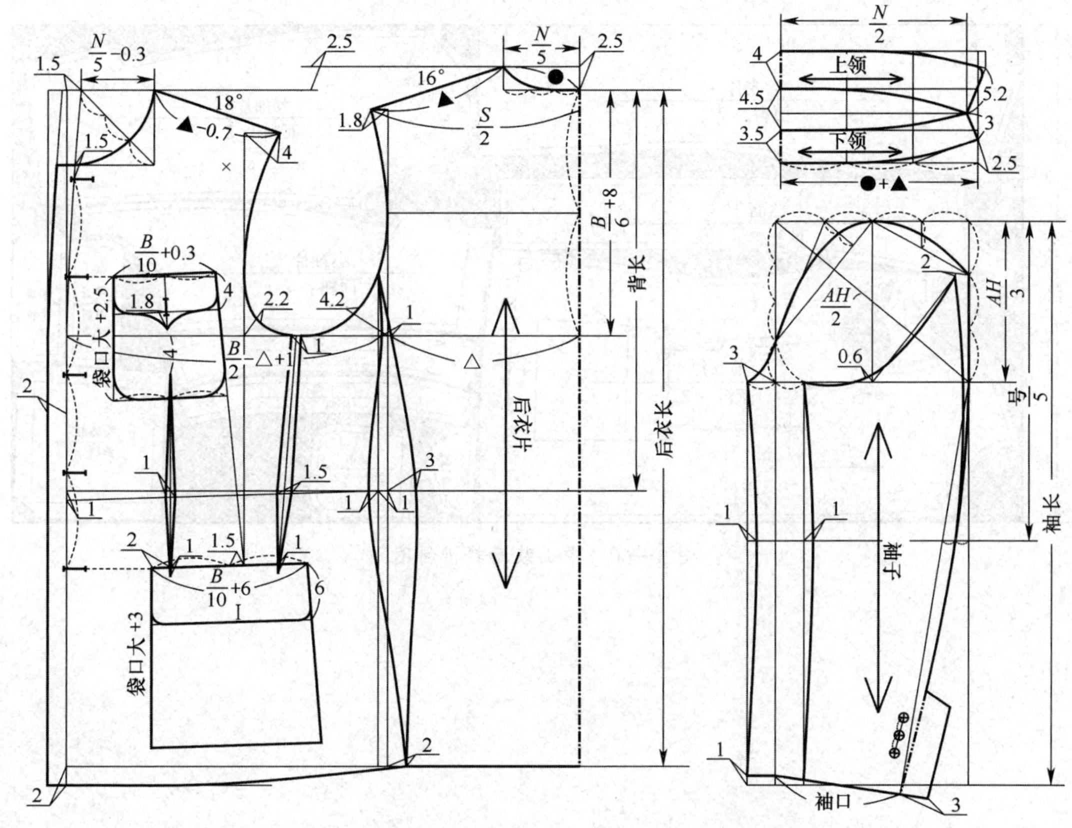

图 5—59　中山装衣身、袖子、领子结构图

四、中山装裁片放缝

中山装裁片放缝要求可参考男西服裁片放缝。

五、中山装制图要点

1. 中山装采用三开身结构。

2. 后中不破缝，为了保证后片平整，腰部收腰量不能过大。

3. 前身领口处做 1.5 cm 撇胸处理。前身的腰省上端藏于胸袋内，下端藏于大袋内，但省尖不宜过长，一般过大袋袋盖 1 ～ 1.5 cm。肋省宽应根据人体厚度与手臂的比例进行设置，一般为 1 ～ 1.5 cm。

六、中山装排料

中山装面料与里料排料如图 5—60、图 5—61 所示。

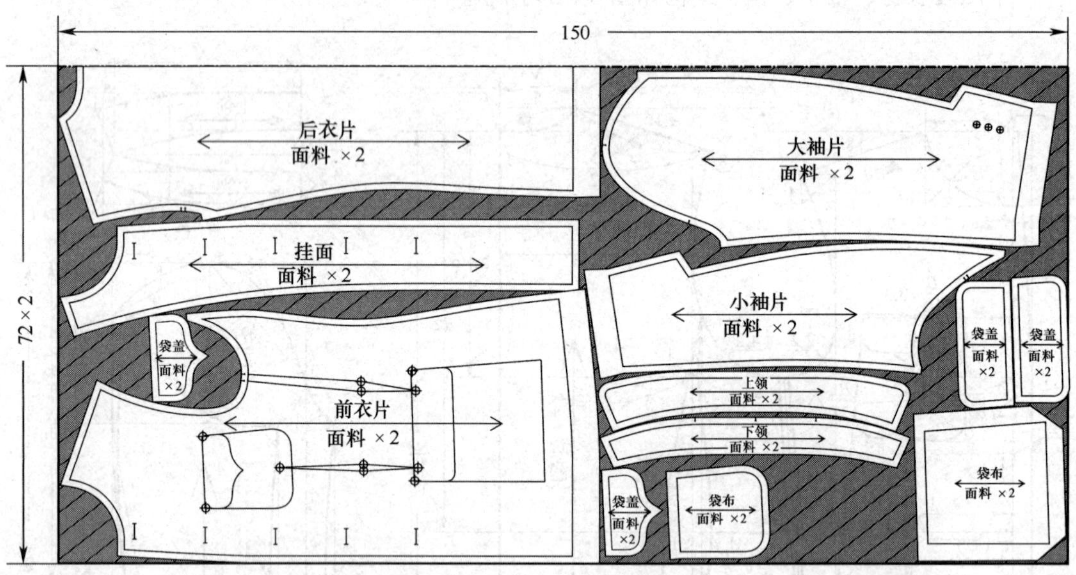

图 5—60　中山装面料排料图

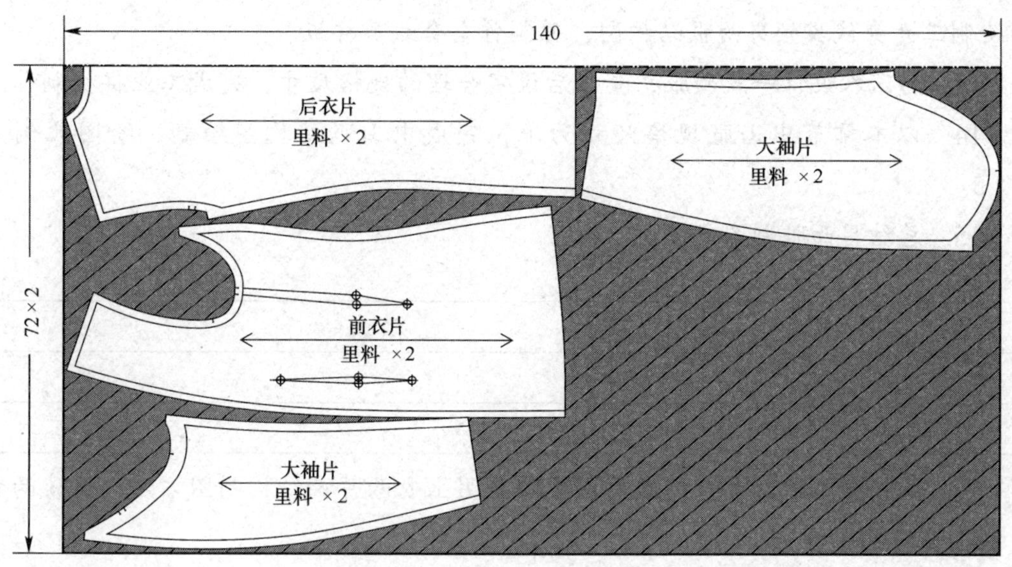

图 5—61 中山装里料排料图

思考与练习

1. 总结制作衬衫时需要测量的部位。
2. 结合男衬衫领型设计形式，为家里的成年男性量身设计并制作一件衬衫。
3. 按照经典款式男衬衫图例，绘制 1 : 1 男衬衫结构图，并制作成裁剪样板。
4. 总结男衬衫的制图计算公式。
5. 男衬衫的肩斜角度如果不采用角度法，还可以用哪些方法进行计算？
6. 按 1 : 1 比例绘制休闲款夹克衫结构图。
7. 搜集夹克衫图片，试着将夹克衫分分类，看看这些夹克衫适合哪些场合穿着。
8. 结合自身尺寸，设计并制作夹克衫样板一份。
9. 试着说明作为工作服类型的夹克衫为什么不需要设置撇胸。
10. 阐述插肩袖的特点及制图要点。

11. 采用前 AH 24 cm、后 AH 25.5 cm、袖长 58 cm，按照 1 : 1 比例绘制男西服两片袖，并制作成工业样板。

12. 以胸围 106 cm、肩宽 46 cm、后中长 72 cm、袖长 58 cm，按照 1 : 1 比

例绘制三开身戗驳领男西服结构图，并制作全套裁剪样板。

13. 为家人设计一款西服，量体后设定合理的规格尺寸，完成工业样板制作。

14. 以本章节中山服规格尺寸为准，完成中山服结构图绘制，绘图比例为1∶5。

15. 总结男西服制图方法。

16. 比较女上衣两片袖结构制图方法与男上衣两片袖结构制图方法，谈谈两种方法各自的制图特点。

本章小结

一、知识结构

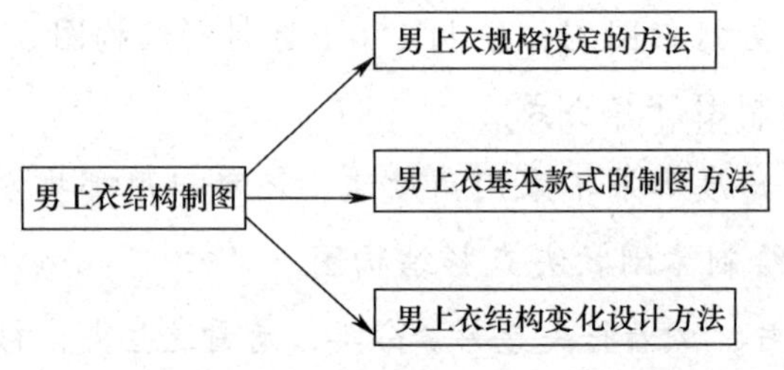

二、技能要求

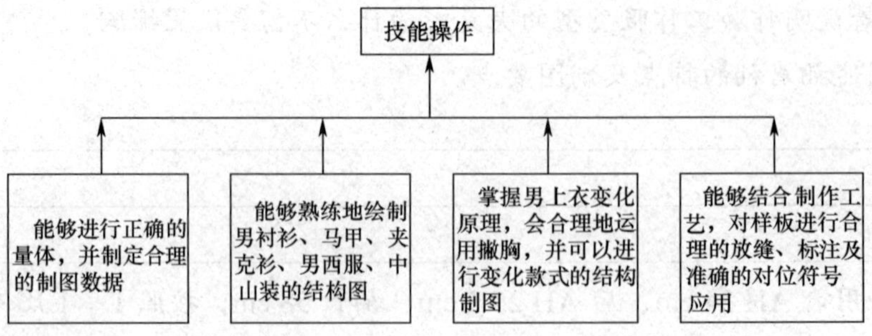

第六章
大衣结构制图

大衣是常见的外套款式，衣襟长至腰部及以下。大衣一般为长袖，开襟，门襟可以用纽扣、拉链、魔术扣紧固或用腰带束起，具有保暖、美观的效果。现代男式大衣多为直形的宽腰式，款式主要在领、袖、门襟、袋等部位变化。女式大衣一般随流行趋势而变，无固定形式。

学习目标：

1. 掌握典型大衣的款式特点。
2. 掌握柴斯特大衣、波鲁大衣、巴尔玛大衣、堑壕服、达夫尔大衣的结构制图。

第一节　大衣结构与人体的关系

人们把穿在最外层的服装统称为大衣，有时也称外套，一般为秋冬季穿着。男、女大衣从结构上趋于相同。男大衣的款式变化较小，主要区别在于面料的选用、裁剪与缝制技艺的运用上；而女大衣更强调款式的变化。大衣的制作面料可以采用厚型呢料、皮草、皮革、棉布、贡呢、马裤呢、华达呢等。

大衣因其穿着特点，基本部位的尺寸只需要在内穿服装的基础上加大即可，变化主要集中在款式的局部设计上。

一、大衣长度与人体的关系

大衣按长度分为长大衣、中长大衣、短大衣三种。

将人体高度按照头高比例进行配置，一般男性人体高度为 7 ～ 7.5 个头长，可根据不同头长的位置进行服装长度的设定。长大衣的长度至膝盖以下，约占$\frac{5}{7}$L（人体总高度）+（-11 ～ +10）cm；中长大衣的长度至膝盖或膝盖略上，约占$\frac{4}{7}$L（人体总高度）+（0 ～ +5）cm；短大衣的长度至臀围或臀围略下，约占人体总高度的 1/2，如图 6—1 所示。

二、大衣围度与人体的关系

因大衣是穿着在最外面的服装，在设定大衣的围度时要充分考虑大衣内部穿着服装的厚度。为了不影响人体正常的活动，大衣的胸围放松量一般在 18 ～ 26 cm（视大衣的宽松度而定）。

三、口袋位置的确定

大衣的袋位应设计在便于手部穿插的位置，一般以胸宽线为纵向定位线，袋口位处于中臀围线附近，如图 6—2 所示。

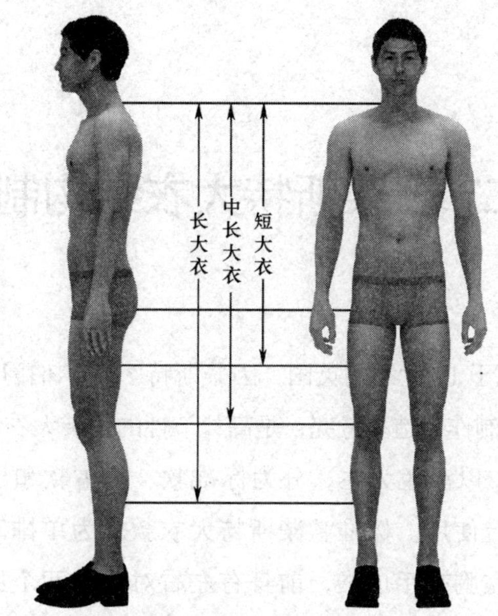

图 6—1　大衣长度与人体的关系

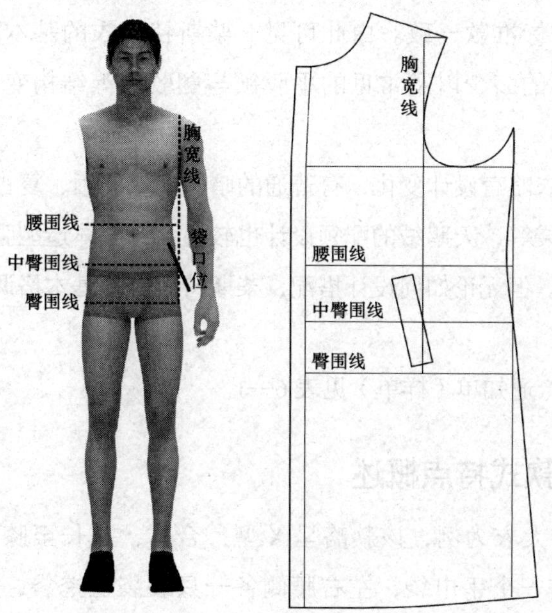

图 6—2　口袋位置的确定

第二节　柴斯特大衣结构制图

柴斯特大衣最早出现于19世纪的英国，因柴斯特·费尔伯爵首先穿着而得名。柴斯特大衣采用高档毛呢面料制作，造型考究，是高礼节性的正装大衣。

柴斯特大衣收腰身，以深色为主，分为标准款、复古款和出行款三大类，常和塔式多礼服、黑色套装组合使用。标准款柴斯特大衣款式为单排暗扣，平驳领，翻领用黑色天鹅绒材料，大衣左胸有手巾袋，前身有左右对称的两个加袋盖的口袋，整体结构合体，衣长至膝关节以下，袖衩上设三粒袖扣，后背设有单开衩；复古款柴斯特大衣款式为单排扣，戗驳领，其他结构与标准款一致；出行款柴斯特大衣款式为双排扣，戗驳领，其他结构与标准款一致。由此可见，柴斯特大衣的基本形式是一致的，通过门襟宽窄与门襟纽扣的多少以及常见的平驳领与翻驳领等结构变化，形成标准大衣的款式变化。

现代的柴斯特大衣略有设计变化，有普通的暗门襟八字领、复古的双排六粒扣戗驳领或大翻领、双袋盖挖袋等，天鹅绒的配领设计也较灵活，整体造型强调箱型结构，在服装的搭配上也较为随意。但无论如何设计搭配，柴斯特大衣的基本格调从未发生变化，始终为男装礼节性大衣。

柴斯特大衣的生产通知单（样单）见表6—1。

一、柴斯特大衣款式特点概述

以标准款柴斯特大衣为例，该款略呈X型，合体，衣长至膝盖，暗门襟单排三粒扣，平驳领，左胸前一个手巾袋，左右腰侧各一只装袋盖挖袋，后中开单衩，装两片式圆装袖，袖口做活袖衩，五粒袖扣。柴斯特大衣外观简洁庄重，适合用高档毛呢或含毛量高的面料制作，面料要求平整、光洁、柔软、挺括，具有一定弹性，且不容易起皱。

表 6—1 柴斯特大衣生产通知单（样单）

品牌：××××	款号：××××	名称：柴斯特大衣
纸样编号：××××	下单日期：××××	完成日期：××××

款式图：

系列规格表（5·4） 单位：cm

部位	规格	165/84A	170/88A	175/92A	档差	公差
		S	M	L		
1	后衣长	97	100	103	3	±1
2	胸围	112	116	120	4	±1
3	肩宽	46.8	48	49.2	1.2	±0.5
4	背长	42	43	44	1	±0.5
5	袖长	60.5	62	63.5	1.5	±0.5
6	袖口	29	30	31	1	±0.5

面料：斜纹法兰绒
成分：羊毛 100%
组织：斜纹组织
幅宽：144 cm

辅料：
有纺粘合衬、配色线、商标、纽扣、洗水唛

工艺要求：
1. 省道：前腰收腰省，腰省位置准确，省尖无起窝现象
2. 门襟：门襟为暗门襟结构，内钉 3 粒纽扣，止口顺直，无反吐，平下摆
3. 领子：翻驳领，领面采用天鹅绒面料，领底用领底呢，领外口止口无反吐
4. 开衩：后中单开衩，开衩平整
5. 袖子：两片式圆装袖，袖山圆顺，吃势均匀，装袖山棉，开袖衩，袖口钉 5 粒袖扣
6. 口袋：左胸前船型手巾袋，腰侧做有袋盖挖袋，袋盖窝势准确
7. 里料：里料拼缝 1 cm，倒烫 1.3 cm，做出 0.3 cm 坐势，大小与面料适宜
8. 缉线：顺直，无跳针、断线现象
9. 商标：位置端正，号型标志清晰，号型钉在商标下沿
10. 整烫：各部位熨烫到位，平服，无亮光、水花、污迹，底边平直无起浪现象
11. 针迹：明线 14 针 /3 cm

工艺编制： 工艺审核： 审核日期：

二、柴斯特大衣制图规格尺寸（见表 6—2）

表 6—2　柴斯特大衣制图规格尺寸表　　单位：cm

号型	后衣长	胸围	肩宽	背长	袖长	袖口
170/88A	100	116	48	43	62	30

三、柴斯特大衣结构制图

1. 衣身结构（见图 6—3）

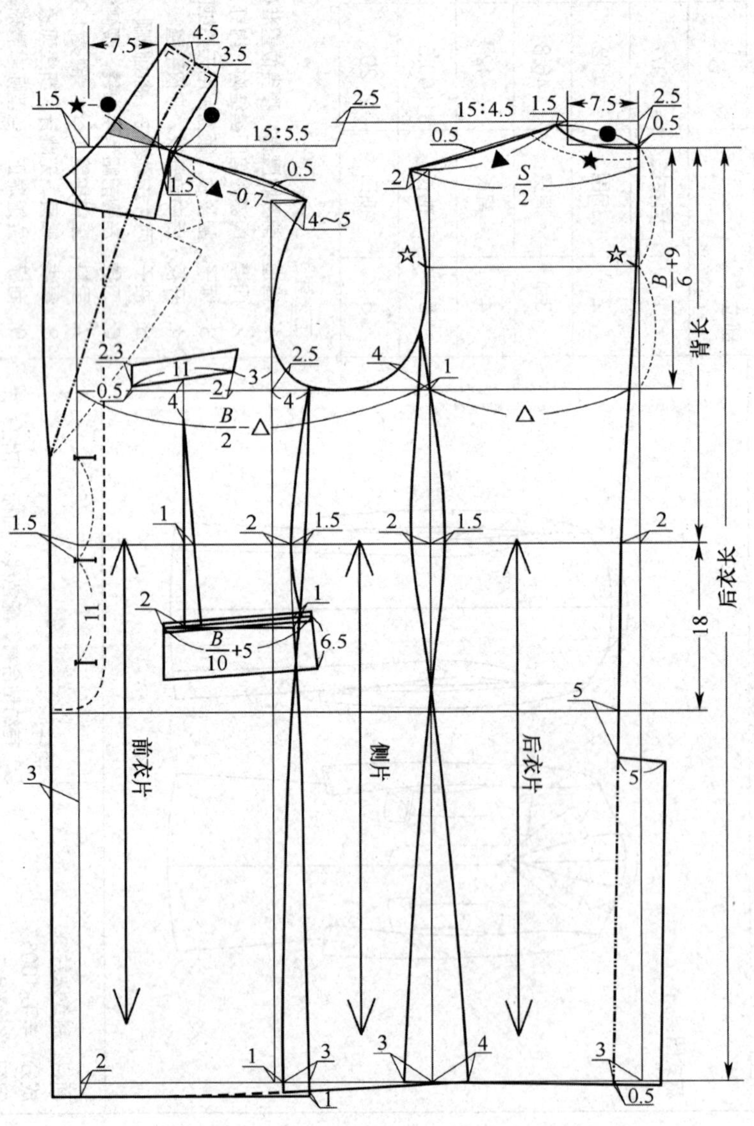

图 6—3　柴斯特大衣衣身结构图

2. **袖子结构（见图 6—4）**

3. **裁片放缝**

柴斯特大衣放缝可参考男西服放缝。

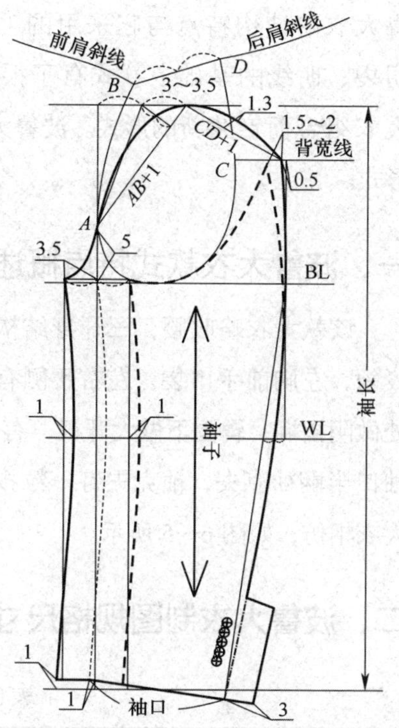

图 6—4　柴斯特大衣袖子结构图

四、柴斯特大衣制图要点说明

1. 三开身结构，结构与男西服一致，配平驳领。

2. 袖窿深按公式“$\frac{B}{6}$+（9～12）”计算，加放量适当加大，以适应内里穿着衣服的变化量。

3. 前衣片的冲肩量适当加大，凸显男性肩部特征；前、后肩长需要根据面料厚薄进行设计，面料越厚，差量越大。

4. 腰部收腰量不易过大，胸腰差 10 cm 左右即可，也可按设计需要加大收腰量。

5. 门襟为暗门襟设计，需要裁配出暗门襟衬里的形态。

6. 为了行走方便，在后中臀围以下开单衩。

7. 袖衩处钉 5 粒纽扣，彰显高礼节性。

五、柴斯特大衣排料

柴斯特大衣排料可参考男西服排料。

第三节　波鲁大衣结构制图

波鲁大衣的礼节等级仅次于柴斯特大衣。波鲁大衣原本是观看马球比赛时穿着的男士大衣，现常作为保暖性大衣使用。其造型为双排六粒扣，大戗驳领，半包肩袖，明贴翻脚袖口并用一粒纽扣固定，明贴袋加袋盖，结构线全部用明线缉缝，颜色以驼色系为主。波鲁大衣的结构特点与它采用的毛呢料有很大关系。现代波鲁大衣在保留翻脚袖口、明袋、明线的基础上款式有了很大的变化，如单排三粒扣、八字领，有时和柴斯特大衣组合而产生新的形式。波鲁大衣系列和柴斯特大衣系列构成了男装礼服大衣的基本形式。

一、波鲁大衣款式特点概述

该款大衣略收腰，三开身结构，双排六粒扣，大戗驳领，左胸前手巾袋，左右腰侧有袋盖复合贴袋，后背处做阴褶裥，臀围下做大开衩，有后腰袢，三片包肩袖，袖口半翻袖克夫，袖克夫钉一粒扣，选用面料与柴斯特大衣相仿，如图 6—5 所示。

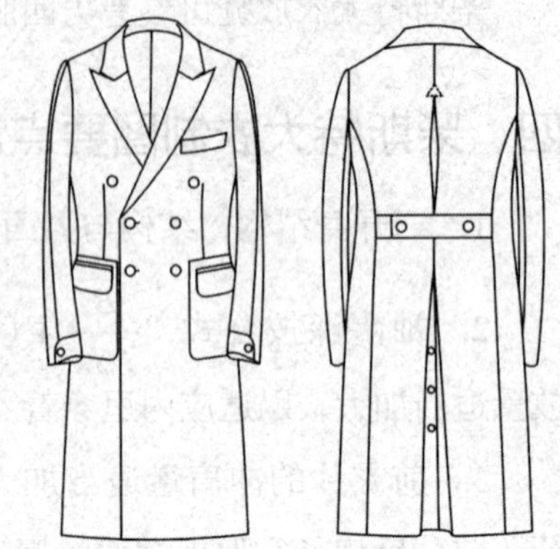
图 6—5 波鲁大衣

二、波鲁大衣制图规格尺寸（见表 6—3）

表 6—3 波鲁大衣制图规格尺寸表 单位：cm

号型	后衣长	胸围	肩宽	背长	袖长	袖口
170/88A	96	116	47	43	62	30

三、波鲁大衣结构制图

1. 衣身结构（见图 6—6）

2. 袖子结构

波鲁大衣袖子结构参考两片式圆装袖结构制图。

3. 袖子转换过程与袖子裁片（见图 6—7、图 6—8）

四、波鲁大衣制图要点说明

1. 三开身宽松结构，收腰量适当减小。

2. 背中以腰围线为界，上端做连口阴褶裥，下端断开做开门襟式开衩，主要是为了便于骑马时穿着，腰部拼缝利用后腰袢遮挡。

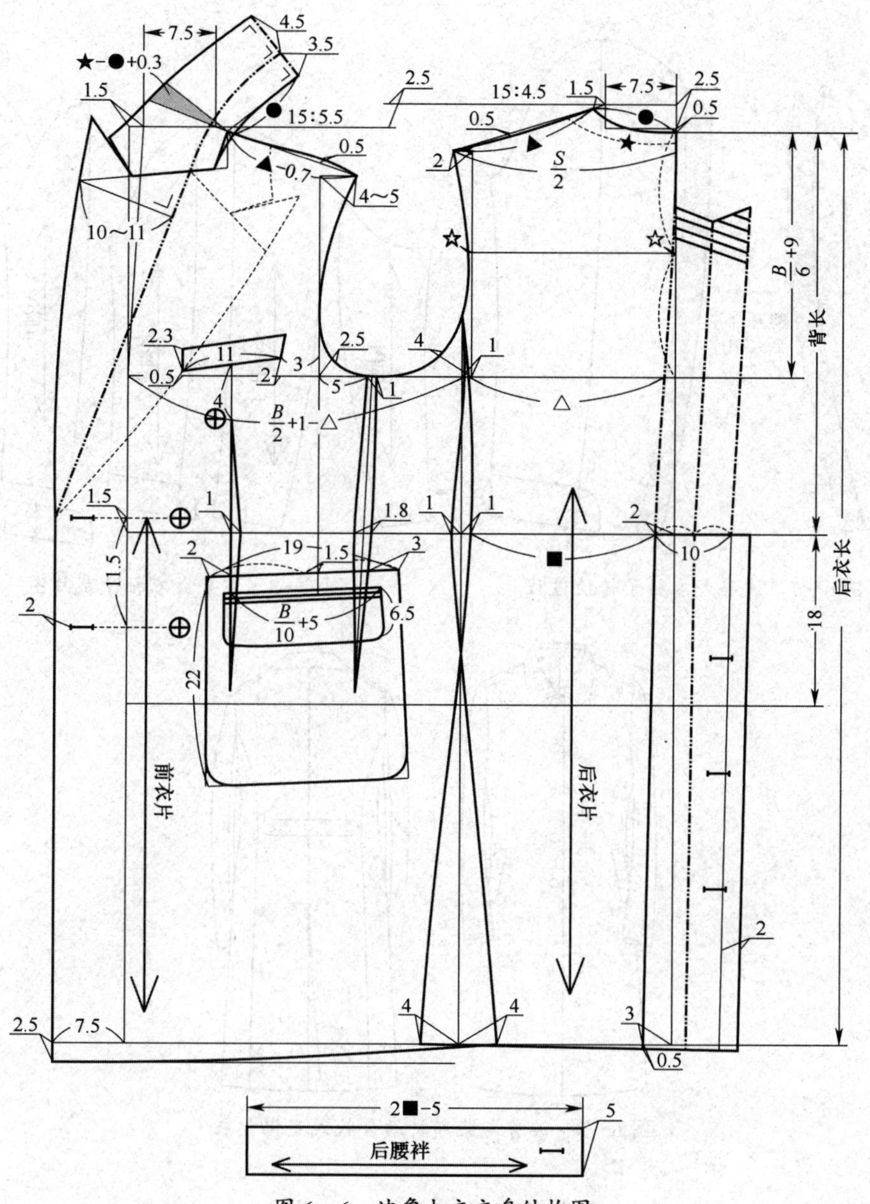

图 6—6　波鲁大衣衣身结构图

五、波鲁与柴斯特结合款式变化大衣

1. 款式特点概述

该款大衣为三开身结构，收腰省，单排五粒扣，两片式圆装袖，两用翻领，斜插袋，背中开单衩，装肩章及后腰袢，如图 6—9 所示。

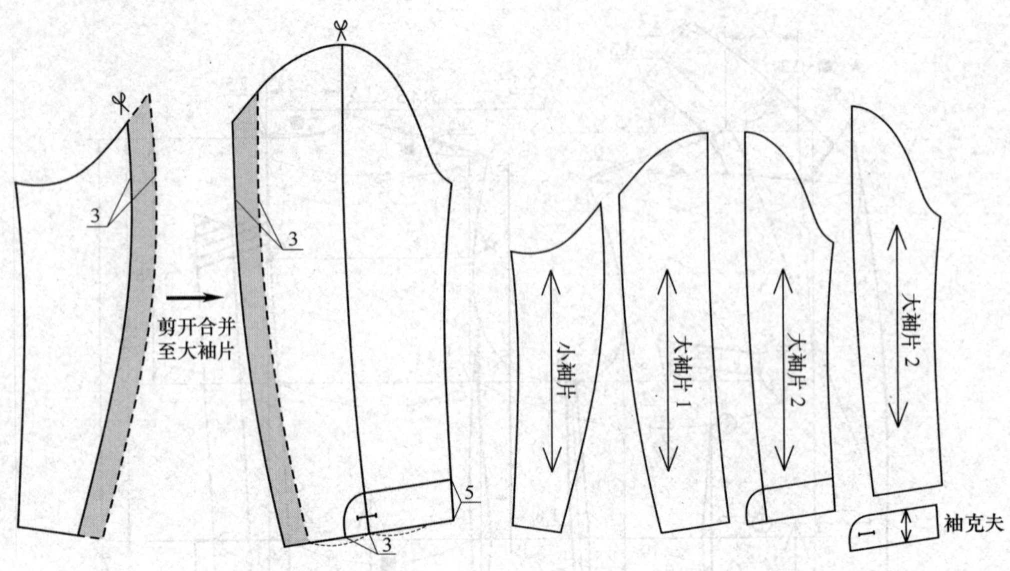

图 6—7　波鲁大衣袖子转换过程　　图 6—8　波鲁大衣袖子裁片图

图 6—9　波鲁与柴斯特结合款式变化大衣

2. 制图规格尺寸（见表 6—4）

表 6—4　波鲁与柴斯特结合款式变化大衣制图规格尺寸表　　单位：cm

号型	后衣长	胸围	肩宽	背长	袖长	袖口
170/88A	96	116	47	43	62	30

3. **衣身结构（见图 6—10）**

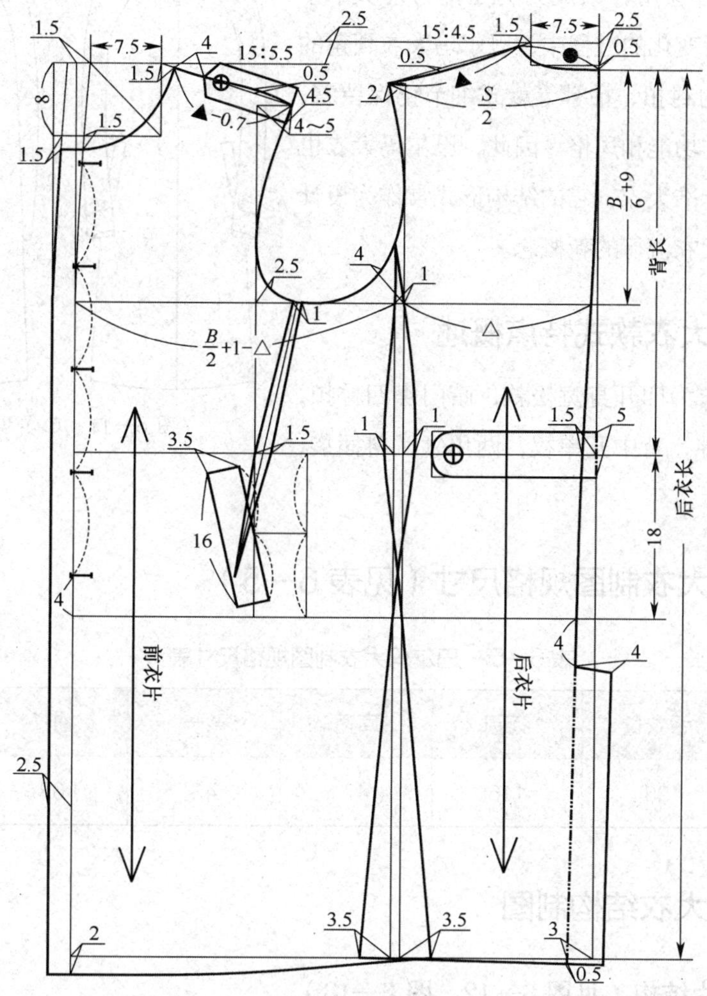

图 6—10　波鲁与柴斯特结合款式变化大衣结构图

第四节　巴尔玛大衣结构制图

巴尔玛大衣最初作为雨衣使用，其结构采用暗襟和插肩袖形式，穿着舒适且防雨。现代巴尔玛大衣造型风格简洁、大方、潇洒，穿着时不受场合、穿着者年龄及职

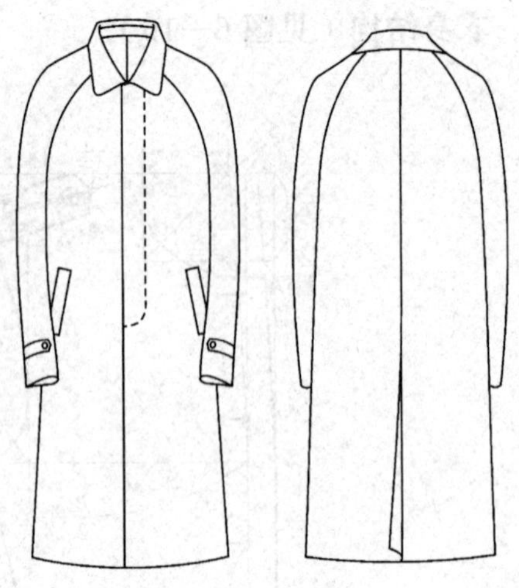
图 6—11 巴尔玛大衣

业的限制，且在服装搭配上很自由，经常和西装、毛衣等组合穿用，故成为男士的万能大衣。

在服装不断变化的过程中，巴尔玛大衣领角的纽孔、斜插袋的封扣、袖袢等款式细节仍保留着，并保持着原有的功能和风格。因此，巴尔玛大衣也被看作是一种标准大衣，它的结构形式常作为设计的依据来创作大衣流行的新概念。

一、巴尔玛大衣款式特点概述

该款式大衣为四开身宽松款，暗门襟四粒扣，插肩袖，装袖袢，背中开单衩，两用领，斜插袋，如图 6—11 所示。

二、巴尔玛大衣制图规格尺寸（见表 6—5）

表 6—5 巴尔玛大衣制图规格尺寸表 单位：cm

号型	后衣长	胸围	肩宽	背长	袖长	袖口
170/88A	96	116	47	43	62	30

三、巴尔玛大衣结构制图

1. 前、后衣片结构（见图 6—12、图 6—13）

2. 领子结构（见图 6—14）

3. 领子做领脚过程（见图 6—15）

四、巴尔玛大衣制图要点说明

1. 前、后袖中线与肩斜线夹角需要用弧线划顺。
2. 插肩袖角度根据手臂活动角度进行设计。
3. 前袖中线在袖斜角度辅助线中点偏下 0.5 ～ 1 cm。
4. 领子的领脚分割线距离翻折线 0.8 cm，使上领与领脚相交 4 cm 左右，缩短翻折线

0.8 ～ 1 cm，领底弧线与领外口弧线不发生变化。

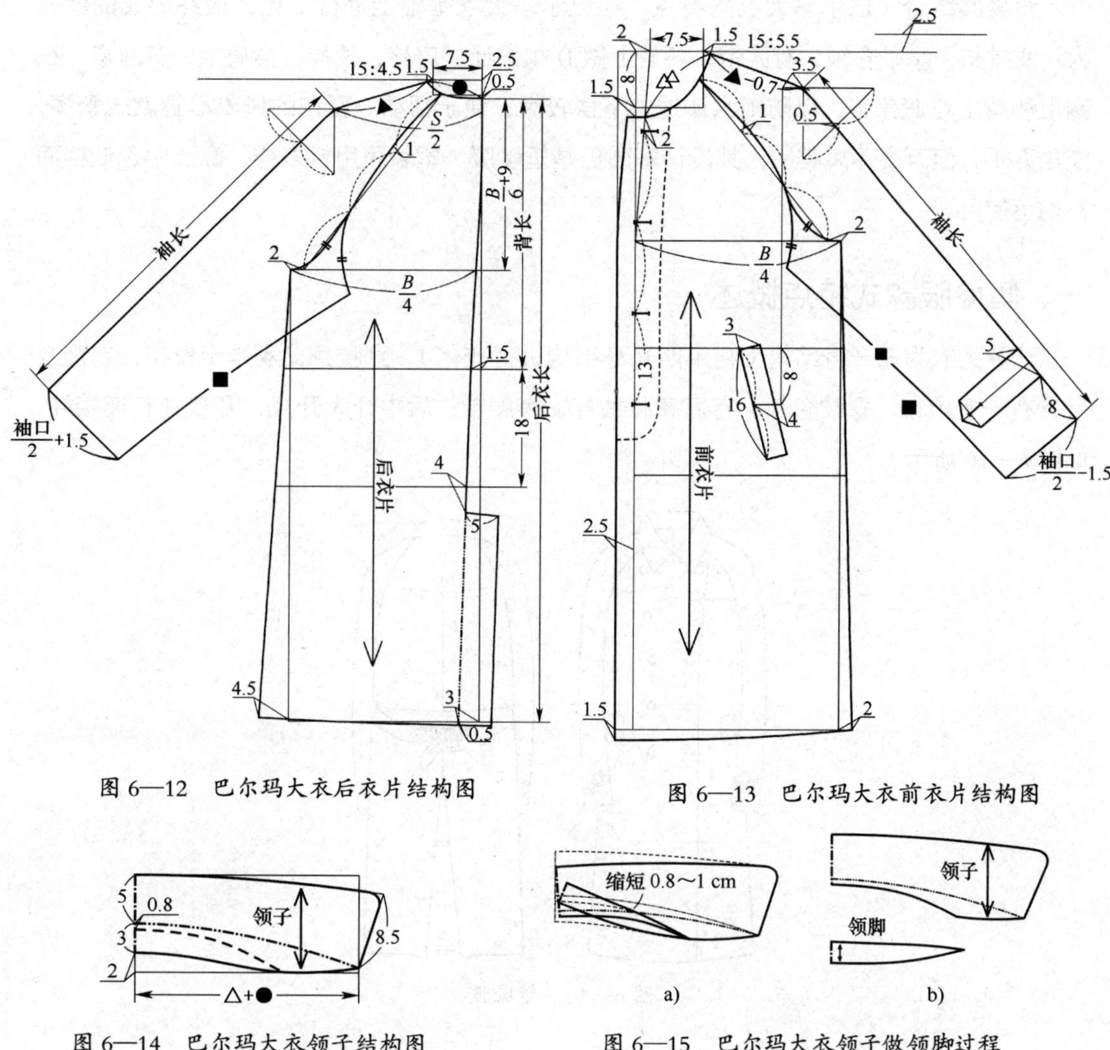

图 6—12　巴尔玛大衣后衣片结构图

图 6—13　巴尔玛大衣前衣片结构图

图 6—14　巴尔玛大衣领子结构图

图 6—15　巴尔玛大衣领子做领脚过程

第五节　堑壕服结构制图

堑壕服即风衣，又称风雨衣，原为英国陆军供部队在堑壕中穿用的防水大衣，是一种既可防风挡雨，又可防尘御寒的薄大衣，适合在春、秋、冬季外出穿着。由于其造型灵活多变、美观实用、携带方便，因而深受喜爱。

堑壕服结合了巴尔玛大衣的特点，在巴尔玛大衣基础上进行变化，最终形成的款式为：双排扣，拿破仑领，有腰带，腰带上做 D 扣设计，肩袢，袖袢，插肩袖，有肩章，在胸上和背上有遮盖布，以防雨水渗透，下摆较大，便于活动。现在的风衣尽管款式繁多，变化万千，但万变不离其宗，其设计基础仍是堑壕服。堑壕服用料多样，高、中、低档面料均可使用。

一、堑壕服款式特点概述

该款大衣为三开身结构（利用四开身结构进行变化），直腰身，双排十粒扣，右胸及后背有一遮盖布，拿破仑领，有肩章和袖袢，束腰带，后中开大开衩，开衩处有连接袢，如图 6—16 所示。

图 6—16　堑壕服

二、堑壕服制图规格尺寸（见表 6—6）

表 6—6　堑壕服制图规格尺寸表　　单位：cm

号型	后衣长	胸围	肩宽	背长	袖长	袖口
170/88A	100	116	47	43	62	30

三、堑壕服结构制图

1. 衣身结构（见图 6—17）

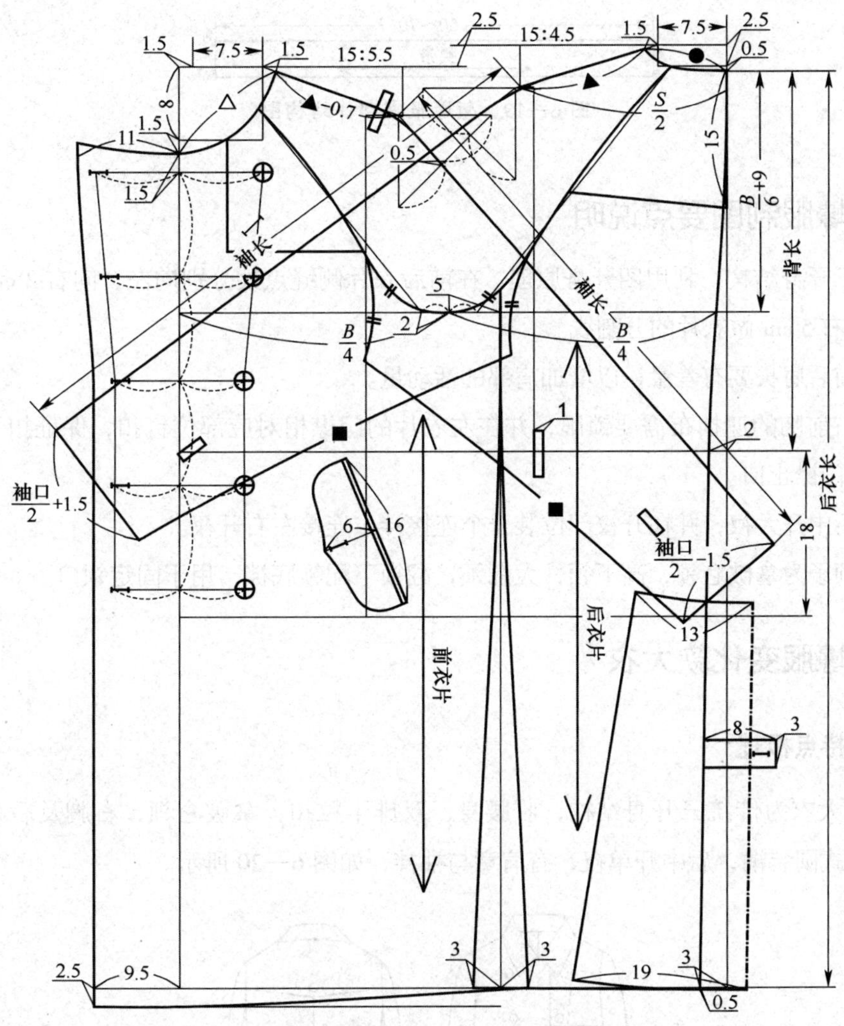

图 6—17　堑壕服衣身结构图

2. 领子结构（见图 6—18）

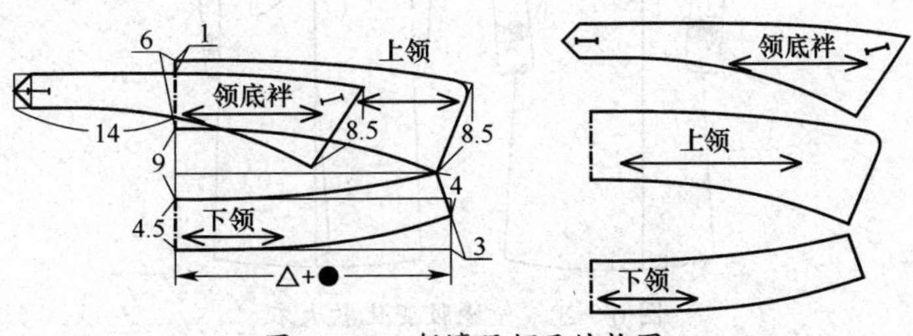

图 6—18　堑壕服领子结构图

3. 零部件结构（见图 6—19）

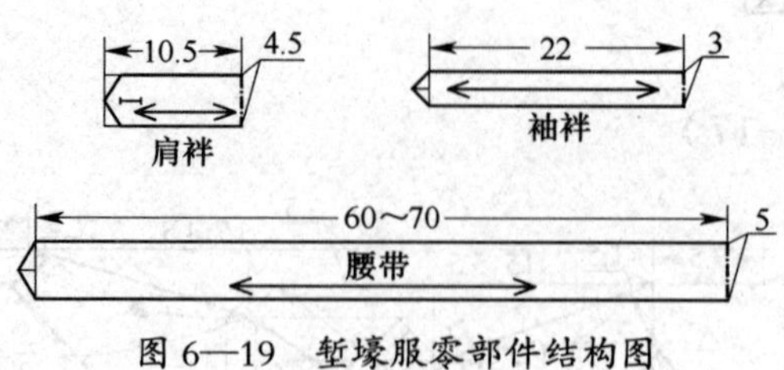

图 6—19 堑壕服零部件结构图

四、堑壕服制图要点说明

1. 三开身结构，利用四开身原理，在前后衣片侧缝点处分别向左、向右 2 cm 做插肩袖，并向右 5 cm 做衣片的分割线。

2. 前后肩长要有差量，以增加肩部的活动量。

3. 右前胸的遮挡布需要锁眼，并在左衣片的门襟相对应部位钉扣，保证扣子扣好后可以遮挡门襟止口。

4. 后中开大衩，并在开衩部位装一个连接袢，连接左右开衩。

5. 领子为拿破仑领，高下领，大翻领，翻领下配领底袢，用于固定领口。

五、堑壕服变化款大衣

1. 款式特点概述

该款大衣为传统三开身结构，收腰身，双排十粒扣，拿破仑领，右胸及后背有遮挡布，两片式圆装袖，后中开单衩，有肩章与袖袢，如图 6—20 所示。

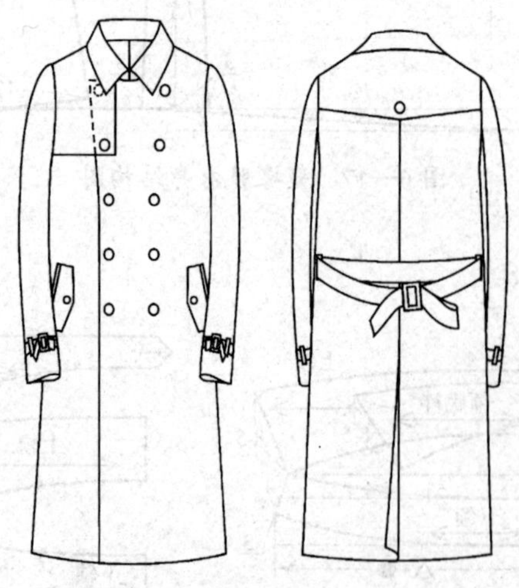

图 6—20 堑壕服变化款大衣

2. 制图规格尺寸（见表6—7）

表6—7　堑壕服变化款大衣制图规格尺寸表　　单位：cm

号型	后衣长	胸围	肩围	背长	袖长	袖口
170/88A	100	116	47	43	62	30

3. 结构制图

（1）衣身结构（见图6—21）

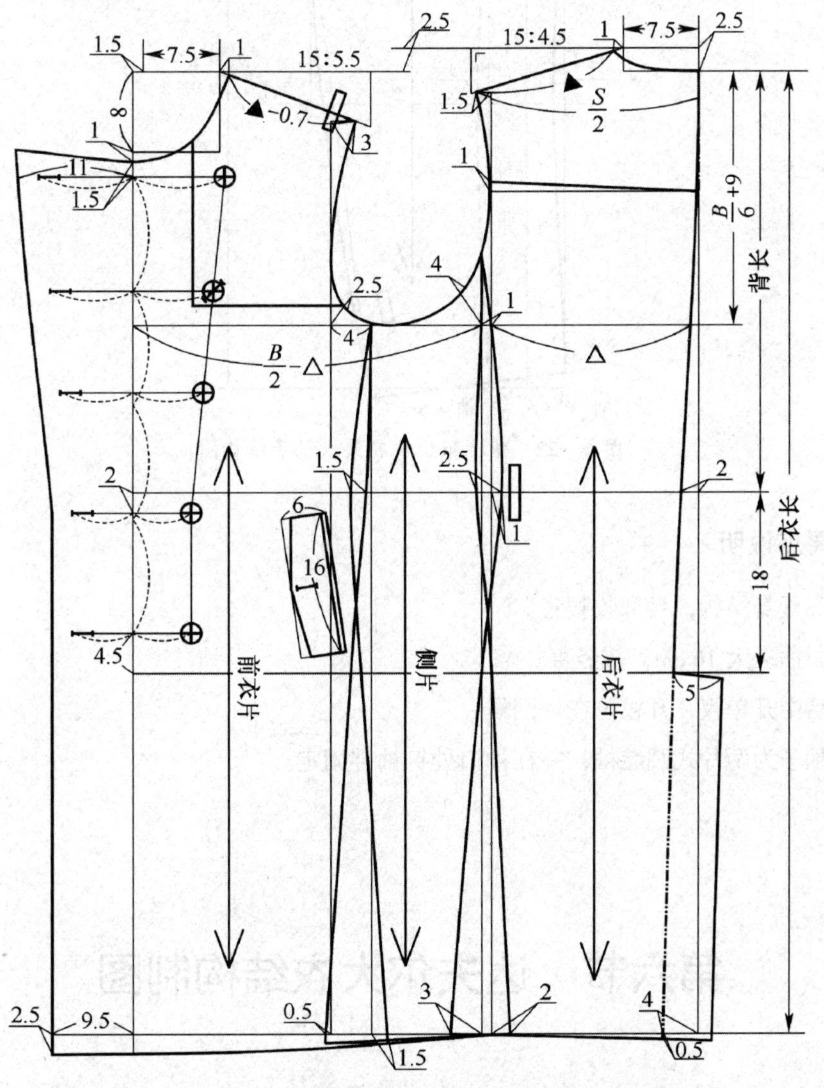

图6—21　堑壕服变化款大衣衣身结构图

（2）袖子结构（见图6—22）

（3）领子与零部件结构（参考堑壕服领子及零部件结构）（见图6—18、图6—19）

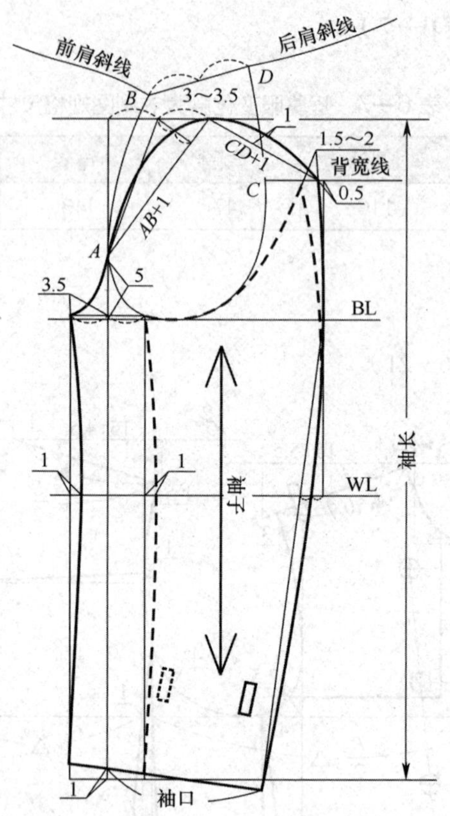

图 6—22　堑壕服变化款大衣袖子结构图

4. 制图要点说明

（1）三开身结构，腰部收腰省。

（2）斜插袋大 16 cm，较竖直。

（3）后中开单衩，开衩位在臀围线。

（4）袖子为两片式圆装袖，并在袖口处钉袖袢固定。

第六节　达夫尔大衣结构制图

达夫尔大衣是一种保暖型大衣，制作时采用较粗厚的呢料。它来源于北欧渔夫服，前后肩部的育克面料可便于肩扛劳动，连身帽能够增加保暖性。

达夫尔大衣的结构外观不管如何变化，其经典的明贴袋、明线工艺、肩部育克、帽领以及独特的绳结扣特征始终保留至今。由于年轻学生穿着居多，现今的达夫尔大衣成为了“学院风格”服装的代表款式，其搭配较自由，可与西装、夹克、毛衣等组合穿用，一些夹克型短大衣往往是由此变化而来。

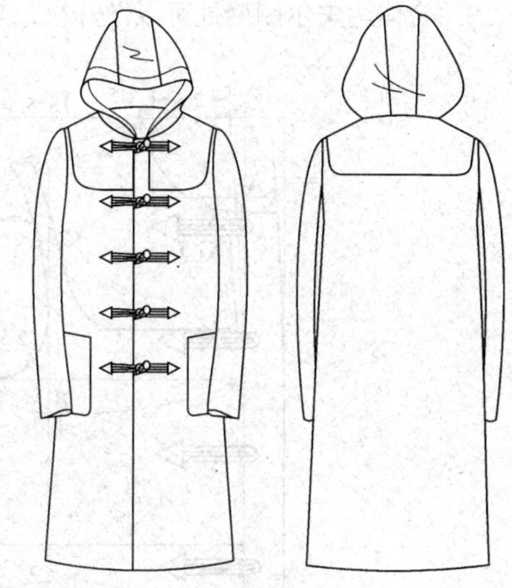

图 6—23　达夫尔大衣

一、达夫尔大衣款式特点概述

该款大衣为三开身结构，前、后肩部贴育克，明贴袋，五粒绳结牛角扣，帽领结构，两片圆装袖，如图 6—23 所示。

二、达夫尔大衣制图规格尺寸（见表 6—8）

表 6—8　达夫尔大衣制图规格尺寸表　　单位：cm

号型	后衣长	胸围	肩围	背长	袖长	袖口
170/88A	98	116	46	43	62	30

三、达夫尔大衣结构制图

1. 衣身结构（见图 6—24）

2. 帽领结构

达夫尔大衣帽领结构可参考帽领羽绒马甲的帽领结构。

3. 袖子结构

达夫尔大衣袖子结构可参考堑壕服袖子结构。

四、达夫尔大衣制图要点说明

1. 前领口撇胸 1.5 ～ 2 cm。
2. 前、后肩育克宽度距袖窿 2 cm。

3. 合体达夫尔侧缝处可以做开衩，短款及宽松款侧缝可不开衩。

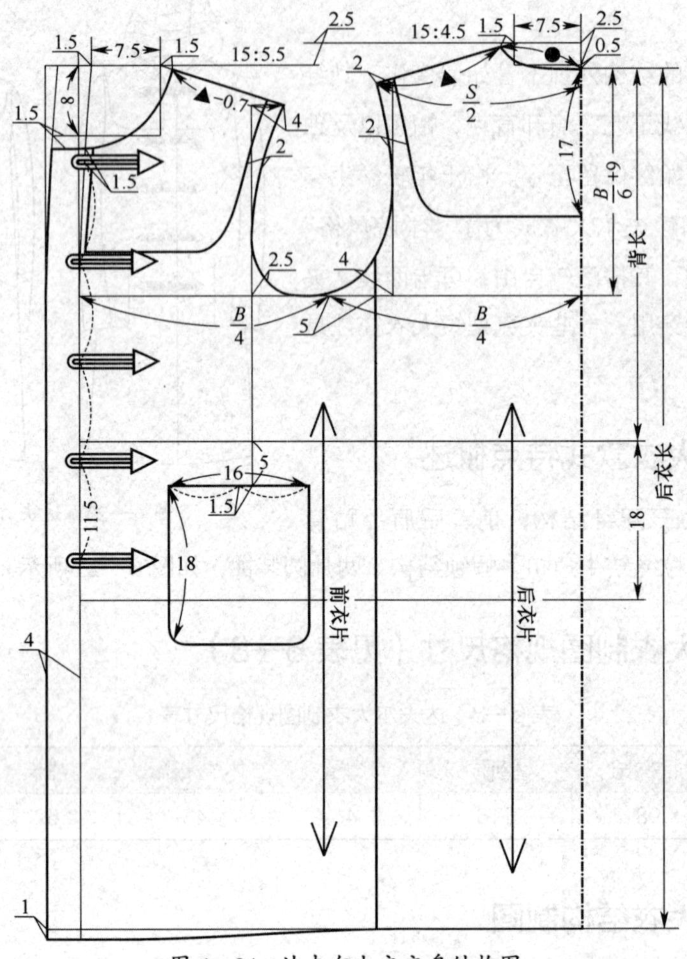

图 6—24 达夫尔大衣衣身结构图

思考与练习

1. 总结柴斯特大衣的款式特点，并为自己量体，参照柴斯特大衣标准款结构，绘制出行款柴斯特大衣结构图。

2. 请思考一下，暗门襟形式的翻驳领的裁片有哪些？

3. 以胸围 118 cm、肩宽 46 cm、后衣长 100 cm、袖长 60 cm 为规格尺寸，绘制比例为 1 : 1 的柴斯特大衣结构图。

4. 结合自身体型，合理设计规格尺寸，完成一款堑壕服的结构设计。

5. 试着将达夫尔大衣改变成具有学院风格的短上衣，并完成样板制作。

6. 完成波鲁大衣的结构图绘制，绘图比例为 1 : 5。

本章小结

一、知识结构

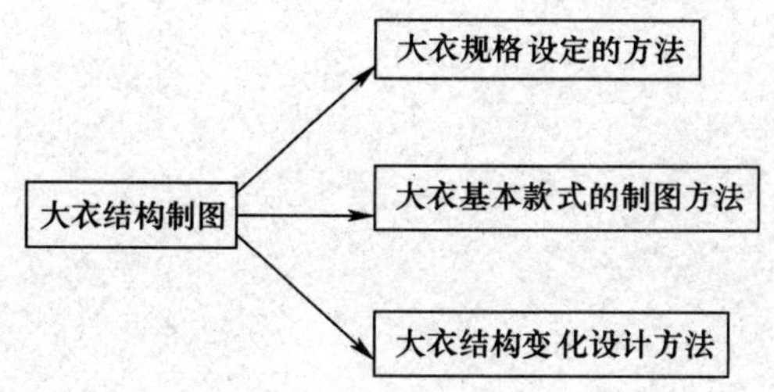

二、技能要求

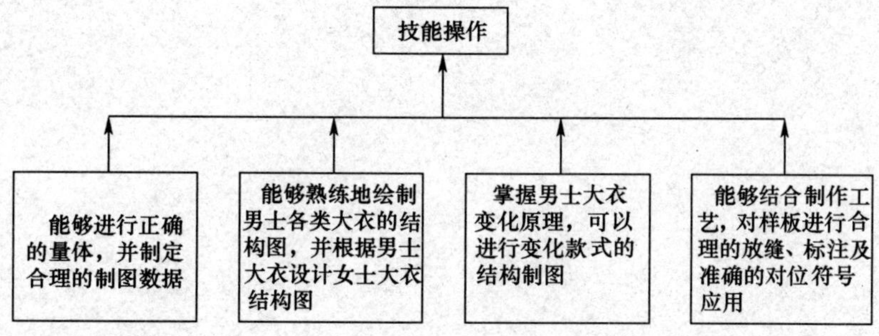

第七章
连衣裙结构制图

连衣裙是女性夏季最常穿着的服装，它既可以体现女性的婀娜多姿，又可以展现女性的优雅庄重。连衣裙款式变化多样，所适用的年龄跨度大，它在结构上实为上衣下裙的结合，结构相对简单。

学习目标：

1. 掌握连衣裙的结构制图方法。
2. 掌握旗袍结构制图的基本原理、方法和步骤。
3. 学会运用服装的变化原理和方法，制作出不同款式连衣裙的结构样板。

第一节　连衣裙结构变化设计

连衣裙从结构上可分为连腰型连衣裙与拼腰型连衣裙两大类。连腰型连衣裙一般分为H型连衣裙、X型连衣裙和A型连衣裙，公主线分割是连腰型连衣裙最常采用的方法。拼腰型连衣裙根据腰部分割线的位置可分为低腰式连衣裙、中腰式连衣裙和高腰式连衣裙三种。其中，中腰式连衣裙应用最广泛，常作为女士的日常生活服，拼接的位置在人体腰节线附近；低腰式连衣裙能给人天真、活泼的感觉，常用于童装的结构设计，拼接的位置在腰围线以下8～10 cm；高腰式连衣裙善于表现女性高雅、文静的个性美，常用于晚礼服的结构设计。连衣裙的结构变化设计如图7—1所示。

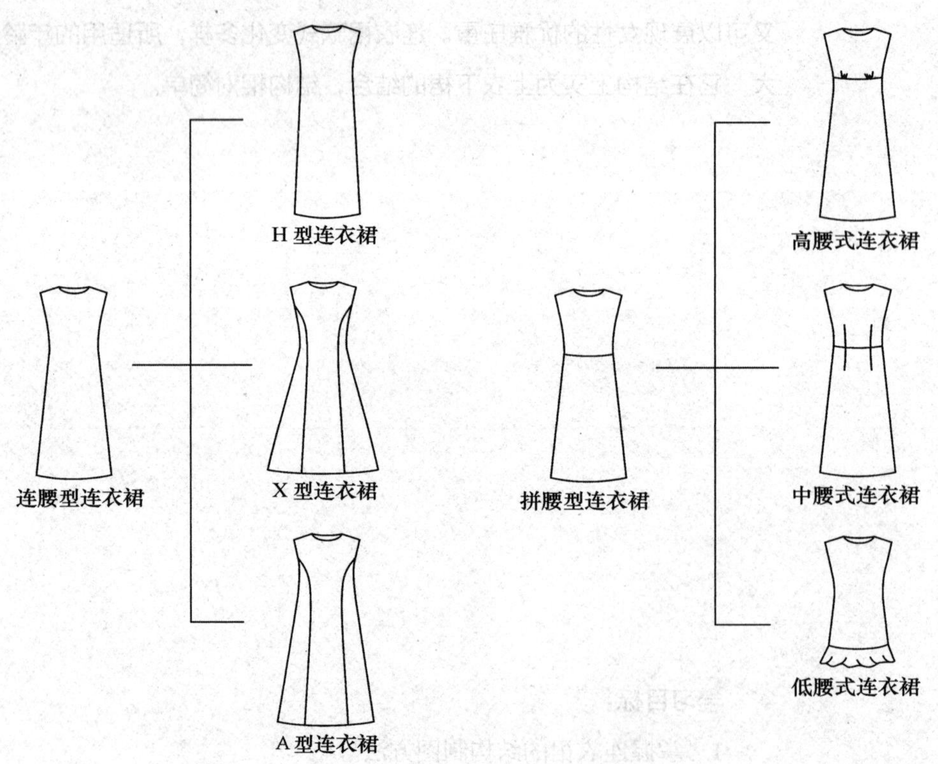

图7—1　连衣裙结构变化设计

第二节　连衣裙结构制图

连衣裙可以在夏季及春秋季穿着。夏季连衣裙一般以短袖或无袖、有领或无领为主，常选用棉、麻、丝及薄质化纤面料制作；春秋季连衣裙一般以长袖为主，选用面料较夏季连衣裙用料稍厚。

一、连腰型连衣裙

连腰型连衣裙的生产通知单（样单）见表7—1。

1. 款式特点概述

该款连衣裙呈X型，上身合体，采用弧线分割，开门襟，门襟十一粒扣，翻领，平装一片短袖结构，可选用丝绸、棉、麻、毛涤等面料，质地不易过厚，面料要求平整、光洁、柔软、挺括，具有一定弹性，且不容易起皱。

2. 制图规格尺寸（见表7—2）

3. 结构制图

（1）衣身结构（见图7—2）

（2）袖子结构（见图7—3）

（3）领子结构（见图7—4）

4. 制图要点说明

（1）弧线分割至底边，保证分割线两侧拼缝线相等。

（2）袖底缝线沿袖口向下延长0.5 cm左右，不宜过大，以确保袖口便于卷边。

（3）领子的领中翘高大，领座偏低。

（4）底边尺寸偏大，放缝1 cm，保证工艺制作时不起涟。

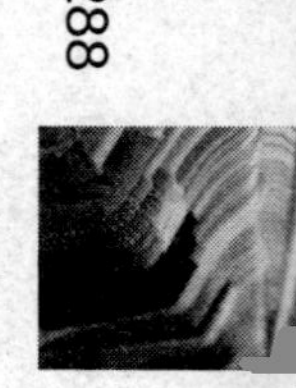

表 7—1　连腰型连衣裙生产通知单（样单）

品牌：××××	款号：××××	名称：连腰型连衣裙
纸样编号：××××	下单日期：××××	完成日期：××××

款式图：

系列规格表（5·4）　单位：cm

部位 \ 规格		155/80A S	160/84A M	165/88A L	档差	公差
1	后衣长	122	125	128	3	±1
2	胸围	88	92	96	4	±1
3	肩宽	37	38	39	1	±0.5
4	背长	38	39	40	1	±0.5
5	袖长	24	25	26	1	±1
6	袖口	29	30	31	1	±0.5

面料：双绉
成分：桑蚕丝 100%
组织：平纹组织
幅宽：144 cm

辅料：
无纺粘合衬、配色线、商标、洗水唛

工艺要求：
1. 领子：大翻领，左右领角大小一致，窝势自然
2. 分割：弧线刀背缝分割
3. 门襟：门襟顺直，门襟钉 11 粒纽扣
4. 袖子：一片式平装短袖，袖口卷边宽 1 cm
5. 裙下摆：下摆 0.6 cm 卷边
6. 缉线：顺直，无跳针、断线现象
7. 商标：位置端正，号型标志清晰，号型钉在商标下沿
8. 整烫：各部位熨烫到位，平服，无亮光、水花、污迹，底边平直无起浪现象
9. 针迹：明线 18 针 /3 cm

工艺编制：　　工艺审核：　　审核日期：

表 7—2 连腰型连衣裙制图规格尺寸表 单位：cm

号型	后衣长	胸围	肩宽	背长	袖长	袖口
160/84A	125	92	38	39	25	30

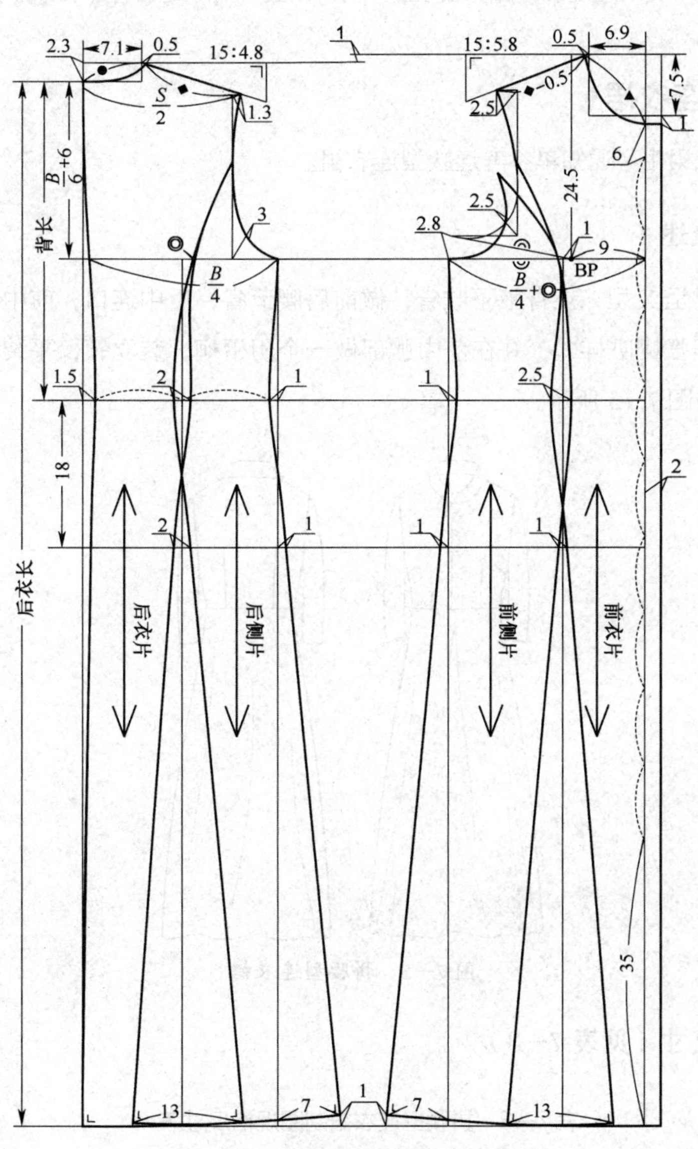

图 7—2 连腰型连衣裙衣身结构图

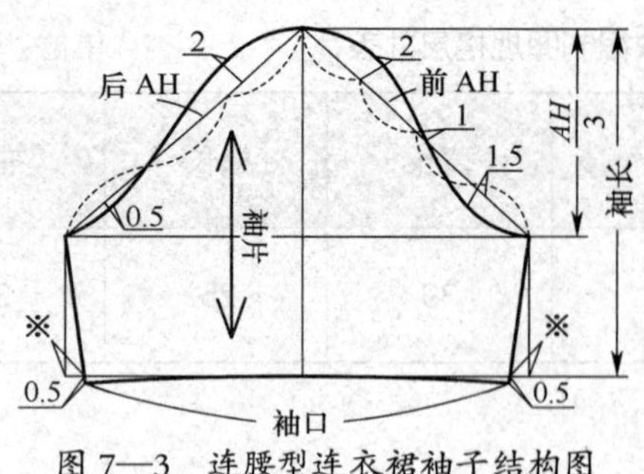

图 7—3 连腰型连衣裙袖子结构图

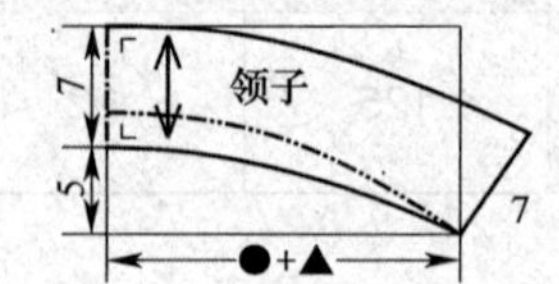

图 7—4 连腰型连衣裙领子结构图

二、拼腰型连衣裙

拼腰型连衣裙生产通知单参考连腰型连衣裙。

1. 款式特点概述

该款连衣裙呈 X 型，上身腋下收省，做前后腰节省，后中连口，前中为开门襟形式，下身裙子为大裙摆喇叭样式，并在前中腰部做一个阴褶裥，装立领，平装合体式一片袖，袖肘处收省，如图 7—5 所示。

图 7—5 拼腰型连衣裙

2. 制图规格尺寸（见表 7—3）

表 7—3 拼腰型连衣裙制图规格尺寸表 单位：cm

号型	后衣长	胸围	肩宽	背长	袖长	袖口
160/84A	127	94	38	39	48	25

3. 结构制图

（1）衣身结构（见图 7—6）

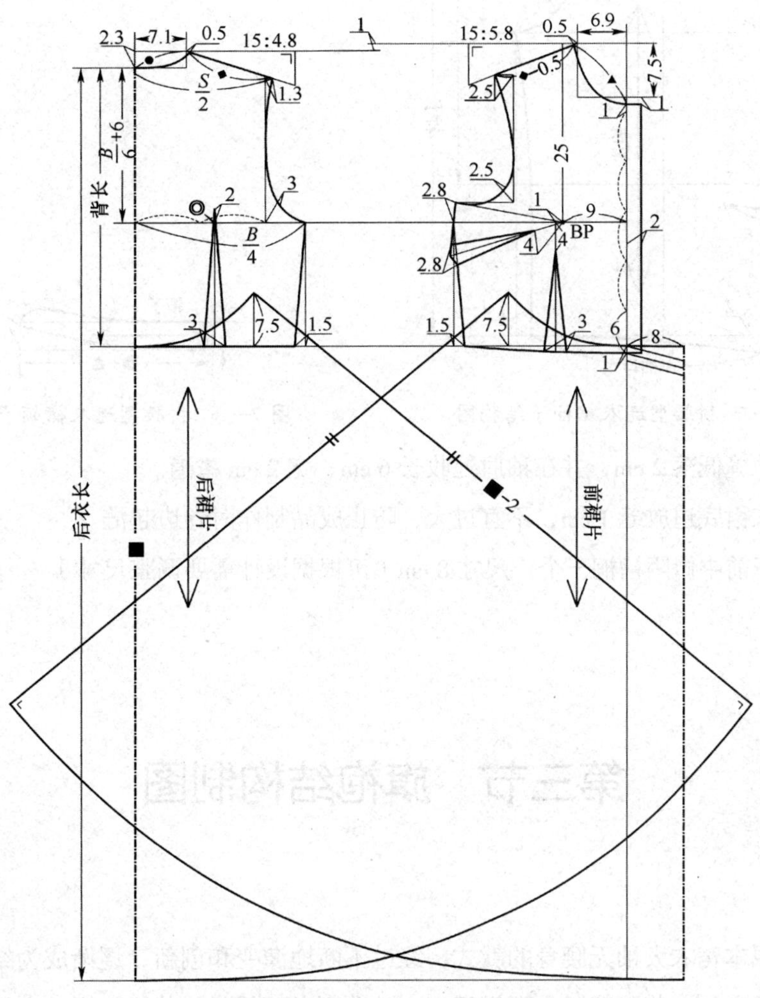

图 7—6　拼腰型连衣裙衣身结构图

（2）袖子结构（见图 7—7）

（3）领子结构（见图 7—8）

4. 制图要点说明

（1）腰部分割，前中心需要低落 1 cm，保证成衣分割线为水平线。

（2）裙子的腰口线尺寸为腰围成品尺寸，不含省道量。

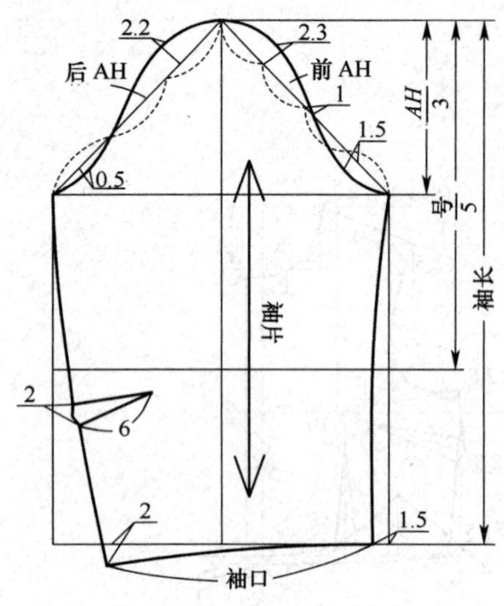

图 7—7 拼腰型连衣裙袖子结构图

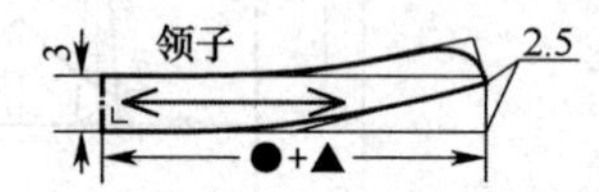

图 7—8 拼腰型连衣裙领子结构图

（3）后袖缝低落 2 cm，并在袖肘处收长 6 cm、宽 2 cm 省道。

（4）连衣裙底边放缝 1 cm，不宜过大，防止成品制作时卷边起涟。

（5）裙子前中做阴褶裥一个，尺寸 8 cm（可根据设计需要调整尺寸）。

第三节　旗袍结构制图

旗袍由原本宽衣大袖无腰身的款式，经过不断地演变和创新，逐渐成为结构严谨、线条流畅、高领紧扣、收腰略紧、两侧开衩、没有不必要的附件装饰的服装。旗袍能充分反映女性的曲线特征，现已成为我国典型的民族传统服装，并作为我国女性的象征，在国际服装舞台上占有相当重要的地位。

旗袍的款式变化主要体现在开襟形式、袖型、领型上。开襟的形式有对开襟、斜开襟、大圆襟、琵琶襟等；袖型有连袖式、装袖式、无袖式；领型主要以立领形式为主，还可运用传统的镶、嵌、滚、盘等缝制工艺做领子的装饰。根据穿着者的喜爱，旗袍可长可短，袖子也可长可短。旗袍在面料选择上较为考究，高档产品一般选择天然纤维制成的面料制作。

旗袍的生产通知单（样单）见表 7—4。

表 7—4 旗袍生产通知单（样单）

品牌：××××	款号：××××	名称：旗袍
纸样编号：××××	下单日期：××××	完成日期：××××

款式图：

面料：香云纱
成分：桑蚕丝 100%
组织：平纹组织
幅宽：144 cm

辅料：
无纺粘合衬、软金属线、配色线、商标、洗水唛

系列规格表（5·4） 单位：cm

部位 \ 规格		155/80A S	160/84A M	165/88A L	档差	公差
1	后衣长	107	110	113	3	±1
2	领围	37	38	39	1	±0.3
3	胸围	86	90	94	4	±1
4	肩宽	33	34	35	1	±0.5
5	背长	38	39	40	1	±0.5

工艺要求：

1. 省道：前后衣片收腰节省，省道位置正确，省长正确，倒向对称，省尖处平顺，前腋下收腋下省
2. 开衩：旗袍侧缝开高衩，左右高低一致
3. 门襟：圆门襟，里侧小襟至开衩处
4. 滚边：领口、门襟、开衩、底边滚边 0.6 cm，滚边平整
5. 盘扣：手工 10 颗盘扣
6. 缉线：顺直，无跳针、断线现象
7. 商标：位置端正，号型标志清晰，号型钉在商标下沿
8. 整烫：各部位熨烫到位，平服，无亮光、水花、污迹，底边平直无起浪现象
9. 针迹：明线 14 针 /3 cm

工艺编制： 工艺审核： 审核日期：

一、旗袍款式特点概述

该款旗袍立领，无袖，大圆斜襟，袍长过膝，腋下收省，前、后腰收腰省，前、后中心线不分割，两侧侧缝高开衩，开襟及领口外边进行滚边装饰，钉盘扣。

二、旗袍制图规格尺寸（见表 7—5）

表 7—5　旗袍制图规格尺寸表　单位：cm

号型	后衣长	领围	胸围	肩宽	背长
160/84A	110	38	90	34	39

三、旗袍结构制图

1. 衣身结构（见图 7—9）

2. 领子结构（见图 7—10）

3. 旗袍滚边条

旗袍滚边以成品滚边宽 ×4 为宽度计算，并采用斜丝方向进行裁剪，如图 7—11 所示，最后将每条滚边条拼缝后卷成一卷备用，如图 7—12 所示。

四、旗袍制图要点说明

1. 后腰收省两侧不易过宽。

2. 旗袍多数属于紧身型服装，一般情况下，胸围放松量为 4 ～ 6 cm，腰围放松量为 4 cm，臀围放松量为 4 ～ 6 cm。

3. 斜襟、领口、下摆等部位用 45° 正斜丝滚边。

五、旗袍款式变化

1. 立领长袖旗袍

（1）款式特点概述

该款旗袍立领，长袖，袖口做“山”形装饰，袖肘收省，前中心领口处开水滴形装饰，后中破缝，装隐形拉链，腋下收省，前、后腰处收腰省，双侧开衩，圆下摆，领口、袖口、下摆滚边，领口水滴处钉盘扣，如图 7—13 所示。

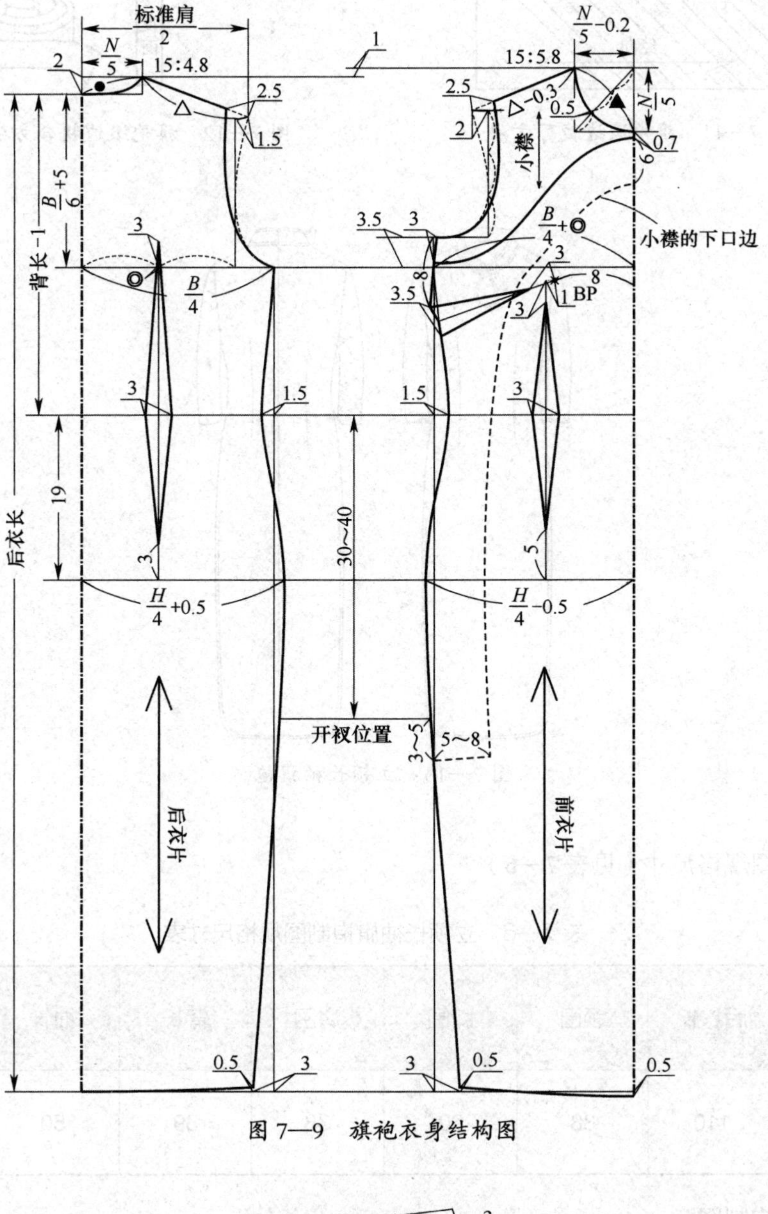

图 7—9　旗袍衣身结构图

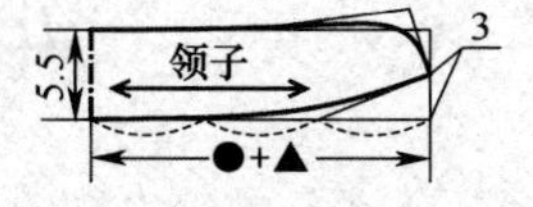

图 7—10　旗袍领子结构图

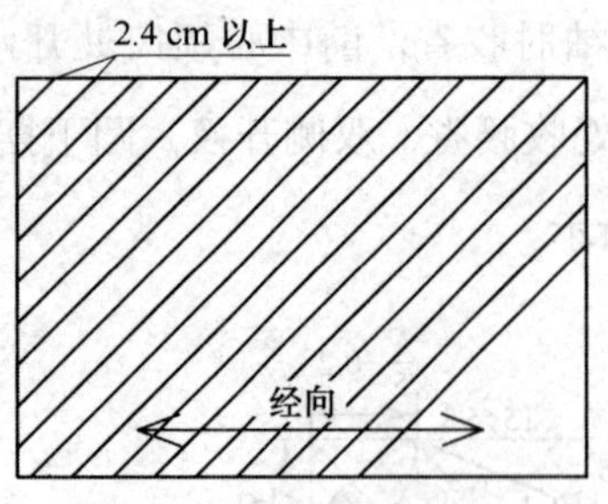

图 7—11 旗袍滚边裁剪方法

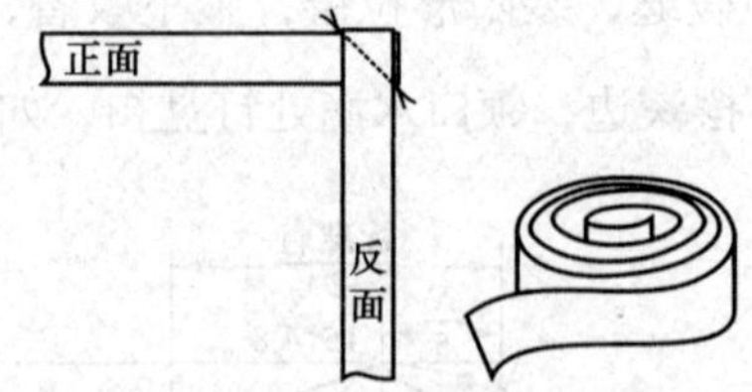

图 7—12 旗袍滚边拼合方法

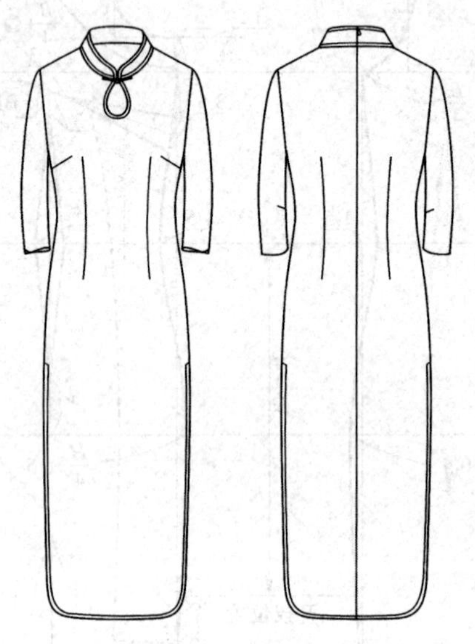

图 7—13 立领长袖旗袍

（2）制图规格尺寸（见表 7—6）

表 7—6 立领长袖旗袍制图规格尺寸表 单位：cm

号型	后衣长	领围	胸围	肩围	背长	袖长	袖口
160/84A	110	38	90	38	39	50	22

（3）结构制图

1）衣身结构（见图 7—14）。

2）袖子结构（见图 7—15）。

3）领子结构（见图 7—16）。

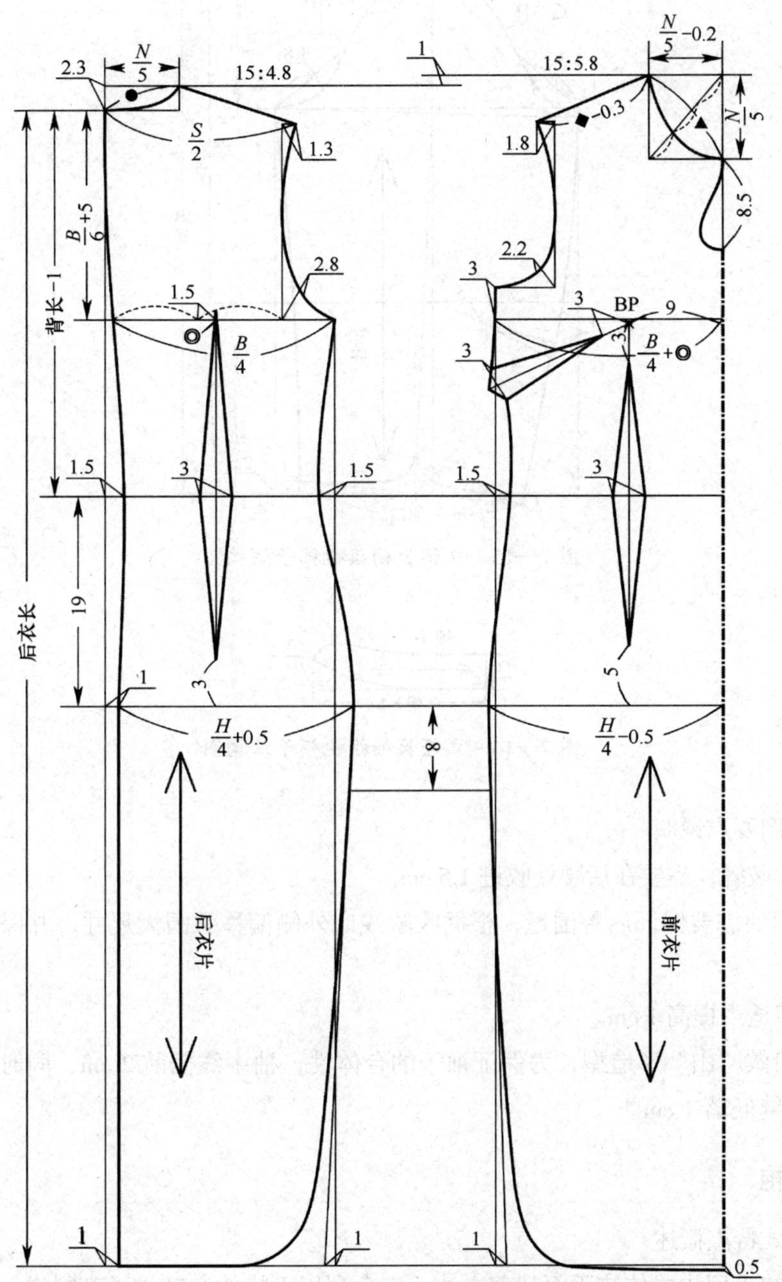

图 7—14　立领长袖旗袍衣身结构图

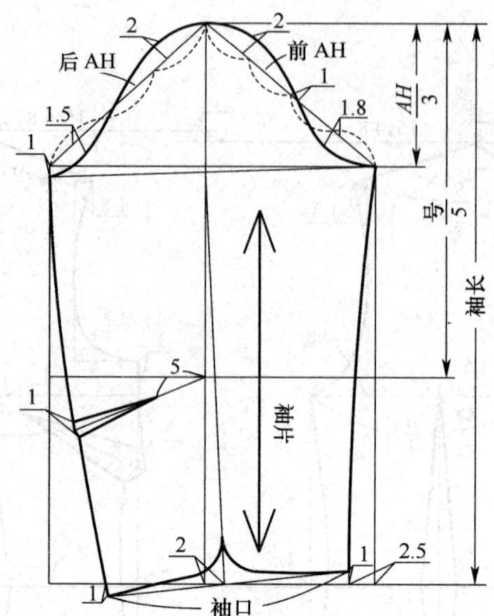

图 7—15 立领长袖旗袍袖子结构图

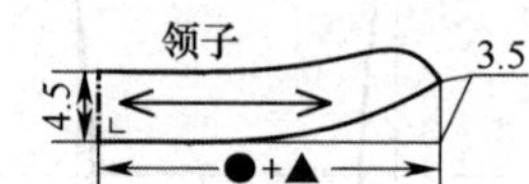

图 7—16 立领长袖旗袍领子结构图

（4）制图要点说明

1）后中破缝，需要在后腰处收进 1.5 cm。

2）臀围处需要保证后臀围量，根据收腰线向外侧偏移臀围大尺寸，并保证侧缝可以画顺。

3）腰节适当提高 1 cm。

4）袖口做“山”形造型，为保证袖子的合体性，袖中线偏前 2 cm，同时前袖缝抬高 1 cm，后袖缝低落 1 cm。

2. 传统旗袍

（1）款式特点概述

传统旗袍采用中式传统平面裁剪方法，完全利用面料的宽度与长度制作。传统旗袍款式为连袖，立领，斜圆开襟，钉盘扣，如图 7—17 所示。

（2）制图规格尺寸（见表 7—7）

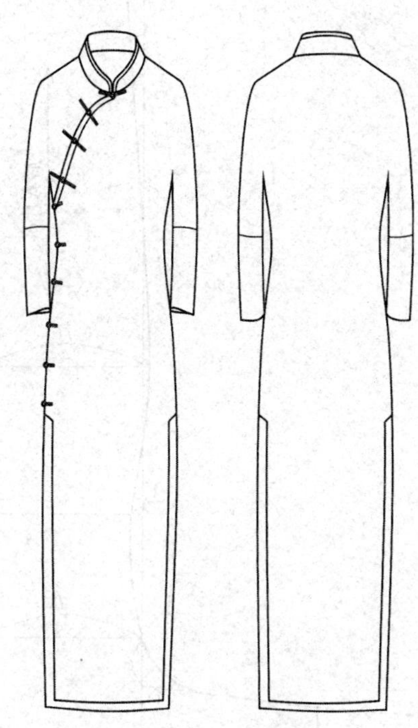

图 7—17 传统旗袍

表 7—7 传统旗袍制图规格尺寸表 单位：cm

号型	后衣长	领围	胸围	肩宽	背长	袖长	袖口
160/84A	110	38	92	39	39	55	28

（3）结构制图

传统旗袍衣身、领子结构如图 7—18 所示。

（4）制图要点说明

1）以中心线与袖中线作为制图的依据，袖中线处于前后颈肩点处，同时注意后领深不能过大，一般取 1.5 ～ 2.3 cm。

2）款式为连袖型，由于裁剪图超过了面料宽度，一般袖子裁剪时按面料宽度取值，图中虚线部位为补足袖长的部分。

3）腰部可收腰 1 ～ 1.5 cm。

4）传统旗袍的胸围放松量不宜过小，一般为宽松型款式。

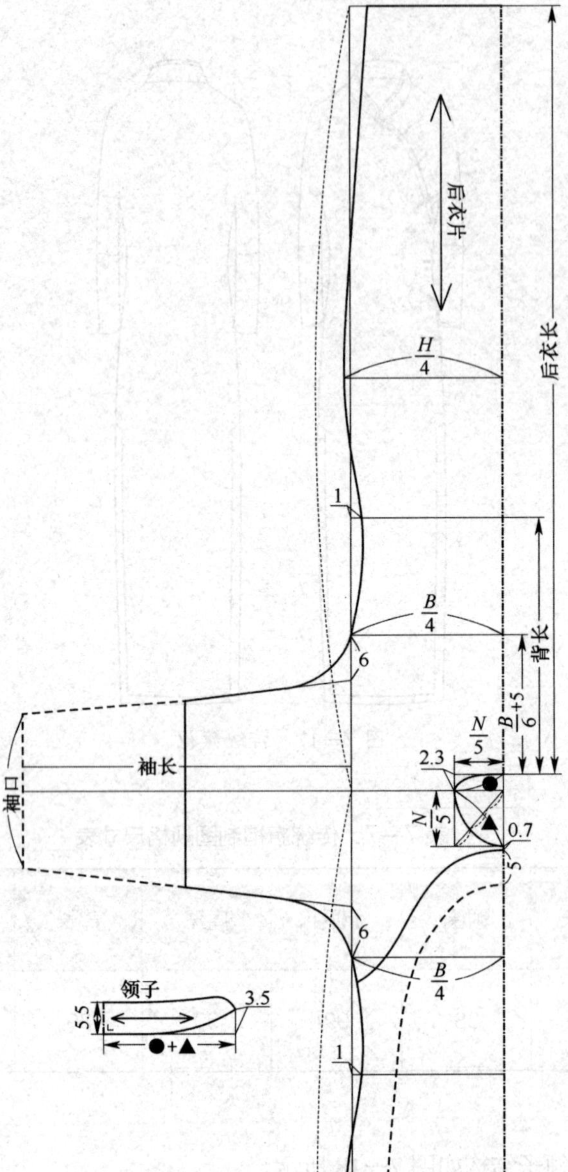

图 7—18　传统旗袍结构图

思考与练习

1. 设计一款旗袍，并制定合理的规格尺寸，完成该款旗袍的工业样板制作。

2. 结合本章节连衣裙规格尺寸，完成连腰型连衣裙的结构制图，绘图比例为1∶5。

3. 总结传统旗袍与现代旗袍的特点。

4. 结合流行趋势，设计一款连衣裙，并绘制结构图，绘图比例为1∶5。

本章小结

一、知识结构

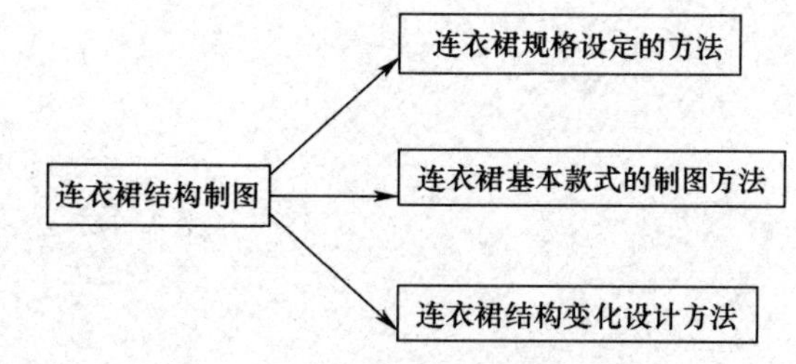

二、技能要求

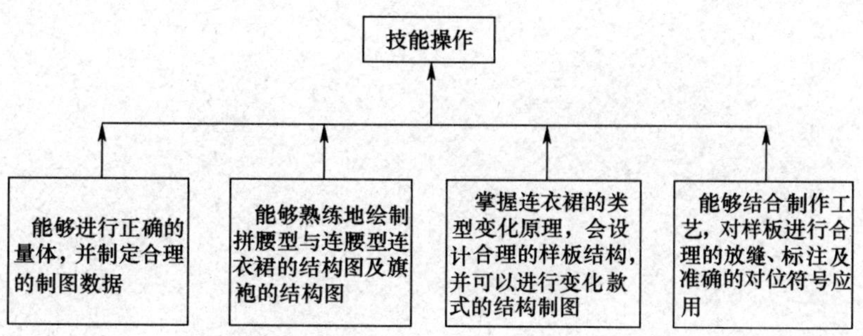